BIOLOGIE EINFACH ERKLÄRT

BIOLOGIE EINFACH ERKLÄRT

DK Penguin Random House

DK London

Beiträge von
Olivia Drake, Jack Challoner, Tim Harris, Alina Ivan,
Tom Jackson, Nicola Temple

Lektorat
Jonathan Metcalf, Liz Wheeler, Chris Clennett, Jo Locke,
Tom Jackson, Peter Frances, Miezan van Zyl, Michael Clark,
Sarah MacLeod, Martyn Page, Jemima Dunne, Annie Moss,
Emily Kho, Angeles Gavira Guerrero

Gestaltung und Bildredaktion
Karen Self, Francis Wong, Steve Woosnam-Savage,
Stephen Bere, Amy Child, Mik Gates, Michael Duffy

Umschlaggestaltung
Tanya Mehrotra

Herstellung
Robert Dunn, Gillian Reid, Meskerem Berhane

Illustrationen
Edwood Burn, Victoria Clark, Mark Clifton, Dan Crisp

Für die deutsche Ausgabe:
Verlagsleitung Monika Schlitzer
Programmleitung Heike Faßbender
Redaktionsleitung Dr. Kerstin Schlieker
Projektbetreuung Carola Wiese
Herstellungsleitung Dorothee Whittaker
Herstellungskoordination Bettina Bähnsch, Bianca Isack
Herstellung Evely Xie

Titel der englischen Originalausgabe:
How biology works

Übersetzung Judith Rauch
Lektorat Manuela Kupfer

ISBN 978-3-8310-4820-5

Druck und Bindung C&C Offset Printing, China

MIX
Papier | Fördert gute Waldnutzung
FSC® C018179
FSC www.fsc.org

www.dk-verlag.de

INHALT

WAS IST LEBEN?

DIE CHEMIE DES LEBENS

WIE ZELLEN FUNKTIONIEREN

FORTPFLANZUNG UND GENETIK

EVOLUTION

DER BAUM DES LEBENS

WIE PFLANZEN FUNKTIONIEREN

WIE TIERE FUNKTIONIEREN

ÖKOLOGIE

BIOTECHNOLOGIE

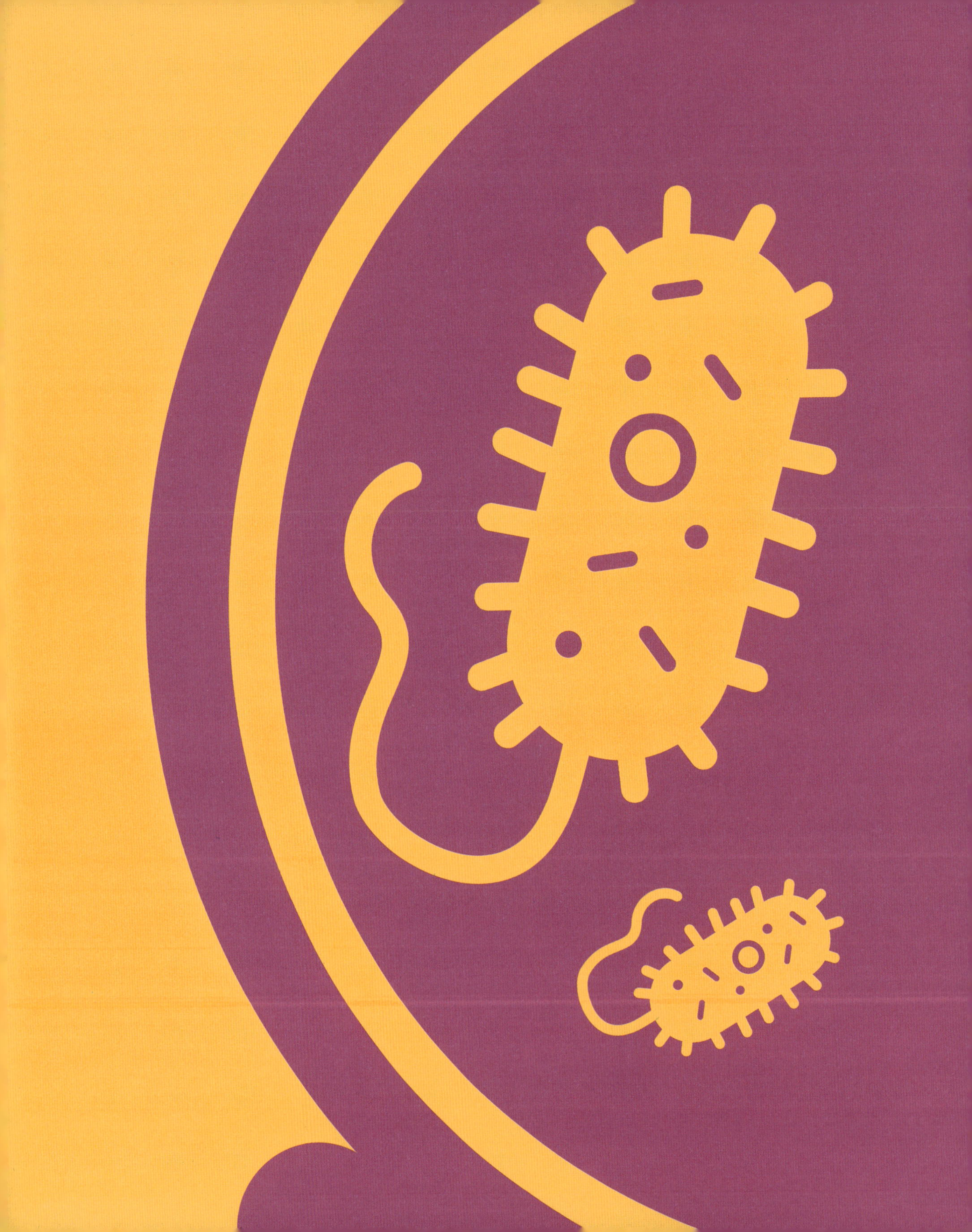

WAS IST LEBEN?

Merkmale des Lebens

Was zeichnet ein Lebewesen aus? Es gibt viele verschiedene Lebewesen, sie nutzen die unterschiedlichsten Überlebensstrategien, aber sie alle haben bestimmte Eigenschaften, die sie von unbelebten Objekten unterscheiden.

WACHSTUM UND ENTWICKLUNG

Alle Lebewesen wachsen. Komplexe Organismen wie Säugetiere oder Bäume entwickeln sich aus einer einzelnen Zelle zu einem vielzelligen Körper mit vielen Teilen. Einzellige Organismen wachsen ebenfalls: Ihr Körper wird größer, bevor sie sich in zwei Zellen teilen.

REPRODUKTION

Ein lebendiger Körper entsteht unter der Anleitung von DNA-Instruktionen (Genen). Der »Zweck« des Körpers ist, neue Kopien der DNA herzustellen und neue Körper zu erschaffen, die die DNA-Kopien tragen und an die nächste Generation weiterreichen.

LEBENDER ORGANISMUS

Alle Lebewesen nutzen die fundamentalen Lebensprozesse zumindest zu bestimmten Zeiträumen ihres Lebens. *Dinobryon* – eine winzige Süßwasseralge (oben) – ist ungewöhnlich: Sie nutzt zwei Ernährungsweisen. Einerseits betreibt sie Fotosynthese, andererseits frisst sie Bakterien.

ERNÄHRUNG

Lebewesen benötigen Nährstoffe als Rohmaterial für den Aufbau und den Erhalt ihres Körpers, aber auch als Energiequelle. Pflanzen beziehen diese Nährstoffe aus dem Boden, aus Wasser und Luft; Tiere und Pilze verzehren die Körper anderer Lebewesen oder deren Abfall.

Die fundamentalen Lebensprozesse

Lebende Organismen gehören zu den komplexesten Dingen überhaupt. Hinter dieser Komplexität stecken sieben fundamentale Prozesse, die zusammen erst das Leben möglich machen. Leblose Dinge können einige dieser Funktionen ausüben: Kristalle zum Beispiel können wachsen, eine Maschine kann Energie aus Treibstoff freisetzen, sich bewegen und den eigenen Abfall entsorgen. Aber nur Lebewesen nutzen all diese Prozesse zur gleichen Zeit.

REIZBARKEIT

Organismen sind empfindsam für Änderungen in ihrer Umgebung und können auf solche Änderungen reagieren. Die Reaktionen können einfach sein, etwa wenn ein Bakterium bei Trockenheit eine Schutzhülle ausbildet, oder auch komplex wie die »Kampf- oder Flucht-« Reaktion bei Säugetieren.

ATMUNG

Die Energie für den Erhalt des Lebens kommt aus der Atmung, einem chemischen Prozess, der in jeder lebenden Zelle stattfindet: Chemische Treibstoffe wie Zucker werden in einfachere Substanzen zerlegt. Dabei wird Energie frei, die die Zellen nutzen können.

GESCHÄTZTE 8,7 MILLIONEN ARTEN DES LEBENS EXISTIEREN HEUTE AUF DER ERDE.

AUSSCHEIDUNG

Lebensprozesse erzeugen Abfall, der aus dem Körper entfernt werden muss. Die Atmung der Tiere und Pflanzen beispielsweise erzeugt Kohlendioxid als Abfallprodukt. Tiere produzieren auch Urin, der giftige Chemikalien enthält, und scheiden ihn aus dem Körper aus.

BEWEGUNG

Alle Lebewesen sind bis zu einem gewissen Grad beweglich. Tiere sind die mobilsten Lebewesen, Pflanzen können immerhin die Poren ihrer Blätter öffnen und schließen und sich zum Licht ausrichten. Viele Einzeller bewegen sich mithilfe haarfeiner Zilien oder Geißeln.

Vitalfunktionen
Leben besteht aus einer Reihe von Vitalfunktionen, die die Form und Funktion eines Körpers erhalten, zumindest für eine gewisse Zeit und lange genug, um Nachkommen zu produzieren.

Zellen und Leben

Zellen sind die basalen Strukturen und Funktionseinheiten aller Lebewesen. Jede Zelle enthält DNA (genetische Information, die die Zellfunktion kontrolliert und die Entstehung neuer Zellen ermöglicht). Ein Grundprinzip der Biologie ist die Zelltheorie. Sie wurde in den 1830er-Jahren formuliert, nachdem Wissenschaftler erstmals die detaillierten Strukturen von Zellen klar unter dem Mikroskop erkannt hatten. Die Theorie besagt, dass Leben auf Zellen basiert, jeder lebende Körper aus zumindest einer Zelle besteht und neue Zellen nur aus älteren Zellen entstehen können.

WARUM BERUHT LEBEN AUF KOHLENSTOFF?

Kohlenstoffatome können sich miteinander und mit vielen anderen Atomen kombinieren. So entstehen zahlreiche komplexe Verbindungen, die Lebensvorgänge ermöglichen.

Ein Körper aus Zellen
Ein lebender Körper beginnt mit einer einzelnen Zelle aus einem älteren Organismus. Sie teilt sich, und es bilden sich unterschiedlich spezialisierte Zelltypen des Körpers heraus.

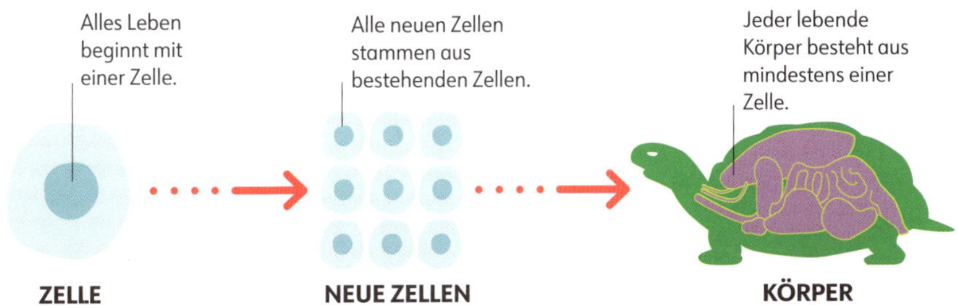

ENTROPIE UND LEBEN

Lebensprozesse schaffen geordnete Strukturen wie Zellen und Körper aus ungeordneten Rohstoffen. Diese Entstehung von Ordnung scheint den Gesetzen der Thermodynamik zu widersprechen, die besagen, dass natürliche Systeme stets an Entropie (Unordnung) zunehmen. Jedoch zerlegen die Stoffwechselprozesse des Lebens auch etliche große Moleküle und produzieren Wärme. So nimmt die Entropie des gesamten Systems zu.

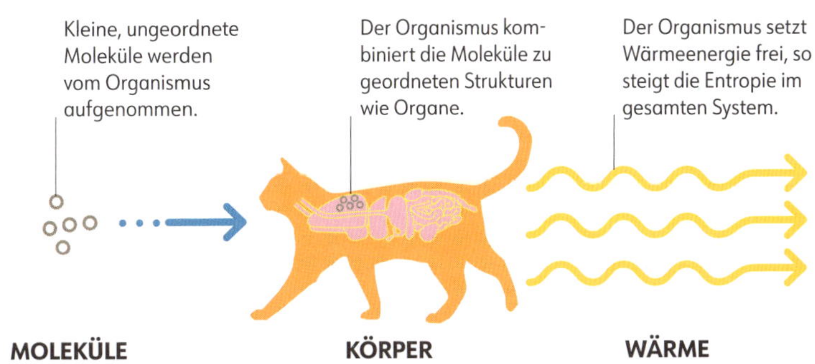

Homöostase

Um optimal zu funktionieren, halten Lebewesen ihre innere Umwelt konstant. Der dafür verantwortliche Prozess heißt Homöostase. Mehrere miteinander verknüpfte Mechanismen regulieren innere Faktoren wie Körpertemperatur, Wassergehalt und die Chemie von Körperflüssigkeiten.

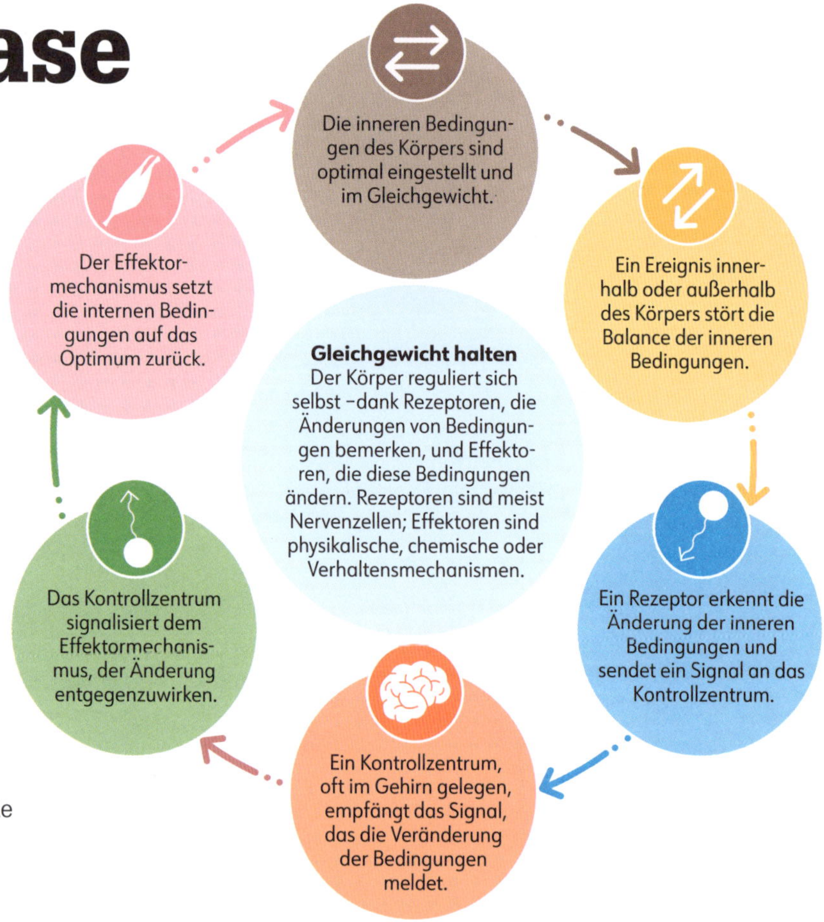

Rückkopplungsschleifen

Homöostase beruht auf dem System der negativen Rückkopplungsschleife. Es reagiert auf jegliche Änderung innerer Bedingungen, die von internen Rezeptoren gemeldet werden. Eine Rückkopplungsschleife umfasst mehrere Stufen, die gemeinsam den Änderungen entgegenwirken und die Bedingungen auf einen optimalen Zustand zurücksetzen.

Wasser im Gleichgewicht

Wasser ist der Hauptbestandteil aller Organismen und die Kontrolle des Wassergehalts (Osmoregulation) ist lebensnotwendig. Durch Osmose bewegt sich Wasser von einer Zone hoher Wasserkonzentration (niedriger Salzkonzentration) zu einer Zone niedriger Wasserkonzentration (hoher Salzkonzentration). Ziel der Osmoregulation ist es, die Konzentration der Chemikalien im Cytoplasma der Zellen und in anderen Körperflüssigkeiten auf optimalem Niveau zu halten. Dazu muss überschüssiges Wasser ausgeschieden und bei Mangel Wasser aufgenommen werden. Wasser geht verloren durch verschiedene Körperprozesse wie die Produktion von Urin oder Schweiß.

Wassergleichgewicht in verschiedenen Umwelten
Wie ein Organismus seinen Wassergehalt reguliert, hängt davon ab, wie Wasser in seinen Körper eindringt bzw. ihn verlässt. Dies hängt stark vom Habitat des Organismus ab.

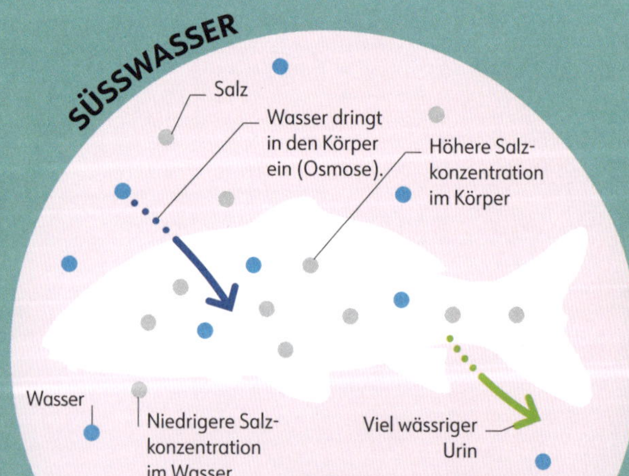

KARPFEN
Die Körper von Süßwassertieren sind salziger als das Umgebungswasser. Deshalb dringt ständig Wasser in sie ein und muss entfernt werden, um das interne Gleichgewicht zu erhalten.

Temperatur regulieren

Thermoregulation – die Kontrolle der Körpertemperatur – erfolgt bei Tieren auf zwei Arten. Endotherme (gleichwarme Tiere) kontrollieren ihre Temperatur aktiv durch interne Prozesse wie Schwitzen oder Zittern. Ektotherme (wechselwarme Tiere) sind bei der Regulation der Körpertemperatur auf externe Wärme oder Kälte angewiesen. Somit können Endotherme bei größerer Kälte aktiv bleiben.

MANCHE **DINOSAURIER** HATTEN **FEDERN,** WAREN ALSO WOHL **ENDOTHERME.**

	WARM BLEIBEN	KÜHL BLEIBEN
Endotherme (Gleichwarme)	Dämmstoffe – wie Fell, Federn oder Fett – reduzieren den Wärmeverlust. Zitternde Muskeln geben an den Rest des Körpers Wärme ab. Blutgefäße der Haut ziehen sich zusammen, um die Menge warmen Bluts zu verringern, die die Körperoberfläche erreicht.	Schwitzen und Hecheln lässt flüssigen Schweiß oder Speichel verdunsten. Dabei wird der Körper abgekühlt. Blutgefäße der Haut erweitern sich. Dadurch erreicht mehr Blut die Körperoberfläche und es geht Wärme verloren.
Ektotherme (Wechselwarme)	Sonnenbäder auf warmen Felsen	Im Schatten ruhen

HOMÖOSTASE BEI PFLANZEN

Bei niedrigem Wassergehalt schließen Pflanzen ihre Stomata – Poren, durch die Gase in Blätter ein- oder ausströmen können (s. S. 147). Die Poren liegen zwischen zwei Schließzellen, die ihre Form verändern, wenn ihre Vakuolen Wasser aufnehmen.

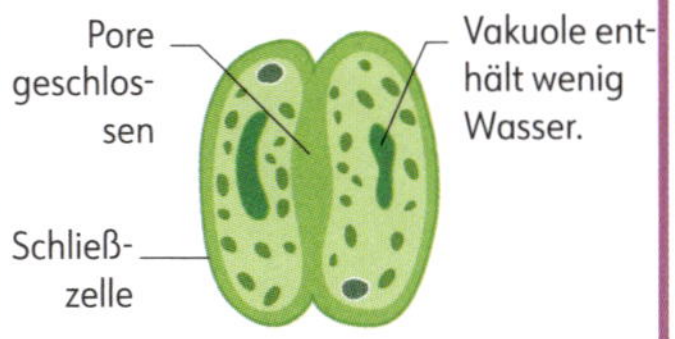

STOMA GESCHLOSSEN

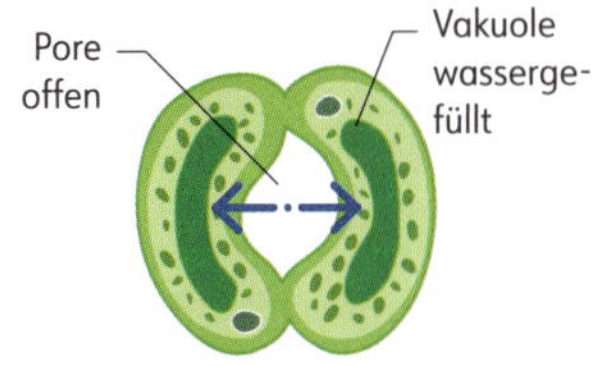

STOMA OFFEN

GOLDBRASSE

Im Meer sind die Körper von Tieren weniger salzig als das Umgebungswasser. Osmose zieht ständig Wasser aus ihnen heraus. Das Tier muss deshalb immerzu Wasser trinken.

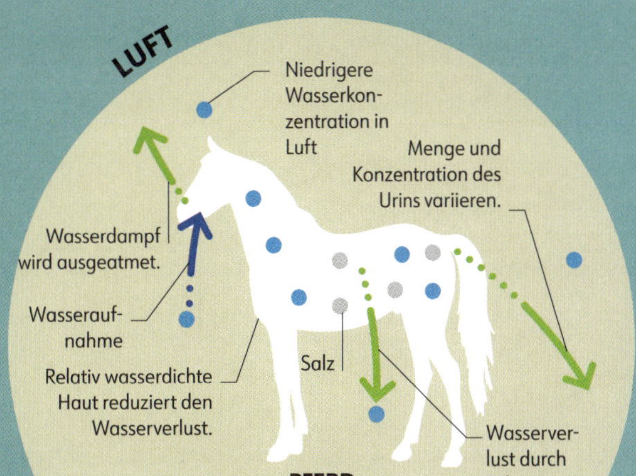

PFERD

Landtiere verlieren ständig Wasser an ihre Umgebung. Deshalb müssen die Tiere ständig Wasser aufnehmen, regulieren und speichern, um das interne Gleichgewicht zu erhalten.

Reiche des Lebens

Wissenschaftler teilen die Vielfalt der Organismen in Gruppen (Taxa) ein, deren Mitglieder bestimmte Eigenschaften gemeinsam haben. Domänen und Reiche sind die höchsten Taxa.

Die fünf Reiche

Der Erfinder des meistgenutzten Klassifikationssystems, der schwedische Taxonom Carl von Linné, glaubte, das Leben sei nur in zwei Reiche unterteilt: Tiere und Pflanzen. Jedoch wurde durch die Entdeckung von Mikroorganismen und durch Fortschritte in der Zellbiologie deutlich, dass das Leben in fünf Reiche unterteilt werden kann. Bestimmte Unterschiede sind dabei im großen Maßstab sichtbar, die meisten nur auf zellulärer Ebene.

DREI DOMÄNEN

1977 stellte der amerikanische Mikrobiologe Carl Woese fest, dass sich alle Lebensformen nach ihrer Zellstruktur und ihrer ribosomalen RNA drei Domänen zuordnen lassen. Eukaryoten sind Organismen, deren Zellen einen Kern haben. Archaeen und Bakterien haben keinen Zellkern. Jede Gruppe hat eine spezifische Zellmembranstruktur.

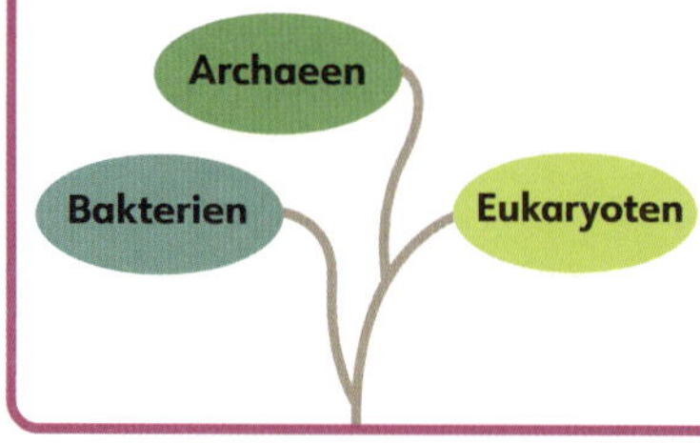

PROKARYOTEN (PROKARYOTAE)

Dieses Reich umfasst die Bakterien und Archaeen (eine Gruppe urtümlicher Organismen). Prokaryoten sind einzellige Mikroorganismen. Ihre Zellen sind kleiner als diejenigen der Lebensformen anderer Reiche, und sie sind zumeist einfach geformt. Die Zellen haben keinen Kern oder andere membrangebundene Strukturen, die DNA bildet ein einzelnes, einfaches Chromosom.

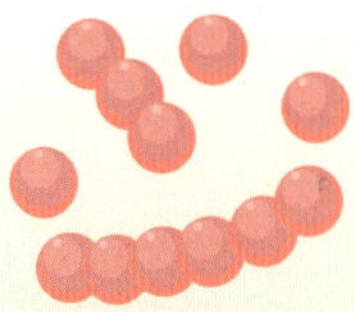
KOKKE

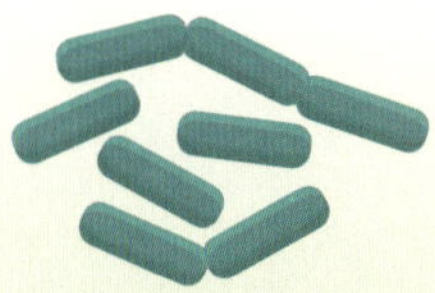
BAZILLE

SPIRILLE

PROTOCTISTEN (PROTOCTISTA)

Diese vielfältigen Organismen können Zellwände haben, bewegliche Cilien oder Geißeln oder auch feste Gehäuse. Alle haben einen Zellkern, der die DNA in Form von Chromosomen enthält, sowie innere Organellen. Einige Protoctisten, etwa Amöben, ernähren sich wie Tiere, andere, etwa Diatomeen, sind pflanzenartige Algen, die Fotosynthese betreiben, um Energie zu gewinnen.

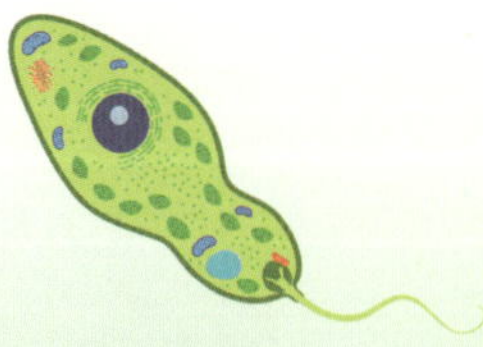
FLAGELLAT

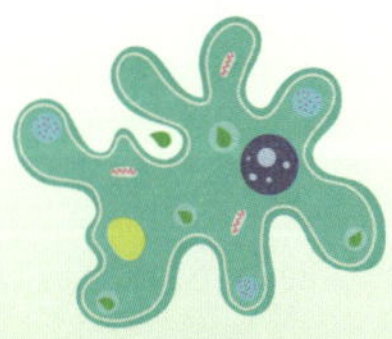
AMÖBE

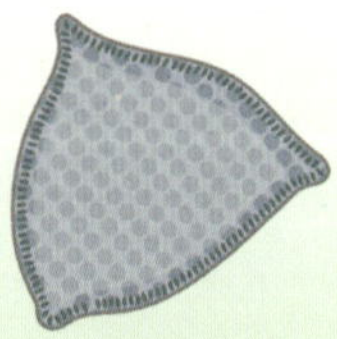
DIATOMEE

PFLANZEN (PLANTAE)

Pflanzen sind multizelluläre Organismen, die als lebensnotwendige Energiequelle die Fotosynthese nutzen. Zu ihnen gehören einfache Moose und Farne, aber auch größere und komplexere Samenpflanzen wie Koniferen und Angiospermen (Blütenpflanzen). Sie haben Zellwände (typischerweise aus Cellulose) und einen Zellkern sowie innere Organellen.

BAUM

FARN

BLÜTENPFLANZE

Chromista

Manche Forscher postulieren ein sechstes Reich: Chromista. Es enthält einzellige Organismen aus dem Protoctisten-Reich und vielzellige Algen wie Seetang, derzeit dem Pflanzenreich zugerechnet. Ihre Zellen enthalten Organellen mit einem bestimmten Chlorophyll oder Strukturen, die sich daraus entwickelt haben. Demzufolge gehört auch der Malaria-Parasit, *Plasmodium*, zu ihnen.

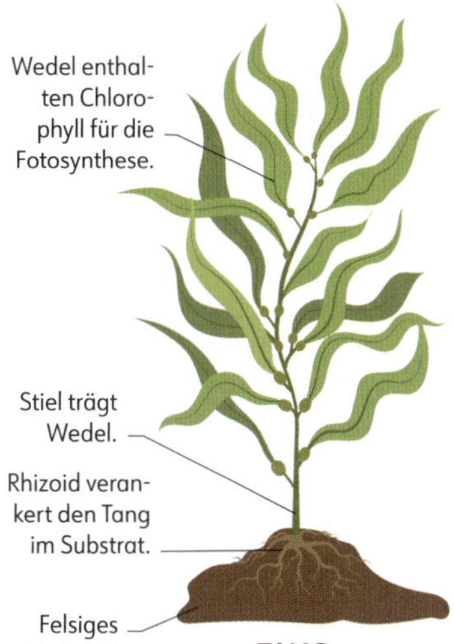

TANG

Organismen benennen

Arten werden mithilfe eines binomialen Systems wissenschaftlich benannt: Der erste Name steht für die Gattung (übergreifende Gruppe), der zweite für die Art. So vermeidet man verwirrende lokale Namen: Im Englischen heißt sowohl das Rotkehlchen (links) als auch die Wanderdrossel »robin«. Sie sind jedoch nicht verwandt.

EUROPEAN ROBIN
ERITHACUS RUBECULA

AMERICAN ROBIN
TURDUS MIGRATORIUS

PILZE

Alle Pilzzellen benutzen das Polymer Chitin, um ihre Zellwände aufzubauen (eine Verbindung, die auch von wirbellosen Tieren viel verwendet wird). Pilze sind Saprophyten: Sie wachsen auf ihrem Nahrungssubstrat, oft als kaum sichtbare Netze feiner Fäden, und scheiden Enzyme aus, die das Substrat äußerlich verdauen. Die »Pilze«, die wir im Wald sammeln, sind nur deren temporäre Fruchtkörper, die die Sporen verbreiten.

STÄNDERPILZ

HEFE

SCHIMMEL

TIERE (ANIMALIA)

Tiere sind vielzellige, oft hochkomplexe Organismen, die andere Organismen verzehren, um Energie zu gewinnen. Ihre Zellen haben einen Kern und innere Organellen wie Mitochondrien, aber keine starre Zellwand. Viele Tiere können sich frei bewegen, zumindest während eines Teils ihrer Lebenszeit, und die meisten benötigen Sauerstoff für ihren Stoffwechsel (die zellulären Prozesse, die das Leben erhalten).

RINGELWURM

REPTIL

FISCH

VOGEL

SÄUGETIER

NESSELTIER

INSEKT

Viren

Ein Virus ist ein Paket parasitischer DNA oder RNA (genetisches Material). Ein Parasit stiehlt die Ressourcen seines Wirts. Viren übernehmen die Maschinerie einer Zelle, um die viralen Gene zu reproduzieren. Der Wirt wird dabei krank.

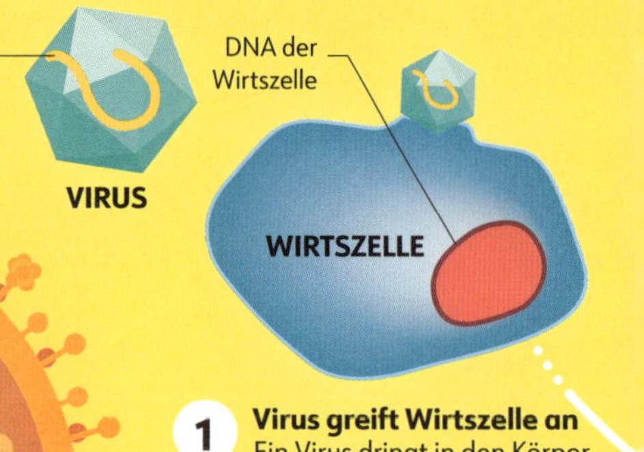

Struktur eines Virus

Viren sind keine Zellen und sie haben nicht die nötigen Zellstrukturen, um Lebensprozesse auszuführen. Viren enthalten im Wesentlichen einen Strang genetischen Materials, DNA oder RNA, verpackt in einem Mantel schützender Proteine. Die meisten Viren sind winzig; eine menschliche Körperzelle ist etwa 50-Mal so groß.

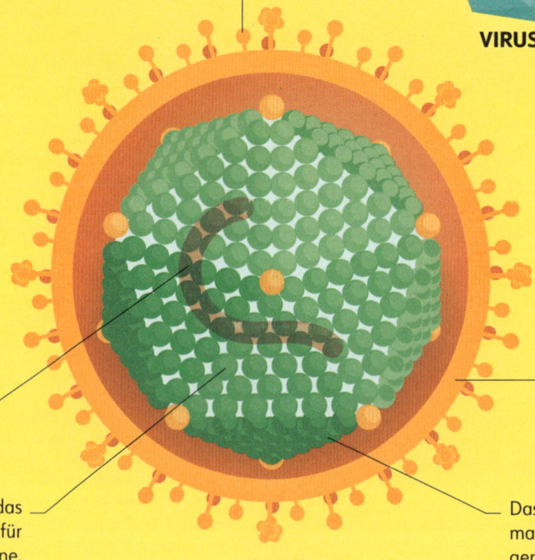

Virusformen

Es gibt eine Vielfalt von Virusgrößen und -formen, die Gesamtzahl aller Viren ist unbekannt. Viele Tausend wurden in Säugetieren, Vögeln und Pflanzen identifiziert, aber es gibt wahrscheinlich noch Millionen Typen, die andere Organismen befallen und noch erforscht werden müssen.

ES GIBT **MEHR VIREN** IN **1 LITER MEERWASSER** ALS **MENSCHEN** AUF DER ERDE.

Stäbchenförmig
Diese pastillen- oder patronenförmige Struktur ist beschränkt auf eine Gruppe von RNA-Viren, darunter der Tollwuterreger.

Komplex
Sie heißen Bakteriophagen, weil sie Bakterien angreifen. Sie »stehen« mit ihren »Beinen« auf den Bakterien und injizieren ihre DNA.

Schraubenförmig
Sie befallen vor allem Pflanzen. Die DNA bzw. RNA und der Proteinmantel sind schraubenförmig aufgewickelt.

Sphärisch
Viele gewöhnliche Viren des Menschen haben diese Form. Die äußere Hülle ist rund, aber das innere Capsid oft spiralig.

Fadenförmig
Spiralig gewickelte Viren, die lange, dünne Fäden bilden. Das menschliche Ebolavirus gehört dazu.

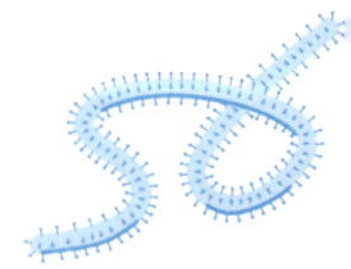

Vieleckig
Die äußeren Virenhüllen sind vielflächig. Meist haben sie 20 Flächen (bilden ein Ikosaeder) wie das Adenovirus.

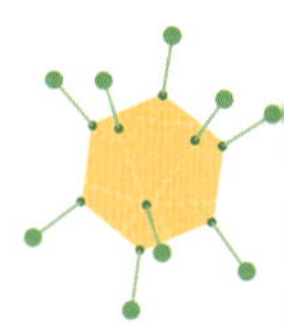

8 Freisetzung neuer Viruspartikel
Die Zelle platzt und entlässt neue Viren. Manche Viren stehlen beim Verlassen der Zelle sogar Teile der Zellmembran.

7 Neue Viruspartikel entstehen
Alle Teile des Virus werden zusammengebaut. So entstehen neue Viruspartikel, die in der Lage sind, neue Wirtszellen zu attackieren.

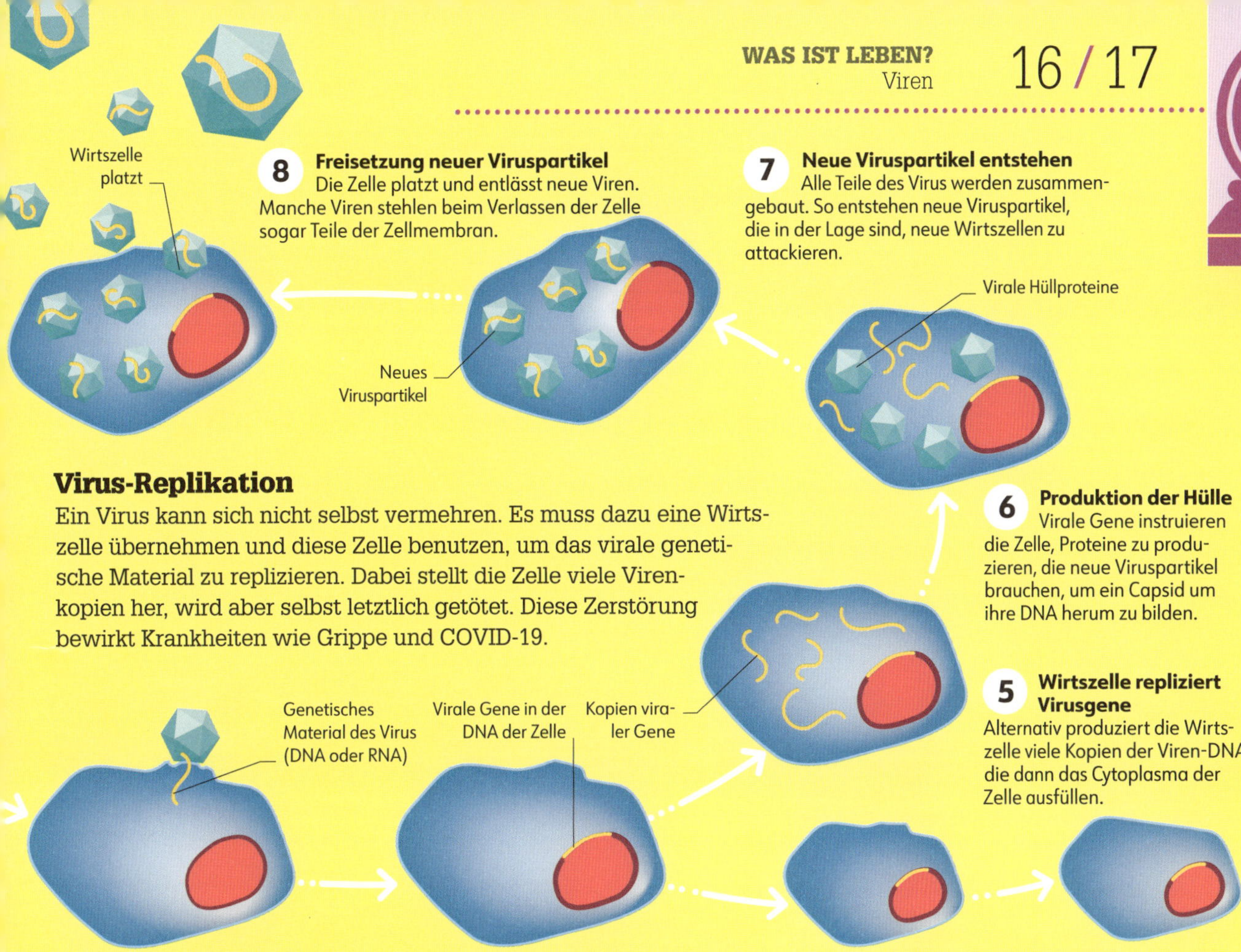

Virus-Replikation

Ein Virus kann sich nicht selbst vermehren. Es muss dazu eine Wirtszelle übernehmen und diese Zelle benutzen, um das virale genetische Material zu replizieren. Dabei stellt die Zelle viele Virenkopien her, wird aber selbst letztlich getötet. Diese Zerstörung bewirkt Krankheiten wie Grippe und COVID-19.

6 Produktion der Hülle
Virale Gene instruieren die Zelle, Proteine zu produzieren, die neue Viruspartikel brauchen, um ein Capsid um ihre DNA herum zu bilden.

5 Wirtszelle repliziert Virusgene
Alternativ produziert die Wirtszelle viele Kopien der Viren-DNA, die dann das Cytoplasma der Zelle ausfüllen.

2 Virale Gene in der Wirtszelle
Die Virushülle verbleibt außerhalb der Wirtszelle, aber das genetische Material wird, meist zusammen mit dem Capsid, in die Wirtszelle injiziert.

3 Virale Gene und Wirts-DNA
Manchmal kopiert sich die Viren-DNA und benutzt dafür Material aus dem Cytoplasma der Zelle. In anderen Fällen wird die virale zur Wirts-DNA hinzugefügt.

4 Wirtszelle teilt sich und repliziert DNA
Die virale DNA wird mit der Wirts-DNA kopiert, wenn die Zelle sich teilt. Die Tochterzellen tragen das Virus in sich.

VIREN ALS KRANKHEITSERREGER	
Adenoviren Eine Gruppe vieleckiger Viren. Sie können unterschiedliche Krankheiten auslösen, auch Erkältungen.	**HIV** Ein sphärisches Virus, welches das Immunsystem schädigt. Dadurch kann es zu anderen, gefährlichen Infektionen kommen.
Coronaviren Eine Gruppe sphärischer Viren in Kronenform. Sie können die Atemwege des Menschen befallen und z. B. COVID-19 auslösen.	**Tollwutvirus** Stäbchenförmiges Virus, welches das Gehirn von Menschen und anderen Säugetieren befällt und unbehandelt zum Tod führt.
Varicella-Zoster-Virus Vieleckiges Virus, das beim Menschen Windpocken und Gürtelrose auslöst. Ähnliche Viren erregen Herpesbläschen.	**Ebolavirus** Fadenförmiges Virus des Menschen und anderer Säugetiere. Es löst schwere, oft tödliche innere Blutungen aus.
Humanes Papillomavirus Eine Gruppe vieleckiger Viren. Manche Typen können Warzen oder Krebs auslösen, etwa Gebärmutterhalskrebs.	**Tabakmosaikvirus** Schraubenförmiges Virus, das Tabakpflanzen befällt. Das erste Virus, das entdeckt wurde – gegen Ende des 19. Jahrhunderts.

Die Biosphäre

Die Biosphäre ist die Region auf sowie über und unter der Erdoberfläche, in der Leben möglich ist. Definitionsgemäß existiert alles Leben auf unserem Planeten innerhalb der Biosphäre – nur Menschen haben es geschafft, ihn für Reisen zu verlassen.

Energie und Ressourcen

Lebensformen überleben nicht allein. Sie bilden Gemeinschaften mit wechselseitigen Abhängigkeiten, die man Ökosysteme nennt (s. S. 182–183). Die Biosphäre enthält all diese Ökosysteme. In jedem Ökosystem gibt es eine Reihe von Umweltfaktoren, die seine Funktionen bestimmen. Dazu gehören auch nichtlebende oder abiotische Umweltfaktoren. Sie umfassen Energiequellen wie Licht und nützliche Chemikalien wie Sauerstoff, flüssiges Wasser und Gesteinsmineralien. Bereitgestellt werden sie von drei anderen Sphären oder Schichten rund um den Planeten: Lithosphäre, Hydrosphäre und Atmosphäre. In der Biosphäre treffen sich diese Sphären und schaffen Bedingungen, unter denen Leben möglich ist.

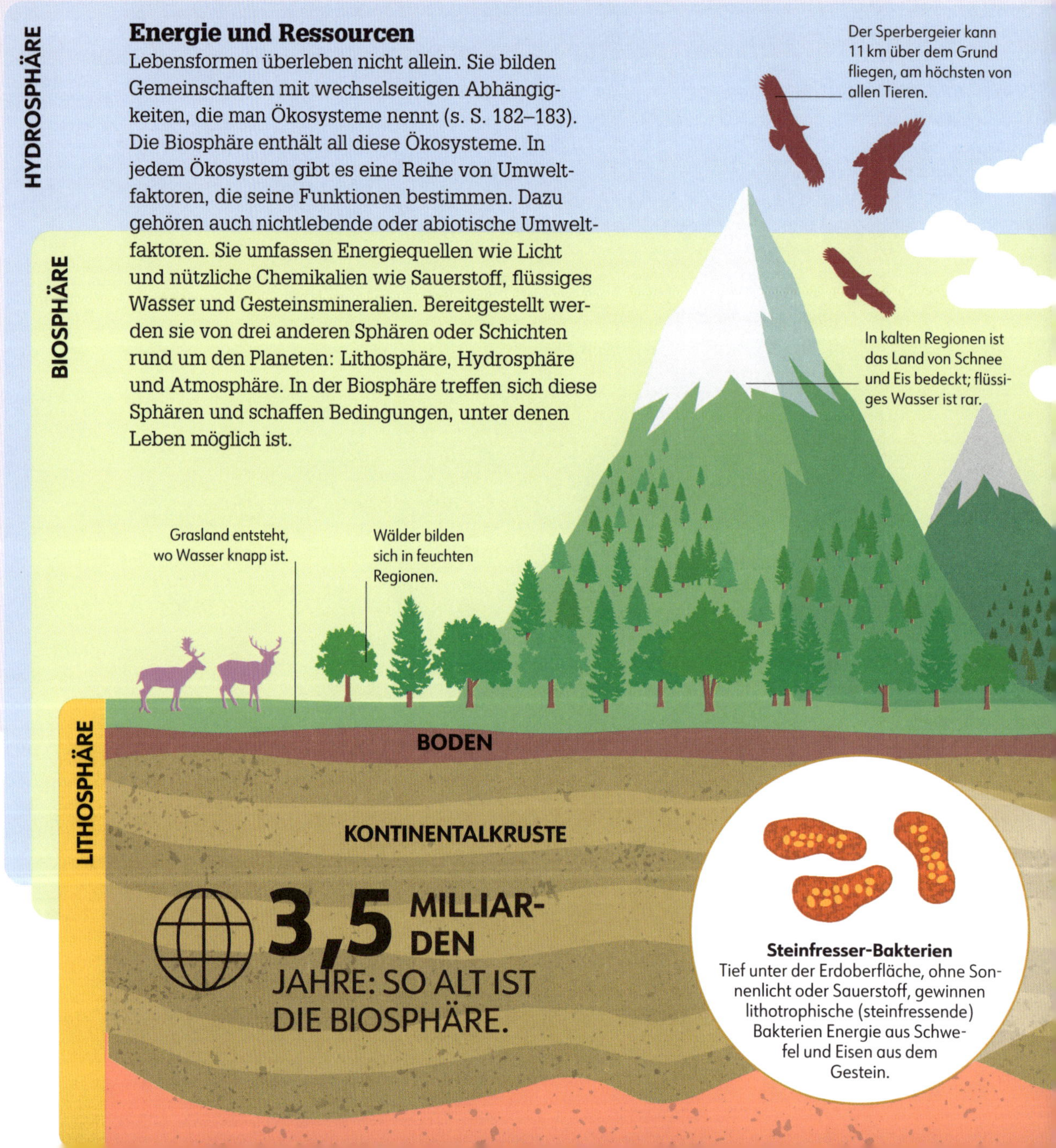

3,5 MILLIARDEN JAHRE: SO ALT IST DIE BIOSPHÄRE.

Steinfresser-Bakterien
Tief unter der Erdoberfläche, ohne Sonnenlicht oder Sauerstoff, gewinnen lithotrophische (steinfressende) Bakterien Energie aus Schwefel und Eisen aus dem Gestein.

Grenzen der Biosphäre

Die Grenzen der Biosphäre werden in erster Linie durch die Verfügbarkeit von Energie und Nährstoffen bestimmt. Andere kritische Faktoren sind Sauerstoffgehalt und Temperatur. Oberhalb einer Höhe von etwa 6 km ist die Atmosphäre für die meisten Tiere zu dünn zum Atmen. Die untere Grenze ist durch die Temperatur bestimmt, die mit zunehmender Tiefe steigt. Sobald das Gestein in der Tiefe etwa 120 °C erreicht, können nicht einmal extrem lebende Bakterien überleben.

Atmosphäre
Sie enthält Sauerstoff und Kohlendioxid, ist aber auch die wichtigste Quelle für Stickstoff, der für Proteine und andere lebenswichtige Chemikalien gebraucht wird.

Hydrosphäre
Diese Schicht enthält Wasser – meist flüssig, es kann aber auch gefrieren oder verdampfen. Nicht nur die Ozeane gehören zur Hydrosphäre, sondern auch große Mengen an Grundwasser im Gestein.

Biosphäre
Der am stärksten bevölkerte Teil der Biosphäre ist das trockene Land. Es bildet eine solide Oberfläche für dichte Ökosysteme wie Wälder. Ozeane stellen 97 Prozent des bewohnbaren Raumes in der Biosphäre, enthalten aber nur ein Zehntel des Lebens, das man an Land findet. Grund ist der relative Nahrungsmangel in dem großen Wasservolumen.

Atmosphärische Winde verbreiten Pilzsporen, Pflanzensamen, Mikroorganismen und sogar winzige Tiere in der ganzen Biosphäre.

Mineralische Nährstoffe vom Land werden ins Meer ausgewaschen.

Die meisten Meerestiere leben in einer Tiefe von etwa 500 m unter der Oberfläche.

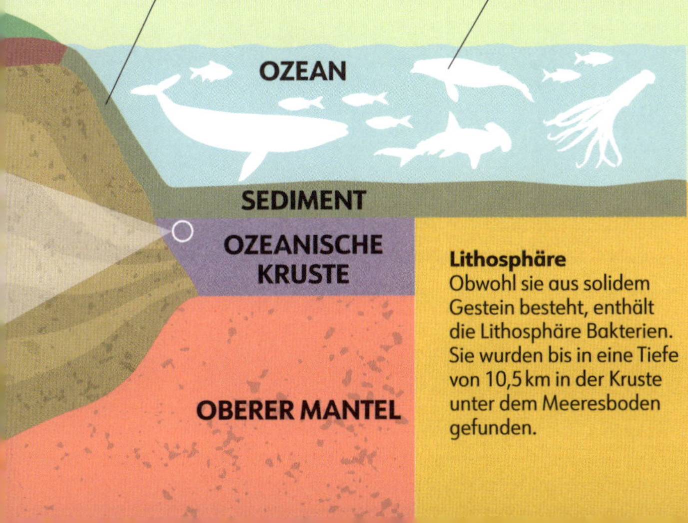

Lithosphäre
Obwohl sie aus solidem Gestein besteht, enthält die Lithosphäre Bakterien. Sie wurden bis in eine Tiefe von 10,5 km in der Kruste unter dem Meeresboden gefunden.

WIE GROSS IST DIE BIOSPHÄRE?

Die genaue Größe der Biosphäre ist ungewiss. Nach allgemeiner Annahme umfasst sie jedoch ein Volumen, das etwa doppelt so groß ist wie alle Ozeane der Erde zusammen.

KÜNSTLICHE BIOSPHÄREN

Wenn Menschen längere Zeit weit weg von der Erde leben sollen, brauchen sie eine künstliche Biosphäre. Sie muss eine atembare Atmosphäre bereitstellen sowie weitere Notwendigkeiten wie Nahrung und Wasser. Vor allem muss sie sich selbst erhalten. In den 1990er-Jahren wurde eine experimentelle künstliche Biosphäre (Biosphere 2) in der Wüste von Arizona im Südwesten der USA gebaut. Biosphere 2 war in erster Linie ein riesiges Gewächshaus mit einer Reihe von Lebensräumen. Das Projekt erforschte auch, wie Menschen mit längerer Isolation zurechtkommen. Nach mehr als zehn Jahren endete das Projekt – ohne den Beweis, dass eine künstliche Umwelt bewohnbar ist.

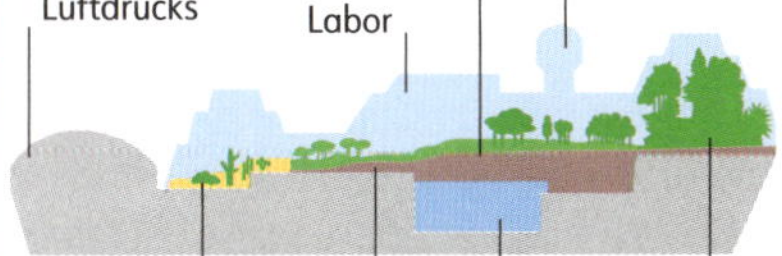

BIOSPHERE 2

Nährstoffkreisläufe

Lebende Körper bestehen zu etwa 95 Prozent aus vier Elementen, die durch die Biosphäre zirkulieren: Wasserstoff, Sauerstoff, Kohlenstoff und Stickstoff. Wasserstoff und Sauerstoff zusammen bilden Wasser. Der Wasserkreislauf ist ein weitgehend physikalischer Prozess. Kohlenstoff- und Stickstoffkreislauf hingegen werden biologisch angetrieben.

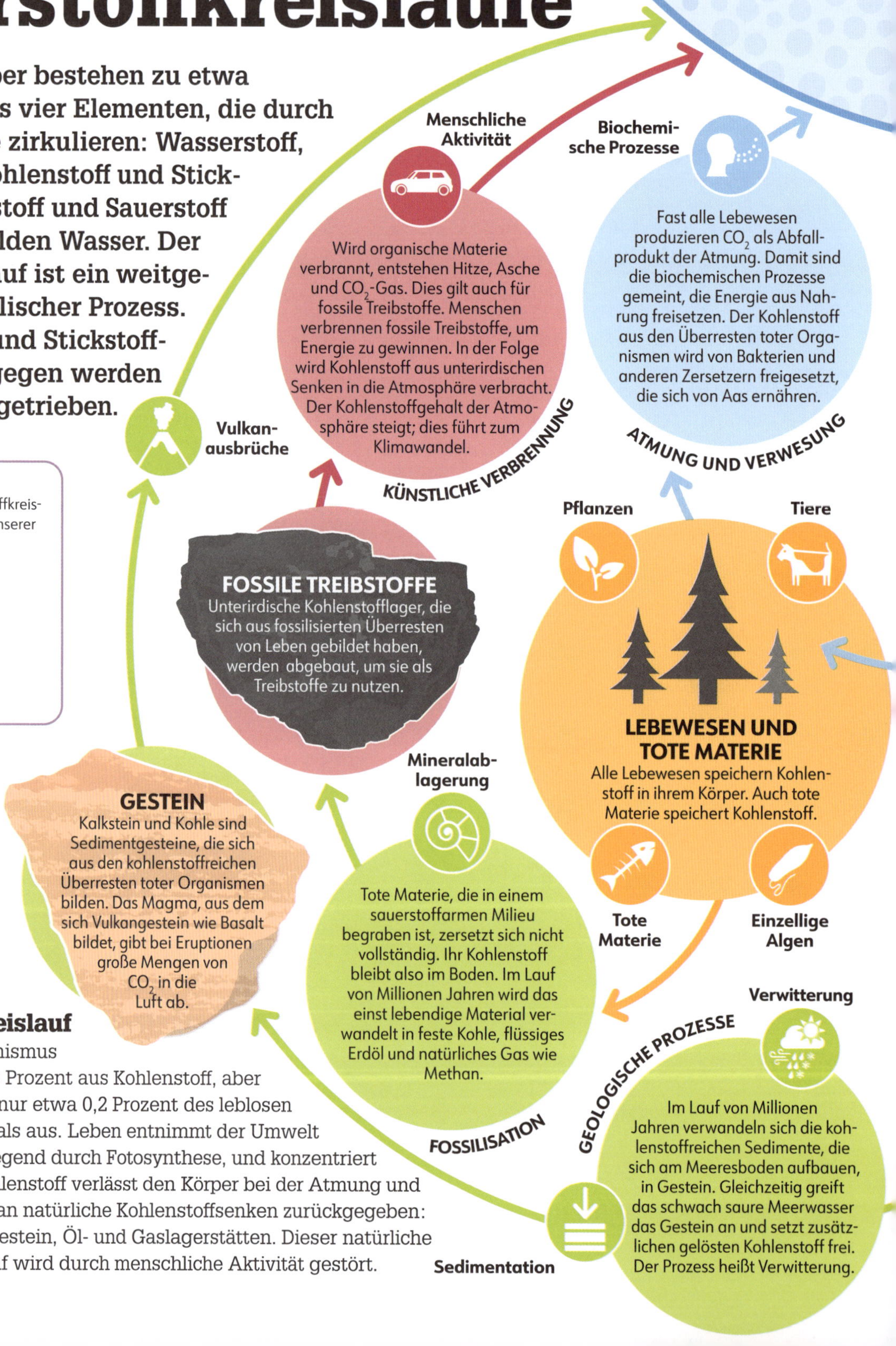

LEGENDE
Nur Teile des Kohlenstoffkreislaufs laufen während unserer Lebenszeit ab.

- Langsam (Millionen Jahre)
- Schnell, natürlich (Lebenszeit)
- Schnell, künstlich (Lebenszeit)

Der Kohlenstoffkreislauf

Ein lebender Organismus besteht zu etwa 20 Prozent aus Kohlenstoff, aber Kohlenstoff macht nur etwa 0,2 Prozent des leblosen natürlichen Materials aus. Leben entnimmt der Umwelt Kohlenstoff, vorwiegend durch Fotosynthese, und konzentriert ihn in Körpern. Kohlenstoff verlässt den Körper bei der Atmung und beim Tod; er wird an natürliche Kohlenstoffsenken zurückgegeben: die Atmosphäre, Gestein, Öl- und Gaslagerstätten. Dieser natürliche Kohlenstoffkreislauf wird durch menschliche Aktivität gestört.

Atmosphäre
Kohlendioxid (CO_2) macht nur etwa 0,04 Prozent der Atmosphäre aus, spielt aber eine wichtige Rolle bei vielen Lebensprozessen. Es wirkt sich auch massiv auf das globale Klima aus.

Aufnahme von CO_2

Pflanzen an Land nutzen Energie aus Sonnenlicht, um CO_2 in größere, komplexere Moleküle wie Zucker einzubauen. Einzellige Algen erfüllen eine ähnliche Aufgabe im Oberflächenwasser der Meere. Der organische Kohlenstoff wird dann über Nahrungsketten weitergereicht.

FOTOSYNTHESE

CO_2-Austausch

LUFT-MEER-TRANSFER

Atmosphärisches CO_2 löst sich leicht in den Ozeanen. Der Prozess ist reversibel, so ergibt sich ein langsamer, gleichmäßiger Austausch zwischen Luft und Wasser. Marines Leben nutzt den gelösten Kohlenstoff, um Schalen aus Carbonat herzustellen. Diese sinken zu Boden und bilden harte Sedimente.

OZEANE
Kohlenstoff wird im Meerwasser als CO_2, Kohlensäure, Hydrogencarbonat und Carbonat gespeichert.

Der Stickstoffkreislauf

Stickstoff ist ein essenzieller Baustein der lebensnotwendigen Eiweißstoffe. Stickstoff kommt in der Atmosphäre sehr reichhaltig vor, aber er ist nicht reaktiv. Die meisten Lebewesen sind darauf angewiesen, dass Bakterien Stickstoff aus der Luft assimilieren oder fixieren und in Nitrat umwandeln.

3,5 MILLIARDEN MENSCHEN SIND AUF SYNTHETISCHE NITRAT-DÜNGER ANGEWIESEN.

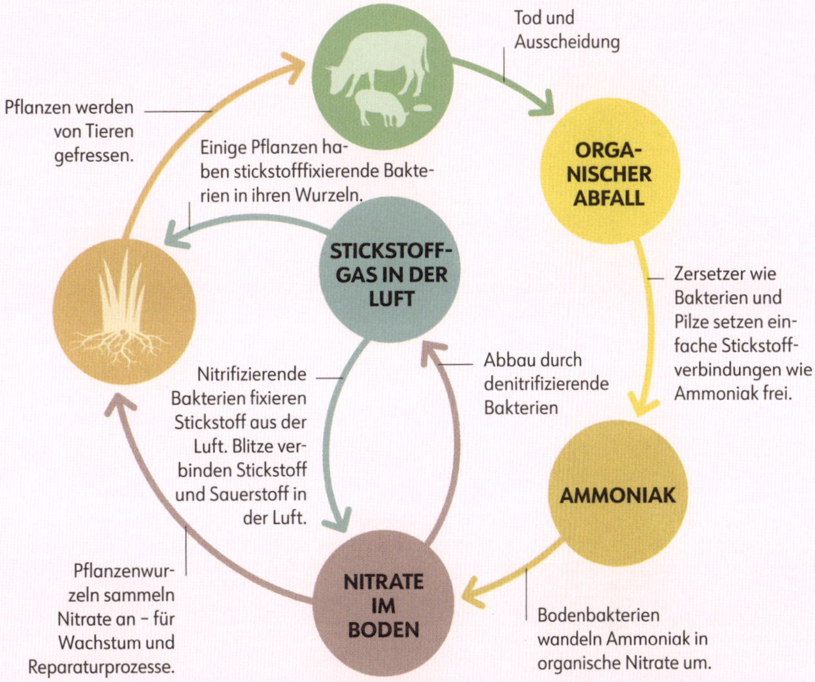

MENSCH UND KOHLENSTOFFKREISLAUF

Im Lauf der letzten 200 Jahre hat der Mensch durch Verbrennung fossiler Treibstoffe mehrere Milliarden Tonnen Kohlenstoff aus unterirdischen Kohlenstoffsenken in die Atmosphäre transferiert. Der zusätzliche Kohlenstoff in der Luft wirkt wie eine Hitzefalle. Dies verändert das globale Klima und erzeugt Extremwetter.

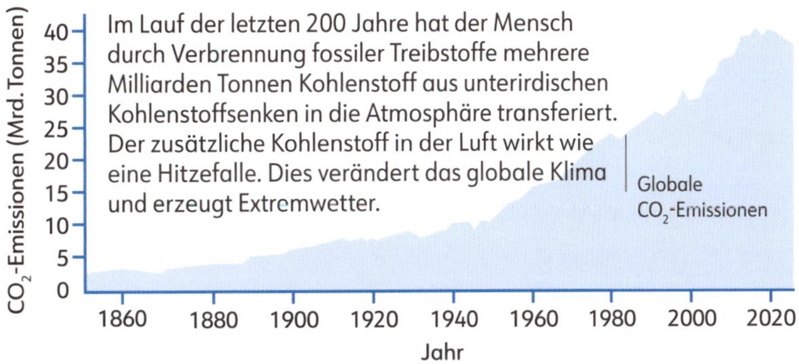

Leben in extremen Umwelten

Die durchschnittliche Temperatur auf der Erde beträgt derzeit 14 °C, an der Meeresoberfläche sind es 20 °C. Die meisten Lebewesen fühlen sich unter diesen Bedingungen wohl. Einige Lebensformen tolerieren jedoch extreme Kälte oder Hitze oder auch schädliche Chemikalien; man nennt sie Extremophile.

Extremophile

Die Bezeichnung »extremophil« bedeutet »extreme Bedingungen liebend«. Meist sind es Bakterien und Archaeen, die sich zu Beginn der Erdgeschichte entwickelt haben, als noch harsche Lebensbedingungen herrschten. In extremen Lebensräumen findet man allerdings auch einige Frösche, Fische, Insekten und Krustentiere. Extremophile sind an ein bestimmtes Extrem angepasst. Einige überleben Hitze, die die Enzyme normaler Organismen zerstören würde, oder Kälte, in der ein normaler Stoffwechsel aufhören würde. Andere können Konzentrationen von Chemikalien ertragen, die normalerweise tödlich wären.

RADIOAKTIVITÄT ÜBERLEBEN

Radioaktivität beschädigt die Zellchemie: Ist eine Zelle gerade dabei, sich zu teilen, wird sie zerstört. Gefährlich hohe Strahlenbelastungen sind vor allem menschengemacht; die Radioaktivität in der Natur ist relativ niedrig. Dennoch sind manche Lebensformen resistenter als andere. So hat etwa Radioaktivität eine geringere Wirkung auf Insekten, da deren Zellen sich seltener teilen als die Zellen von Säugetieren. Letztere produzieren täglich Milliarden neuer Zellen.

DAS BAKTERIUM ***DEINOCOCCUS RADIODURANS*** IST EINER DER **HÄRTESTEN MIKROORGANISMEN**: ES KANN SOGAR **IM VAKUUM** DES **WELTRAUMS** ÜBERLEBEN.

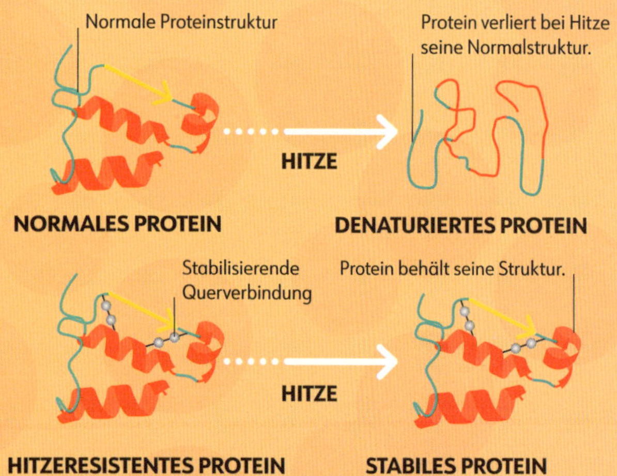

Thermophile

Die hitzeliebenden Mikroorganismen können in 40–80 °C heißem Wasser überleben. Normalerweise werden Proteine, etwa Enzyme, bei solcher Hitze denaturiert: Sie verlieren ihre normale Struktur und Funktion. Thermophile haben hitzeresistente Proteine. Diese sind durch stabilisierende Querverbindungen verstärkt, behalten ihre Form und funktionieren auch bei hohen Temperaturen.

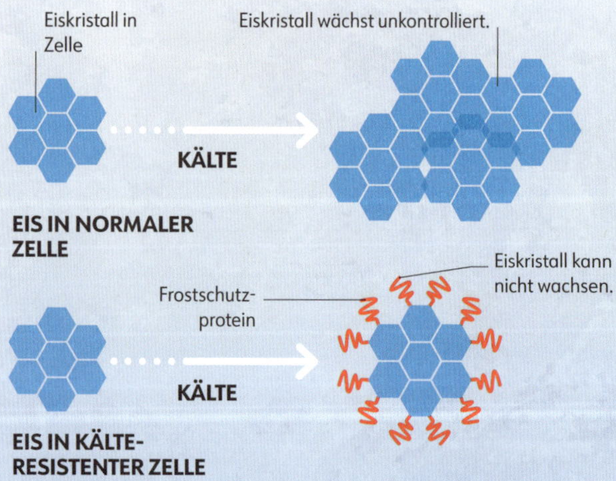

Psychrophile

Diese »Kälteliebhaber« sind resistent gegen Frost. Dazu gehören Frösche, die den Winter in gefrorenem Flusswasser verbringen. Wenn eine normale Zelle Frost ausgesetzt ist, bilden sich große Eiskristalle in ihrem Cytoplasma (s. S. 54) und zerstören die Zelle. Dagegen enthält das Cytoplasma der Psychrophilen Frostschutzproteine, die dafür sorgen, dass nur winzige Eiskristalle entstehen.

Bärtierchen

Diese mikroskopisch kleinen Tiere überleben kochendes Wasser, das Einfrieren bis −200 °C und Weltraumreisen. Bärtierchen leben normalerweise in feuchter Umgebung, auch im Boden und in marinen oder Süßwassersedimenten. Unter trockenen, sauerstoffarmen Bedingungen jedoch wandeln einige Arten ihren Körper in ein inaktives Stadium um, in dem er Jahre oder Jahrhunderte überdauern kann.

Aktives Stadium
Untger günstigen Bedingungen kann ein Bärtierchen fressen, sich bewegen, wachsen und sich vermehren.

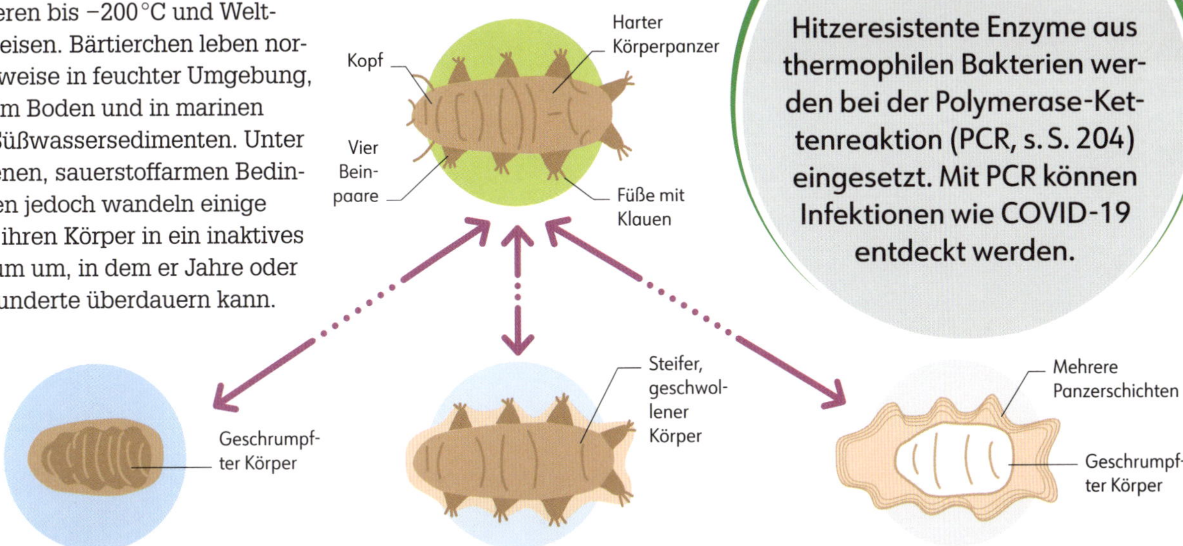

Tönnchen
Unter extrem kalten, salzigen oder trockenen Bedingungen trocknet der Körper des Bärtierchens aus, schrumpft und rollt sich zusammen. Dies heißt Tönnchenstadium.

Anoxybiose
Bei sauerstoffarmen Bedingungen absorbiert der Körper vermehrt Wasser, schwillt an, wird steif und unbeweglich. Das Bärtierchen geht in ein Ruhestadium über.

Zyste
Um langsame, etwa jahreszeitliche Veränderungen zu überstehen, bildet der Körper zusätzliche Hautschichten. Darin schrumpft der Körper, es entsteht eine harte Zyste.

NÜTZLICHE EXTREMOPHILE?

Hitzeresistente Enzyme aus thermophilen Bakterien werden bei der Polymerase-Kettenreaktion (PCR, s. S. 204) eingesetzt. Mit PCR können Infektionen wie COVID-19 entdeckt werden.

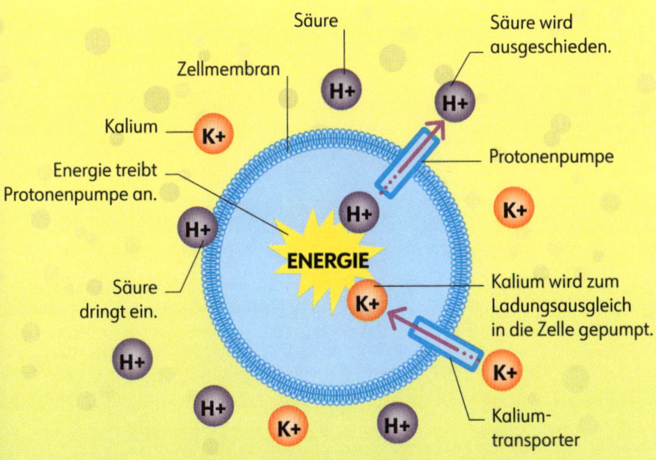

Acidophile
Eine Säure ist ein Stoff, der in wässriger Lösung die Konzentration positiv geladener Wasserstoff-Ionen (H^+) erhöht. Diese beschädigen die meisten Zellen, doch Acidophile haben eine Protonenpumpe, die sie hinausschleust und den pH-Wert der Zelle neutral hält. Damit die Zelle nicht negativ geladen wird, werden positive Kalium-Ionen (K^+) hineingepumpt.

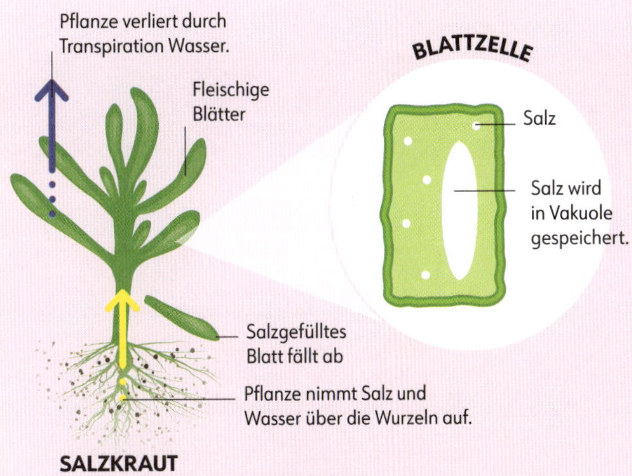

Halophile
Diese salzliebenden Extremophilen leben auf Böden, von denen Salzwasser verdunstet ist und die sehr salzhaltig sind. Ein Beispiel ist das Salzkraut. Es wächst in Küstennähe, wo der Salzgehalt für andere Pflanzen zu hoch ist. Die Pflanze nimmt Salzwasser auf und schließt das Salz in einer Vakuole ein (s. S. 63). Ältere Blätter, die viel Salz enthalten, werden abgeworfen.

Beginn des Lebens

Das Leben auf der Erde hat wahrscheinlich vor 3,7 Milliarden Jahren begonnen, nur ein paar Hundert Millionen Jahre nachdem der Planet entstanden ist. Wie die ersten Lebensformen aus toter Materie entstehen konnten, ist nicht bekannt, aber es gibt mehrere Theorien dazu.

ANORGANISCHE ZUTATEN

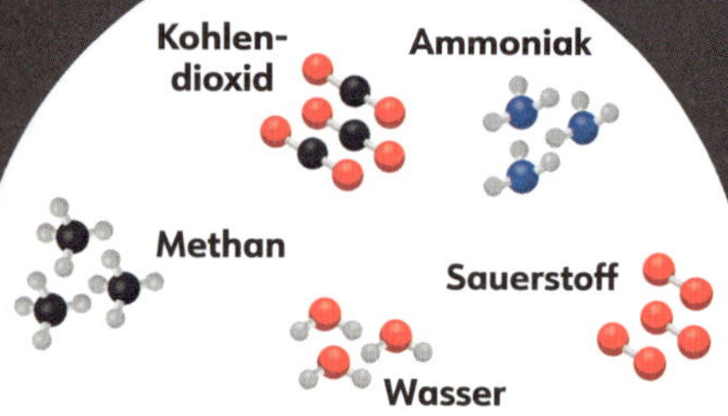

1 Die frühe Erdatmosphäre war voll von sauerstoff- und stickstoffreichen Stoffen aus vulkanischer Aktivität. Diese lösten sich im Wasser der Ozeane.

ENERGIE AUS GEOTHERMALER HITZE UND BLITZEN

EINZELNE ORGANISCHE MOLEKÜLE

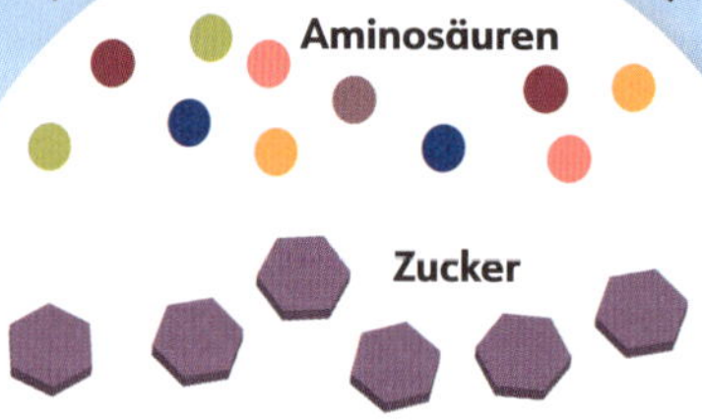

2 Blitze, Vulkanausbrüche, Sonnenlicht und ultraviolette Strahlung ließen die Stoffe miteinander reagieren. So entstanden einfache organische Substanzen wie Zucker und Aminosäuren.

SAUERSTOFF WAR GIFTIG FÜR DIE FRÜHESTEN LEBENSFORMEN.

KOMPLEXE ORGANISCHE MOLEKÜLE

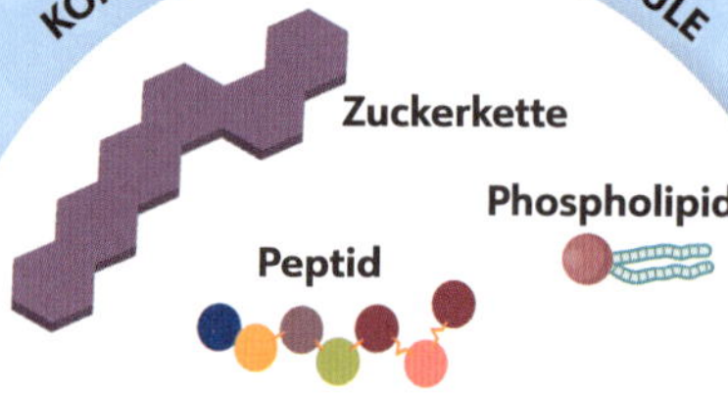

3 Die Moleküle wurden immer komplexer, und die einfachen organischen Moleküle bildeten Polymere (lange Moleküle aus kurzen Ketten kleinerer Einheiten). So entstanden primitive Proteine (Peptide), Kohlenhydrate (Zucker) und Lipide (Fette).

Die Ursuppe

Die erste wissenschaftliche Theorie über den Ursprung des Lebens, die sogenannte Ursuppen-Theorie, kam Anfang des 20. Jahrhunderts auf. Demnach enthielten die frühen Ozeane die Rohstoffe des Lebens. Komplexe chemische Strukturen wie DNA und Proteine wurden daraus im Lauf einer langen Periode zufälliger chemischer Interaktionen »gekocht«.

ENTSTEHEN IMMER NOCH NEUE ARTEN?

Ja, es entstehen ständig neue Arten. Und existierende Arten, sogar der Mensch, entwickeln sich weiter, auch wenn diese Änderungen langsam vor sich gehen.

REPLIKATOREN

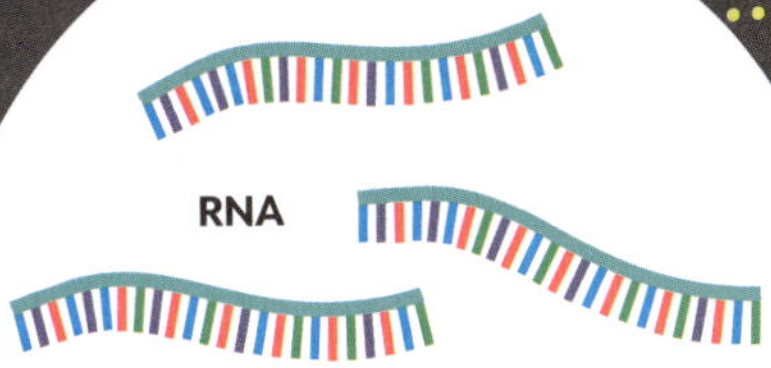

4 Man nimmt an, dass manche Polymere selbstkatalysierend waren: Ein Molekül bildete das Muster, um ein zweites zu bilden. Diese replizierenden Chemikalien konkurrierten um Rohmaterial und entwickelten sich evolutionär zu RNA.

ZELLEN

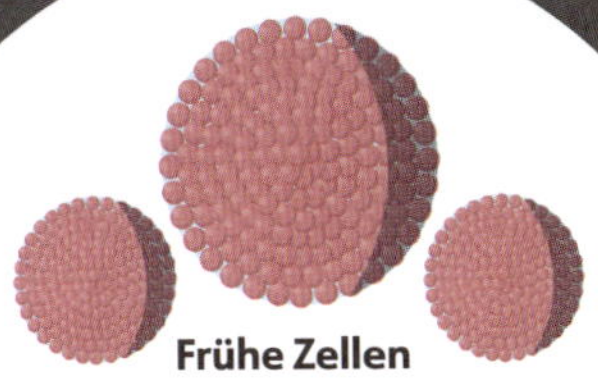

5 Die ersten Protozellen bestanden wohl nur aus einem sich verdoppelnden Polymer in einem Membranvesikel. Sie speicherten Rohmaterial, um sich zu vervielfältigen, und Chemikalien, die zu Kettenreaktionen fähig waren – der erste Stoffwechsel.

MEMBRANEN

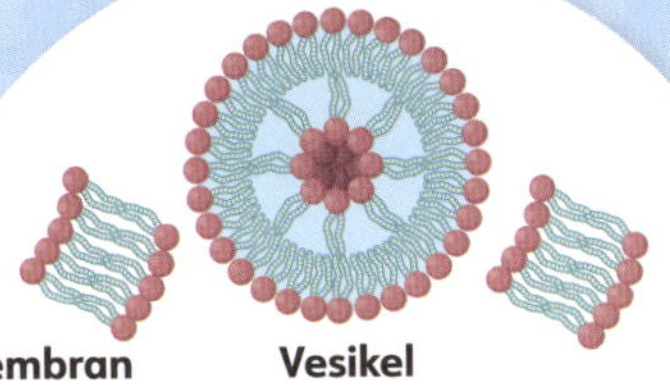

4 Manche organischen Moleküle stoßen an einem Ende Wasser ab und ziehen es am anderen Ende an. In Wasser könnten sich solche Moleküle zu Membranen und Bläschen (Vesikeln) zusammengelagert haben – mit der wasserliebenden Seite nach außen.

Hydrothermale Schlote

Die Theorie der hydrothermalen Schlote besagt, dass die ersten Lebensformen aus hydrothermalen Schloten stammen – Orte am tiefen Meeresboden, wo Mineralien aus dem Inneren der Erdkruste aufsteigen. Hitze und Druck schufen die Bedingungen für die Entstehung komplexer Substanzen, aus denen die ersten Protozellen entstanden. Eine Vielzahl an Chemikalien und mineralischen Katalysatoren trieb die chemischen Prozesse an.

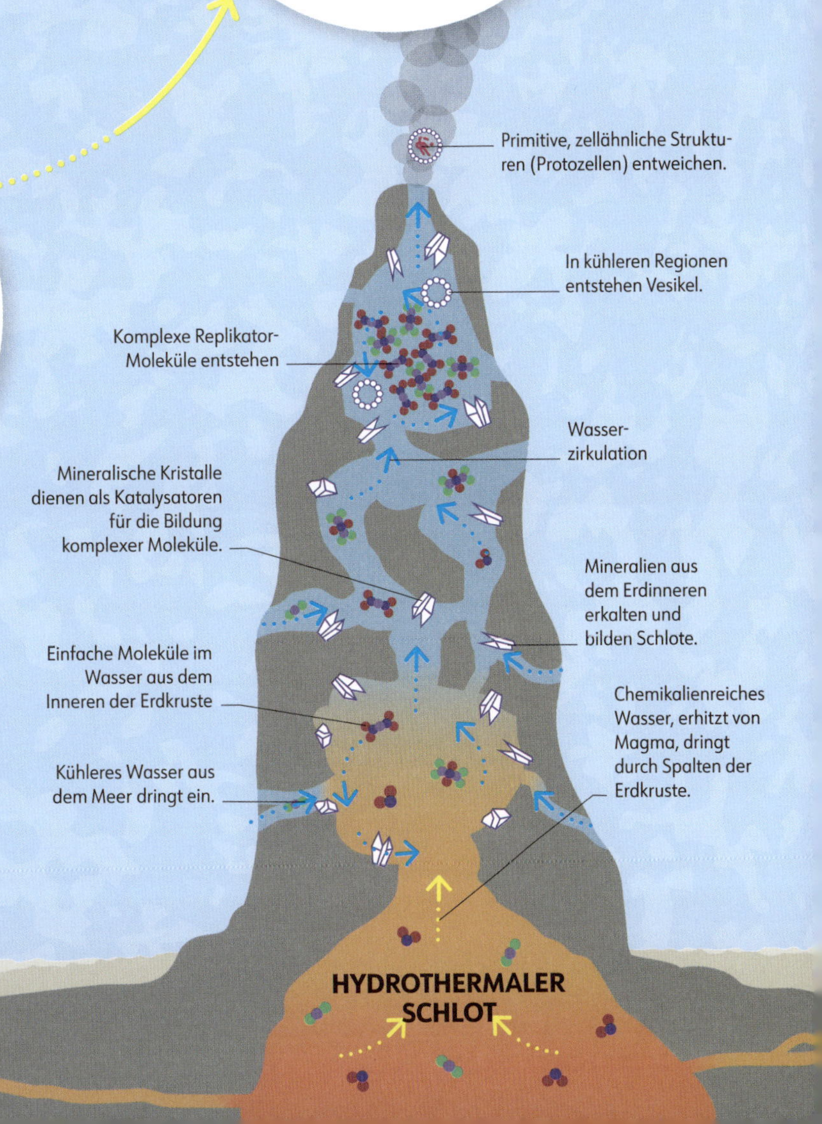

Leben auf anderen Planeten

Astrobiologie ist die Suche nach Organismen außerhalb der Erde. Man versucht Planeten, Monde und Zonen um Sterne herum zu finden, die lebensfreundliche Bedingungen haben.

Die habitable Zone

Eine Region um einen Stern herum, in der die Temperatur eines kreisenden Körpers ständig flüssiges Wasser auf der Körperoberfläche zulässt, wird habitable Zone genannt. Man nimmt an, dass fremdes Leben Wasser braucht, so wie das Leben auf Erden auch. Die Erde nimmt in unserem Sonnensystem die habitable Zone ein. Habitable Zonen um andere Sterne herum hängen von der Größe und Temperatur des Sterns ab. Die meisten Sterne im Universum sind rote Zwerge, kühler und kleiner als die Sonne. Habitable Zonen um sie herum liegen also viel näher an diesen Sternen als die Erde an der Sonne.

KÖNNEN WIR JEMALS ALIENS BESUCHEN?

Der nächste möglicherweise bewohnbare Planet ist mehr als vier Lichtjahre entfernt. Selbst unser schnellstes Raumschiff würde 73 000 Jahre brauchen, um dorthin zu gelangen.

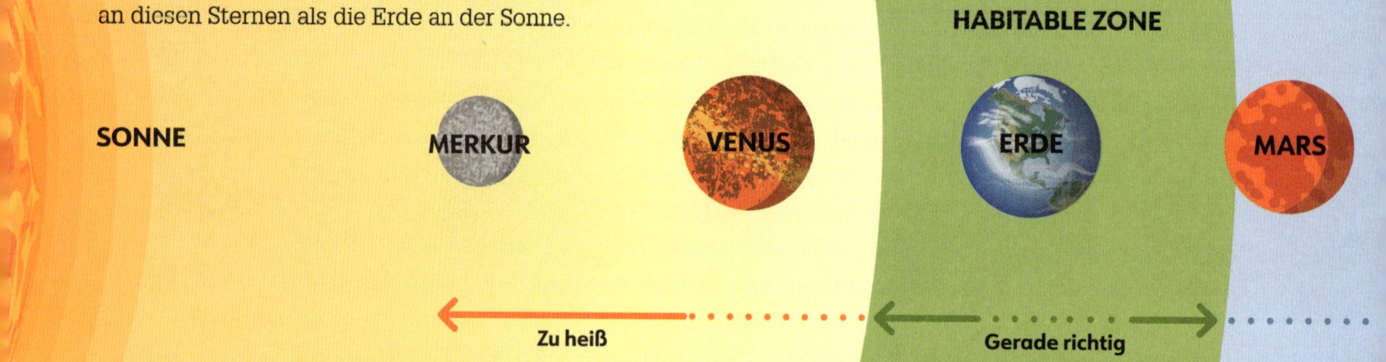

Faktoren für den Erhalt komplexen Lebens

Unsere Galaxis enthält etwa 400 Milliarden Planeten. Vermutlich liegen viele von ihnen in habitablen Zonen und bergen die Bedingungen für die Entstehung von Leben. Zusätzliche Faktoren (siehe unten) sind nötig, damit ein Planet lange stabile Perioden erlebt, sodass sich komplexe, unterschiedliche Arten entwickeln können.

Oberflächentemperatur
Sie sollte durchschnittlich bei über 0 °C liegen, dem Gefrierpunkt von Wasser, aber unter 40 °C, weil darüber empfindliche Moleküle wie Proteine zerstört werden.

Oberflächenwasser
Der Planet braucht ein permanentes Wasserreservoir. Auch außerirdisches Leben braucht wahrscheinlich Wasser als Medium für Stoffwechselprozesse.

Stabiler Stern
Instabile Sterne ändern ihre Helligkeit während ihrer Lebenszeit deutlich. Ihre starken Sonnenstürme verstrahlen Planeten und können Massenaussterben auslösen.

Lage in der Galaxie
Ein Planet sollte nah genug am Zentrum der Galaxie liegen, um wichtige Elemente zu gewinnen, aber weit genug außen, um eine tödliche Strahlung zu vermeiden.

Massiver Nachbar
Die Erde profitiert von der Schwerkraft des Jupiters, der Kometen und Asteroiden anzieht, bevor sie das innere Sonnensystem erreichen. So ist die Erde vor Meteoren geschützt.

Großer Mond
Der Erdmond ist im Vergleich zur Erde relativ groß. Eine Folge davon sind die Gezeiten. Sie schufen Küstenlebensräume, an denen das Leben vom Wasser an Land ging.

ES GIBT **6 MILLIARDEN ERDÄHNLICHE PLANETEN** IN UNSERER **GALAXIS.**

Europa
Der Jupitermond Europa hat einen festen Eisschild. Er bedeckt einen Ozean, der mindestens doppelt so viel Wasser wie die Meere der Erde enthält. Leben könnte es an hydrothermalen Schloten auf Europas Ozeanboden geben.

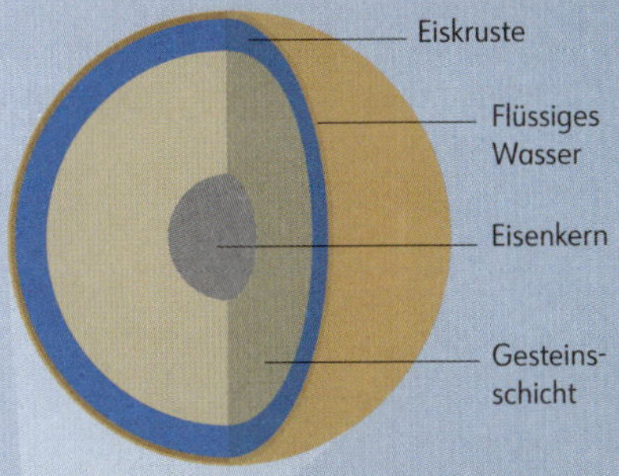

SUCHE NACH LEBEN

Astrobiologen hoffen, dass neue Teleskope chemische Aktivitäten sichtbar machen werden, die Lebensprozesse in der Atmosphäre ferner Planeten belegen. Radiosignale aus dem Weltraum werden nach Zeichen aktiver Kommunikation durchsucht.

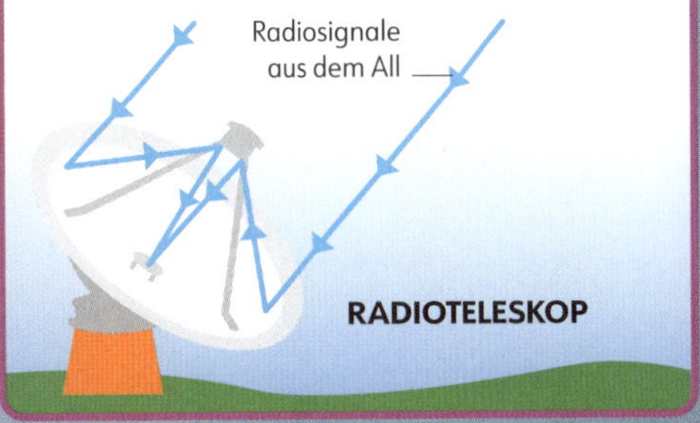

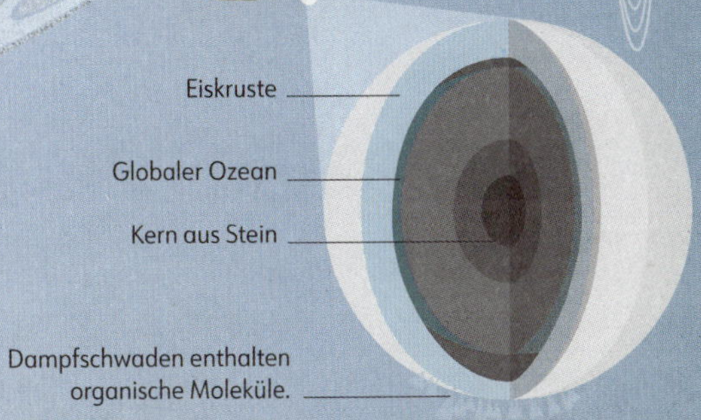

Enceladus
Der Saturnmond Enceladus gibt Schwaden von Salzwasserdampf ab, die einfache Kohlenstoff- und Stickstoffverbindungen enthalten. Vermutlich wird unter der Eiskruste durch Vulkanismus Wasser erhitzt. Dies könnte Leben ermöglichen.

Heißer Metallkern
Der Erdkern erzeugt ein starkes Magnetfeld. Dieses bildet die Magnetosphäre, die die Erde vor elektrisch geladenen Teilchen von der Sonne schützt.

Drehung und Neigung
Die Schwerkraft des Monds zwingt die Erde zu einer stabilen Rotation und minimiert Schwankungen um die Achse. Tageslänge und Jahreszeiten variieren nicht übermäßig.

Ausreichende Masse
Der Planet muss groß und dicht genug sein, damit er durch seine Schwerkraft eine dichte Atmosphäre halten kann, die Wärme speichert und Nährstoffkreisläufe ermöglicht.

Plattentektonik
Eine aktive Oberfläche mit Kontinenten und Ozeanen in ständiger Bewegung erhöht die Biodiversität und treibt die Evolution unterschiedlicher Lebewesen an.

Atmosphäre
Die Atmosphäre muss große Mengen Kohlen- und Stickstoff als Rohstoffe für Leben enthalten, außerdem Wasser, das als Regen herabfällt und Ozeane füllt.

Kohlenstoffverbindungen
Der Planet muss innerhalb der »Rußlinie« liegen, in der komplexe Kohlenstoffverbindungen durch die Hitze des Sterns zu einfacheren Lebensbausteinen zerlegt werden.

DIE CHEMIE DES LEBENS

Stoffwechsel

Stoffwechsel (oder Metabolismus nach dem griechischen Wort für »Wechsel«) ist der Oberbegriff für alle chemischen Reaktionen und Prozesse innerhalb eines Organismus, die ihn am Leben erhalten.

Vitale Prozesse

In allen Organismen laufen ständig Tausende von Stoffwechselprozessen ab, die lebensnotwendig sind. So kann der Organismus aus Nahrung Energie gewinnen, wesentliche Körperfunktionen wie Atmung und Bewegung erfüllen, Zellen und Gewebe reparieren sowie den Hormonhaushalt und die Körpertemperatur regulieren.

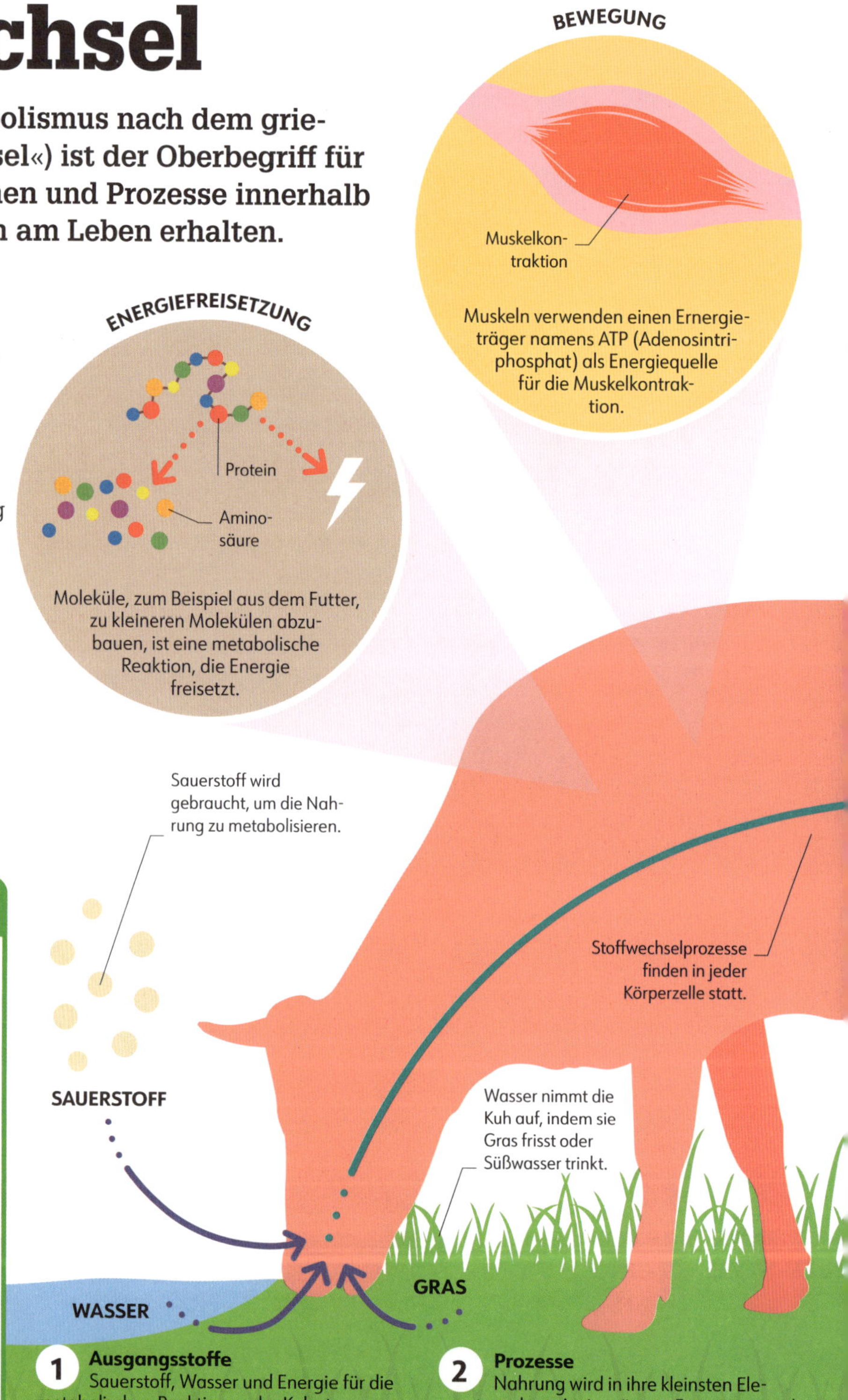

Wie Stoffwechsel funktioniert

Eine Kuh braucht Futter und anderen Input für ihre essenziellen Lebensprozesse. Neben den für den Körper brauchbaren Produkten produzieren diese Reaktionen auch Abfall.

STOFFWECHSELRATE

Die Menge an Energie, die der Körper braucht, um Stoffwechselprozesse zu verrichten, heißt Stoffwechselrate. Sie wird in Kilojoule pro Tag gemessen (KJ/Tag).

MAUS
84 KJ/TAG

KATZE
502–753 KJ/TAG

MENSCH
7950–9623 KJ/TAG

ELEFANT
292 880 KJ/TAG

1 Ausgangsstoffe
Sauerstoff, Wasser und Energie für die metabolischen Reaktionen der Kuh stammen aus ihrer Atemluft, dem Wasser, das sie trinkt, sowie aus den Zuckerverbindungen und Fasern der gefressenen Pflanzen.

2 Prozesse
Nahrung wird in ihre kleinsten Elemente zerlegt: Aminosäuren, Fettsäuren und Zucker. Aus Aminosäuren werden Proteine für die Erhaltung der Zellen gebildet, Zucker und Fettsäuren versorgen den Körper mit Energie.

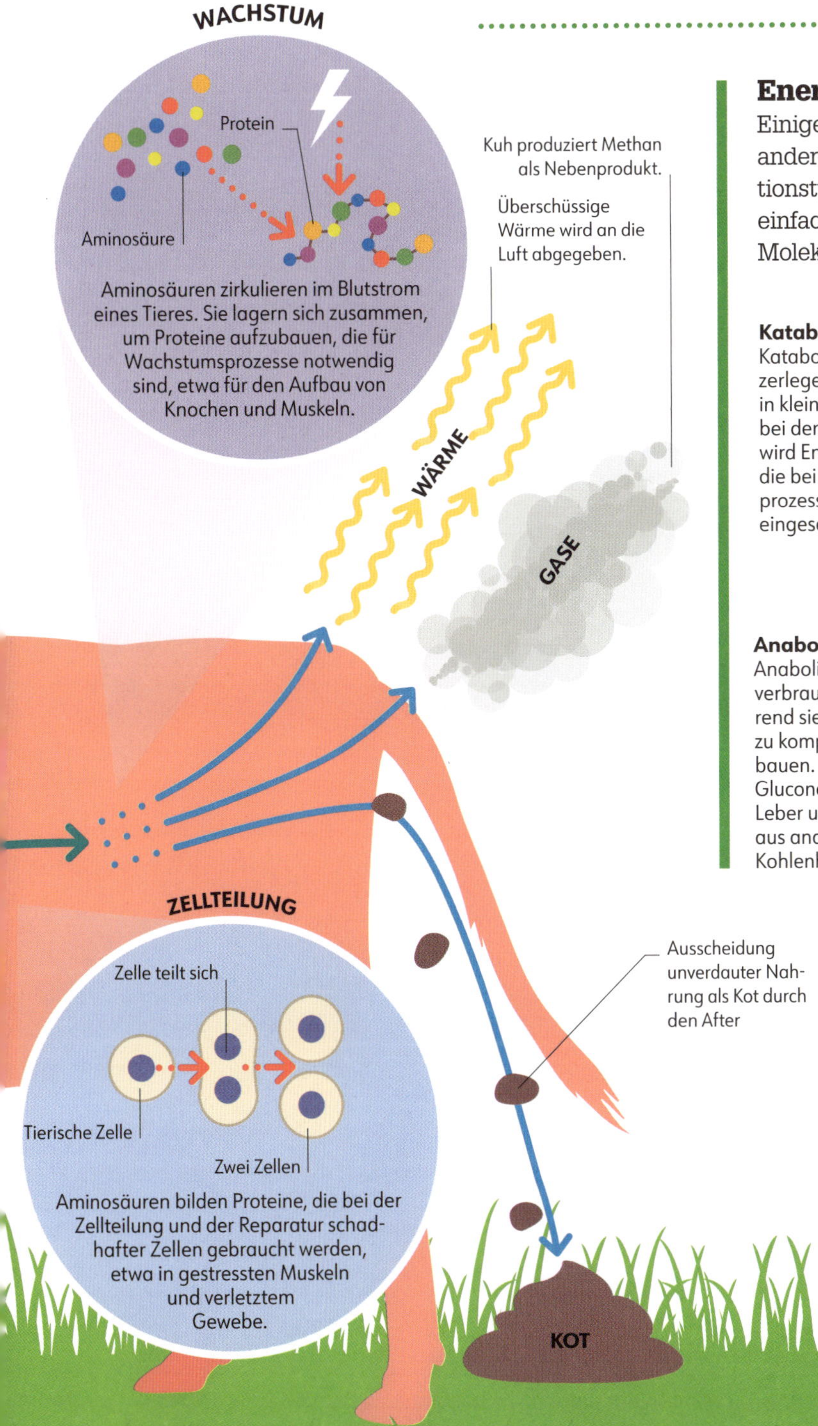

Energieaustausch

Einige Stoffwechselprozesse erfordern Energie, andere setzen sie frei. Es gibt zwei Hauptreaktionstypen: Aufbau komplexer Moleküle aus einfacheren (Anabolismus) und Zerlegung von Molekülen in kleine Einheiten (Katabolismus).

Katabolismus
Katabolische Reaktionen zerlegen größere Moleküle in kleinere, einfache – etwa bei der Verdauung. Dabei wird Energie freigesetzt, die bei essenziellen Körperprozessen wie der Atmung eingesetzt werden kann.

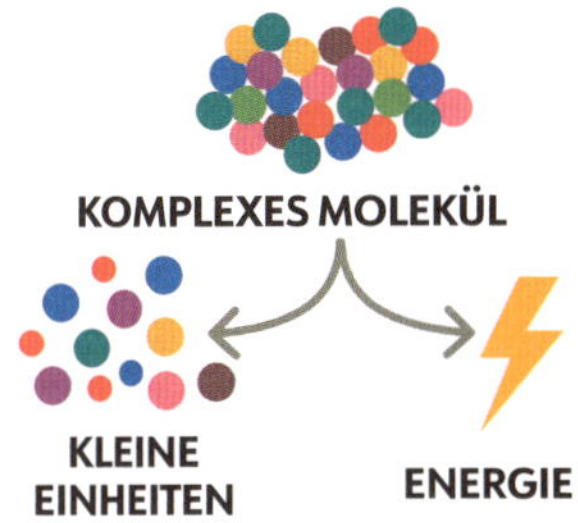

Anabolismus
Anabolische Reaktionen verbrauchen Energie, während sie einfache Moleküle zu komplexen zusammenbauen. Ein Beispiel ist die Gluconeogenese, bei der Leber und Niere Glucose aus anderen Quellen als Kohlenhydrate produzieren.

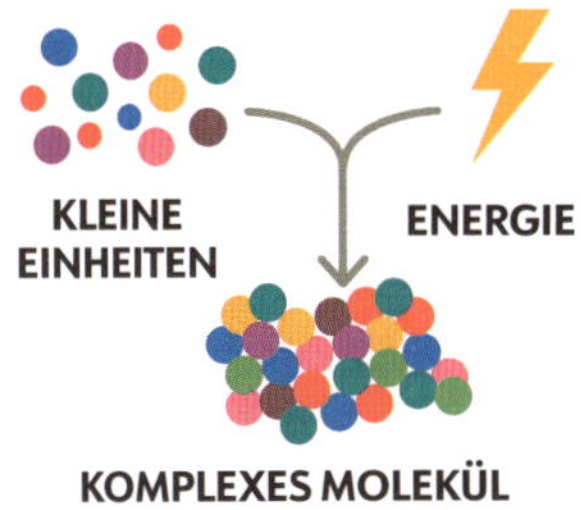

FÜHRT LANGSAMER STOFFWECHSEL ZU FETTLEIBIGKEIT?

Die Stoffwechselrate variiert von Person zu Person, bestimmt aber nicht das Körpergewicht. Dicke Menschen können denselben Tagesverbrauch haben wie dünne.

3 Nebenprodukte
Produkte des Stoffwechsels, die nicht im Körper verbraucht oder gespeichert werden, heißen Nebenprodukte. Sie werden als Abfall ausgeschieden. Dazu gehören Wärme, Kot, Urin und Gase.

WALE **FRESSEN 20–50 MILLIONEN** KALORIEN AM TAG – DAS ENTSPRICHT **60 000 LACHSFILETS.**

Kohlenhydrate

Neben Fetten und Proteinen gehören Kohlenhydrate zu den drei essenziellen Hauptbestandteilen der Diät aller Lebewesen. Häufigstes Kohlenhydrat ist Glucose, ein einfacher Zucker, Hauptenergiequelle für Zellen, Gewebe und Organe.

Was sind Kohlenhydrate?

Kohlenhydrate kommen in Pflanzen und Tieren vor, sie sind zentral für jegliches Leben. Es sind große Moleküle, die Kohlenstoff-, Wasserstoff- und Sauerstoffatome enthalten. Pflanzen erzeugen Kohlenhydrate bei der Fotosynthese (s. S. 46–47) und speichern sie als lange Polysaccharidketten (Stärke), Tiere nehmen Kohlenhydrate mit der Nahrung auf und speichern sie als Glykogen.

Funktionen von Kohlenhydraten

Kohlenhydrate haben vielfältige Funktionen in den Körpern von Tieren wie diesem Braunbär. Wenn er kohlenhydrathaltige Nahrung frisst, etwa Pinienzapfen, zerlegt sein Verdauungssystem diese zu Glucose, der wichtigsten Energiequelle des Tieres, um sie für den ganzen Körper nutzbar zu machen.

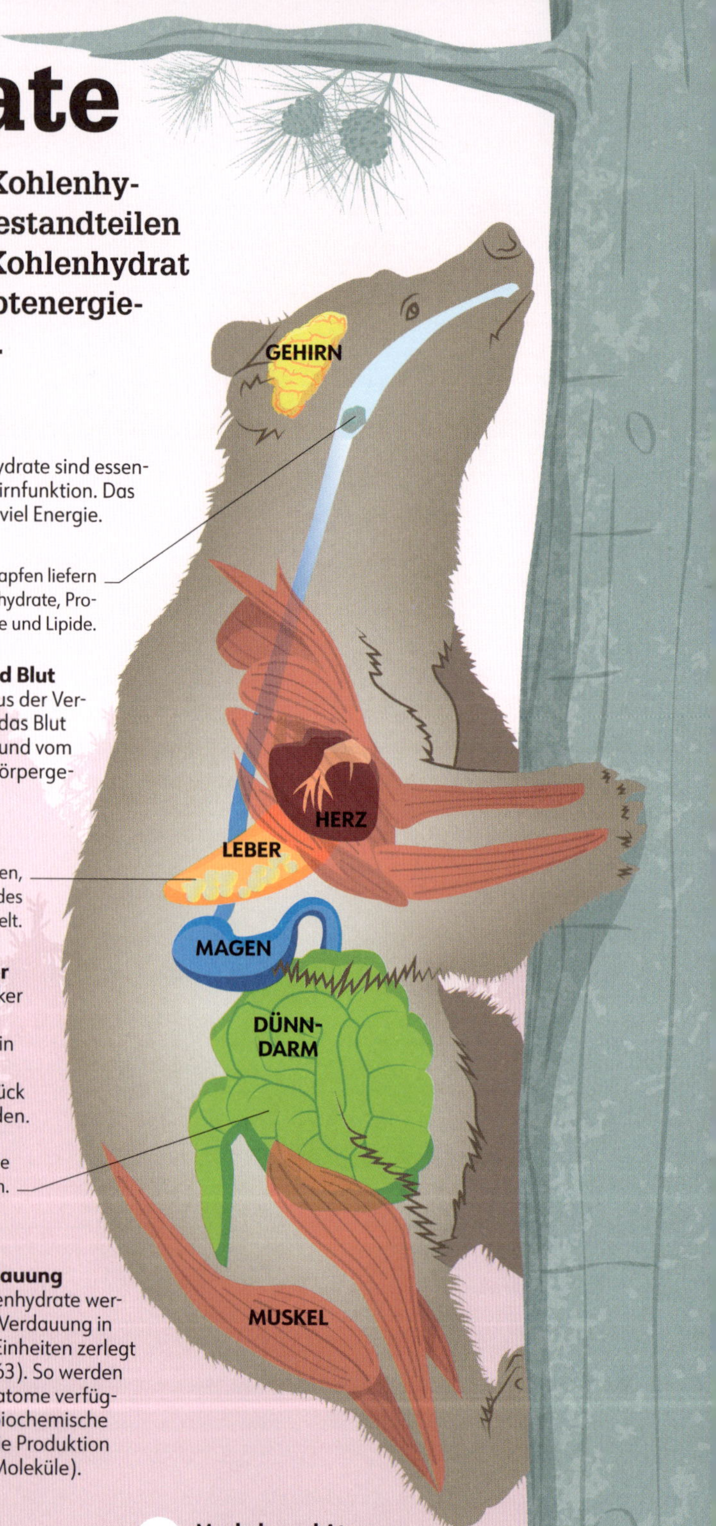

4 Gehirn
Kohlenhydrate sind essenziell für die Gehirnfunktion. Das Gehirn braucht viel Energie.

Pinienzapfen liefern Kohlenhydrate, Proteine und Lipide.

2 Herz und Blut
Zucker aus der Verdauung wird in das Blut aufgenommen und vom Herzen in alle Körpergewebe gepumpt.

Zucker wird in Fettsäuren, dem Energiespeicher des Körpers, umgewandelt.

3 Leber als Speicher
Überschüssiger Zucker aus der Kohlenhydratverdauung wird als Glykogen in der Leber gespeichert. Bei Energiebedarf kann es zurück in Glucose gewandelt werden.

Zucker werden durch die Dünndarmwand aufgenommen.

1 Verdauung
Kohlenhydrate werden bei der Verdauung in einfachere Einheiten zerlegt (s. S. 162–163). So werden Kohlenstoffatome verfügbar für die biochemische Synthese (die Produktion komplexer Moleküle).

5 Muskeln und Atmung
Glucose ist eine essenzielle Komponente bei der Atmung, die die Muskeln mit der Energie für die Körperbewegungen versorgt.

WIE KOMMEN FLEISCHFRESSER AN KOHLENHYDRATE?

Fleischfresser sind an eine fettreiche, kohlenhydratarme Diät gewöhnt. Die benötigten Kohlenhydrate stammen aus Pflanzenfressern, die zu ihrer Beute zählen.

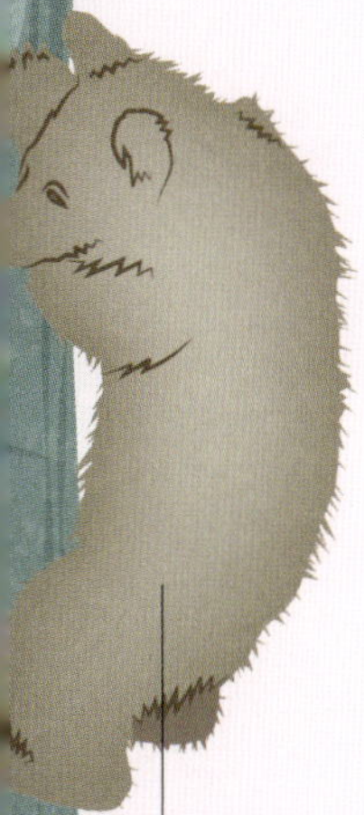

Neugeborene Säugetiere bekommen Kohlenhydrate über die Muttermilch.

Cellulose, das häufigste Kohlenhydrat in der Natur, ist eine zähe Faser, die in Pflanzenzellen für Stabilität sorgt.

Pflanzen erzeugen in ihren Blättern Kohlenhydrate durch Fotosynthese.

Typen von Kohlenhydraten

Chemisch kann man ein Kohlenhydrat nach der Zahl der Zuckermoleküle, aus denen es besteht, als Monosaccharid, Disaccharid, Oligosaccharid oder Polysaccharid klassifizieren. Monosaccharide dienen als Energiespeichermoleküle und als Bausteine für komplexere Zucker, die für Strukturelemente gebraucht werden. Disaccharide werden hauptsächlich für den Zelltransport benötigt. Polysaccharide dienen als Speicherform für Energie. Sie setzen Energie langsamer frei als Mono- und Disaccharide.

Monosaccharid
Monosaccharide wie Glucose und Fructose bestehen aus einer Zuckereinheit. Sie sind die Bausteine für komplexere Zucker und speichern und liefern Energie.

MONOSACCHARID

Disaccharid
Saccharose (von Pflanzen gebildet), Lactose (in Milch enthalten) und Maltose sind Disaccharide. Sie bestehen aus zwei verknüpften Monosacchariden.

DISACCHARID

Oligosaccharid
Kohlenhydrate aus drei bis sechs Zuckereinheiten heißen Oligosaccharide. Neben Lactose (einem Disaccharid) enthält menschliche Muttermilch Oligosaccharide.

OLIGOSACCHARID

Polysaccharid
Polysaccharide wie Cellulose, Stärke und Glykogen sind große Polymere aus mehreren Zuckermolekülen. Ihre Struktur kann verzweigt oder linear sein.

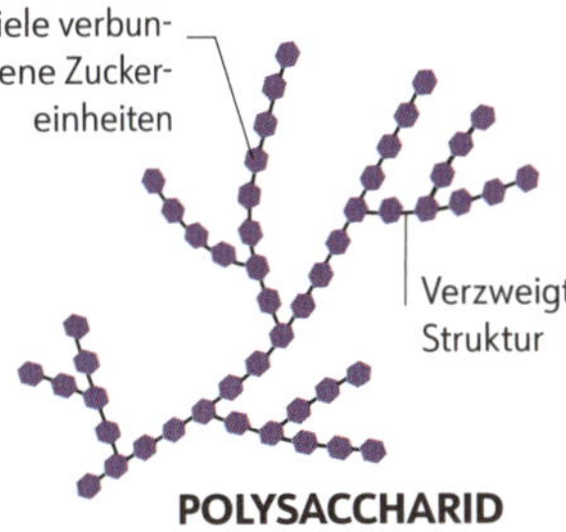

POLYSACCHARID

Kohlenhydrat-Quellen

Kohlenhydrate gibt es in drei Formen: einfache Zucker, Stärke und Fasern. Einfache Zucker (Monosaccharide und Disaccharide) sind die Hauptenergiequelle des Körpers und die Bausteine komplexerer Zucker. Stärke und Fasern (Polysaccharide) sind komplexe Kohlenhydrate, die als Energiespeicher dienen. Man findet sie in Milch und Pflanzen, etwa in Früchten, Körnern und Gemüse.

TYP	QUELLE
Einfache Zucker	Einfache Zucker findet man natürlicherweise in Früchten. Sie werden auch künstlich hergestellt – für Süßigkeiten, Desserts und andere verarbeitete Lebensmittel.
Stärke	Stärke findet man in Blättern, Früchten, Wurzeln und Stämmen. Getreide und Reis sind stärkereiche Nahrungsmittel, aber auch Kartoffeln, Erbsen und Mais.
Fasern	Fasern als Ballaststoff sind in Bohnen, Nüssen, Avocados und Brokkoli enthalten. Fasern findet man auch in Baumwolle, Hanf, Bambus, Wolle, Seide und Mohair.

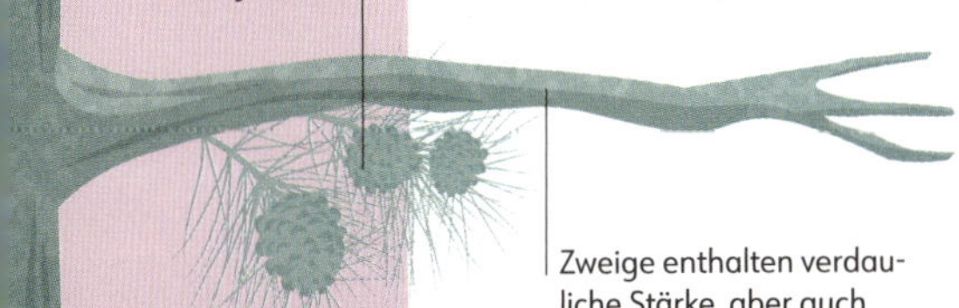

Zweige enthalten verdauliche Stärke, aber auch Fasern, die nicht verdaut werden können, dem Kot jedoch Struktur geben.

LACTOSE IST DAS EINZIGE KOHLENHYDRAT TIERISCHEN URSPRUNGS.

Lipide

Lipide wie Fette und Öle sind essenziell für das Funktionieren aller Organismen. Sie verleihen vielen Nahrungsmitteln ihre Textur. Wichtiger noch: Lipide speichern Energie, bilden Zellmembranen und agieren als chemische Botenstoffe.

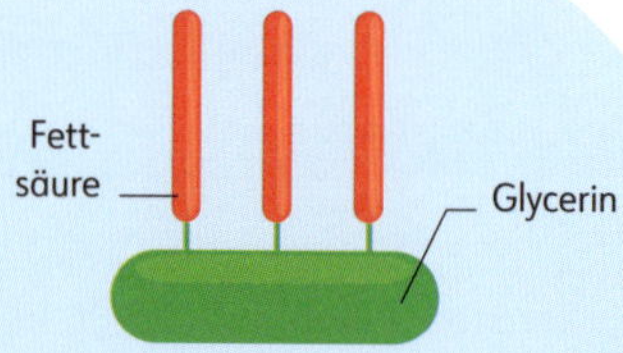

Triglyceride
Ein Triglycerid besteht aus einer Einheit Glycerin und drei Ketten von Fettsäuren. Fettsäuren können gesättigt oder ungesättigt sein. Bei Zimmertemperatur sind die meisten gesättigten Fette fest, während ungesättigte Fette eher flüssig sind.

Was sind Lipide?

Lipide sind mehr als die Fette und Öle, die wir aus unserer Nahrung kennen. Sie sind eine vielfältige Gruppe von Molekülen, zu denen auch Wachse sowie einige Vitamine und Hormone zählen. Lipide bilden die meisten Membranen in den Zellen eines Organismus. Sie bestehen aus langen Kohlenstoffketten, an denen Wasserstoff- und Sauerstoffatome hängen. Einige Lipide enthalten Stickstoff und Phosphor. Im Gegensatz zu allen anderen Molekülen in lebenden Zellen sind Lipide in Wasser unlöslich. Tiere können einige Lipide selbst herstellen, andere müssen sie aus ihrer Nahrung aufnehmen, etwa aus Pflanzen.

RINDFLEISCHBURGER

Lipidtypen
Es gibt vier Hauptgruppen von Lipiden: Triglyceride, Phospholipide, Steroide und Wachse. Sie haben unterschiedliche molekulare Strukturen, die sie zu einer Fülle von Funktionen in den Körpern von Pflanzen, Tieren und anderen Lebewesen befähigen.

Triglyceride
Auch bekannt als »Fette und Öle«, können Triglycerid-Moleküle bei der Verdauung abgebaut und als Körperfett gespeichert werden. Fette sind bei Raumtemperatur fest; sie werden von Tieren zur Dämmung, zum Schutz und als Langzeitspeicher für Energie verwendet. Öle sind flüssig und dienen Pflanzen zur Energiespeicherung.

Gesättigte und ungesättigte Fette

Ein gesättigtes Fett ist »gesättigt« mit Wasserstoffatomen, d. h., es enthält die maximal mögliche Zahl an Wasserstoffatomen und keine Kohlenstoff-Kohlenstoff-Doppelbindung in seiner chemischen Struktur. Ein ungesättigtes Fett hat mindestens eine dieser Doppelbindungen. Gesättigte Fette findet man vor allem in tierischer Nahrung wie Käse, Fleisch und Butter, aber einige Pflanzen haben auch viel gesättigtes Fett, etwa Kokosnuss- und Palmöl. Ungesättigte Fette sind in Nüssen, Samen und Pflanzenölen enthalten.

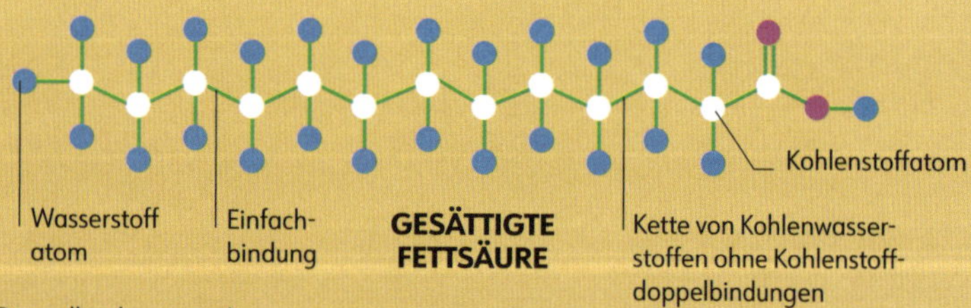

GESÄTTIGTE FETTSÄURE

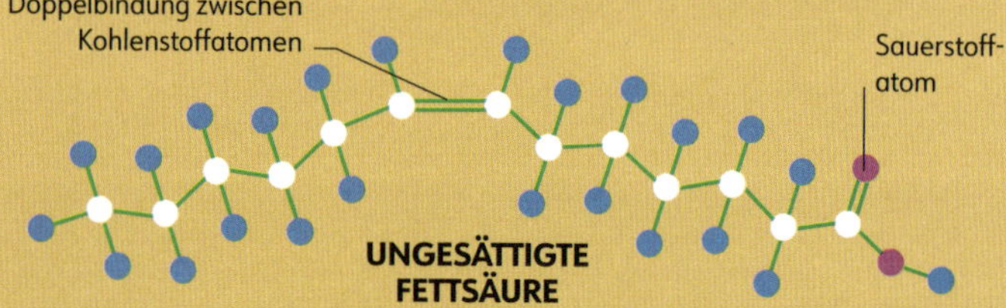

UNGESÄTTIGTE FETTSÄURE

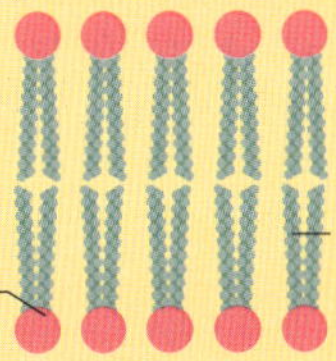

Phospholipiddoppelschicht
In Zellmembranen sind Phospholipide in einer Doppelschicht angeordnet. Die hydrophilen Köpfe zeigen nach außen. Sie haben Kontakt mit der wässrigen Flüssigkeit in und außerhalb der Zelle, während die hydrophoben Schwänze nach innen gerichtet sind.

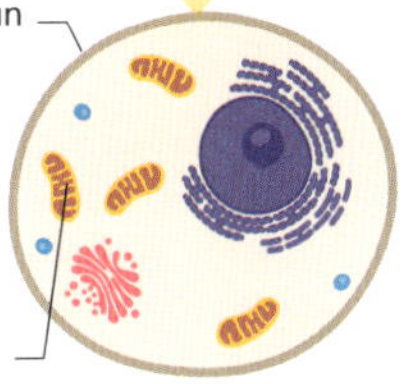

TIERISCHE ZELLE

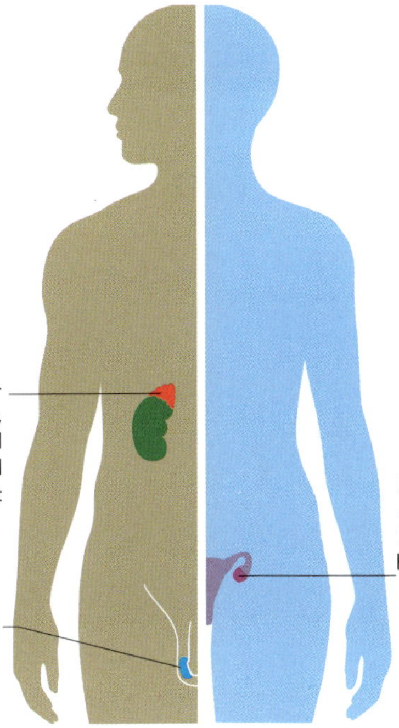

MÄNNLICH WEIBLICH

FLAMINGO

Phospholipide
Diese Lipide bilden die Membranen fast aller Zellen (s. S. 56–57) und ihrer Organellen. Jedes Phospholipidmolekül besteht aus einem hydrophoben (»wasserscheuen«) Schwanz und einem hydrophilen (»wasserliebenden«) Kopf. Die Moleküle grenzen den Inhalt der Zelle von der Umgebung ab.

Steroide
Steroidhormone wie Cortisol und die Sexualhormone Östrogen und Testosteron sind von einem wachsartigen Lipid namens Cholesterin abgeleitet. Die Hormone sind chemische Botenstoffe, sie kommunizieren zwischen Zellen, Geweben und Systemen des menschlichen Körpers und regulieren Körperprozesse.

Wachse
Wachse sind Lipide, die die Federn mancher Wasservögel, die Blätter einiger Pflanzen und die Haut mancher Insekten bedecken. Man findet sie auch in den Ohren einiger Tiere zum Schutz des Trommelfells. Die hydrophobe Eigenschaft der Wachse hilft den Tieren, trocken zu bleiben.

CHOLESTERIN

Cholesterin ist ein wachsartiges Lipid, das im Blut vorkommt. Es wird zum Aufbau gesunder Zellen benötigt, aber ein hoher Spiegel »schlechten« Cholesterins (LDL genannt) kann zu Fettablagerungen in Blutgefäßen führen. Dann erreicht zu wenig Blut und damit Sauerstoff das Herz, und das Risiko von Herzkrankheiten steigt.

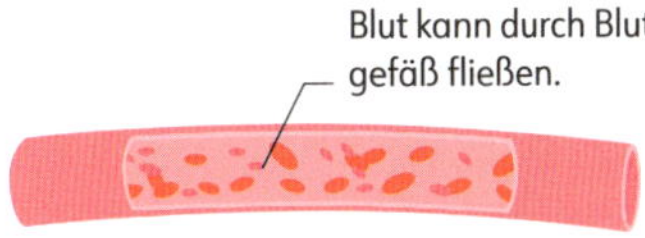

NORMALER BLUTFLUSS

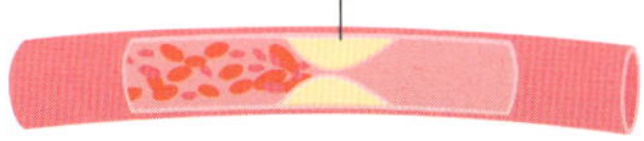

BLOCKIERTE ARTERIE

WIE SPEICHERN TIERE FETT?

Tiere speichern Fett auf unterschiedliche Art: Insekten benutzen ein spezielles Organ namens Fettkörper, Haie speichern Fett in ihrer Leber und Fische in und um Muskelfasern.

RNA

Die Hauptaufgabe der RNA (englisch: *ribonucleic acid*) ist es, DNA-Code für die Herstellung von Proteinen zu übersetzen. Es gibt drei Typen von RNA: Boten-RNA (englisch: *messenger RNA*, kurz mRNA), Transfer-RNA (tRNA) und ribosomale RNA (rRNA). RNA kommt in Kern und Cytoplasma von Pflanzen und Tieren vor. Eine RNA-Kette ist einsträngig und kürzer als DNA. Sie kann ein gerades Molekül sein, eine einzelsträngige Helix bilden oder in sich gefaltet sein. Wie bei DNA gibt es vier mögliche Basen, die an die Zucker angehängt sein können: Adenin, Cytosin, Guanin und Uracil (anstelle von Thymin). Adenin bindet immer mit Uracil, Cytosin mit Guanin.

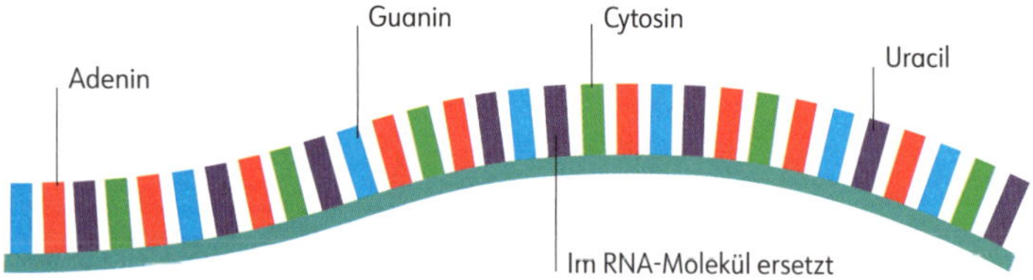

Boten-RNA
DNA kann den Kern nicht verlassen, deshalb fungiert mRNA als Abschrift und als Bote zwischen der DNA und den Proteinfabriken namens Ribosomen (s. S. 59).

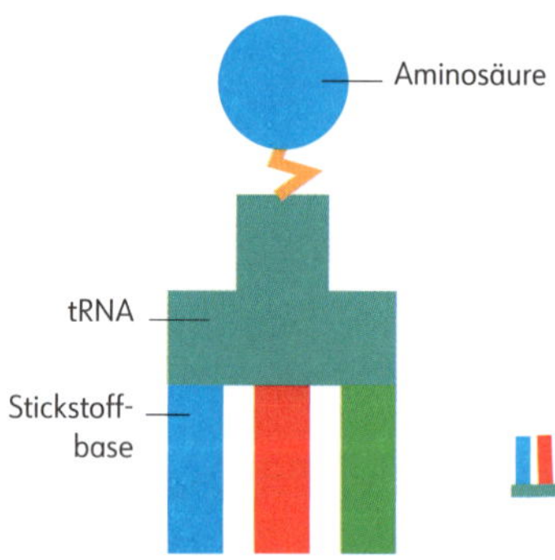

Transfer-RNA
tRNA transportiert während der Translation (s. S. 91) Aminosäuren, also die Proteinbausteine. Aus ihnen wird die Peptidkette gebildet, aus der das Protein entsteht.

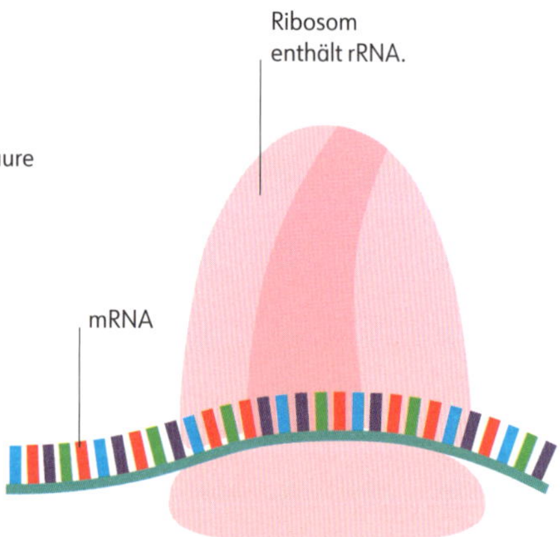

Ribosomale RNA
rRNA ist die Hauptkomponente der Ribosomen. Ein Ribosom liest eine mRNA-Sequenz und übersetzt sie in Aminosäuren, um Proteinmoleküle zu bilden.

RNA MACHT BEIM MENSCHEN **5 PROZENT DES KÖRPERGEWICHTS** AUS, **DNA** NUR **1 PROZENT.**

MITOCHONDRIALE DNA

Mitochondriale DNA (mtDNA) enthält die 37 Gene, die Mitochondrien brauchen, um zu funktionieren. Während Kern-DNA von beiden Eltern vererbt wird, stammt mtDNA nur von der Mutter. Wissenschaftler haben mtDNA-Proben von Tausenden Personen analysiert und konnten belegen, dass alle heute lebenden Menschen von einer einzigen Urahnin abstammen. Auch in der Gerichtsmedizin wird mtDNA oft bei der Analyse alter Knochen, Zähne oder Haare benutzt.

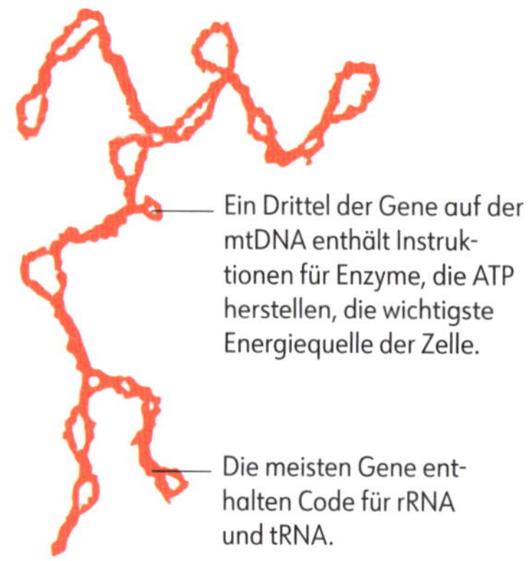

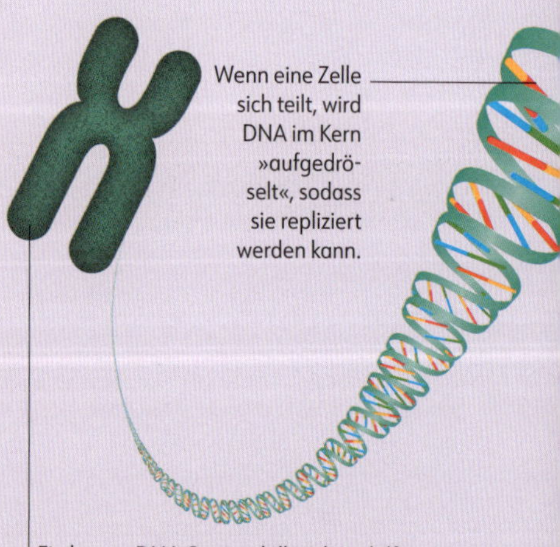

Nukleinsäuren

Alle Lebewesen haben Nukleinsäuren in ihren Zellen. DNA enthält in codierter Form alle Instruktionen, die ein Organismus braucht, um zu wachsen und sich zu entwickeln. RNA übersetzt diese Anleitungen zur Herstellung von Proteinen für den Organismus.

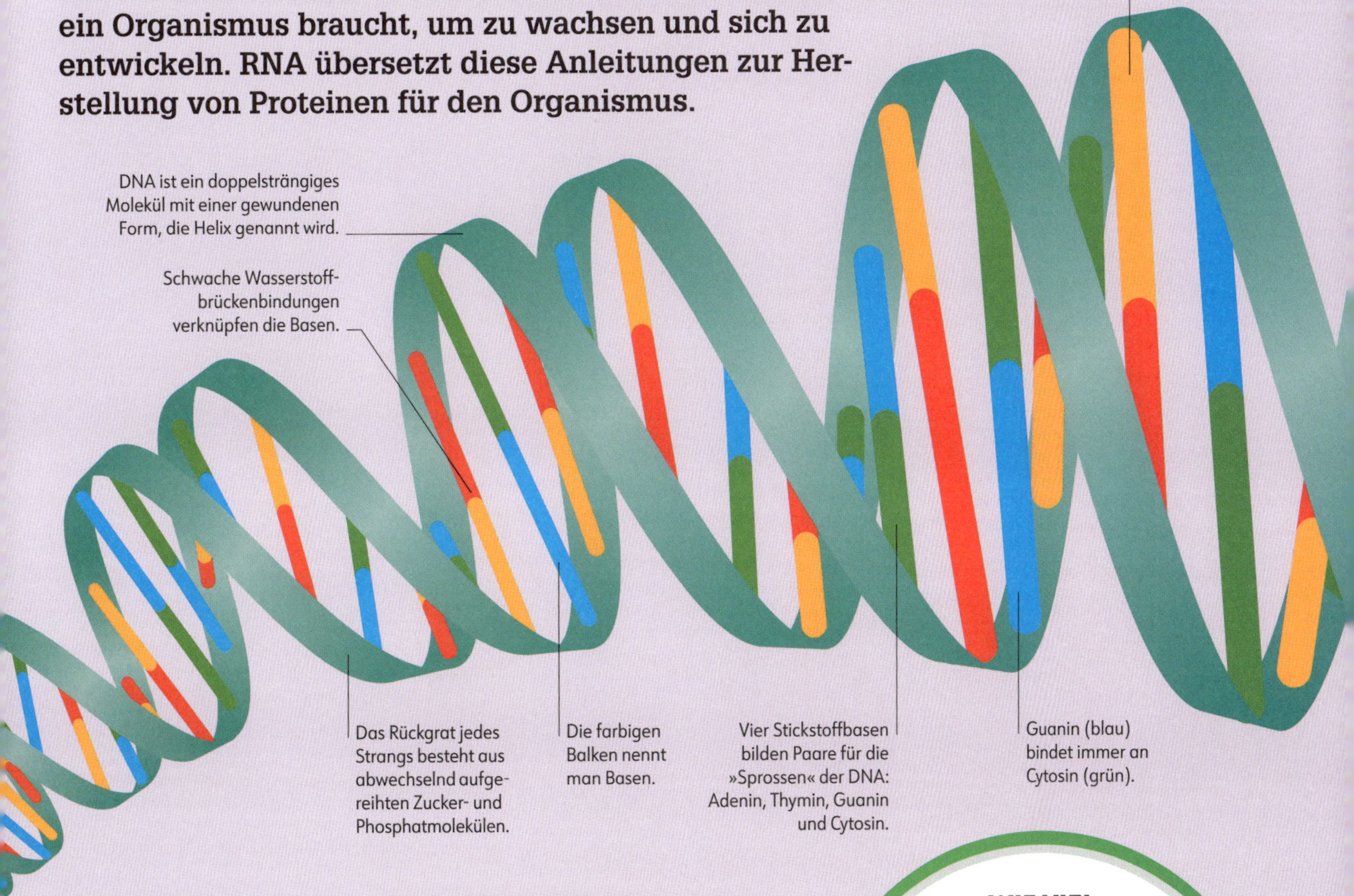

DNA

Desoxyribonukleinsäure (englisch: *deoxyribonucleic acid*, DNA) ist das Trägermolekül für die genetische Information, die alle Organismen befähigt, sich zu entwickeln und zu funktionieren. Sie bestimmt, ob ein Lebewesen sich zu einer Pflanze, einem Tier oder etwas anderem entwickelt, und enthält die Instruktionen für die Herstellung langer Moleküle, den Proteinen (s. S. 38–39). In Tieren und Pflanzen liegt der größte Teil der DNA zu Chromosomen aufgewickelt in den Zellkernen. Teilt sich eine Zelle, werden die DNA-Moleküle kopiert, sodass alle Zellen eine Kopie des Codes enthalten. Ein DNA-Molekül gleicht einer Leiter, bei der Zucker und Phosphat die Holme bilden und Paare von Stickstoffbasen die Sprossen.

WIE VIEL DNA HABEN WIR?

Würde man sämtliche DNA-Moleküle des menschlichen Körpers der Länge nach aufreihen, wäre der Gesamtstrang länger als der Abstand zwischen Sonne und Pluto: 6,2 Milliarden Kilometer.

Proteine

Proteine sind große biologische Moleküle, die Tausende von Stoffwechselaufgaben erledigen. Die Funktionen der Proteine sind durch ihre Form definiert, diese basiert auf ihrer exakten Chemie. Die Information für den Bau aller Proteine eines Körpers ist in seiner DNA gespeichert.

Die Struktur von Proteinen

Ein Protein ist ein Polymer – ein langes Molekül, das aus einer Kette kleinerer Einheiten besteht, den Aminosäuren. Es sind einfache organische Moleküle, die ein Stickstoffatom enthalten. Menschliche Proteine sind aus 20 verschiedenen Aminosäuren aufgebaut, in anderen Arten gibt es ein paar weitere. Jedes Protein besteht aus einer Kette von Aminosäuren mt fester Reihenfolge. Ein typisches Protein ist etwa 500 Aminosäuren lang.

KÖNNEN WIR NEUE PROTEINE ERFINDEN?

Dank Fortschritten in der Informatik können wir die Form eines Proteins aus seiner Primärstruktur vorhersagen. Wir können jetzt herausfinden, was ein Protein tut, und sein Design anpassen.

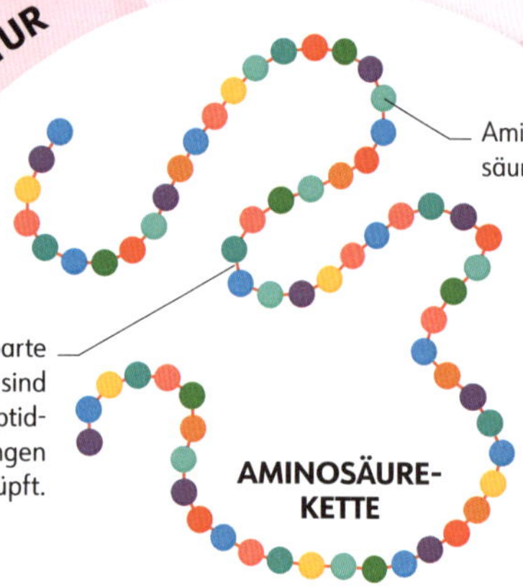

1 Die Primärstruktur eines Proteins ist die Anordnung seiner Aminosäuren. Aminosäuren sind durch Peptidbindungen verknüpft: zwischen einem Kohlenstoffatom einer Säure und einem Stickstoffatom einer anderen. Eine Kette aus mehreren Dutzend Aminosäuren heißt Polypeptid.

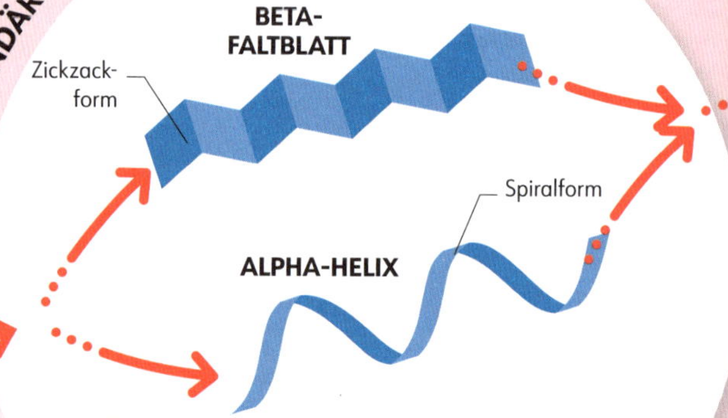

2 Die Aminosäuren eines Polypeptids drehen und falten sich und erzeugen eine Sekundärstruktur, die von schwachen Wasserstoffbrückenbindungen zusammengehalten wird. Die Struktur ist entweder eine gedrehte Helix oder ein gefaltetes Blatt.

Proteinfaltung

Es gibt vier Ebenen für die endgültige Form eines Proteins. Der Grund ist, dass sich die vielen Komponenten eines langen Proteinmoleküls gegenseitig anziehen und abstoßen, sodass eine komplexe 3-D-Struktur entsteht.

PRIONEN

Ein Prion ist ein fehlgefaltetes Protein, das Krankheiten auslösen kann, indem es Varianten mit ebenfalls veränderter Form produziert. Prionenerkrankungen sind selten.

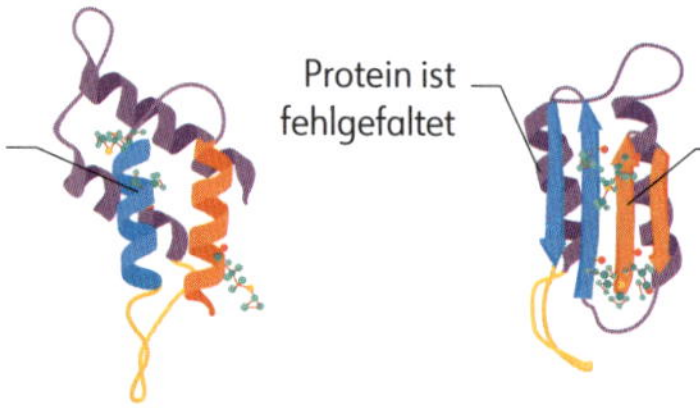

DER KÖRPER EINER **FRUCHTFLIEGE** ENTHÄLT ETWA **10 000 ARTEN PROTEIN.**

TERTIÄRSTRUKTUR

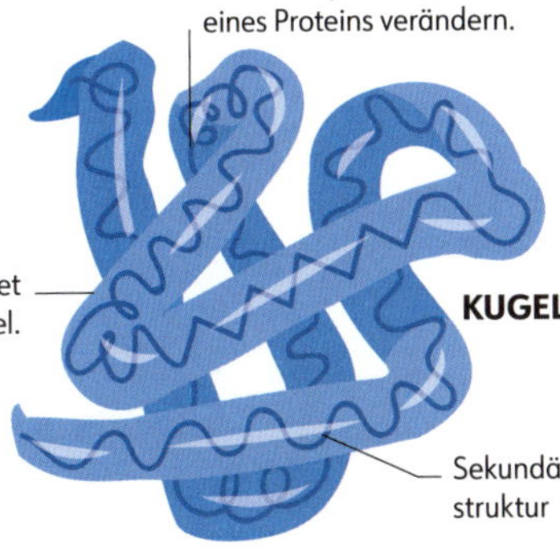

3 Die Sekundärstruktur des Proteins faltet sich in drei Dimensionen und bildet eine Kugelform, die Tertiärstruktur. Die Form ist stark abhängig von der Stärke der Bindungen zwischen verschiedenen Teilen der Sekundärstruktur.

QUARTÄRSTRUKTUR

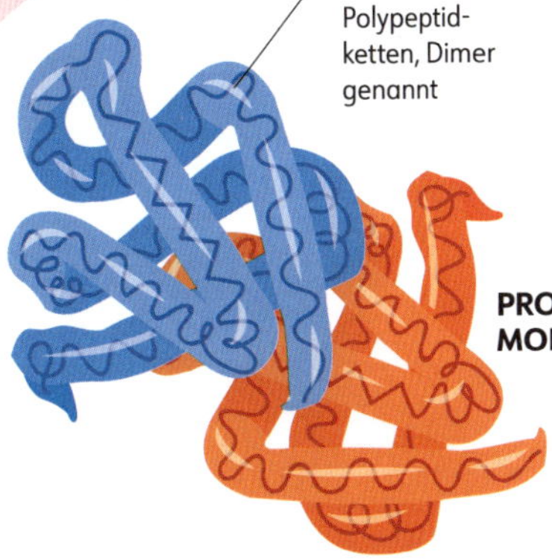

4 Manche Proteine bestehen aus mehr als einer Polypeptidkette. Diese lagern sich aneinander und bilden eine Quartärstruktur. Viele Proteine bestehen jedoch nur aus einer Polypeptidkette, haben also keine vierte Strukturebene.

Die Funktion der Proteine

Proteine werden in allen Teilen eines lebenden Körpers gebraucht – von Strukturgeweben wie Haut und Knorpel bis zu größeren Organen wie Muskeln, aber auch auf der molekularen Ebene als Enzyme (s. S. 40–41). Wegen ihrer präzisen Form können Proteine in hochspezifischer Weise genutzt werden. Wenn die Primärstruktur korrekt ist, ist auch jede Quartärstruktur korrekt, das Protein kann massenhaft hergestellt werden.

SCHLÜSSELFUNKTIONEN VON PROTEINEN

Zellstruktur	Das Cytoskelett besteht aus Proteinsträngen. Proteine kontrollieren auch Bewegungen über Membranen hinweg.	**Blut**	Der Sauerstoffträger im Blut, Hämoglobin genannt, ist ein kugelförmiges Protein, das aus vier Polypeptiden besteht.
DNA	In Chromosomen ist die DNA um Proteine namens Histone gewickelt. Enzyme regulieren auch Replikation und Translation.	**Verdauungsenzym**	Nährstoffe aus der Nahrung werden in einfache Bestandteile zerlegt (verdaut). Dafür sind Enzyme aus Protein verantwortlich.
Hormone	Viele Hormone, die durch den Körper kreisen, sind kugelförmige Proteine. So ist zum Beispiel Insulin ein kleines Protein.	**Neurone**	Nervenzellen haben Proteinporen, die geladene Ionen ein- und ausschleusen, um elektrische Impulse zu erzeugen.
Speicherung	Speicherproteine findet man in Eiweiß, Pflanzensamen und Milch. Sie halten Aminosäuren auf Vorrat, bis sie gebraucht werden.	**Muskelproteine**	Proteine kooperieren, damit Muskeln sich kontrahieren: Ein Protein gleitet am anderen entlang, so verkürzt sich der Muskel.

Enzyme

Ein Enzym ist ein biologischer Katalysator – eine Substanz, die eine chemische Reaktion erleichtert oder beschleunigt (katalysiert), ohne dabei selbst verändert zu werden. Lebende Organismen nutzen Tausende verschiedener Enzyme, um fortlaufende chemische Reaktionen (Stoffwechselwege) zu steuern. Alle Enzyme beruhen auf Proteinmolekülen, aber die Funktion jedes Enzyms beruht auf der Molekülstruktur.

Das Schlüssel-Schloss-Prinzip

Alle Enzyme arbeiten wahrscheinlich nach einem Mechanismus, der Schlüssel-Schloss-Prinzip genannt wird. Jedes Enzym kann einen bestimmten Satz von Rohmaterialien (Substraten) bearbeiten. In dieser Analogie ist das Enzymprotein das Schloss, weil sein Molekül eine Zone (das aktive Zentrum) enthält, deren Form es ermöglicht, dass die Substratmoleküle – die Schlüssel – daran binden. Wenn die Substratmoleküle im aktiven Zentrum sitzen (wie Schlüssel im Schloss), wird eine chemische Reaktion ausgelöst, die die chemischen Eigenschaften des Substrats verändert.

1 Enzym und Substrat
Die Form eines Enzyms ist komplementär zu der des Substrats, auf das es einwirkt. Die Grafik zeigt ein anabolisches Enzym, das zwei Substratmoleküle in ein einziges Produkt umwandelt. Dagegen zerlegen katabolische Enzyme (etwa Verdauungsenzyme) ein chemisches Substrat in mehrere Produkte.

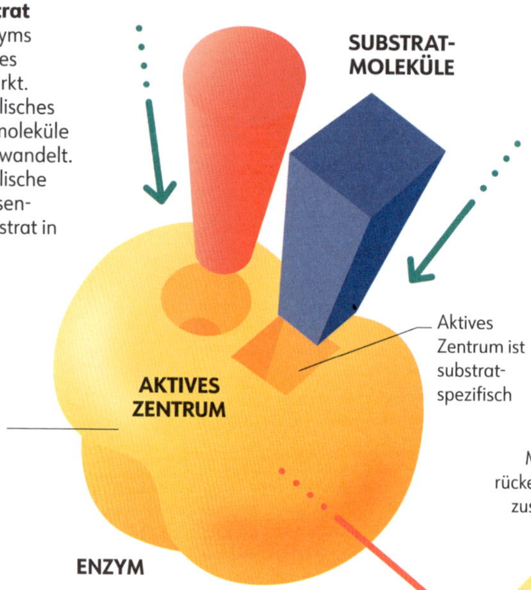

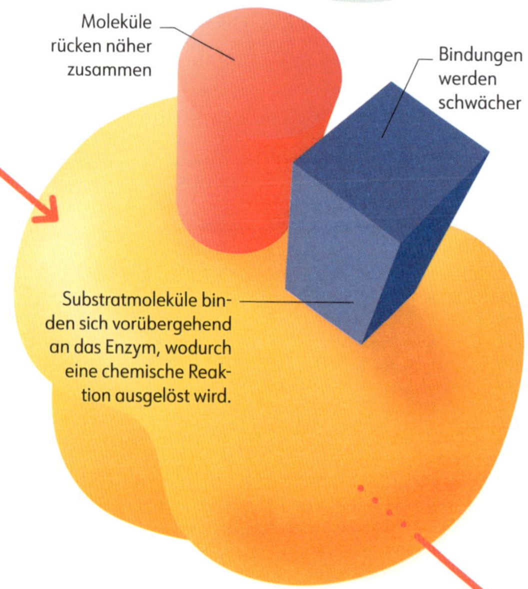

2 Reaktion
Die Bindung an das aktive Zentrum des Enzyms verändert die chemischen Eigenschaften der Substrate. Sie rücken näher zusammen und ihre inneren Bindungen schwächen sich ab. Die Moleküle lösen nun diese Bindungen und vereinigen sich, sodass ein neues, größeres Produkt entsteht.

3 Produkt
Das neu gebildete Produkt hat andere chemische Eigenschaften als die Ausgangssubstrate. Es kann nun nicht mehr an das aktive Zentrum binden und wird freigesetzt. Das Enzym wurde durch die Reaktion nicht verändert.

HABEN PFLANZEN ENZYME?

Alle Organismen, auch Pflanzen, nutzen Enyme, um den Stoffwechsel zu kontrollieren. So sind die Enzyme, die mit der DNA interagieren, in allen Lebensformen ähnlich.

ENZYME VERÄNDERN

Enzyme arbeiten am besten bei ihrer optimalen Temperatur. Bei den meisten menschlichen Enzymen sind das etwa 37 °C. Wenn es zu kalt oder zu heiß ist, wird das Enzym weniger effizient. Bei Temperaturen über etwa 55 °C ändert sich die Struktur des Enzyms, es denaturiert. Das aktive Zentrum wird verändert, das Enzym funktioniert nicht mehr.

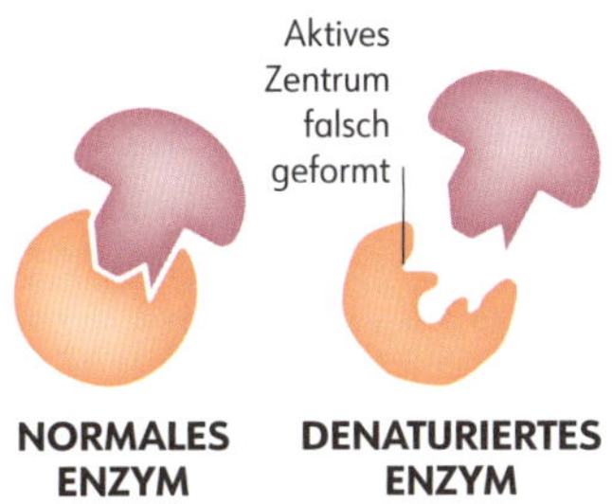

Verdauungsenzyme

Enzyme sind zentraler Bestandteil des tierischen Verdauungssystems. Hier werden große, komplexe Nahrungsmoleküle in einfachere Einheiten zerlegt, die der Körper leichter in den Blutstrom aufnehmen kann. Jeder Nährstofftyp wird von speziellen Verdauungsenzymen verarbeitet. Diese Enzyme werden in verschiedenen Abschnitten des Verdauungstrakts gebildet.

Carbohydrasen
Diese Enzyme zerlegen komplexe Kohlenhydrate wie Stärke in kleinere Zuckermoleküle. Der Darm absorbiert die verdauten Zucker.

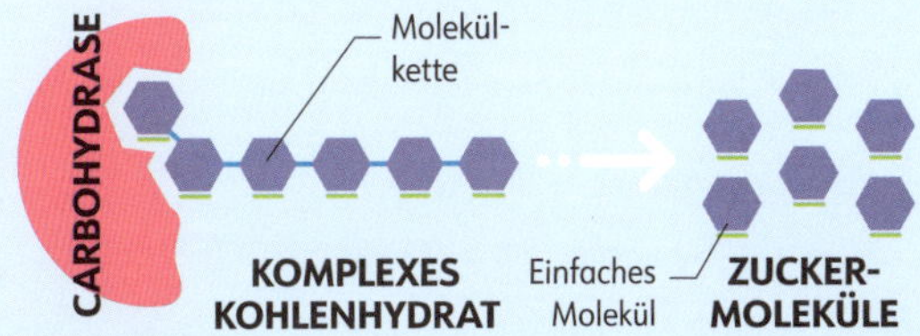

Lipasen
Lipide, also Fette und Öle, werden von Lipasen im Dünndarm verdaut. Lipide bestehen aus drei Fettsäuren, die an einem Glycerin hängen.

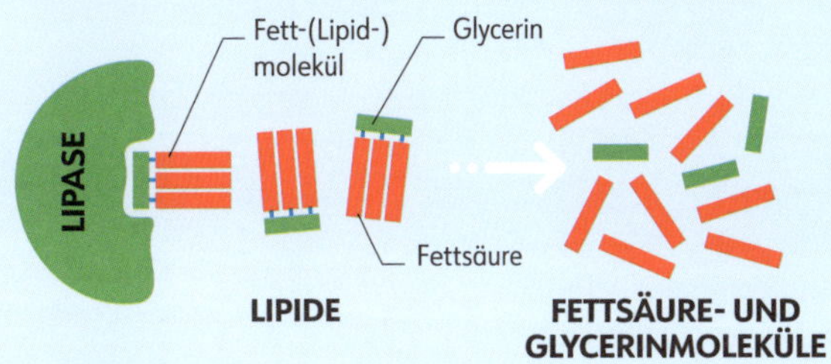

Proteasen
Proteine sind lange Ketten von Aminosäuren. Proteasen zerlegen diese Ketten, sodass die einzelnen Einheiten separat absorbiert werden können.

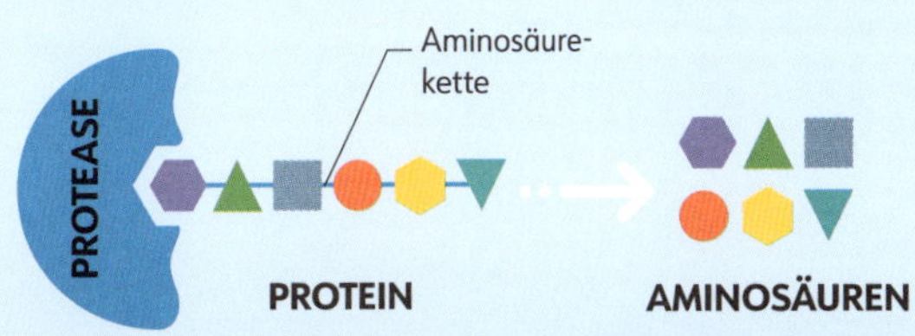

ENZYME IN DER INDUSTRIE

Wegen ihrer katalytischen Kraft werden Enzyme bei der Herstellung und als Komponenten nützlicher Produkte verwendet – anstelle von weniger effizienten anorganischen Chemikalien. In Zukunft könnten künstliche Designer-Enzyme, die in Organismen nicht vorkommen, Reaktionen erleichtern.

Plastik
Bakterienenzyme können bestimmte Plastikarten in harmlose Produkte zerlegen.

Waschpulver
Biologische Waschmittel entfernen mithilfe von Enzymen organischen Schmutz aus Textilien.

Käse
Magenenzyme, die Milch verdauen, werden für die Herstellung einiger Käsesorten verwendet.

Strukturmaterialien

Lebende Körper können aus Tausenden Substanzen zusammengesetzt sein, aber nur eine Handvoll Materialien sind verantwortlich für ihre Formbeständigkeit.

Baumaterialien

Jedes der Reiche des Lebens nutzt seinen eigenen Satz an Strukturmaterialien. Die wichtigsten sind Cellulose, Chitin und Kollagen, wobei jedes in einem anderen Typ von Organismus anzutreffen ist. Alle drei Materialien sind Polymere – Moleküle, die aus Ketten kleinerer Einheiten aufgebaut sind. Ihre Moleküle verbinden sich leicht und bilden starke Fasern und Gewebe. Damit sind sie wesentlich für Form und Halt von Körperteilen aller Größenordnungen.

CELLULOSE IST DAS **HÄUFIGSTE** NATÜRLICH VORKOMMENDE **ORGANISCHE MATERIAL.**

CELLULOSE

Cellulose ist ein Polysaccharid (s. S. 32–33) aus langen Ketten von Glucosemolekülen. Es ist der Hauptbestandteil der Wände aller Pflanzenzellen. Zusammen verleihen die Zellwände den Blättern, Stämmen und Wurzeln eine feste Struktur. Holz und Rinde bestehen aus Cellulosefasern, die mit anderen Molekülen quervernetzt sind.

KERATIN

Das Faserprotein Keratin kommt bei allen Tieren vor. Es besitzt optimale Eigenschaften, um dem Körper eine flexible, wasserdichte Hülle zu geben. Daher findet man Keratin in Haut, Schuppen und Haaren. Es verstärkt zudem andere äußere Körperteile wie Fingernägel, Klauen und Hörner.

LEBEN KNOCHEN?

Knochen ist ein lebendes Gewebe. Die calciumreichen Mineralien, die eine leichte, aber steife Struktur schaffen, werden ständig erneuert. Im Innern hat der Knochen Blut und Nerven.

CHITIN

Chitin ist ein Polymer aus stickstoffreichen Einheiten, die von Glucosemolekülen abgeleitet sind. Nach Cellulose ist es der häufigste Stoff in den Körpern von Lebewesen. Chitin ist Hauptbestandteil harter Exoskelette von Insekten und Krebstieren und kommt auch in Mollusken vor. Es ist auch das Material, aus dem die Zellwände von Pilzen bestehen.

KOLLAGEN

Kollagen ist ein Protein, das viele Tiere nutzen, für Wirbeltiere ist es jedoch besonders wichtig. Man schätzt, dass ein Drittel des menschlichen Proteins Kollagen ist. Mehrere Kollagenmoleküle legen sich zusammen, um gedrillte Fasern zu bilden. Aus diesen werden starke, flexible verbindende Gewebe wie Knorpel und Haut gebildet.

Harte Skelette bilden

Tiere brauchen harte, steife Gewebe zu ihrem äußeren Schutz (etwa durch Schalen) oder als innere Stütze und Ansatzpunkte für Muskeln, was der Zweck von Knochen ist. Die Bildung fester Kristalle in den Zellzwischenräumen gibt diesem lebenswichtigen Gewebe Festigkeit. Die mineralischen Bestandteile werden in gelöster Form mit dem Futter oder Wasser aufgenommen und dann in unlösliche Feststoffe umgewandelt.

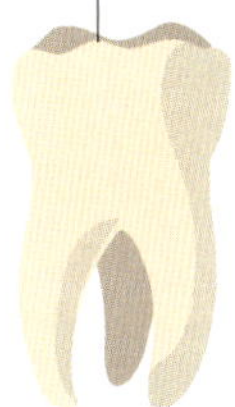

Hydroxyapatit
Diese natürliche Form von Calciumphosphat kommt in Knochen und Zähnen von Wirbeltieren vor. Es macht 70 Gewichtsprozent menschenlichen Skeletts aus.

Aragonit
Die Schalen von Weichtieren, Krebsen und anderen Schalentieren sind mit Aragonit gehärtet, einem Calciumcarbonat. Die Rohstoffe stammen aus dem Meerwasser.

Kieselsäure
Einige Schwämme und Korallen sind aus Kieselsäurepartikeln aufgebaut. Diese glasartige Substanz ist die natürlich vorkommende Form von Siliciumdioxid.

Vitamine

Der menschliche Körper benötigt 13 essenzielle Chemikalien in geringer Menge, die Vitamine. In Form und Funktion sind sie sehr unterschiedlich, aber sie spielen eine wichtige Rolle in den Stoffwechselprozessen. Der menschliche Körper kann Vitamine nicht selbst synthetisieren, doch er kann sie bei einer ausgewogenen Diät über die Nahrung aufnehmen.

Fettlösliche Vitamine werden mit Fetttröpfchen aus dem Darm aufgenommen. Sie können in den Fettreserven des Körpers gespeichert werden. Bei normaler Diät erreichen sie keine toxische Konzentration. Wenn man aber große Mengen als Nahrungsergänzungsmittel einnimmt, kann dies zu Gesundheitsproblemen führen.

Wasserlösliche Vitamine
Diese Vitamine gelangen aus dem Verdauungstrakt direkt in den Blutkreislauf. Der Körper nimmt nur auf, was er braucht, jeglicher Überschuss aus der Nahrung (oder Ergänzungsmitteln) wird ausgeschieden. Wasserlösliche Vitamine können nicht gespeichert werden, man muss sie täglich konsumieren.

VITAMIN A

Vitamin A wirkt an vielen Prozessen mit, darunter Sehen, Immunfunktion und Knochenbildung. Ein Mangel kann etwa zu Nachtblindheit führen.

VITAMIN E

Vitamin E ist ein wichtiger Bestandteil des Immunsystems und schützt Zellmembranen in Haut und Augen. Mangelkrankheiten sind selten.

B-VITAMINE

Die B-Vitamine sind eine Gruppe von acht Vitaminen – B_1 bis B_3, B_5 bis B_7, B_9 und B_{12}. Sie spielen in allen Bereichen der Gesundheit eine Rolle und sind bei ausgewogener Ernährung gut verfügbar.

VITAMIN D

Vitamin D trägt zur Aufnahme von Calcium und Phosphor bei. Ein Mangel führt zu Rachitis, bei der die Knochen weich werden und sich verformen können.

VITAMIN K

Vitamin K ist wichtig für die Blutgerinnung. Mangelzustände sind selten. Sie können zu Blutergüssen in der Haut und häufigem Nasenbluten führen.

VITAMIN C

Vitamin C ist eng mit der Abwehr von Infektionen verbunden. Ein Mangel an Vitamin C löst Skorbut aus, ein übles Leiden, das den ganzen Körper betrifft.

LEGENDE

Fleisch	Milch	Fetter Fisch	Tomaten	Nüsse	Fertiggerichte
Geflügel	Grüne Blätter	Erdnüsse	Bananen	Schinken	Salat
Leber	Brokkoli	Eier	Orangen	Vollkorn	Oliven
Fisch	Avocado	Olivenöl	Erdbeeren	Chips	Käse

Mikronährstoffe

Vitamine und Mineralien sind essenzielle Substanzen, die Organismen in kleinen Mengen brauchen, um zu wachsen und gesund zu bleiben. Mikronährstoffe können oft nicht gut gespeichert werden, daher ist eine geringe, aber kontinuierliche Zufuhr erforderlich.

Mineralien

Die Millionen von Biochemikalien, die alle Lebewesen nutzen, sind vor allem aus vier Elementen zusammengesetzt: Wasserstoff, Sauerstoff, Stickstoff und Kohlenstoff. Stoffwechselprozesse benötigen jedoch einige weitere Elemente. Sie können aus natürlich in Boden und Wasser vorkommenden Mineralien gewonnen werden.

ELEMENTE IM KÖRPER

Nur vier Elemente machen 96 Prozent des Gewichts eines Menschen aus. Natrium, Kalium, Chlor, Schwefel und Magnesium sind nur in winzigen Mengen vertreten, doch ohne sie sind wir nicht lebensfähig.

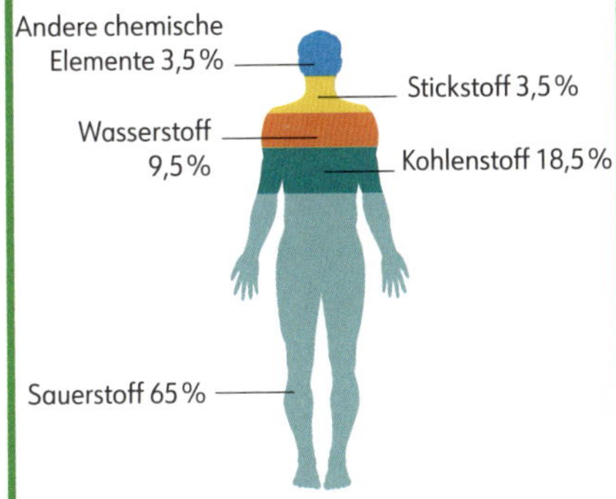

Magnesium
Das Element ist die zentrale Komponente des Chlorophylls, das Pflanzen und andere fotosynthetisch aktive Organismen für die Energiegewinnung aus Sonnenlicht nutzen.

Natrium
Natrium-Ionen – positiv geladene Natriumatome – sind an vielen Stoffwechselreaktionen beteiligt. Sie erzeugen die elektrischen Pulse in Nerven und Muskeln.

Chlor
Die häufigsten negativ geladenen Ionen im Körper sind Chlor-Ionen (Chloride). Sie neutralisieren oft die positiven Natrium- und Kalium-Ionen.

Schwefel
Schwefel ist Bestandteil mehrerer Aminosäuren, aus denen die Proteine in Haut, Haar, Federn und Hörnern bestehen.

Kalium
Positiv geladene Kalium-Ionen erzeugen zusammen mit Natrium-Ionen winzige elektrische Spannungen an Membranen.

Phosphor
Das hochreaktive Element ist Bestandteil von Energieträgern wie Adenosintriphosphat (ATP), das alle Zellen nutzen.

Calcium
Eines der häufigsten Mineralien in lebenden Körpern. Calcium-Ionen werden im Stoffwechsel benötigt, aber auch als Basis von Strukturmaterialien wie Knochen und Schalen.

Spurenelemente
Zahlreiche Elemente, etwa Zink, Selen und Jod, kommen in lebendem Gewebe nur in winzigen Mengen vor. Viele scheinen wichtig für die Gesundheit zu sein, obwohl ihre genaue Funktion nicht immer bekannt ist. Einige Spurenelemente könnten auch einfach Verunreinigungen sein.

ANDERS ALS TIERE BRAUCHEN **PFLANZEN KEINE VITAMINE,** NUR **MINERALIEN.**

Fotosynthese

Kleinste Strukturen in Pflanzenzellen fangen Lichtenergie von der Sonne auf und wandeln sie in chemische Energie um. Dieser als Fotosynthese bezeichnete Prozess ernährt die gesamte lebende Welt.

WARUM SEHEN BLÄTTER GRÜN AUS?

Die Chlorophyllmoleküle in Chloroplasten absorbieren rotes und violettblaues Licht (diese Farben sind am effektivsten für die Fotosynthese) und reflektieren grünes Licht.

Von Sonnenlicht zu Zucker

Fotosynthese findet meist in den Blättern von Pflanzen statt. Benötigt wird Licht, Wasser und Kohlendioxid (CO_2). Wurzeln ziehen Wasser aus dem Boden, CO_2 dringt durch winzige Poren (Stomata) in die Blätter. Organellen namens Chloroplasten (s. S. 61) in den Blattzellen absorbieren Lichtenergie. Chemische Reaktionen wandeln diese in eine von Pflanzen benötigte Energieform um.

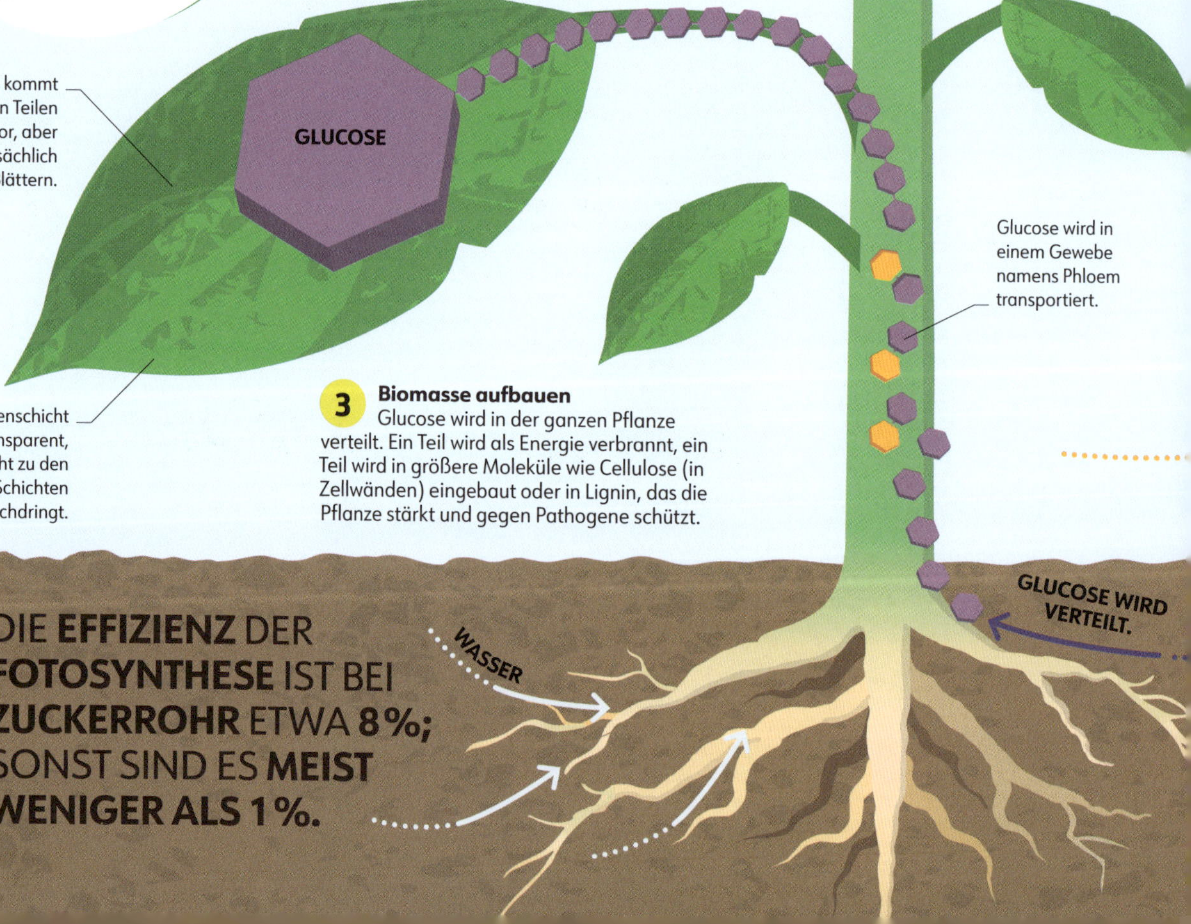

Glucose hilft dabei, Lignin in den holzigen Teilen der Pflanze aufzubauen.

Fotosynthese kommt in allen grünen Teilen der Pflanze vor, aber hauptsächlich in Blättern.

Glucose wird in einem Gewebe namens Phloem transportiert.

Oberflächenschicht (Cuticula) ist transparent, damit Sonnenlicht zu den tieferen Schichten durchdringt.

3 Biomasse aufbauen
Glucose wird in der ganzen Pflanze verteilt. Ein Teil wird als Energie verbrannt, ein Teil wird in größere Moleküle wie Cellulose (in Zellwänden) eingebaut oder in Lignin, das die Pflanze stärkt und gegen Pathogene schützt.

DIE **EFFIZIENZ** DER **FOTOSYNTHESE** IST BEI **ZUCKERROHR** ETWA **8%;** SONST SIND ES **MEIST WENIGER ALS 1%.**

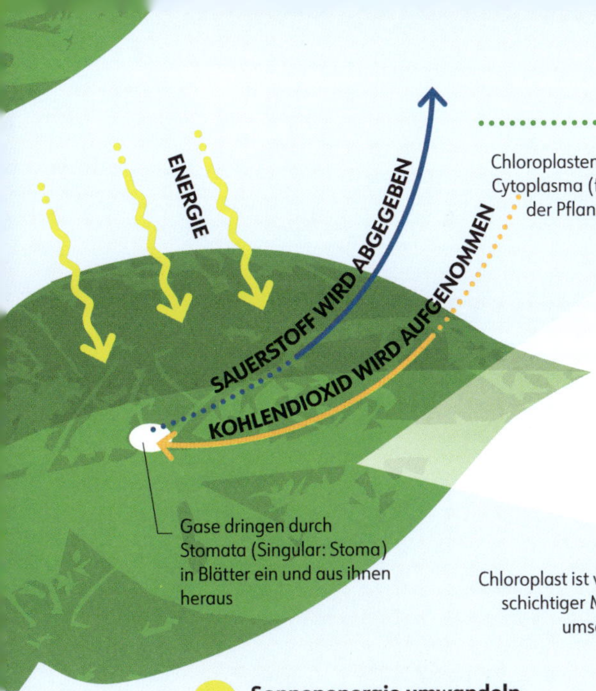

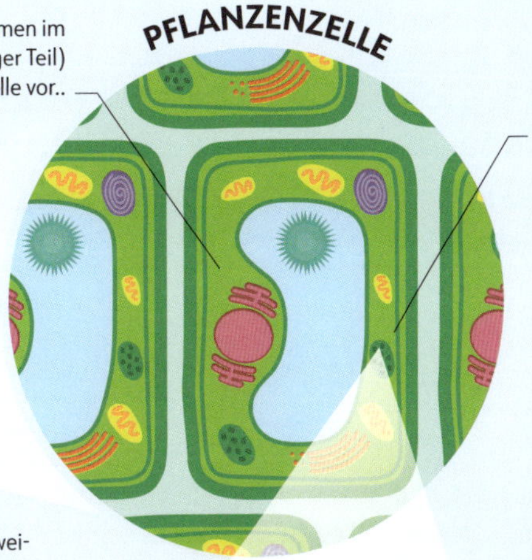

Pflanzenzellen
Jede Blattzelle (oder Zelle in anderen grünen Teilen) enthält meist 10–100 Chloroplasten, in denen Fotosynthese stattfindet. Chloroplasten liegen nahe der Oberfläche der Pflanze, wo sie Licht leicht aufnehmen können.

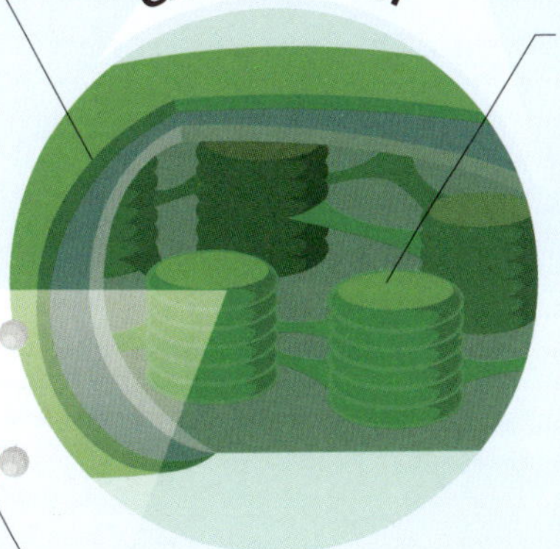

Chloroplasten
Jeder Chloroplast enthält Stapel von Membranen, die Thylakoide, die Energie aus Sonnenlicht aufnehmen. Die Thylakoide enthalten das Pigment Chlorophyll, das blauviolettes und rotes Licht absorbiert.

1 Sonnenenergie umwandeln
Chloroplasten in Zellen absorbieren Photonen (Lichtteilchen) und geben Elektronen ab. Dies verursacht eine Kette von Reaktionen, die die »Energiemoleküle« ATP und NADPH herstellen und Wassermoleküle spalten, um Sauerstoff freizusetzen.

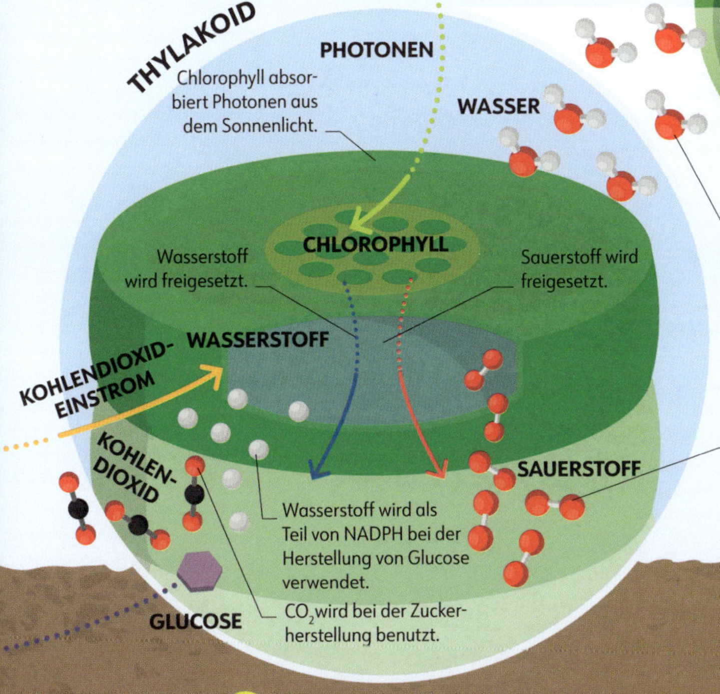

2 Zucker herstellen
In der die Thylakoidstapel umgebenden Flüssigkeit (Stroma) baut ein Enzym CO_2 in ein Zwischenmolekül und dann in Kohlenhydratmoleküle wie Glucose ein. Dabei wird Energie aus den ATP- und NADPH-Molekülen freigesetzt. Dieser Prozess wird Calvin-Zyklus genannt.

CAM-PFLANZEN

Die meisten Pflanzen öffnen ihre Stomata bei Tag, Kakteen bei Nacht. Kakteen fixieren CO_2 in organischen Säuren, die in Zucker umgewandelt werden. Den Prozess nennt man CAM (engl. *crassulacean acid metabolism*).

Atmung

Atmung findet in den Zellen statt. Dabei werden Nährstoffe abgebaut, um Energie zu produzieren. Atmung kann aerob (Sauerstoff verbrauchend) sein oder anaerob (ohne Sauerstoffverbrauch).

Aerobe Atmung

Für Organismen mit gutem Sauerstoffangebot ist die aerobe Form der Atmung die effizienteste. Sauerstoff, der aus der Umgebungsluft eingeatmet wird, reagiert mit einem Brennstoff wie Glucose (Zucker), Energie wird freigesetzt. Als Abfallprodukte entstehen Kohlendioxid und Wasser. Die Reaktion ähnelt der Verbrennung, bei der ein Treibstoff schnell in Luft verbrennt. Aerobe Atmung verlangsamt diese Reaktion, in vielen kleinen Schritten werden nutzbare Energiepakete frei.

GLUCOSE + SAUERSTOFF → KOHLENDIOXID + WASSER + ENERGIE

Der chemische Prozess der aeroben Atmung
Aerobe Atmung kann als Gleichung dargestellt werden. Glucose und Sauerstoff reagieren und bilden Kohlendioxid und Wasser, Energie wird dabei frei.

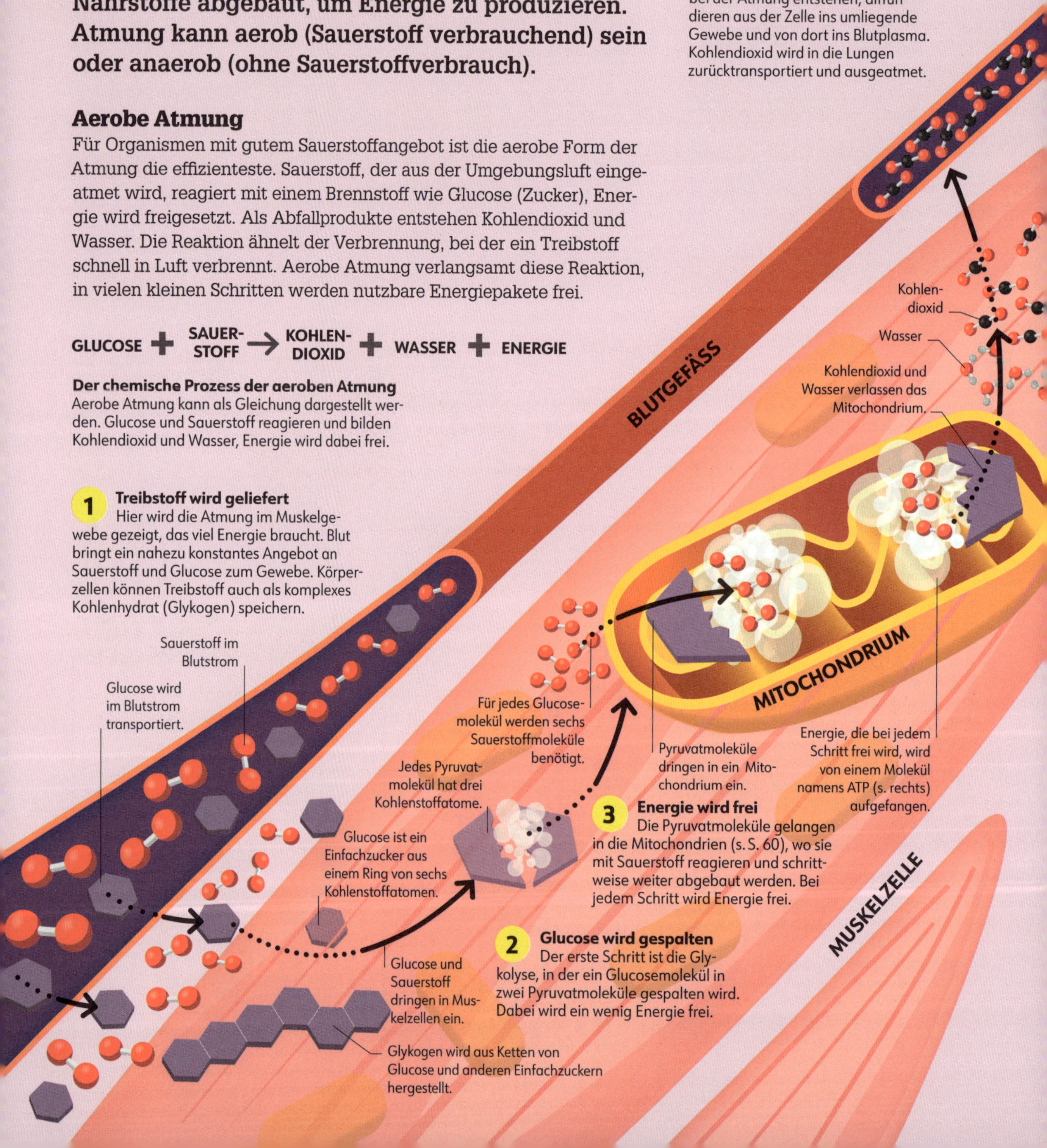

1 Treibstoff wird geliefert
Hier wird die Atmung im Muskelgewebe gezeigt, das viel Energie braucht. Blut bringt ein nahezu konstantes Angebot an Sauerstoff und Glucose zum Gewebe. Körperzellen können Treibstoff auch als komplexes Kohlenhydrat (Glykogen) speichern.

2 Glucose wird gespalten
Der erste Schritt ist die Glykolyse, in der ein Glucosemolekül in zwei Pyruvatmoleküle gespalten wird. Dabei wird ein wenig Energie frei.

3 Energie wird frei
Die Pyruvatmoleküle gelangen in die Mitochondrien (s. S. 60), wo sie mit Sauerstoff reagieren und schrittweise weiter abgebaut werden. Bei jedem Schritt wird Energie frei.

4 Abfall wird entsorgt
Kohlendioxid und Wasser, die bei der Atmung entstehen, diffundieren aus der Zelle ins umliegende Gewebe und von dort ins Blutplasma. Kohlendioxid wird in die Lungen zurücktransportiert und ausgeatmet.

Anaerobe Atmung

Unter Bedingungen mit wenig verfügbarem Sauerstoff sind Organismen auf anaerobe Atmung angewiesen. Dabei wird Glucose abgebaut und Energie freigesetzt, ohne Sauerstoff zu verbrauchen. Manche Organismen wie Bodenbakterien und Hefen nutzen ausschließlich diese Form der Atmung. Menschen nutzen die anaerobe Atmung bei anstrengender körperlicher Aktivität, etwa beim Rennen.

WEIN, BROT UND **BIER** WERDEN VON **HEFEN** DURCH **ANAEROBE ATMUNG** HERGESTELLT.

GLUCOSE → MILCHSÄURE + ENERGIE

Der chemische Prozess der anaeroben Atmung
Diese vereinfachte Gleichung zeigt die anaerobe Atmung in Tierzellen. Enzyme zerlegen Glucose in kleinere Milchsäuremoleküle, ein wenig Energie wird frei.

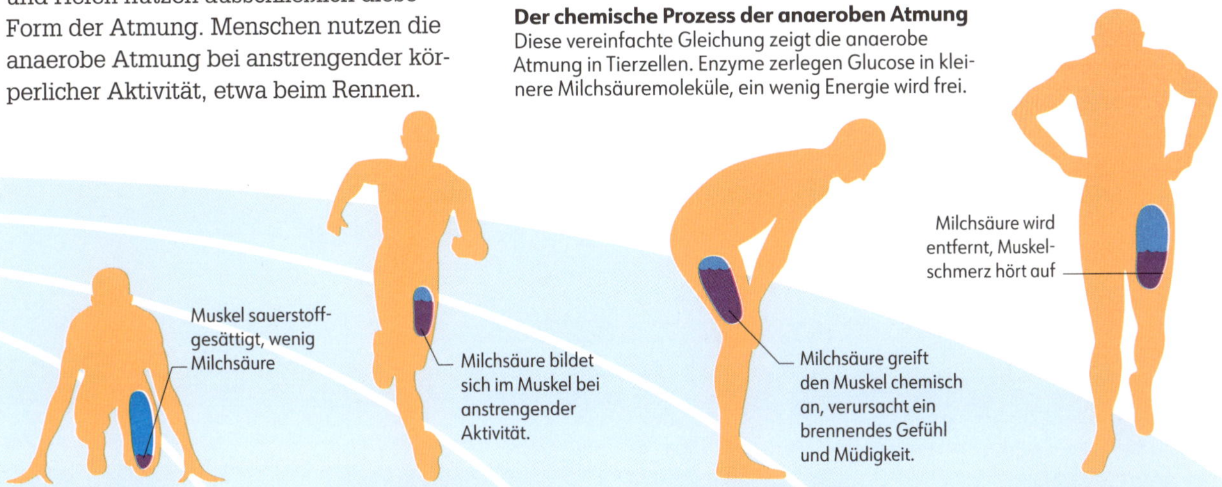

Geringe Aktivität
In Ruhe oder bei mäßiger Aktivität nimmt der Körper genug Sauerstoff auf, um aerob zu atmen und seinen Energiebedarf zu decken.

Anstrengung
Blut und Lungen können die Muskeln nicht schnell genug mit genug Sauerstoff versorgen, die Atmung erfolgt großteils anaerob.

Sauerstoffschuld
Der Mensch atmet tief. Die Menge Sauerstoff, die für den Abbau der überschüssigen Milchsäure gebraucht wird, heißt Sauerstoffschuld.

Erholung
Wenn der Sauerstoffspiegel steigt, sinkt der Milchsäurespiegel. Denn Milchsäure wird während der aeroben Atmung abgebaut.

DIE ENERGIETRÄGER ADP UND ATP

Die Energie aus der Atmung wird von Energieträgermolekülen gebunden, um sie für andere chemische Reaktionen in der Zelle bereitzustellen. Die wichtigsten Träger sind Adenosintriphosphat (ATP) und Adenosindiphosphat (ADP). Sobald bei einem Atmungsschritt ein Energiepaket frei wird, wird es genutzt, um eine Phosphatgruppe an ADP anzuhängen, sodass ATP entsteht. Um andere Reaktionen in der Zelle anzutreiben, gibt ATP sein drittes Phosphat her, setzt die gespeicherte Energie frei und wird wieder zu ADP.

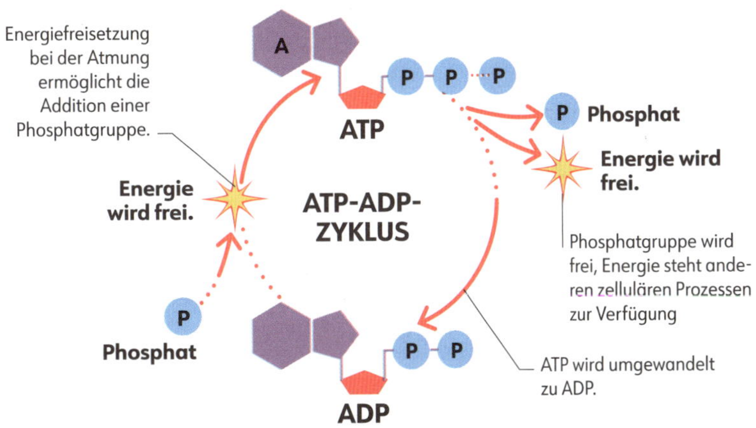

WIE ZELLEN FUNKTIONIEREN

Lichtmikroskopbild
Dieses Bild des Röhrengewebes von Mais (100-fach vergrößert) ist typisch für die Ansicht durch ein Lichtmikroskop. Die Gewebe wurden zur besseren Sichtbarkeit eingefärbt.

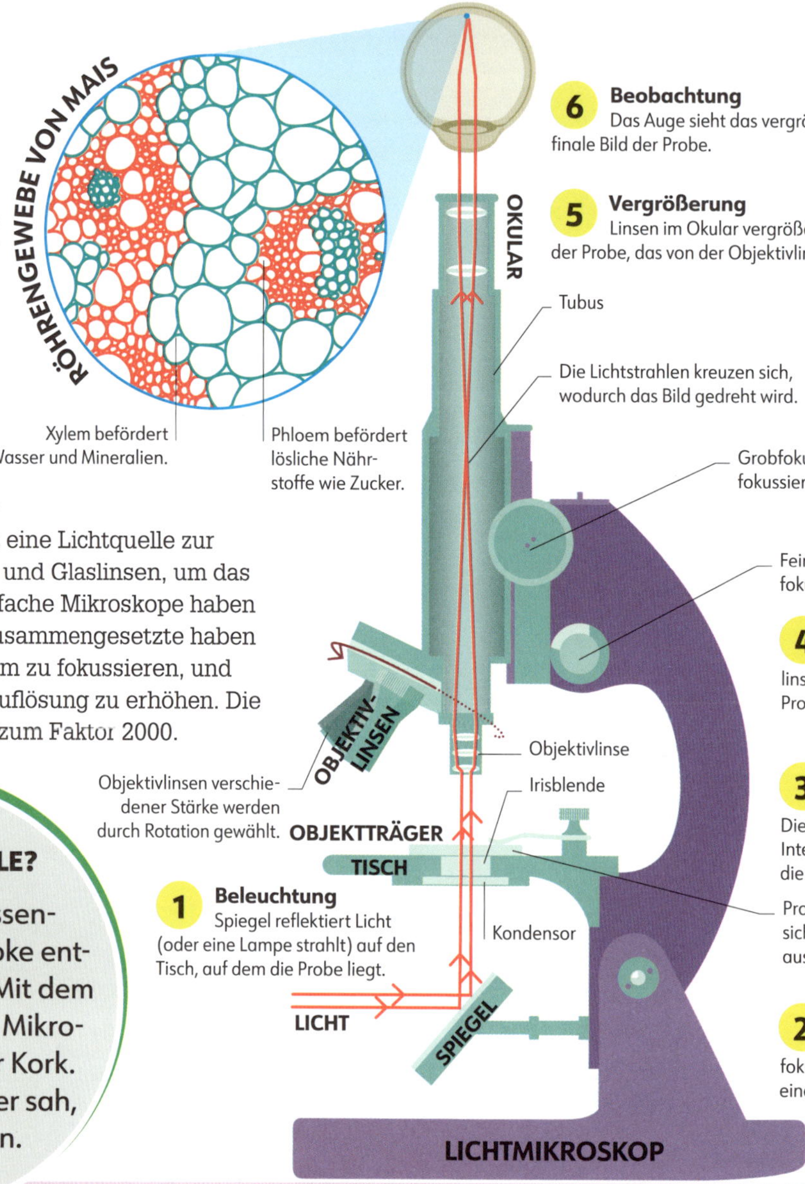

Lichtmikroskope

Ein Lichtmikroskop hat eine Lichtquelle zur Beleuchtung der Probe und Glaslinsen, um das Bild zu vergrößern. Einfache Mikroskope haben nur einen Typ Linse, zusammengesetzte haben zwei: Objektivlinsen, um zu fokussieren, und Okularlinsen, um die Auflösung zu erhöhen. Die Vergrößerung geht bis zum Faktor 2000.

WER ENTDECKTE DIE ZELLE?

Der englische Wissenschaftler Robert Hooke entdeckte 1665 Zellen. Mit dem gerade erfundenen Mikroskop untersuchte er Kork. Die Strukturen, die er sah, nannte er Zellen.

Zellforschung

Kleine Strukturen wie Zellen werden mithilfe von Mikroskopen erforscht: Geräte, die die Objekte beleuchten und vergrößerte Bilder für die Ansicht bereitstellen. Lichtmikroskope beleuchten die Proben mit Lichtstrahlen und vergrößern sie mit Linsen. Elektronenmikroskope nutzen Elektronenstrahlen für die Beleuchtung und Bildproduktion.

DIE **GRÖSSTE ZELLE** IST DIE DER **ALGE *CAULERPA TAXIFOLA***, DIE EINE **LÄNGE** VON ETWA **30 CM** ERREICHEN KANN.

Elektronenmikroskope

Ein Elektronenmikroskop verwendet zur Herstellung eines Bilds Elektronenstrahlen in einem Vakuum. Sie werden mit Magnetfeldern fokussiert. Elektronenstrahlen haben kurze Wellenlängen. Ohne Streuung und Unschärfe können sie Objekte bis zu 50 Millionen-mal vergrößern. Es gibt zwei Haupttypen: Transmissionselektronenmikroskope (wie hier gezeigt), die Elektronen durch die Probe leiten, und Rasterelektronenmikroskope, bei der die Elektronen von der Oberfläche der Probe reflektiert werden.

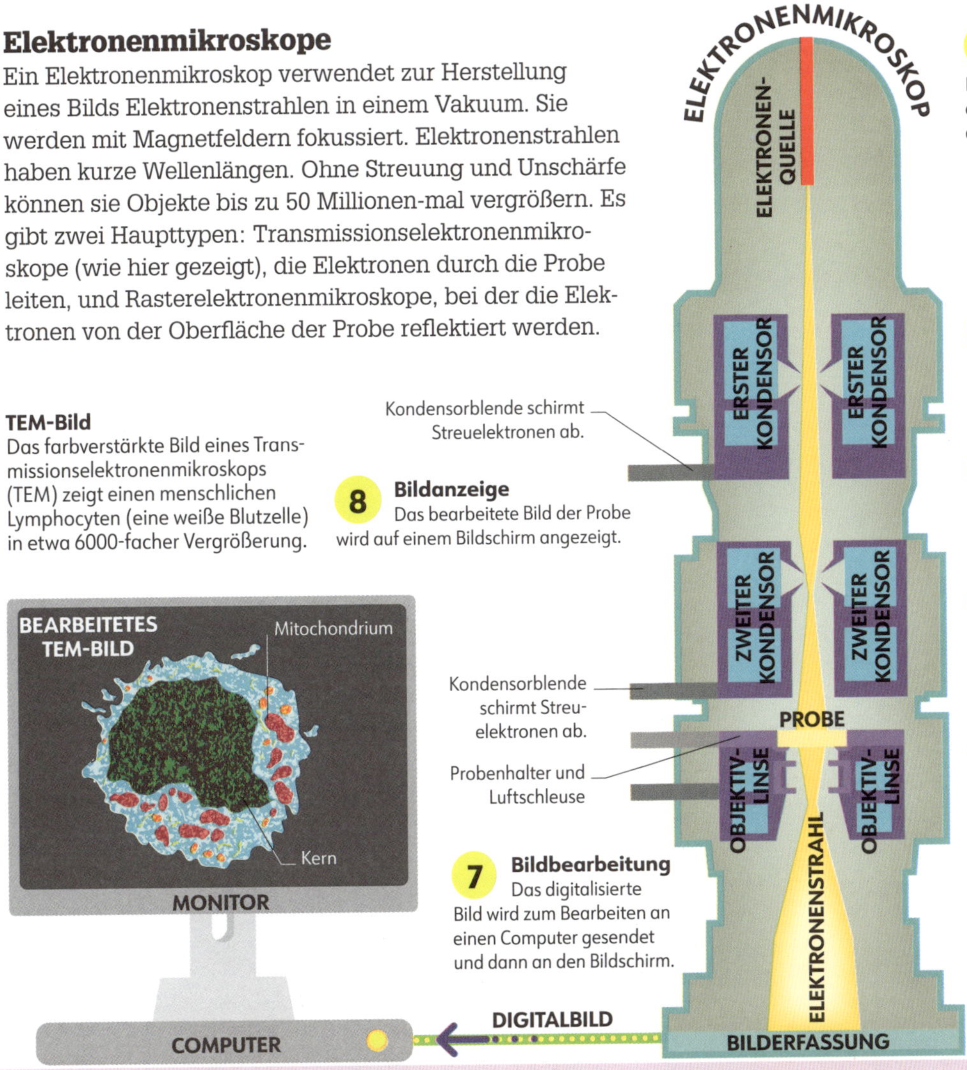

TEM-Bild
Das farbverstärkte Bild eines Transmissionselektronenmikroskops (TEM) zeigt einen menschlichen Lymphocyten (eine weiße Blutzelle) in etwa 6000-facher Vergrößerung.

1 Elektronenstrahlerzeugung
Eine Elektronenquelle feuert einen Strahl von Elektronen auf die Probe.

2 Fokussierung 1
Der erste Kondensor fokussiert den Strahl teilweise.

3 Fokussierung 2
Der zweite Kondensor fokussiert den Strahl noch stärker.

4 Probe
Der Elektronenstrahl wird gestreut, wenn er die Probe durchdringt.

5 Bildvergrößerung
Die Objektivlinse detektiert die gestreuten Elektronen und vergrößert die Information.

6 Bilderfassung
Information von der Objektivlinse wird von einer Digitalkamera erfasst und/oder auf einem Bildschirm angezeigt.

7 Bildbearbeitung
Das digitalisierte Bild wird zum Bearbeiten an einen Computer gesendet und dann an den Bildschirm.

8 Bildanzeige
Das bearbeitete Bild der Probe wird auf einem Bildschirm angezeigt.

DIE GRÖSSEN VON ZELLEN

Die kleinsten Dinge, die wir mit bloßem Auge sehen können, sind rund 100 Mikrometer groß, also 1/10 Millimeter. Menschliche Eizellen sind gerade so sichtbar. Andere Zellen und ihre inneren Strukturen sind nur mit Mikroskop sichtbar.

LEGENDE
- Nur im Elektronenmikroskop sichtbar
- Im Lichtmikroskop sichtbar
- Mit bloßem Auge sichtbar

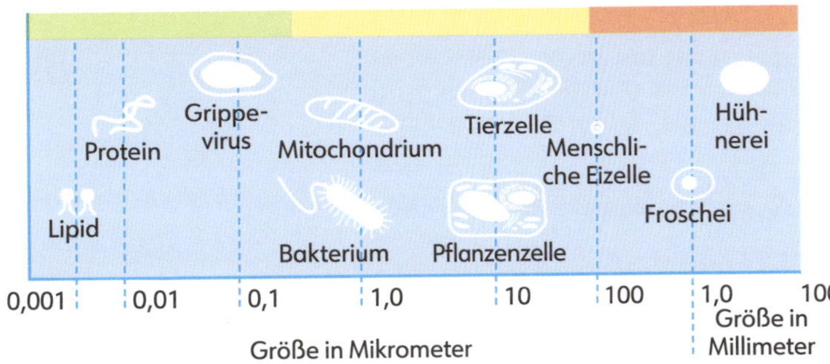

Bestandteile der Zelle

Die Zelle ist der Grundbaustein aller Lebewesen, von Einzellern bis zu Tieren, Pflanzen und Pilzen. Bei komplexen Organismen wie Tieren und Pflanzen enthalten viele Zellen innere Strukturen, die Organellen. Sie erfüllen spezielle Aufgaben.

Tierische Zellen

Eine typische Tierzelle misst 10–30 Mikrometer (Millionstel Meter) im Durchmesser. Sie ist in eine flexible Plasmamembran gehüllt, durch die sich Substanzen in die Zelle hinein- und aus ihr hinausbewegen können. Ein inneres »Skelett«, das Cytoskelett, hält die Zelle in Form und ermöglicht den Transport von Stoffen. Die meisten Zellen haben einen zentralen Kern, der DNA enthält. Alle Zellen enthalten eine wässrige Flüssigkeit namens Cytoplasma. Es enthält subzelluläre Körperchen namens Organellen, speichert Energie als Glykogen (aus Glucose) und enthält Enzyme und Aminosäuren, die für zelluläre Aufgaben gebraucht werden.

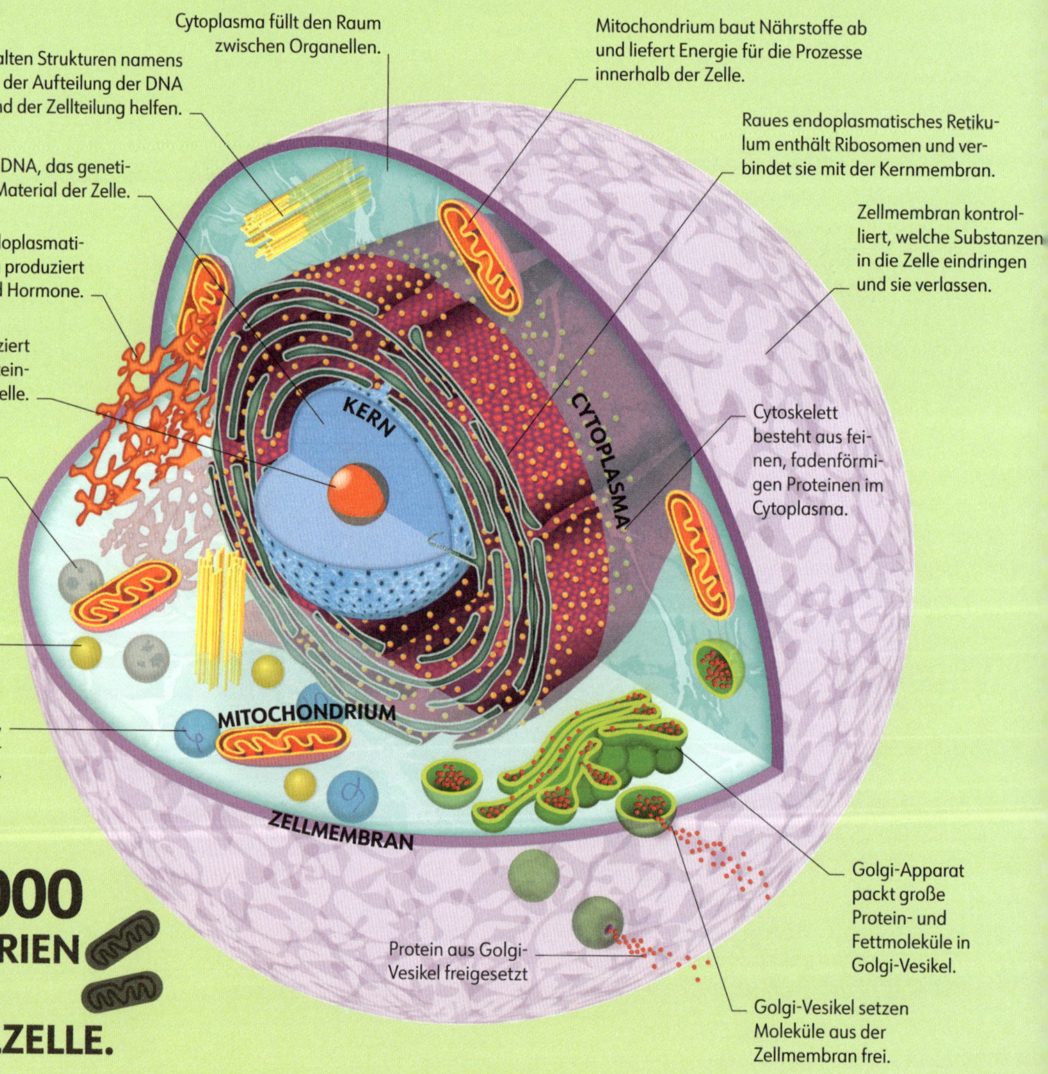

ES GIBT **5000–8000 MITOCHONDRIEN** IN JEDER **HERZMUSKELZELLE.**

Pflanzenzellen

Wie tierische Zellen haben auch Pflanzenzellen einen Kern und Organellen wie das endoplasmatische Retikulum und Mitochondrien. Allerdings sind Pflanzenzellen größer – bis zu 100 Mikrometer im Durchmesser. Der offensichtlichste Unterschied zu Tierzellen ist, dass Pflanzenzellen steife Zellwände haben, die großteils aus Cellulose bestehen. Sie schützen die Zellen und geben dem Pflanzenkörper seine strukturelle Integrität. Eine Besonderheit von Pflanzenzellen sind ihre Chloroplasten. Diese Organellen enthalten ein grünes Pigment namens Chlorophyll. Es wandelt bei der Fotosynthese Sonnenlicht in Stärke um (s. S. 46–47).

CILIEN UND GEISSELN

Manche Zellen haben haarige Auswüchse. Damit bewegen sie Zellen oder Substanzen über ihre Oberfläche oder sie treiben den ganzen Organismus an. Cilien bewegen sich wellenförmig in Gruppen, Geißeln sind längere einzelne oder paarige Strukturen, die peitschenartig schlagen.

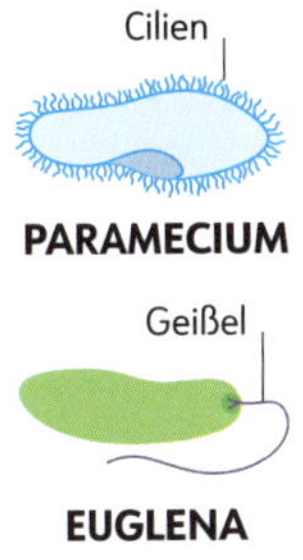

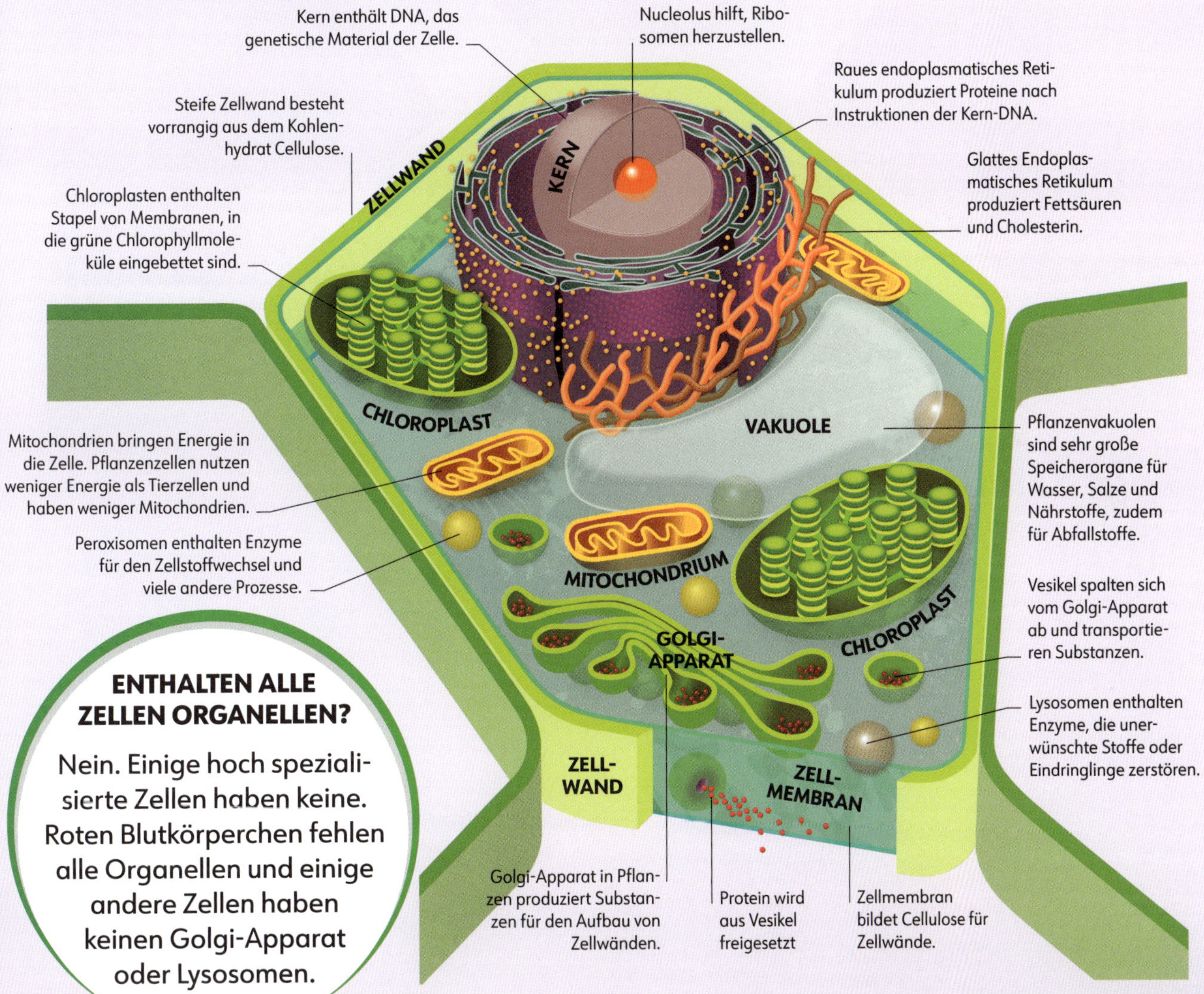

ENTHALTEN ALLE ZELLEN ORGANELLEN?

Nein. Einige hoch spezialisierte Zellen haben keine. Roten Blutkörperchen fehlen alle Organellen und einige andere Zellen haben keinen Golgi-Apparat oder Lysosomen.

Zellmembran

Die Zellmembran, auch Plasmamembran genannt, schützt die inneren Strukturen der Zelle. Sie ist semipermeabel, manche Substanzen können sie durchdringen.

PROTEINE MACHEN DIE HALBE MASSE MANCHER **ZELLMEMBRANEN** AUS.

Struktur der Zellmembran

Die Membran ist eine Doppelschicht von Phospholipidmolekülen und weniger als 10 Nanometer (10 Milliardstel Meter) dick. Sie enthält auch Cholesterin, das die Zelle stärkt und stabilisiert und den Flüssigkeitsgehalt regelt. Außerdem enthält die Membran Proteine. Einige sind in ihr eingebettet und ermöglichen es großen Molekülen, in die Zelle einzudringen oder aus ihr heraus, andere liegen auf der Außenseite auf.

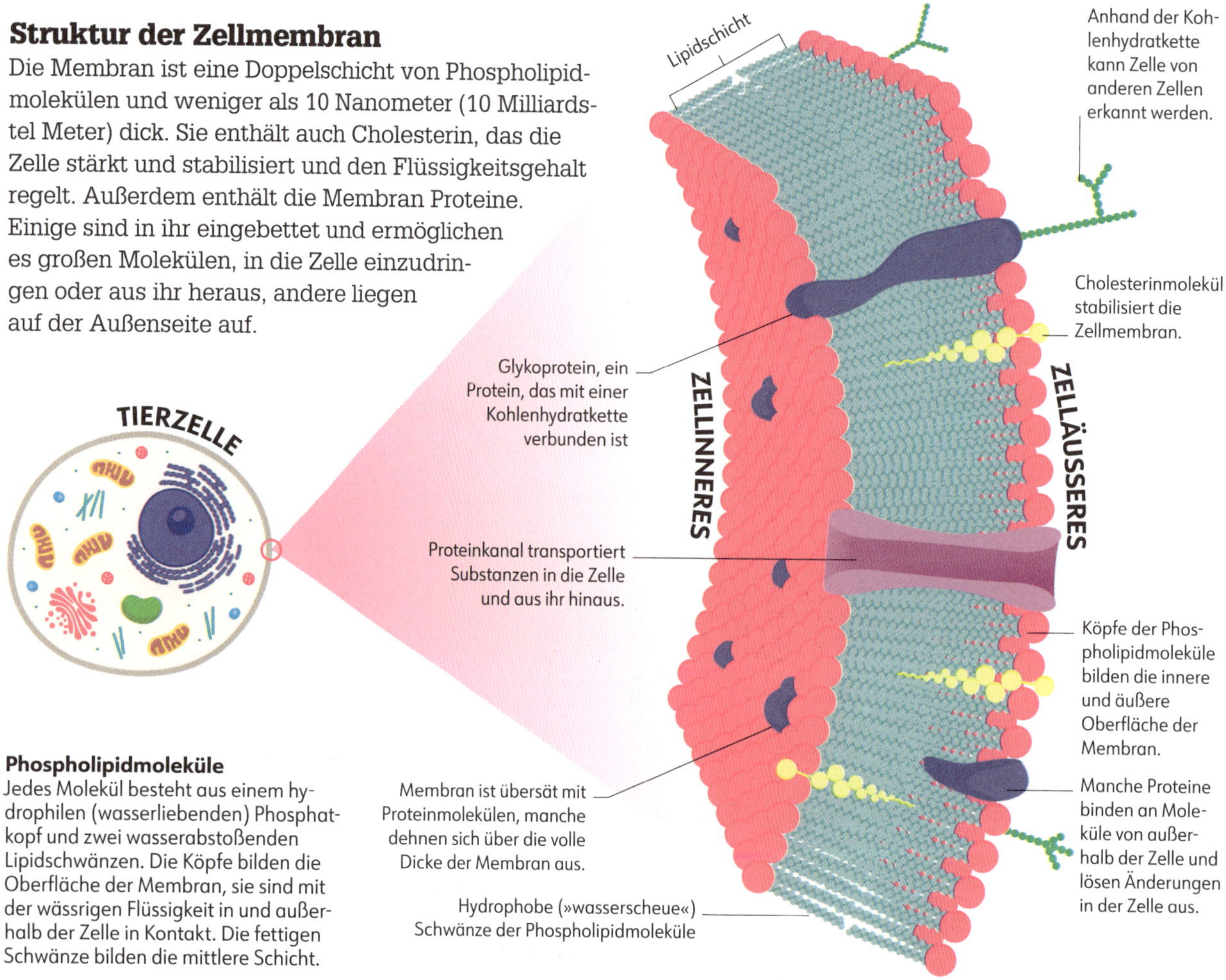

Phospholipidmoleküle
Jedes Molekül besteht aus einem hydrophilen (wasserliebenden) Phosphatkopf und zwei wasserabstoßenden Lipidschwänzen. Die Köpfe bilden die Oberfläche der Membran, sie sind mit der wässrigen Flüssigkeit in und außerhalb der Zelle in Kontakt. Die fettigen Schwänze bilden die mittlere Schicht.

Die Zellwand

Pflanzen, Pilze und viele einzellige Organismen haben eine Wand um die Zellmembran herum, die die Zelle stützt und schützt. Zellwände von Pflanzen bestehen aus einem Netzwerk von Cellulosefasern, verwoben mit Hemicellulosemolekülen. Pektin, ein klebriges Material, heftet die Zellwand an die Nachbarzellen an. Proteine verstärken die Zellwand und unterstützen ihr Wachstum.

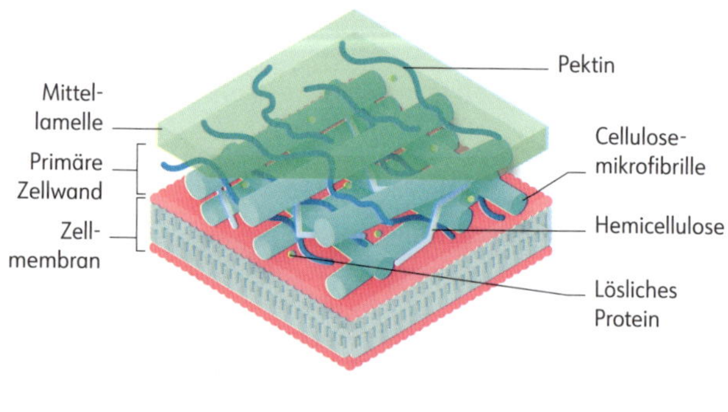

Substanzen transportieren

Zellmembranen sind semipermeabel. Kleine Moleküle wie Sauerstoff und Kohlenstoff können sie einfach durchdringen. Größere Moleküle oder elektrisch geladene Moleküle (Ionen) können die Zelle nur durch Kanäle in der Zellmembran betreten oder verlassen. Für andere Moleküle stellt die Zelle eine Struktur namens Vesikel bereit. Beim Ein- oder Ausschleusen ist das Molekül in einer Membran eingeschlossen.

LEGENDE

- (grüner Pfeil) Aufnahme (Endocytose) und Verarbeitung von nützlichen Molekülen
- (roter Pfeil) Synthese und Verarbeitung von Lipiden
- (oranger Pfeil) Verarbeitung von Proteinen und anderen Substanzen und Elimination unerwünschter Substanzen (Exocytose)

Vesikel
Manche Vesikel bilden sich in der Zelle und verschmelzen mit der Zellmembran bei einem Prozess namens Exocytose. Beim gegenläufigen Prozess, der Endocytose, bildet sich ein Vesikel an der Zellmembran und bringt eine Substanz in die Zelle. Hier werden einige häufige Prozesse gezeigt.

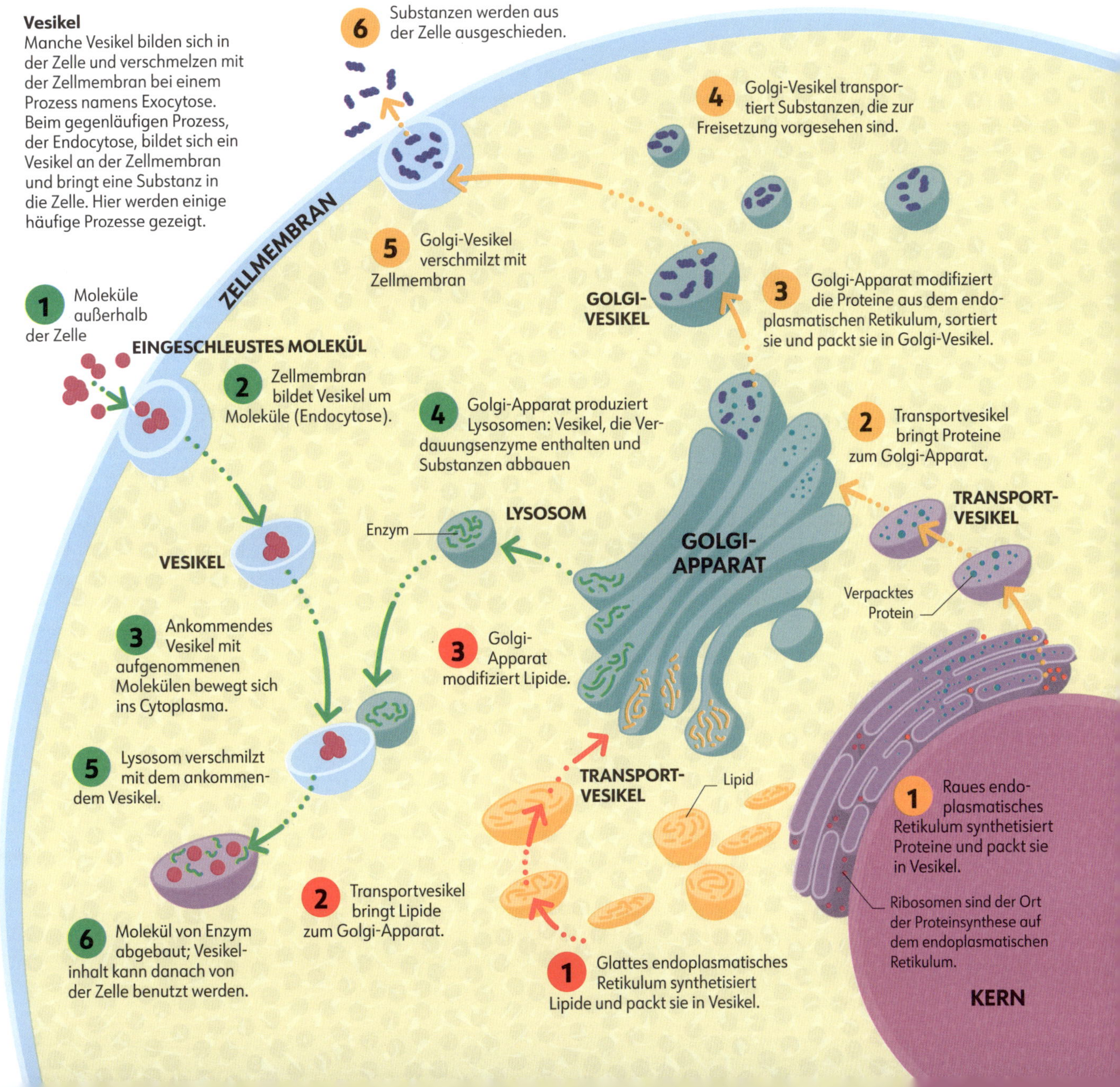

Zellkern

Der Zellkern ist das Kontrollzentrum der Zelle. Er enthält DNA. Sie trägt die genetische Information für die Herstellung der Proteine, die die Entwicklung und die Funktionen der Zelle steuern.

Die Struktur des Zellkerns

Der Kern ist die größte Organelle (subzelluläre Struktur) einer Zelle. Seine Hauptfunktionen sind der Schutz der DNA und die Bereitstellung von Informationen für die Proteinbiosynthese. Der Kern ist gefüllt mit einer Flüssigkeit, dem Karyoplasma; darin liegt die DNA in langen Strängen, dem Chromatin. Er enthält auch mindestens einen Nucleolus (s. gegenüberliegende Seite). Die Kernoberfläche besteht aus zwei Membranschichten. Die äußere Membran ist mit dem rauen endoplasmatischen Retikulum verbunden (s. S. 57), das die Ribosomen für die Proteinbiosynthese enthält.

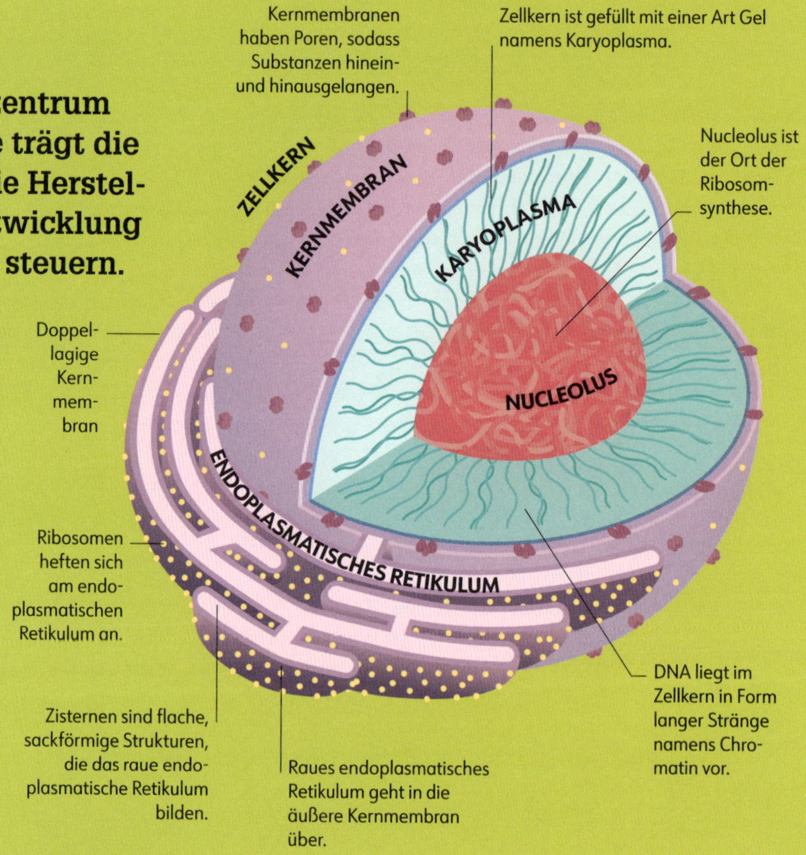

DNA und Chromosomen

Jeder DNA-Strang in einem Kern ist um Stützproteine, Histone genannt, gewickelt. Meistens liegt die DNA in Form von Chromatin vor. Wenn eine Zelle sich auf die Zellteilung vorbereitet, werden die Stränge dupliziert und zu kompakten, eng gewickelten Supercoil-Strukturen, den Chromosomen, verpackt. Jedes Chromosom besteht aus zwei gleichen Einheiten namens Chromatiden. Diese trennen sich während der Zellteilung, sodass jede neue Zelle einen vollen Satz DNA erhält.

Die Struktur der DNA
Das DNA-Molekül ist eine Doppelhelix mit Sprossen wie eine Leiter. Es ist jeweils zweimal um ein Set von acht Proteinen (Histon) gewickelt, wodurch Nukleosomen entstehen.

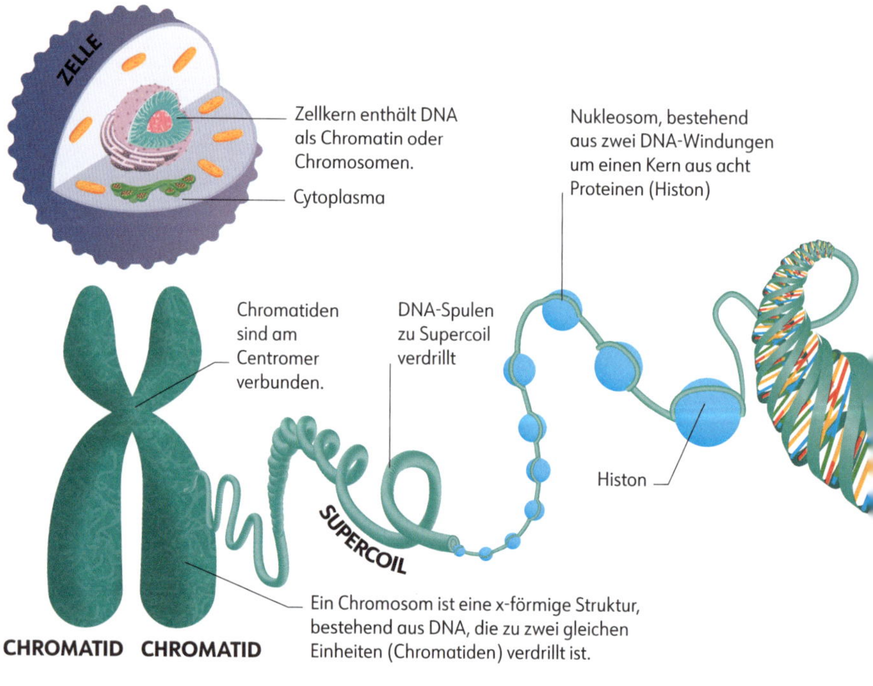

Innerhalb des Nucleolus

Der Nucleolus ist eine dichte Region innerhalb des Zellkerns, wo das Karyoplasma eher gelartig ist. Der Nucleolus produziert ribosomale RNA (rRNA) und Proteine. Zusammen bilden sie die miteinander verzahnten Untereinheiten der Ribosomen. Nach dem Zusammenbau im Nucleolus wandern die Ribosomen ins Cytoplasma, wo sie Proteinmoleküle synthetisieren (s. S. 91).

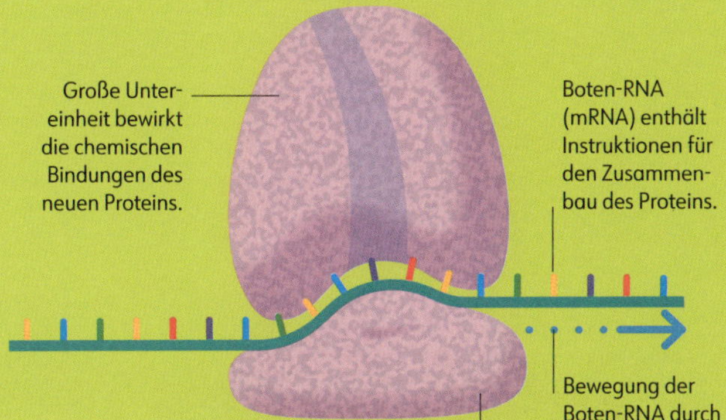

RIBOSOM

Funktion der Ribosomen
Ribosomen halten Boten-RNA (mRNA) fest, die genetische Anleitung aus der Kern-DNA überbringt, und lesen die Basenreihenfolge des neuen Proteins ab.

HABEN ALLE ZELLEN EINEN KERN?

Nein, nur die Zellen von Eukaryoten haben einen definierten Zellkern. Bei Menschen fehlt reifen roten Blutkörperchen sowie verhornten Zellen in Haut, Haar und Nägeln ebenfalls ein Kern.

DIE GESAMTE DNA EINES MENSCHEN REICHT 16-MAL ZUR SONNE UND ZURÜCK.

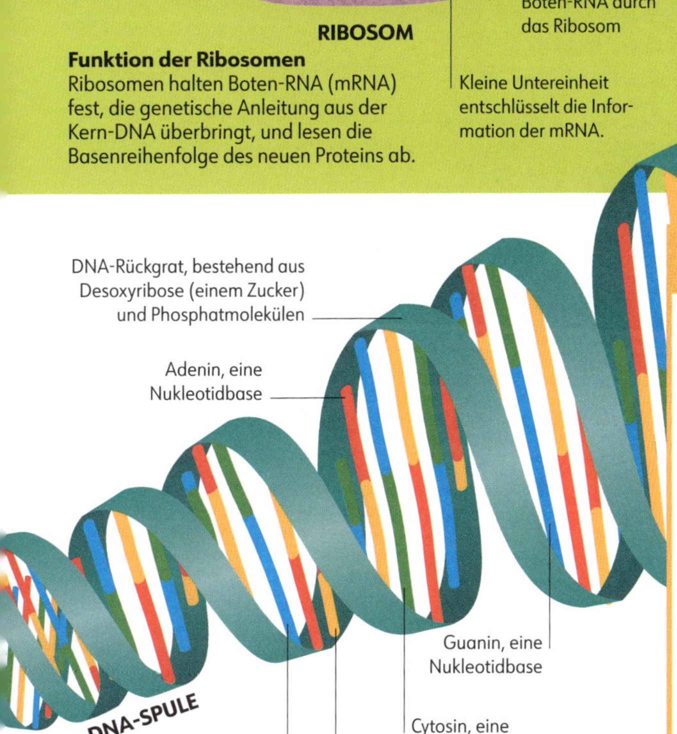

SPULEN UND SUPERSPULEN

DNA-Moleküle wickeln sich mehrfach auf und bilden sogenannte Supercoil-Strukturen. Ein menschlicher Zellkern hat etwa 2 m DNA; superverdrillt sind die 46 Chromosomen insgesamt nur 200 Nanometer (Milliardstel Meter) lang.

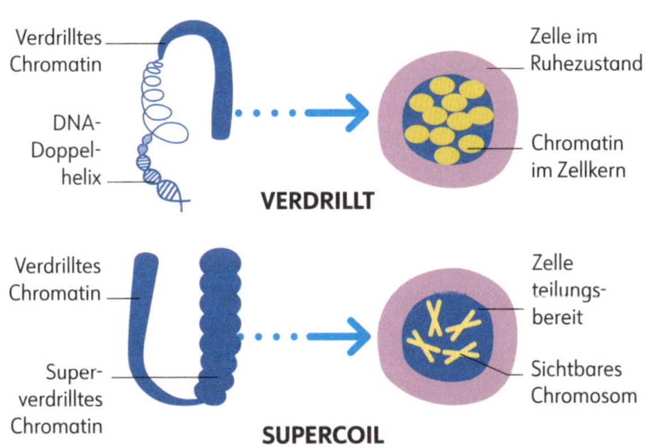

Energiefabriken

Die Energie, die Tiere und Pflanzen verbrauchen, kommt letztlich von der Sonne. In eine Nahrungskette gelangt sie durch Fotosynthese, die in den Chloroplasten von Pflanzen und Algen stattfindet und in der Herstellung von Zucker resultiert. Dieser wird von Mitochondrien als Brennstoff genutzt.

WO KOMMEN MITOCHONDRIEN UND CHLOROPLASTEN HER?

Diese Organellen haben sich aus alterümlichen, frei lebenden Bakterien entwickelt. Sie leben nun als Symbionten innerhalb größerer Zellen (s. S. 54-55).

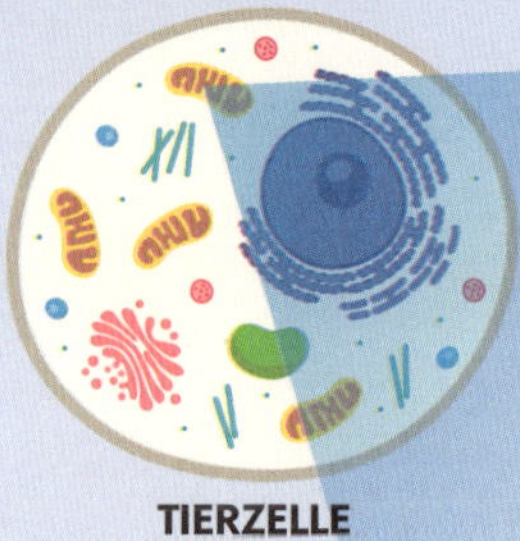

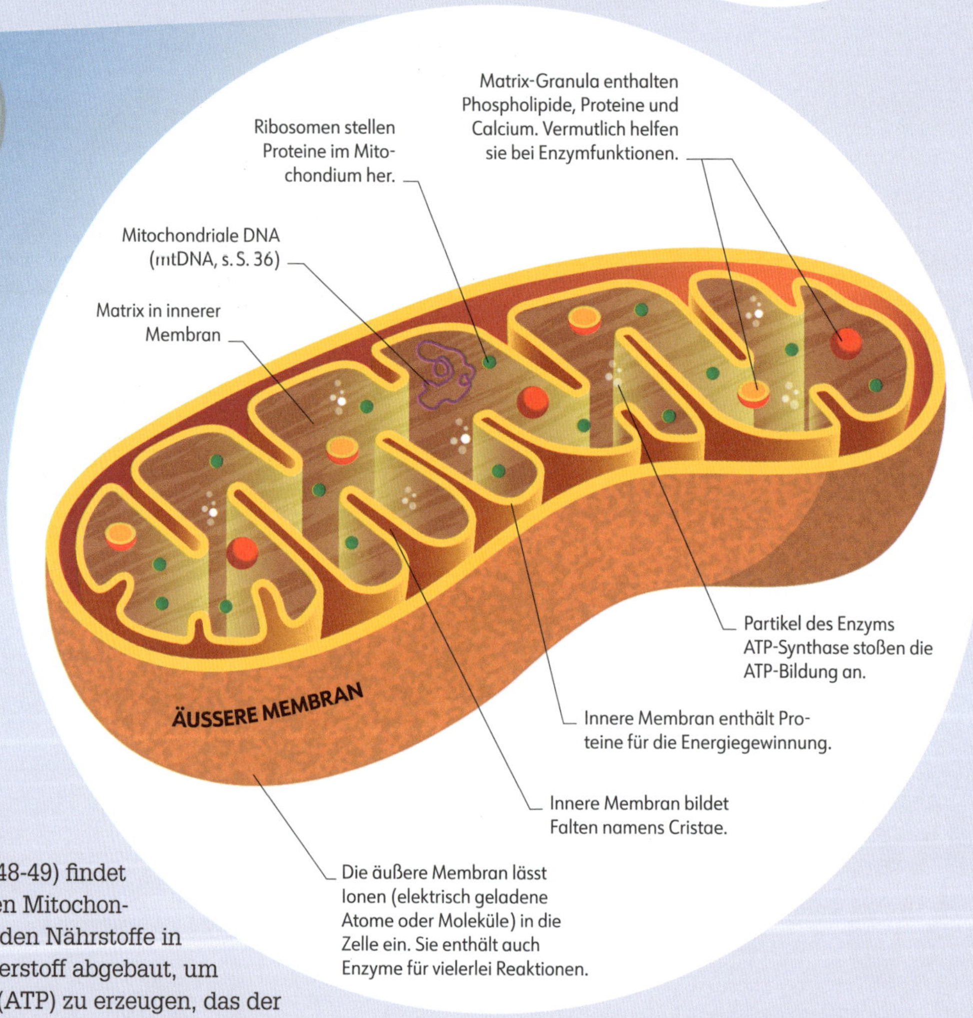

Struktur eines Mitochondriums
Mitochondrien haben eine Doppelmembran. Die innere Membran ist stark gefaltet, um die Oberfläche zu vergrößern. Sie umfasst eine gelartige Substanz namens Matrix, welche die mitochondriale DNA, Ribosomen und Enzyme enthält.

Mitochondrien

Aerobe Atmung (s. S. 48-49) findet in den bohnenförmigen Mitochondrien statt. Dabei werden Nährstoffe in Anwesenheit von Sauerstoff abgebaut, um Adenosintriphosphat (ATP) zu erzeugen, das der Körper als Energiequelle nutzt. Mitochondrien steuern auch andere wichtige Prozesse wie Zellwachstum, Differenzierung und Tod. Sie kommen in den meisten Tier- und Pflanzenzellen vor, aber nicht in Bakterien.

MITOCHONDRIEN HABEN EINE EIGENE DNA, DIE mtDNA.

CHROMOPLASTEN

Sie enthalten Pigmente in den Farben Orange (Carotinoide), Gelb (Xanthophylle) und Rot, die Blumen, Früchten und Herbstblättern ihre Farben verleihen. In reifenden Früchten werden die Thylakoide in Chloroplasten abgebaut, Carotinoide sammeln sich in Kristallen und Lipidstrukturen (Plastoglobuli) an.

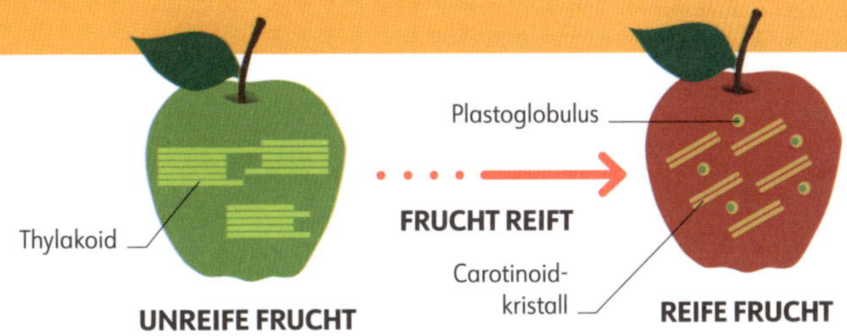

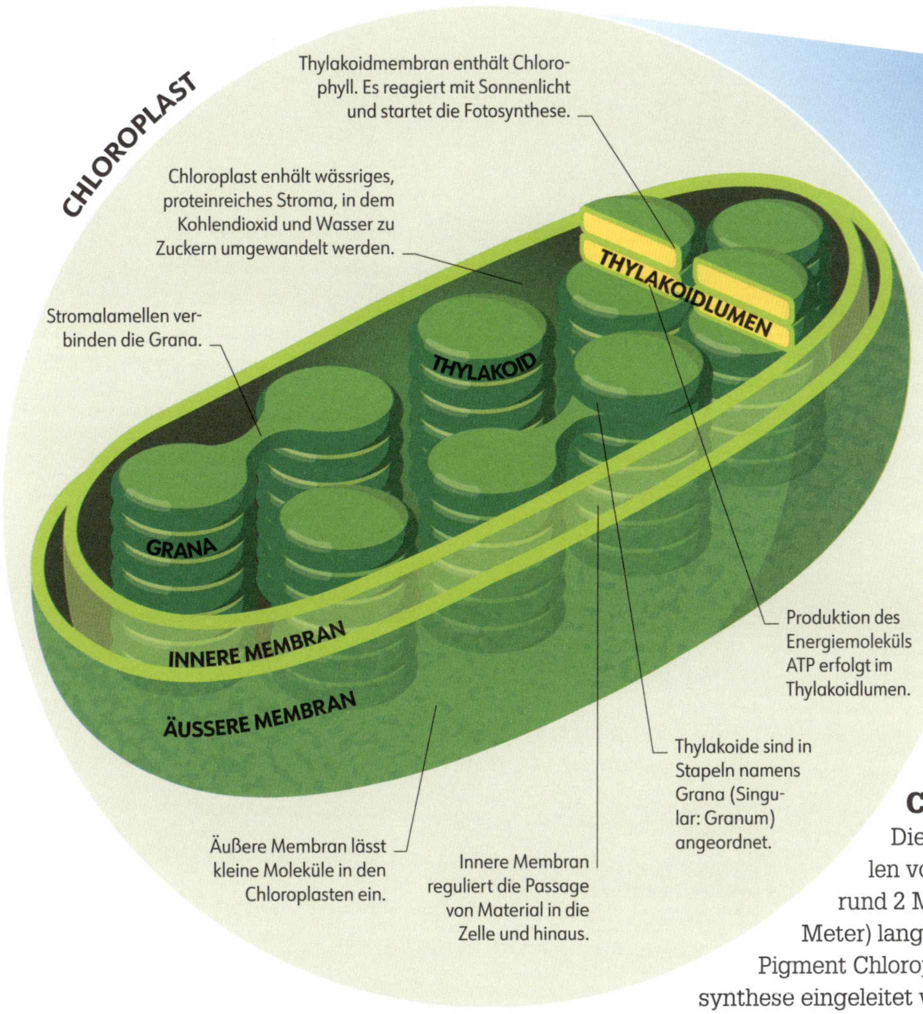

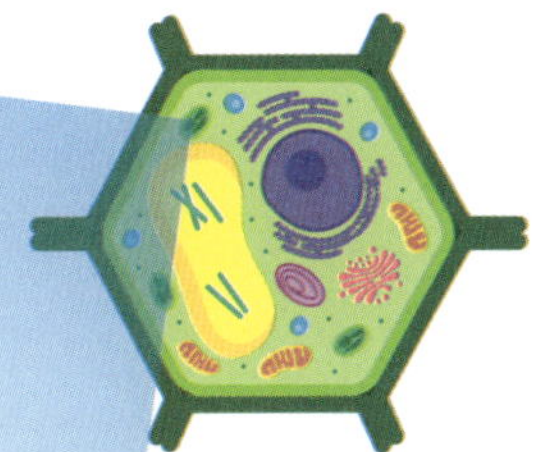

PFLANZENZELLE

Struktur eines Chloroplasten
Chloroplasten sind von einer Doppelmembran umgeben. Sie enthalten Stapel scheibenförmiger Strukturen namens Thylakoide, die die Fotosynthese in Gang setzen.

Chloroplasten

Diese Organellen in den Zellen von Pflanzen und Algen sind rund 2 Mikrometer (Millionstel Meter) lang. Sie enthalten das grüne Pigment Chlorophyll, mit dem die Fotosynthese eingeleitet wird. Dabei fangen Chloroplasten Energie aus dem Sonnenlicht ein und nutzen sie, um Kohlendioxid und Wasser in Glucose umzuwandeln. Dabei wird ein Molekül Adenosintriphosphat (ATP) gebildet, es stellt Energie für die Prozesse in der Zelle bereit. Zudem wird Sauerstoff abgegeben.

JEDE **FOTOSYNTHETISCHE ZELLE** HAT **50–60 CHLOROPLASTEN.**

Cytoskelett und Vakuolen

Das Cytoplasma einer Zelle enthält ein komplexes Netzwerk von Proteinen, das Cytoskelett. Es hält die innere Struktur der Zelle aufrecht. Im Cytoplasma vieler Zellen gibt es eine große, taschenartige Organelle namens Vakuole.

WAS IST DER UNTERSCHIED ZWISCHEN VAKUOLEN UND VESIKELN?

Beide sind sackartige Strukturen in einer Zelle. Vesikel sind vorübergehend existierende Transportbehälter. Vakuolen sind größer, bleiben länger erhalten und sind deutlich als Organellen erkennbar.

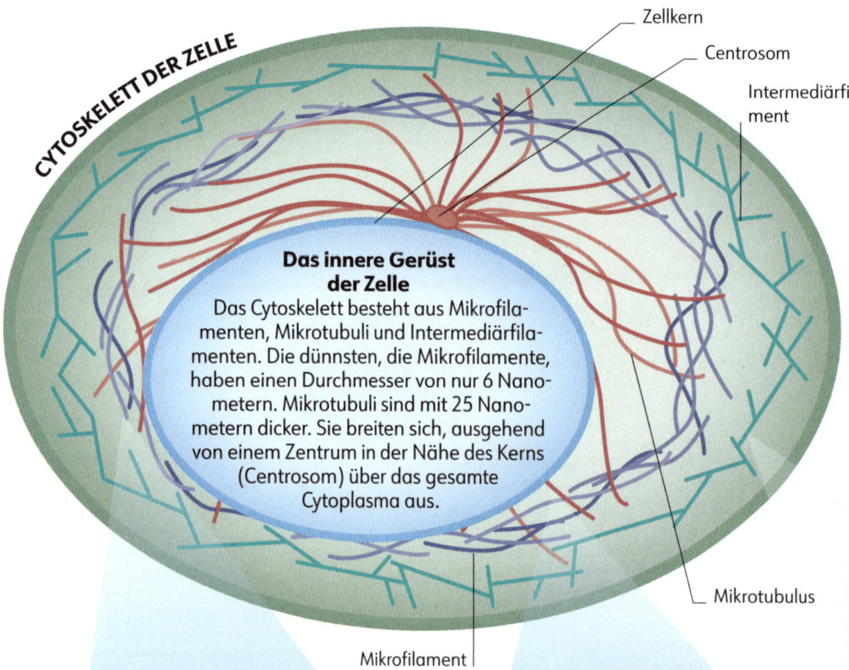

Das Cytoskelett

Bestehend aus ultradünnen Filamenten und Röhrchen, passt sich das Cytoskelett ständig an die Bedürfnisse der Zelle an. Seine Hauptaufgabe ist es, die strukturelle Integrität zu wahren. Bei Tierzellen, die keine steife Zellwand haben, spielt das Cytoskelett von Millionen Zellen eine wichtige Rolle bei der Formgebung von Geweben und Organen. Weitere Aufgaben des Cytoskeletts sind der Transport von Material in der Zelle, die Verformung der Zellmembran zwecks Bewegung und Nahrungsaufnahme sowie die Zellteilung (s. S. 68–69).

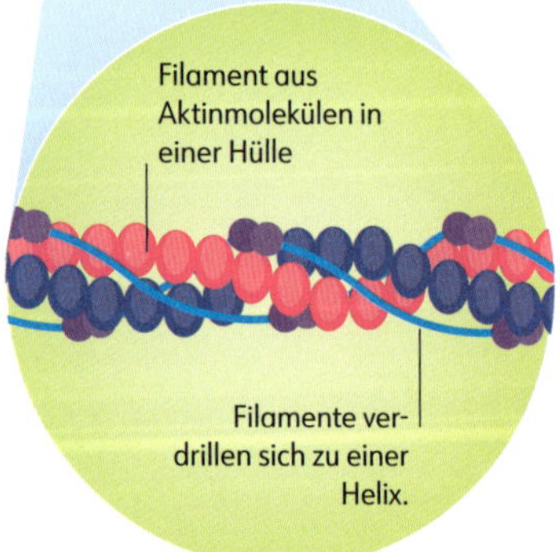

Mikrofilament
Spiralig gewundene Ketten von Aktinmolekülen bilden Mikrofilamente. Aktin ist ein aktives Molekül. Es definiert die Form der Zelle und ermöglicht die Bewegung von Zellen.

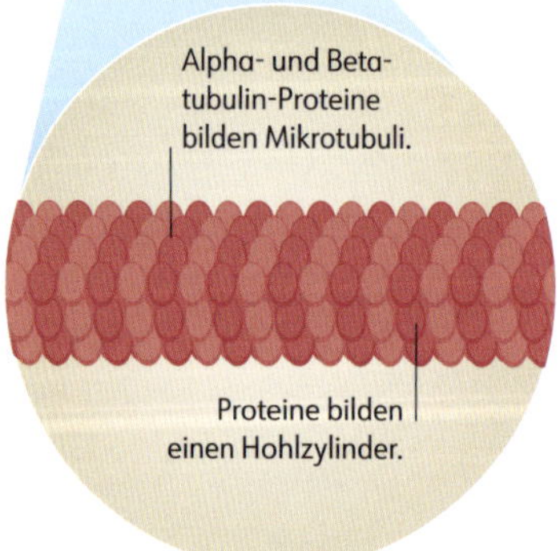

Mikrotubuli
Mikrotubuli sind röhrenförmige Fäden, sie bestehen aus Windungen von Proteinen, den Tubulinen. Die Röhren fixieren die Organellen und die Zellmembran.

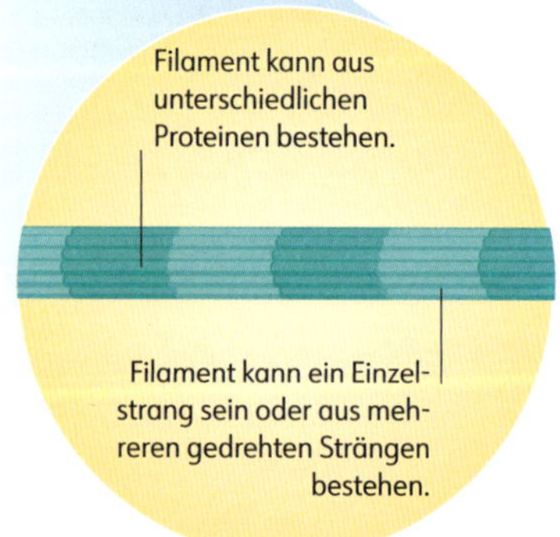

Intermediärfilamente
Die Intermediärfilamente können aus einer Reihe von Proteinen bestehen. Sie fungieren als robuste Stütze für Mikrotubuli und sind in der Zelle weniger stark ausgebreitet.

Vakuolen

Eine Vakuole ist eine große, relativ einfache Organelle mit einer Membran. Vakuolen dienen oft als Speicher für Wasser, Salze, Nahrung oder Abfall. Strukturell helfen sie bei der Aufrechterhaltung des Drucks in der Zelle. In tierischen Zellen kommen Vakuolen zwar vor, sind dort jedoch generell klein und schwer von den Vesikeln, die dem Materialtransport dienen, zu unterscheiden. In Pflanzen, Pilzen und Einzellern hingegen sind sie ein wesentlicher Teil der Zelle: Sie entfernen überschüssiges Wasser, speichern Gas, Ionen oder Nährstoffe oder ermöglichen es der Zelle, in Wasser zu schweben.

ARTEN VON VAKUOLEN

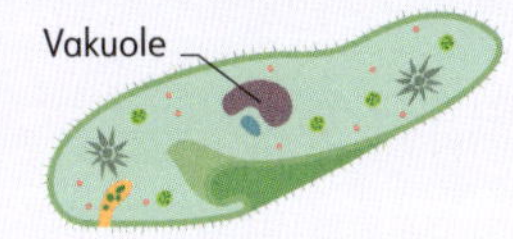

KONTRAKTILE VAKUOLE

Kontraktile Vakuolen findet man bei Süßwasserprotisten (s. S. 126–127). Durch Osmose dringt Wasser in die Zelle ein, sie droht zu platzen. Überschüssiges Wasser wird in die Vakuole eingeschlossen, die sich dann kontrahiert und das Wasser aus der Zelle pumpt.

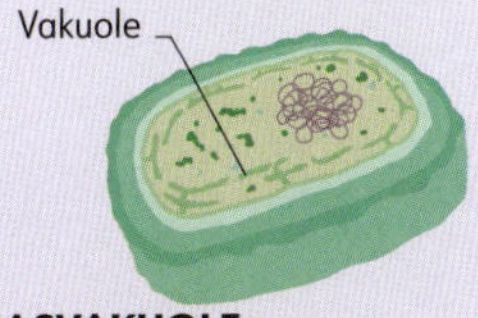

GASVAKUOLE

Cyanobakterien, die zu den fotosynthetischen Bakterien gehören, und verschiedene Archaeen haben Gasvakuolen mit kleinen Luftblasen. Sie wirken als Schwimmer, sodass der Organismus den Auftrieb kontrollieren und sich im Wasser auf und ab bewegen kann.

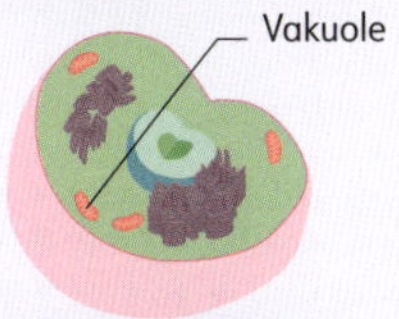

NAHRUNGSVAKUOLE

Vakuolen zur Nahrungsspeicherung erfüllen die Rolle eines Magens für viele Protisten. Nahrhafte Substanzen werden in der Vakuole gesammelt und mit Verdauungsenzymen vermischt, die die Substanzen zu einfacheren Stoffen abbauen.

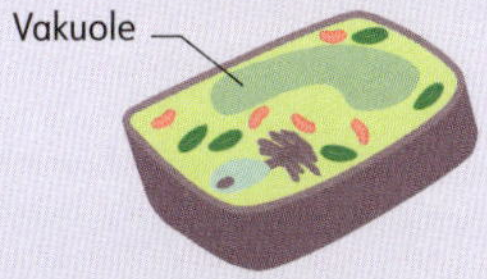

ZENTRALVAKUOLE

Pflanzenzellen haben große zentrale Vakuolen. Sie können von Cytoplasmasträngen durchsetzt sein und mehr als 80 Prozent des Zellvolumens einnehmen. Die Vakuole speichert Ionen, um den Säuregrad des Cytoplasmas zu regulieren, sowie Wasser zum Erhalt des Zellinnendrucks.

MIKROTUBULI KÖNNEN BIS ZU **0,05 MM LANG** SEIN.

DAS CENTROSOM

Viele Mikrotubuli des Cytoskeletts, darunter auch die Spindel für die Zellteilung (s. S. 68–69), wachsen aus einer zentralen Region nahe dem Kern, die Centrosom heißt. Das Centrosom besteht normalerweise aus zwei zylindrischen Bündeln von Tubulinproteinen, den Centriolen. Diese Tubulinproteine bilden eine röhrenförmige Struktur. Die Centriolen sind ein wichtiges Mikrotubuli-organisierendes Zentrum (*microtubule organizing center,* MTOC), ein Ort, aus dem sich cytoskelettale Strukturen entwickeln. Es gibt noch viele weitere, kleinere MTOCs verstreut in der Zelle.

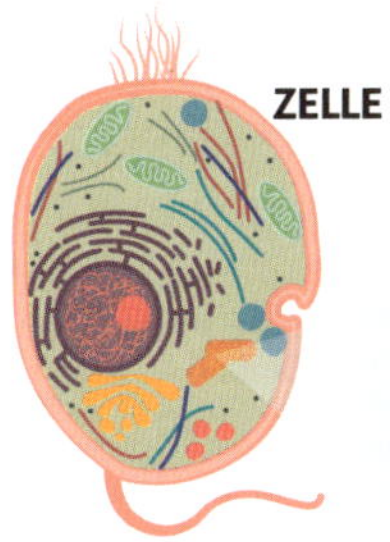

Mutter und Tochter
Centriolen liegen in Paaren vor. Die Muttercentriole stammt aus der Mutterzelle, die Tochtercentriole entsteht nach der Zellteilung.

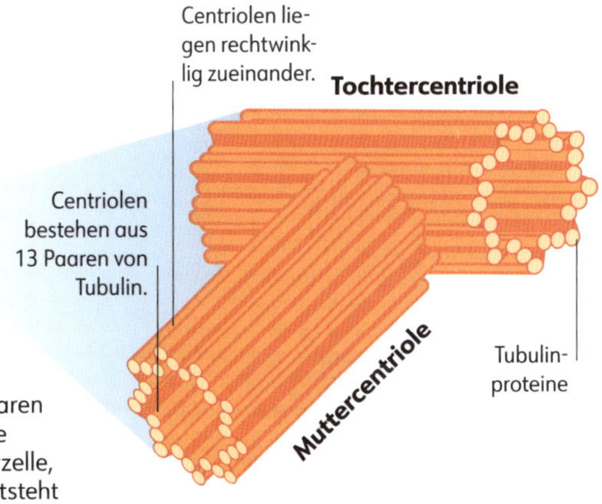

CENTRIOLEN

Zelltransport

Zellen benötigen Stoffe, die sie durch ihre Membranen aufnehmen und zwischen den Organellen bewegen. Dafür nutzen Zellen verschiedene passive und aktive Transportsysteme.

Diffusion

Kann ein Stoff sich frei bewegen, wandert er von Regionen hoher Konzentration zu Regionen niedrigerer Konzentration; dieser Prozess heißt Diffusion. Als völlig passiver Prozess findet er ohne Energiezufuhr statt, bei höheren Temperaturen allerdings schneller. Diffusion geschieht stets in eine Richtung, entlang des Konzentrationsgradienten von hoch zu niedrig. Sie kann in einer Gasmischung wie der Luft stattfinden, oder in komplexeren Lösungen, etwa dem Cytoplasma, die viele gelöste Substanzen enthalten.

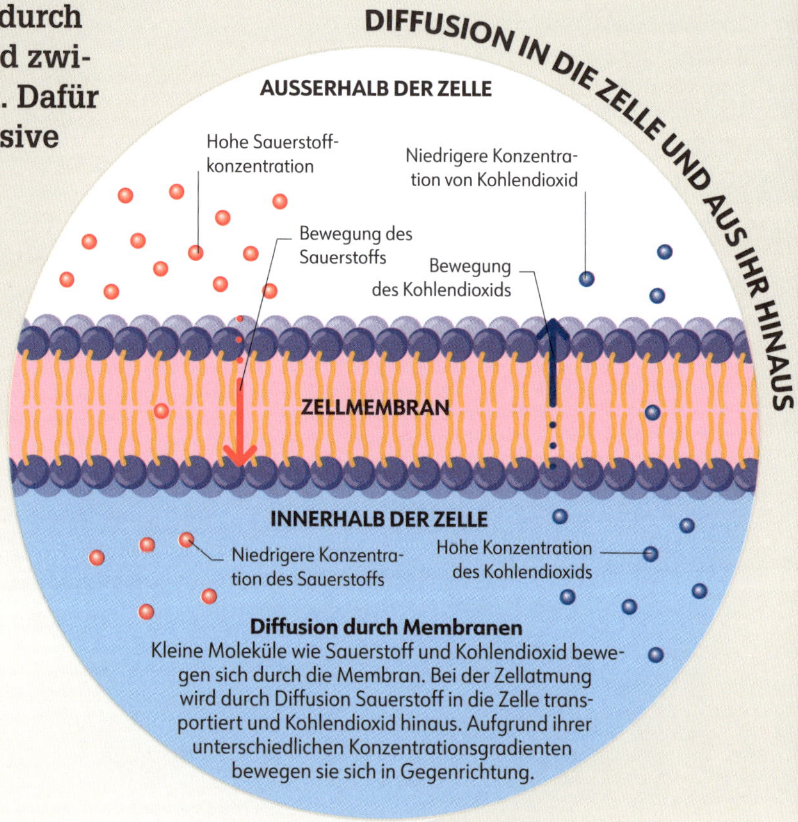

Diffusion durch Membranen
Kleine Moleküle wie Sauerstoff und Kohlendioxid bewegen sich durch die Membran. Bei der Zellatmung wird durch Diffusion Sauerstoff in die Zelle transportiert und Kohlendioxid hinaus. Aufgrund ihrer unterschiedlichen Konzentrationsgradienten bewegen sie sich in Gegenrichtung.

HAUT WIRD IN WASSER TEILS DURCH **OSMOSE SCHRUMPELIG.**

TIERZELLE

Diffusion innerhalb von Zellen
Größere Moleküle wie Fette und Aminosäuren können nicht durch die Zellmembran diffundieren, sie müssen aktiv in die Zelle hinein und aus ihr hinaus transportiert werden. Im Cytoplasma der Zelle jedoch diffundieren diese Moleküle aus Regionen hoher Konzentration in Regionen niedriger Konzentration, bis sie in der Zelle gleichmäßig verteilt sind.

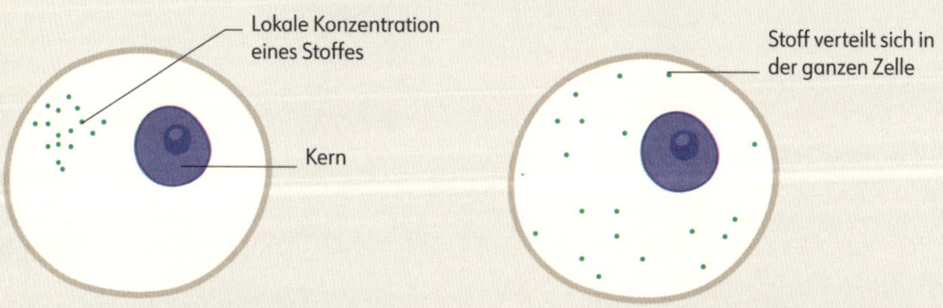

1 Vor der Diffusion
Ein Stoff wird in einem Teil der Zelle produziert, eine Region hoher Konzentration entsteht. Die Moleküle bewegen sich zufällig in alle Richtungen und verteilen sich.

2 Nach der Diffusion
Nachdem die Moleküle gleichmäßig verteilt sind, bewegen sie sich weiterhin zufällig. So ist sichergestellt, dass die Konzentration im Cytoplasma gleich bleibt.

Osmose

Osmose ist die Diffusion eines Lösungsmittels (Wasser) durch eine semipermeable Membran, die für das Lösungsmittel durchlässig ist, jedoch nicht für die darin gelösten Stoffe. Das Lösungsmittel bewegt sich dabei in Richtung höherer Konzentration des gelösten Stoffes. So wird die Konzentration der Stoffe auf beiden Seiten der Membran ausgeglichen. Ist der Wassergehalt zu gering, dehydriert ein Körper: Die Stoffe außerhalb der Zellen sind höher konzentriert, sodass Wasser durch Osmose ausströmt.

Osmotischer Druck

Bei Pflanzen wird durch Osmose Wasser in die Zellen gedrückt, ein hoher Innendruck entsteht. Fällt dieser ab, schrumpft die Zelle und wird schlaff, die Pflanze welkt und trocknet aus (s. S. 149).

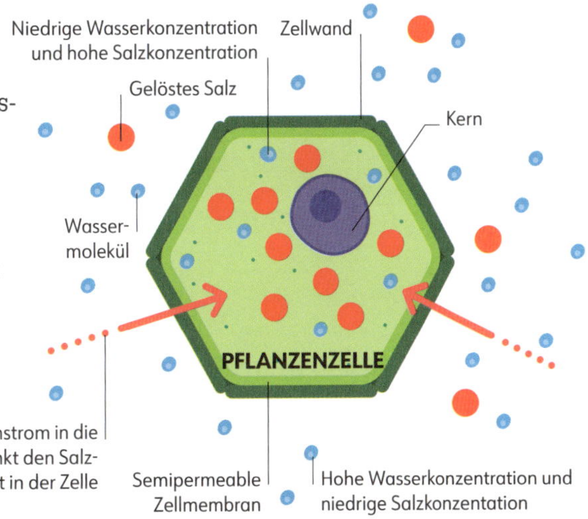

Transportproteine

Transport- oder Carrier-Proteine in Membranen fungieren beim aktiven Transport als Pumpen oder Poren. Durch Energiezufuhr verändert sich die Form des Proteins, sodass es Moleküle durch die Membran schleusen kann.

Aktiver Transport

Um Stoffe hinein- oder herauszuschleusen, muss die Zelle teils Energie aufwenden. Durch aktiven Transport werden Stoffe gegen ein Konzentrationsgefälle bewegt. Eine Form des aktiven Transports in Tierzellen stellt die Aufnahme von Glucose in die Darmzellen dar. Weil die Konzentration in den Zellen höher ist, wird Energie benötigt, um die Absorption zu erhöhen.

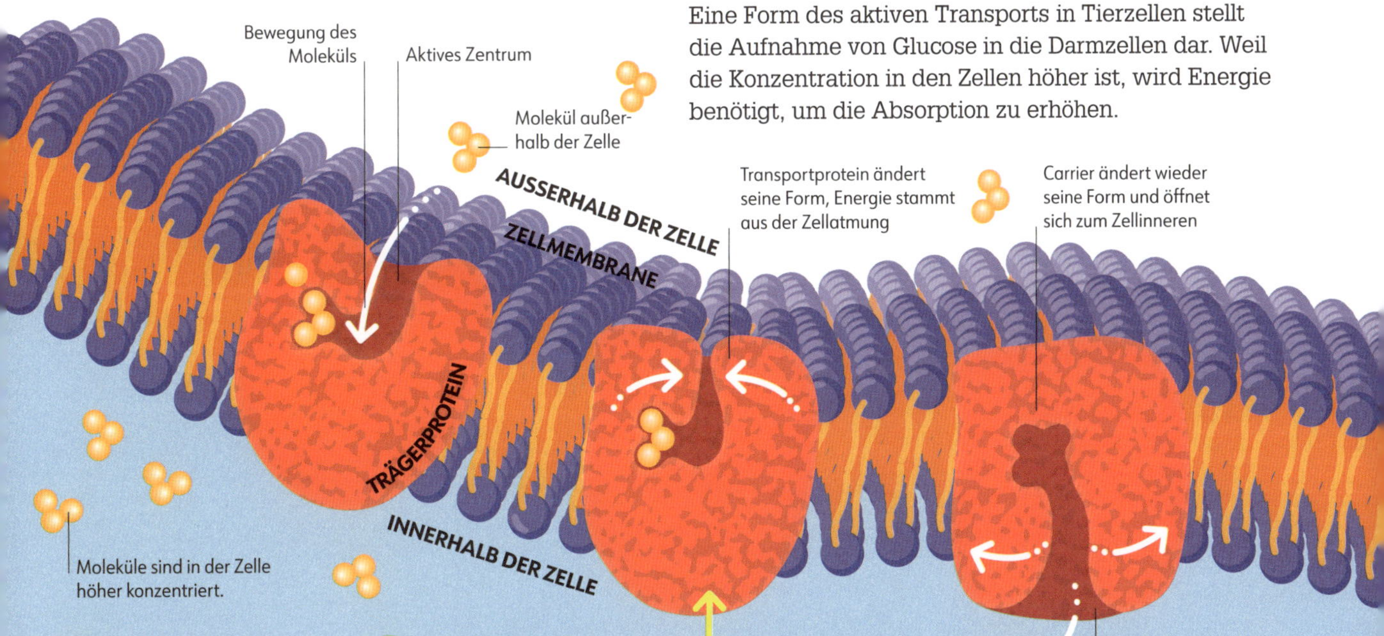

1 Moleküle binden an den Carrier
Das Protein hat ein aktives Zentrum außerhalb der Membran, an dem Moleküle andocken können. Diese anfängliche Bindung ist passiv und braucht keine Energie.

2 Trägerprotein ändert seine Form
Sind Moleküle und Protein vorübergehend verbunden, wird unter Energieverbrauch die Form des Proteins geändert. Der Prozess wird durch die Anwesenheit der Moleküle angestoßen.

3 Moleküle gelangen ins Zellinnere
Durch Zugabe von Energie und Molekülen verändert, wechselt das aktive Zentrum auf die andere Seite der Membran. Durch diese Formänderung werden die Moleküle ins Cytoplasma entlassen.

Zellbewegung

Zellen sind oft in Gewebe eingebunden oder werden in Flüssigkeiten wie Blut transportiert. Manche Zellen jedoch haben mobile Teile oder bewegen sich sogar eigenständig.

Geißeln

Eine Geißel ist ein langer, peitschenartiger Schwanz an einem Ende einer Zelle. Geißeln findet man an vielen Bakterien, Protisten und anderen Mikroorganismen sowie an den Geschlechtszellen von Tieren und Pflanzen. Hier besteht die Geißel aus einem Bündel von Mikrotubuli, die aneinander entlanggleiten und so eine wellenförmige Vorwärtsbewegung erzeugen. Bakterielle Geißeln sind steifer und schraubenförmig; sie erzeugen Bewegung durch Rotation – wie ein Propeller. Der Protist *Euglena* nutzt beide Fortbewegungsarten.

WIE LANG SIND GEISSELN ?

Die Geißeln der meisten einzelligen Organismen sind typischerweise etwa 20 Mikrometer (Millionstel Meter) lang.

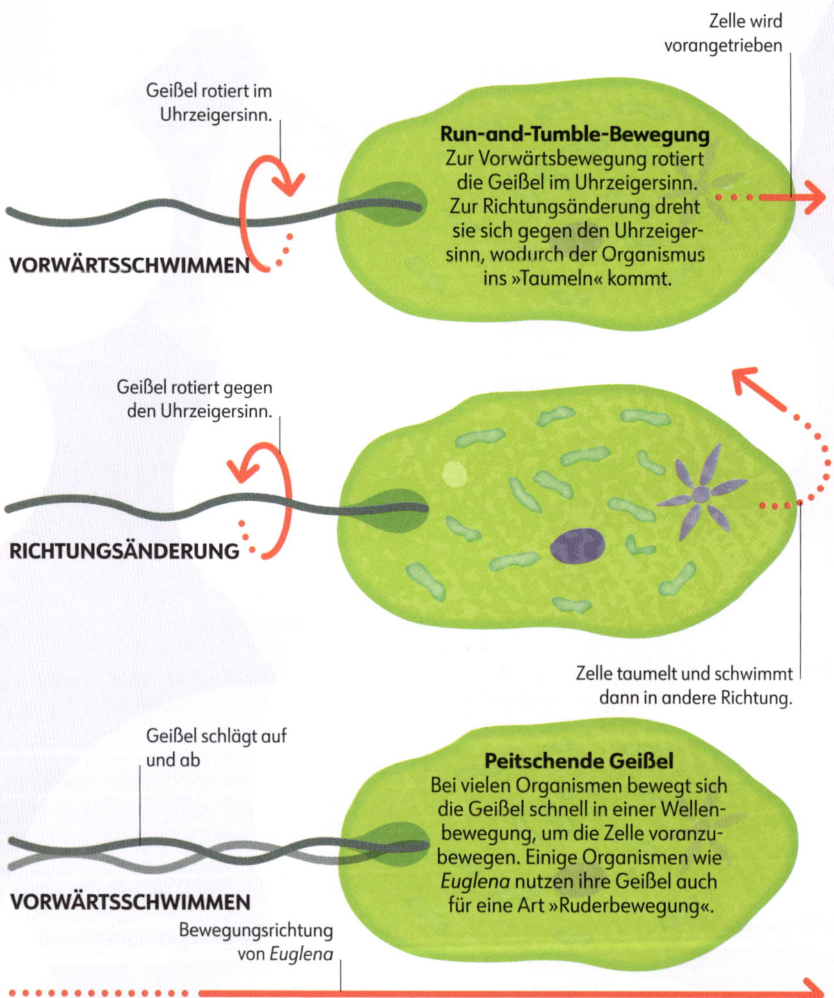

ZELLBEWEGUNG IM MENSCHENKÖRPER

Geißeln, Zilien und amöboide Bewegung gibt es auch im menschlichen Körper. Spermazellen (männliche Geschlechtszellen) sind die einzigen Körperzellen mit Geißeln. Zellen mit Zilien sind in den Lungen und Luftröhren weit verbreitet. Weiße Blutkörperchen bewegen sich wie Amöben durch das Blut und infiziertes Gewebe.

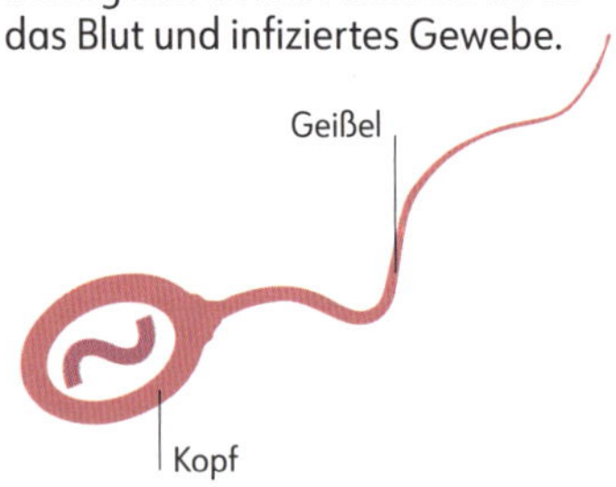

MENSCHLICHE SPERMAZELLE

AMÖBEN KÖNNEN EINE GESCHWINDIGKEIT VON **2–5 MM PRO MINUTE** ERREICHEN.

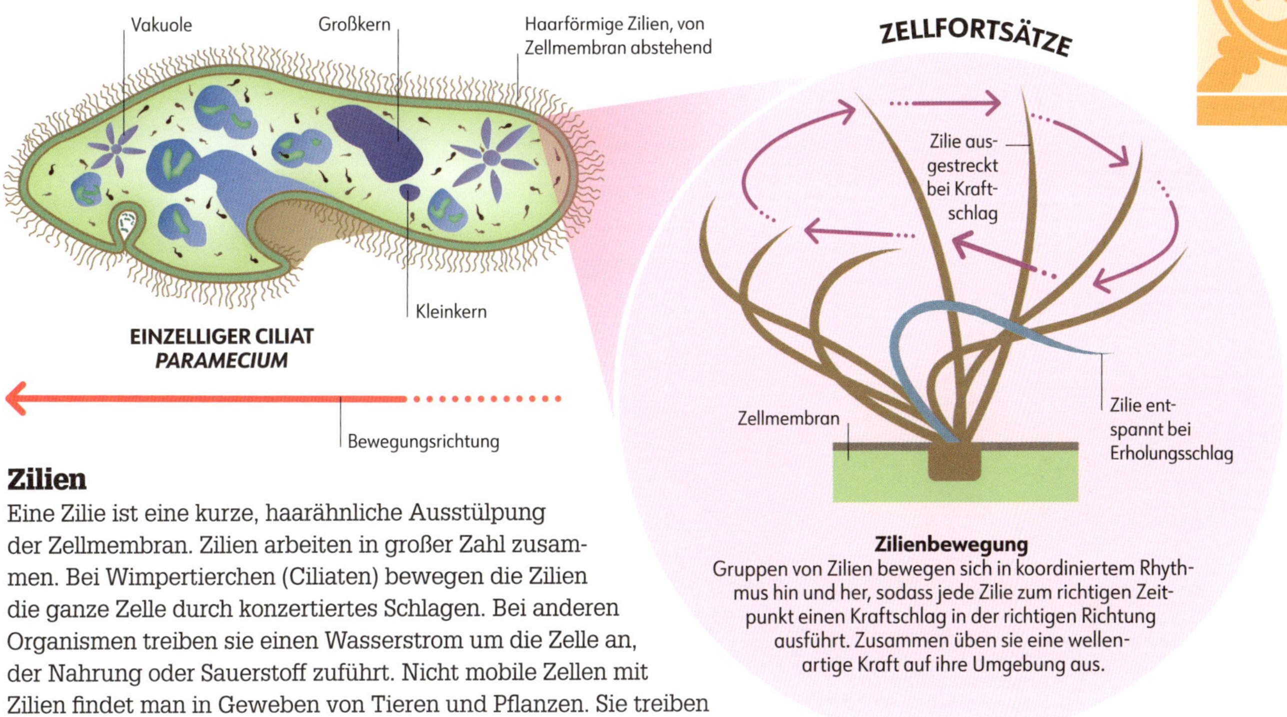

Zilienbewegung
Gruppen von Zilien bewegen sich in koordiniertem Rhythmus hin und her, sodass jede Zilie zum richtigen Zeitpunkt einen Kraftschlag in der richtigen Richtung ausführt. Zusammen üben sie eine wellenartige Kraft auf ihre Umgebung aus.

Zilien

Eine Zilie ist eine kurze, haarähnliche Ausstülpung der Zellmembran. Zilien arbeiten in großer Zahl zusammen. Bei Wimpertierchen (Ciliaten) bewegen die Zilien die ganze Zelle durch konzertiertes Schlagen. Bei anderen Organismen treiben sie einen Wasserstrom um die Zelle an, der Nahrung oder Sauerstoff zuführt. Nicht mobile Zellen mit Zilien findet man in Geweben von Tieren und Pflanzen. Sie treiben Material durch innere Röhren und Gefäße.

Pseudopodien

Manche Einzeller können sich bewegen, indem sie gliedartige Plasmaausstülpungen ausbilden, die Pseudopodien (Scheinfüßchen). Die Zelle bewegt sich in Richtung der Pseudopodien, später werden diese wieder in den Körper der Zelle eingezogen. Organismen wie Amöben bewegen sich auf solche Art. Pseudopodien können auch in mehrere Richtungen gleichzeitig ausgestreckt werden, um Nahrungspartikel zu verschlingen.

Amöboide Bewegung
Die Veränderungen der Zellform werden durch ein mikroskopisch kleines Netz von Proteinfasern im Cytoskelett kontrolliert (dem Netzwerk von Filamenten, die der Zelle Struktur geben).

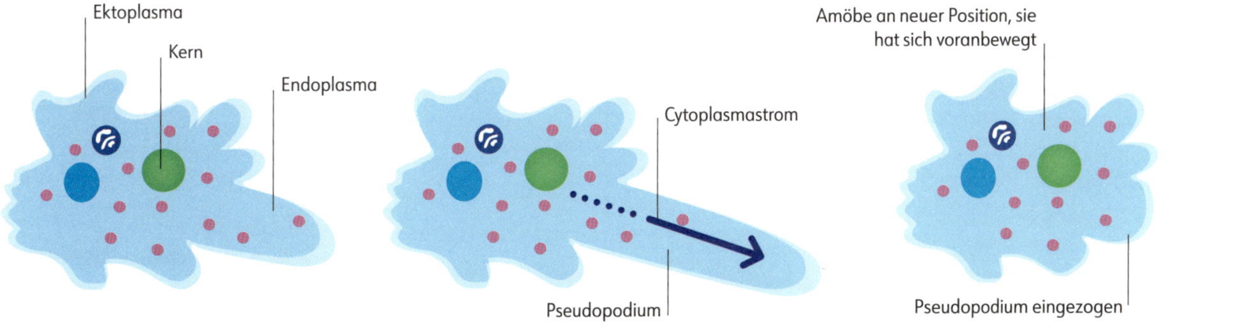

1 Struktur von Amöben
Das Cytoplasma eines Amöbenkörpers besteht aus einer Außenschicht (Ektoplasma) aus halbfestem Gel und einer flüssigen Innenschicht (Endoplasma).

2 Pseudopodium bildet sich
Filamente des Cytoskeletts dehnen sich aus, sodass ein Pseudopodium entsteht. Etwas Gel wird flüssig und fließt ins Pseudopodium, zusammen mit dem Zellinhalt.

3 Zelle wird gezogen
Der Fluss des Cytoplasmas zieht die ganze Zelle voran, infolgedessen wird das Pseudopodium eingezogen und ein Teil der Flüssigkeit wird wieder zu Gel.

Zellteilung

Zellen reproduzieren sich, indem sie sich in zwei Tochterzellen teilen. Bei Bakterien und anderen einfachen Organismen erfolgt dies durch Spaltung. Bei Eukaryoten – Organismen, die einen Zellkern haben – findet eine Mitose statt.

WIE SCHNELL KÖNNEN SICH BAKTERIEN VERMEHREN?

Bei Idealbedingungen können manche Bakterien sich etwa alle 20 Minuten teilen.

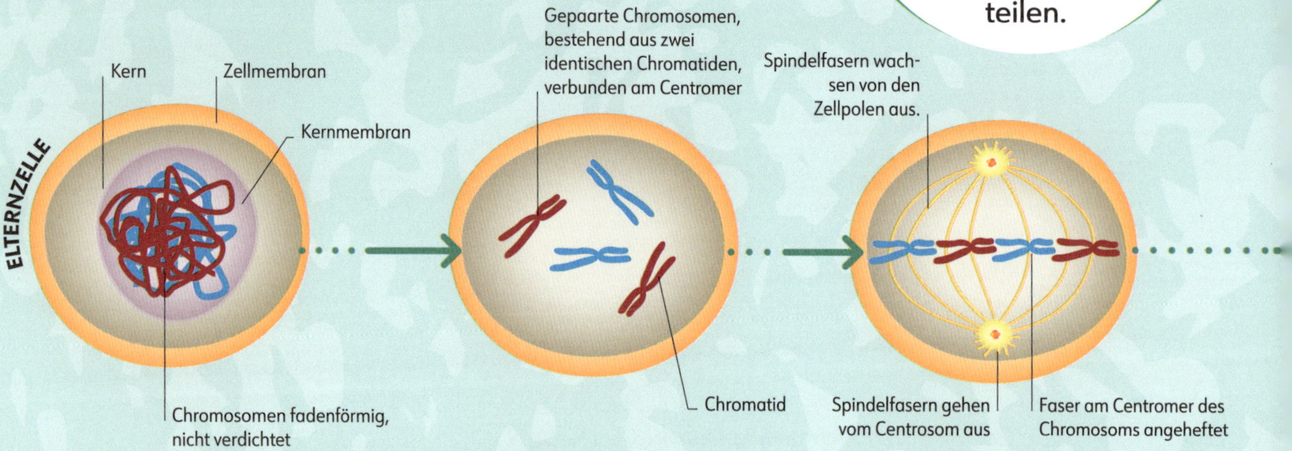

1 Interphase In der nichtreproduktiven Phase der Zelle, in der keine Zellteilung stattfindet, liegt das genetische Material in langen Fasern aus Chromatin vor. Das ist ein Komplex aus DNA, die um Proteine (Histone) gewickelt ist..

2 Prophase Am Ende der Interphase verdoppelt sich jeder Chromatinstrang. Die Stränge verdrillen sich enger und bilden X-Formen aus Paaren doppelter Chromosomen (Chromatiden). Die Kernmembran löst sich auf.

3 Metaphase Die freien Chromosomen reihen sich in der Mitte der Zelle auf. Spindelfasern wachsen aus den entgegengesetzten Enden (Polen) der Zelle und heften sich an Proteine am Centromer jedes Chromosoms an.

Mitose

Die Körperzellen eurkaryotischer Lebensformen teilen sich durch Mitose, wobei zwei identische Tochterzellen entstehen. Streng genommen ist Mitose die Aufspaltung der Chromosomenpaare (der DNA-haltigen Strukturen) im Zellkern zur Herstellung eines vollen DNA-Satzes für jede Tochterzelle. Dabei wird die DNA im Kern verdoppelt und die Zellinhalte werden gleichmäßig verteilt. Der Begriff Mitose ist abgeleitet vom griechischen Wort *mitos* (Kettfaden), wegen der fadenartigen Strukturen, die sich bei der Trennung der Chromosomen bilden.

DER ZELLZYKLUS

Die Mitose ist nur ein kurzer Abschnitt des Zyklus, den eine Zelle während ihrer Lebenszeit durchläuft. Der längste Teil des Zellzyklus ist die Interphase, die gleich nach der Teilung der Tochterzellen beginnt. In dieser Phase wächst die Zelle und kopiert ihre Organellen (einzelne Strukturen in der Zelle wie Ribosomen und Mitochondrien). Kurz vor der Teilung wird die DNA verdoppelt, es bilden sich Chromatiden. Letzter Schritt der Interphase ist die Vorbereitung des Zellinhalts auf die Teilung.

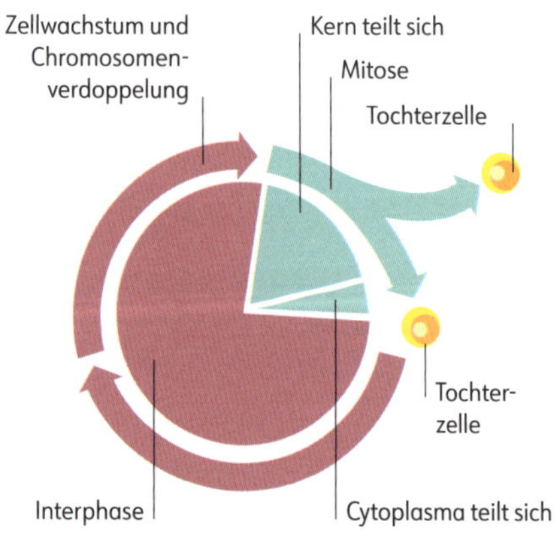

STADIEN DES ZELLZYKLUS

DER **MENSCHLICHE KÖRPER** DURCHLÄUFT ETWA **10 BILLIONEN ZELLTEILUNGEN** WÄHREND DES LEBENS.

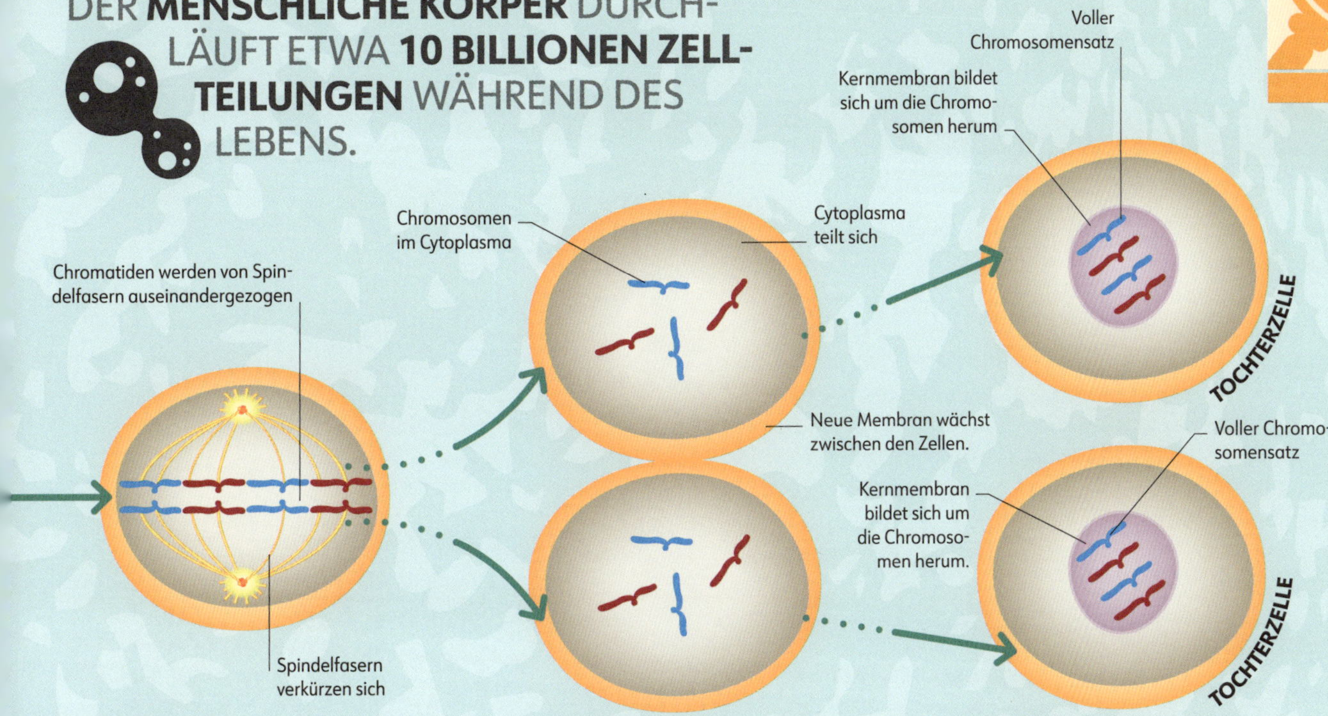

4 Anaphase
Die Spindelfasern kontrahieren und ziehen die Chromatiden jedes Chromosoms auseinander. Durch weitere Verkürzung der Fasern werden die neuen Chromosomen zu den Polen gezogen.

5 Telophase
Neue Membranen entstehen um jeden Chromosomensatz. Das Zellmaterial (Cytoplasma) teilt sich, der Vorgang heißt Cytokinese. Quer durch die Mitte der Zelle wächst eine Membran und teilt die Zelle in zwei Teile.

6 Neue Zellen
Zwei neue, identische Tochterzellen entstehen, jede mit einem vollen Chromosomensatz. Die Chromosomen kehren zu ihrer Fadenform (Chromatin) zurück. Die neuen Zellen befinden sich in der Interphase.

Spaltung

Die Zellen von Prokaryoten – Bakterien und Archaeen – sind viel kleiner als die der Eukaryoten. Sie haben keine Kerne oder Organellen, darum teilen sie sich in einem einfacheren Prozess namens Spaltung. Wie die Mitose resultiert der Prozess darin, dass eine Elternzelle zwei Tochterzellen mit identischem genetischen Material produziert.

Spaltung bei Bakterien
Bei den meisten Bakterien wird die Zelle vor der Spaltung länger und ihr Inhalt nimmt zu. Alternativ dazu teilen sich manche Bakterien, indem eine Tochterzelle wie eine Knospe von der Mutterzelle entspringt.

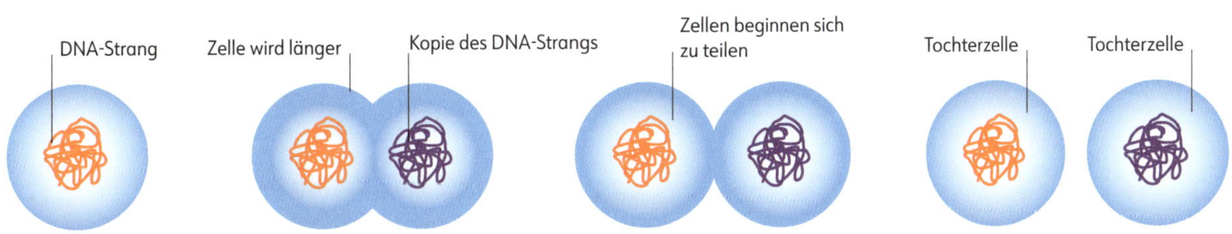

1 Elternbakterium
Das genetische Material besteht aus einem einzelnen, ringförmigen DNA-Strang (Chromosom).

2 DNA dupliziert sich
Der DNA-Strang wird verdoppelt. Die Zelle verlängert sich, die DNA-Kopien wandern zu den Enden.

3 Cytoplasmateilung
Eine neue Membran bildet sich in der Mitte der Zelle, sie teilt das Cytoplasma und die DNA-Sätze.

4 Tochterzellen teilen sich
Die beiden Tochterzellen teilen sich. Jede ist genetisch identisch mit der Elternzelle – und bald werden sie sich selbst teilen.

Nervenzellen

Die Nervenzelle (Neuron) ist die Grundeinheit des Nervensystems. Neuronen übertragen Informationen im Gehirn und vom Gehirn in alle Körperteile.

Struktur einer Nervenzelle

Ein Neuron hat vier Teile, jedes hat seine eigene Funktion. Das Axon generiert ein Nervensignal (Impuls) und befördert es in Längsrichtung. Der Zellkörper verarbeitet das Signal. Die präsynaptische Endigung übermittelt das Signal an das nächste Neuron. Ein Dendrit empfängt das Signal von einem Nachbarneuron. Die meisten Axone sind durch eine Myelinschicht isoliert, die das Tempo der Nervensignale erhöht. Einige sind nicht myelinisiert und übertragen Signale langsamer.

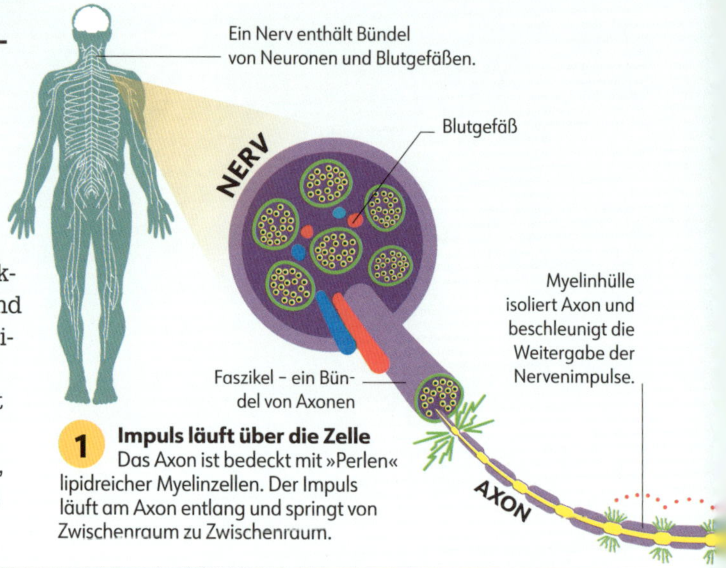

1 Impuls läuft über die Zelle
Das Axon ist bedeckt mit »Perlen« lipidreicher Myelinzellen. Der Impuls läuft am Axon entlang und springt von Zwischenraum zu Zwischenraum.

Nervensignale

Neuronen kommunizieren miteinander über elektrochemische Signale. Ist ein Signal stark genug, läuft es am Axon entlang. Wenn es die präsynaptische Endigung erreicht, werden Chemikalien (Neurotransmitter) in die Synapse, den schmalen Spalt zwischen den Neuronen, abgegeben. Die Neurotransmitter binden an Rezeptoren des nächsten Neurons, das Signal wird weitergegeben.

500 000 000
NEURONEN GIBT ES IN DER **DARMWAND** DES **MENSCHEN.**

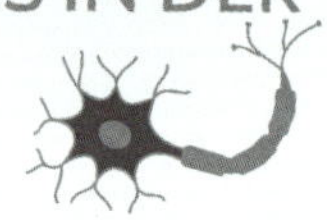

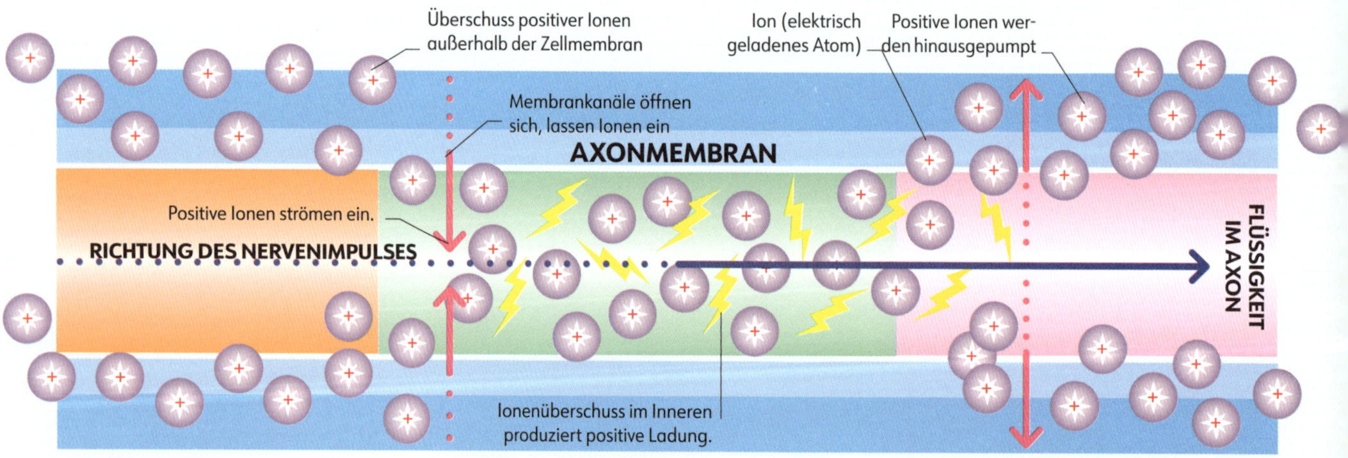

1 Ruhepotenzial
Im Ruhezustand hat ein Neuron außerhalb seiner Membran mehr positive Ionen als im Inneren. Dieser Polarisationsunterschied (elektrisches Potenzial) an der Membran wird Ruhepotenzial genannt.

2 Depolarisation
Als Resultat chemischer Veränderungen aus dem Zellkörper fließen positive Ionen durch die Membran in die Zelle. Dieser Einstrom positiver Ionen dreht die Polarisation des Axons um, die Außenseite wird negativ.

3 Repolarisation
Depolarisation eines Teils des Axons führt in der benachbarten Region zum selben Prozess. Die Zelle pumpt die positiven Ionen hinaus, dies repolarisiert die Membran zurück zu ihrem Ruhepotenzial.

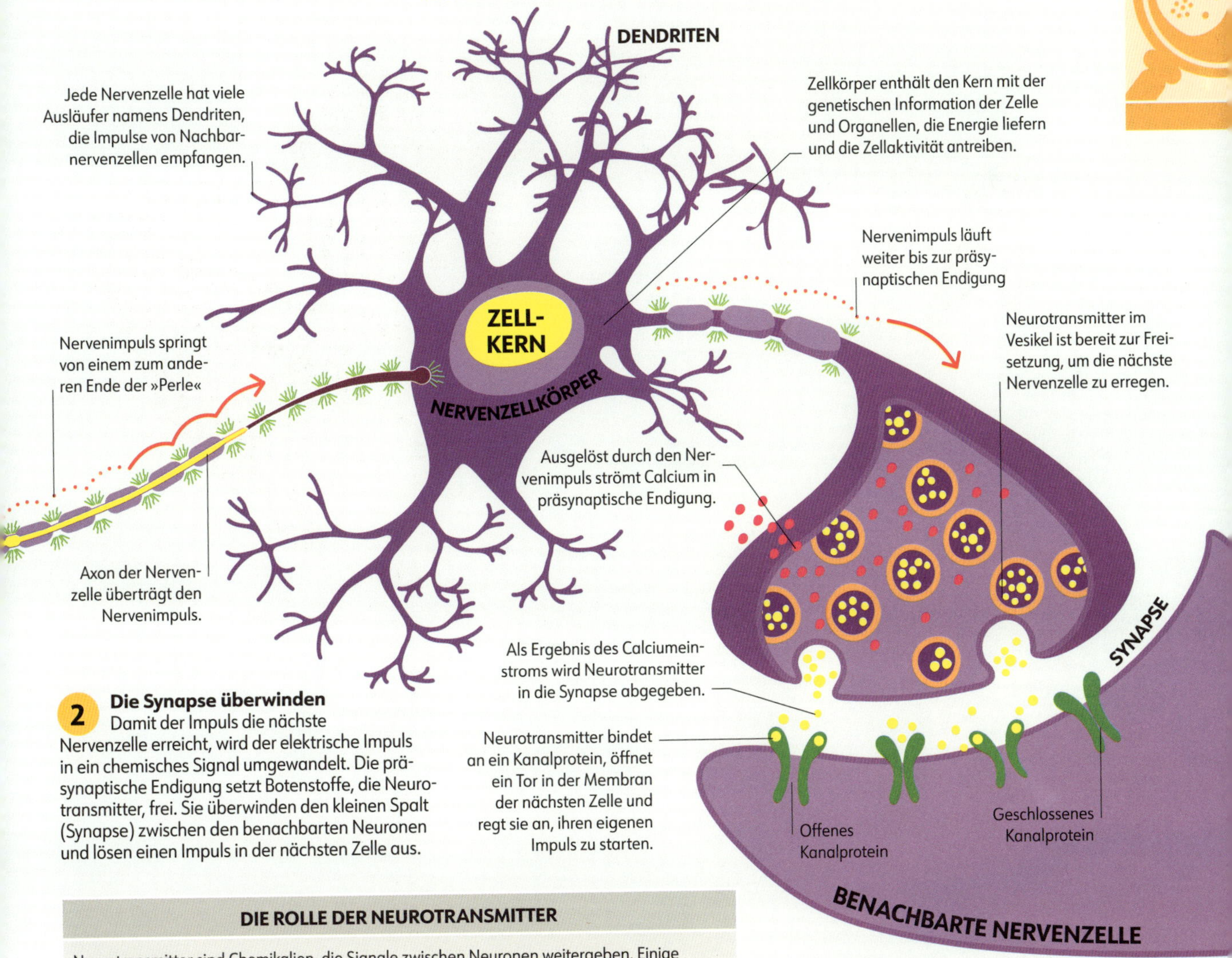

2 Die Synapse überwinden
Damit der Impuls die nächste Nervenzelle erreicht, wird der elektrische Impuls in ein chemisches Signal umgewandelt. Die präsynaptische Endigung setzt Botenstoffe, die Neurotransmitter, frei. Sie überwinden den kleinen Spalt (Synapse) zwischen den benachbarten Neuronen und lösen einen Impuls in der nächsten Zelle aus.

DIE ROLLE DER NEUROTRANSMITTER

Neurotransmitter sind Chemikalien, die Signale zwischen Neuronen weitergeben. Einige sind erregend – sie helfen dabei, das Nervensignal an die nächste Nervenzelle weiterzugeben. Hemmende Neurotransmitter haben den gegenteiligen Effekt. Serotonin zum Beispiel wirkt hemmend, hilft Angst zu reduzieren und Schlaf und Hunger zu regulieren.

NEUROTRANSMITTER	GEWÖHNLICHE WIRKUNG
Acetylcholin	Meist erregend
Gamma-Aminobuttersäure (GABA)	Hemmend
Glutamat	Erregend
Dopamin	Erregend und hemmend
Noradrenalin	Meist erregend
Serotonin	Hemmend
Histamin	Erregend

WIE SCHNELL WANDERN NERVENSIGNALE?

Verschiedene Signale wandern mit verschiedener Geschwindigkeit: Schmerzsignale mit rund 0,6 m/s, Berührungssignale mit bis zu 120 m/s.

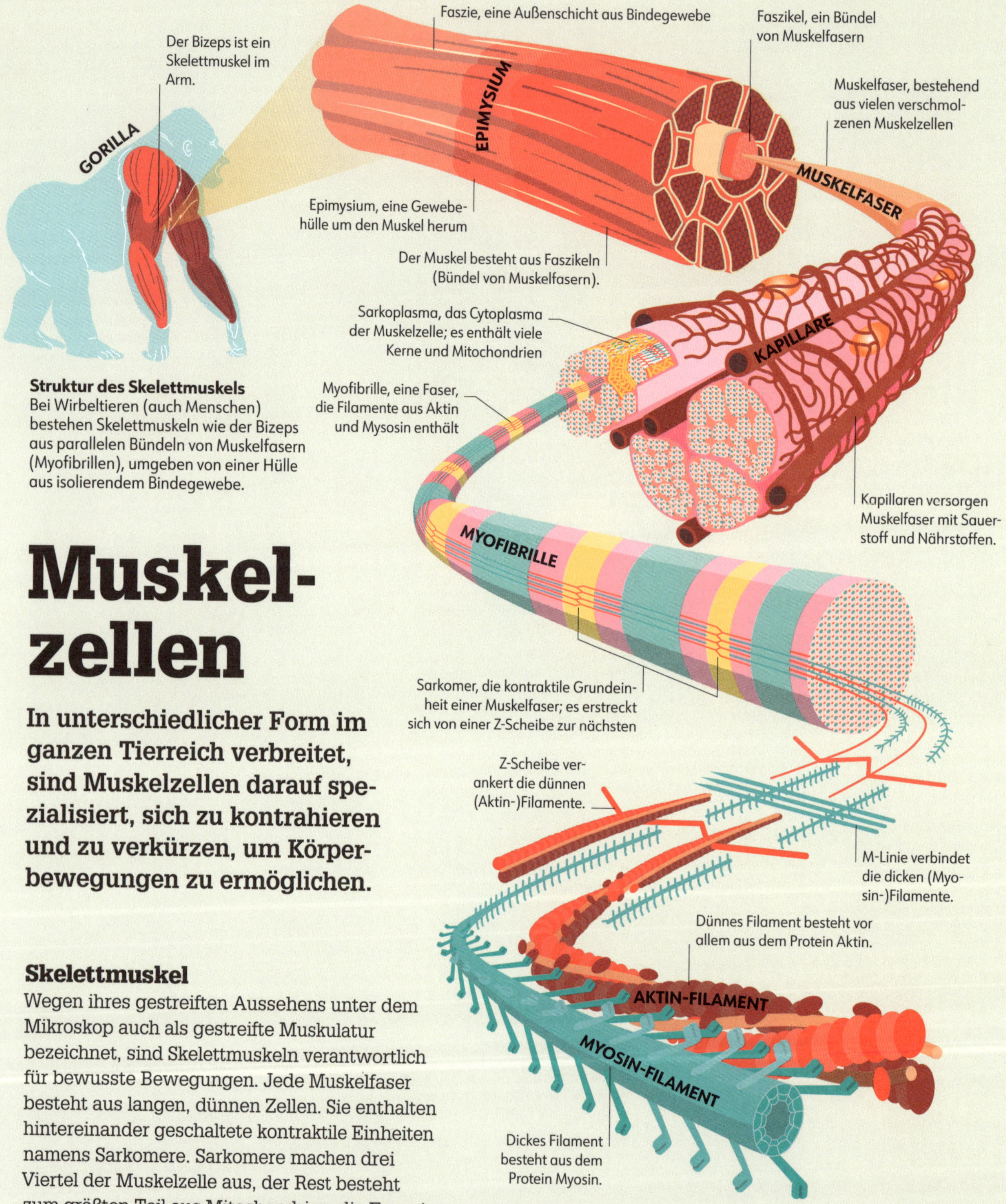

Struktur des Skelettmuskels
Bei Wirbeltieren (auch Menschen) bestehen Skelettmuskeln wie der Bizeps aus parallelen Bündeln von Muskelfasern (Myofibrillen), umgeben von einer Hülle aus isolierendem Bindegewebe.

Muskelzellen

In unterschiedlicher Form im ganzen Tierreich verbreitet, sind Muskelzellen darauf spezialisiert, sich zu kontrahieren und zu verkürzen, um Körperbewegungen zu ermöglichen.

Skelettmuskel

Wegen ihres gestreiften Aussehens unter dem Mikroskop auch als gestreifte Muskulatur bezeichnet, sind Skelettmuskeln verantwortlich für bewusste Bewegungen. Jede Muskelfaser besteht aus langen, dünnen Zellen. Sie enthalten hintereinander geschaltete kontraktile Einheiten namens Sarkomere. Sarkomere machen drei Viertel der Muskelzelle aus, der Rest besteht zum größten Teil aus Mitochondrien, die Energie in Form von ATP bereitstellen (s. S. 60–61).

Muskelkontraktion

Die Sarkomere wandeln die in ATP gebundene chemische Energie in die mechanische Arbeit der Muskelkontraktion um. In jedem Sarkomer gleiten dünne Aktinfilamente über die dicken Myosinfilamente, sodass die Sarkomere sich zusammenziehen und verkürzen. Die Sarkomere sind hintereinandergeschaltet, deshalb bewirkt ihre simultane Kontraktion die Kontraktion des gesamten Muskels.

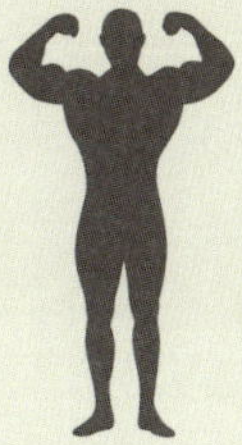

BEIM MENSCHEN PRODUZIEREN **MUSKELKONTRAKTIONEN 85 % DER KÖRPERWÄRME.**

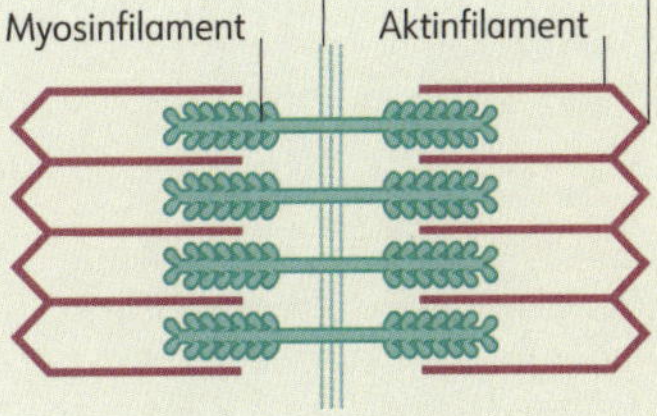

1 Sarkomer, entspannter Muskel Im entspannten Muskel sind die Myosinköpfchen nicht an die dünnen Aktinfilamente angeheftet. Die Distanz der Z-Scheiben ist maximal.

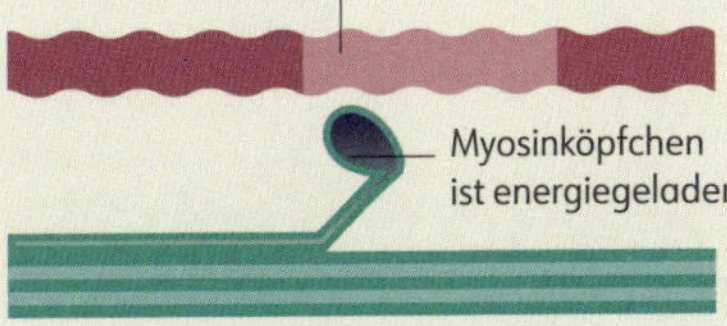

2 Myosin energiegeladen An das Myosinköpfchen ist ATP gebunden, das in den Mitochondrien aus Zucker und Sauerstoff hergestellt wird. Aktin ist bereit, sich an Myosinfilamente zu heften.

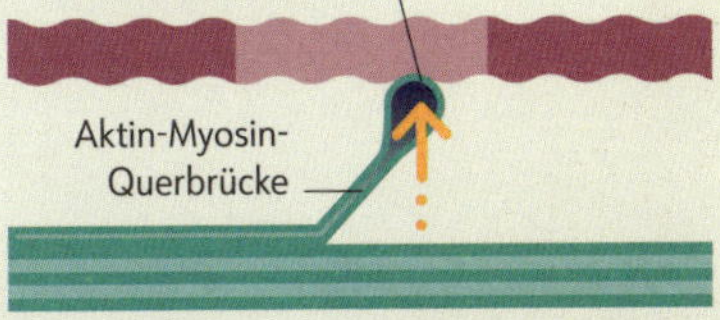

3 Myosinköpfchen klebt am Aktin Das energiegeladene Myosinköpfchen heftet sich an eine Bindungsstelle des Aktinfilaments und bildet eine Aktin-Myosin-Querbrücke zwischen den Filamenten.

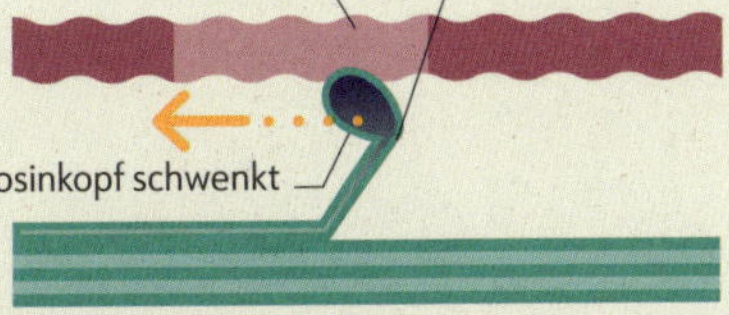

4 Köpfchen schwenkt Das Myosinköpfchen setzt Energie frei und schwenkt. Im Ergebnis zieht es das Aktinfilament mit sich. Die Querbrücke zwischen den Filamenten wird schwächer.

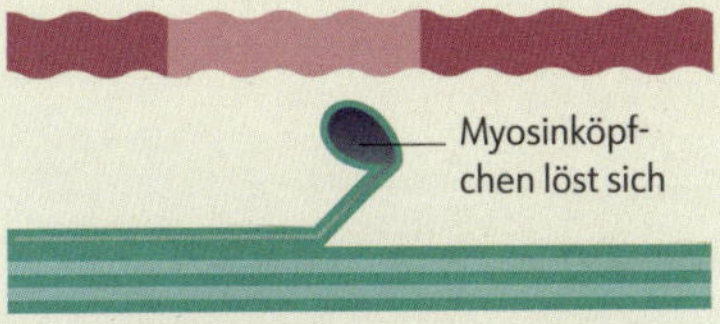

5 Neue Energie Die Querbrücke löst sich auf, das Myosin nimmt wieder Energie auf. Der ganze Vorgang wiederholt sich viele Male während einer einzigen Muskelkontraktion.

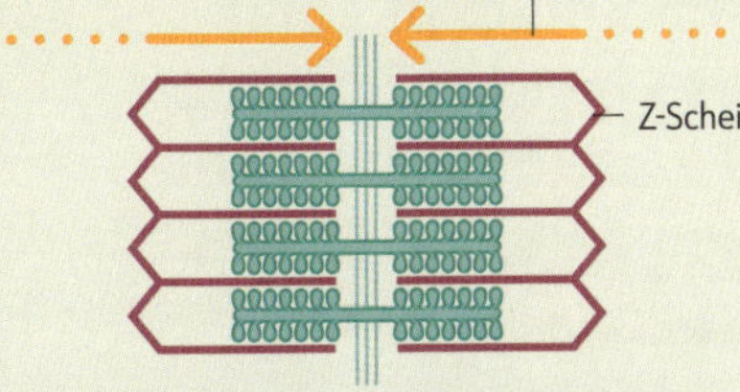

6 Sarkomer, kontrahierter Muskel Im kontrahierten Muskel ist das Aktin nach innen gezogen. Wenn ein Muskel kontrahiert ist, liegen die Z-Scheiben näher beieinander, und der Muskel ist kürzer.

WAS VERURSACHT MUSKELERMÜDUNG UND MUSKELKATER?

Verschiedene Faktoren führen zu Muskelproblemen nach dem Training, etwa Entzündung des Muskelgewebes. Die Produktion von Milchsäure ist jedoch keine Ursache.

MUSKELTYPEN

Es gibt drei Hauptmuskeltypen bei Wirbeltieren: Die gestreifte Muskulatur steht unter willkürlicher Kontrolle, die glatte und die Herzmuskulatur funktionieren unbewusst.

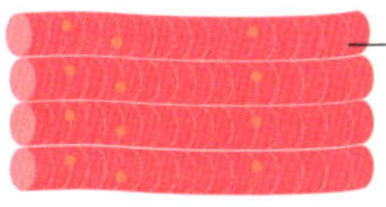

GESTREIFT

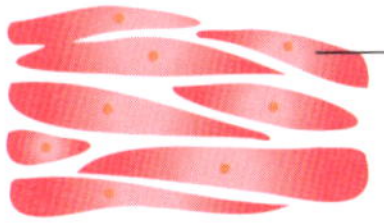

GLATT

HERZ

WEISSE BLUTKÖRPERCHEN (LEUKOCYTEN)	
Es gibt mehrere Arten weißer Blutkörperchen, jede mit eigener Funktion. Manche zerstören eindringende Organismen oder Fremdkörper. Andere produzieren Antikörper, spezielle Proteine, um Krankheiten zu bekämpfen; einige von ihnen haben ein Gedächtnis für den Fall einer Reinfektion.	 **Monocyten** Als größte weiße Blutkörperchen zirkulieren Monocyten im Blut. Sie wandern zu Entzündungsherden, um Bakterien zu verdauen. Der Vorgang heißt Phagocytose.
 **Neutrophile** Sie machen 50–70 Prozent der weißen Blutkörperchen aus. Sie werden von Entzündungsherden angezogen, wo sie infektiöse Organismen verschlingen und zerstören.	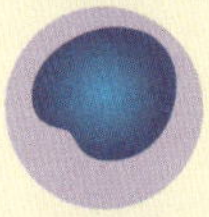 **Natürliche Killerzellen** Diese Zellen entdecken und zerstören andere Körperzellen, die unnormale Proteine tragen, etwa Krebszellen oder von Viren infizierte Zellen.
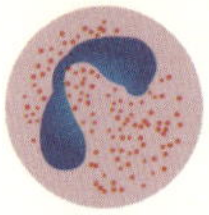 **Eosinophile** Eosinophile bekämpfen im Gewebe Parasiten und bestimmte Infektionen. In hohen Konzentrationen findet man sie bei Allergien und Autoimmunkrankheiten.	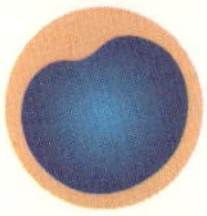 **B-Zellen** Plasmazellen sondern Antikörper ab, um spezielle Infektionen zu bekämpfen. Gedächtnis-B-Zellen »erinnern sich« an die Infektion, bei Reinfektion reagieren sie schnell.
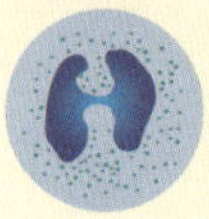 **Basophile** Sie lösen im Gewebe Entzündungen gegen Allergene und Parasiten aus und steigern die Durchblutung, sodass der Körper unerwünschte Substanzen ausscheiden kann.	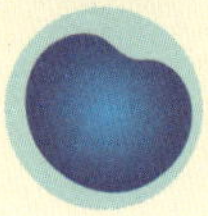 **T-Zellen** Zytotoxische T-Zellen greifen infizierte Körperzellen direkt an. Helfer-T-Zellen aktivieren B-Zellen. Gedächtnis-T-Zellen ermöglichen eine schnelle Reaktion bei Reinfektion.

Zusammensetzung des Blutes
Blutzellen machen nur knapp die Hälfte des Blutvolumens aus. Rote Blutkörperchen machen 45 Prozent aus, weiße Blutkörperchen und Blutplättchen zusammen 1 Prozent.

Rote Blutkörperchen bringen Sauerstoff ins Gewebe.

Weiße Blutkörperchen sind Schlüsselkomponenten des Immunsystems.

Plasma, der flüssige Teil des Blutes, besteht vor allem aus Wasser, enthält aber auch Nährstoffe, Abfall (z. B. Kohlendioxid), Hormone und Proteine

Blutplättchen sind kleine Zellfragmente, die wichtig für die Blutgerinnung sind.

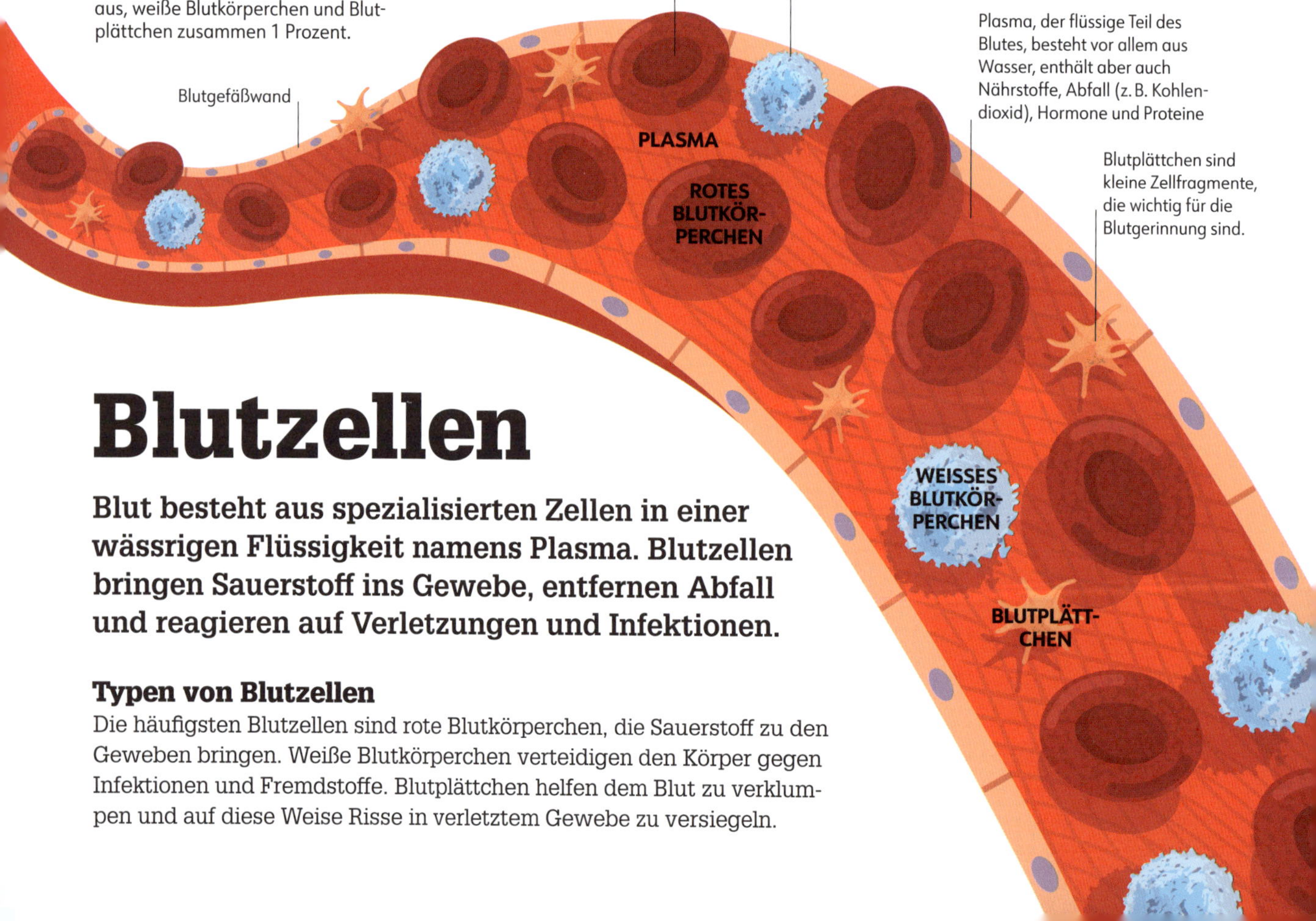

Blutzellen

Blut besteht aus spezialisierten Zellen in einer wässrigen Flüssigkeit namens Plasma. Blutzellen bringen Sauerstoff ins Gewebe, entfernen Abfall und reagieren auf Verletzungen und Infektionen.

Typen von Blutzellen

Die häufigsten Blutzellen sind rote Blutkörperchen, die Sauerstoff zu den Geweben bringen. Weiße Blutkörperchen verteidigen den Körper gegen Infektionen und Fremdstoffe. Blutplättchen helfen dem Blut zu verklumpen und auf diese Weise Risse in verletztem Gewebe zu versiegeln.

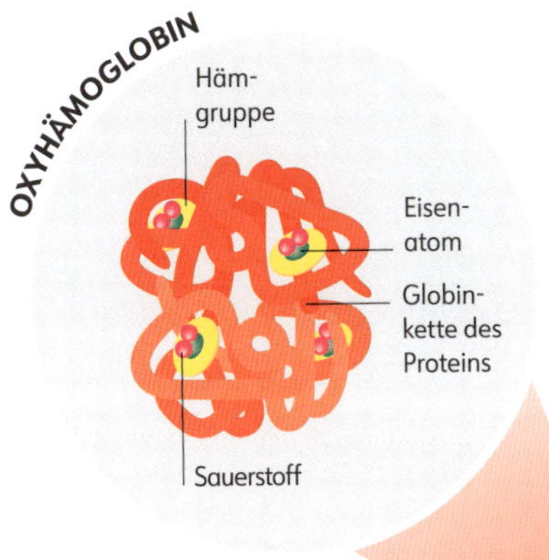

2 Weg ins Gewebe
Die roten Blutkörperchen tragen Oxyhämoglobin im Blutstrom in alle Körpergewebe.

Rote Blutkörperchen (Erythrocyten)

Jedes rote Blutkörperchen enthält Millionen Hämoglobinmoleküle, einen eisenhaltigen Proteinkomplex. Die Zellen sind auf beiden Seiten konkav, was ihnen eine große Oberfläche für die Aufnahme von Sauerstoff oder Kohlendioxid verleiht. Sie haben ein flexibles »Skelett«, sodass sie durch die kleinsten Blutgefäße passen.

3 Sauerstoffabgabe
Wenn oxygenierte rote Blutkörperchen Gewebe mit niedrigem Sauerstoffgehalt erreichen, gibt Oxyhämoglobin seinen Sauerstoff ab.

1 Sauerstoffaufnahme
In der Lunge diffundiert Sauerstoff durch die Gefäßwände in die roten Blutkörperchen. Er macht Hämoglobin zu Oxyhämoglobin.

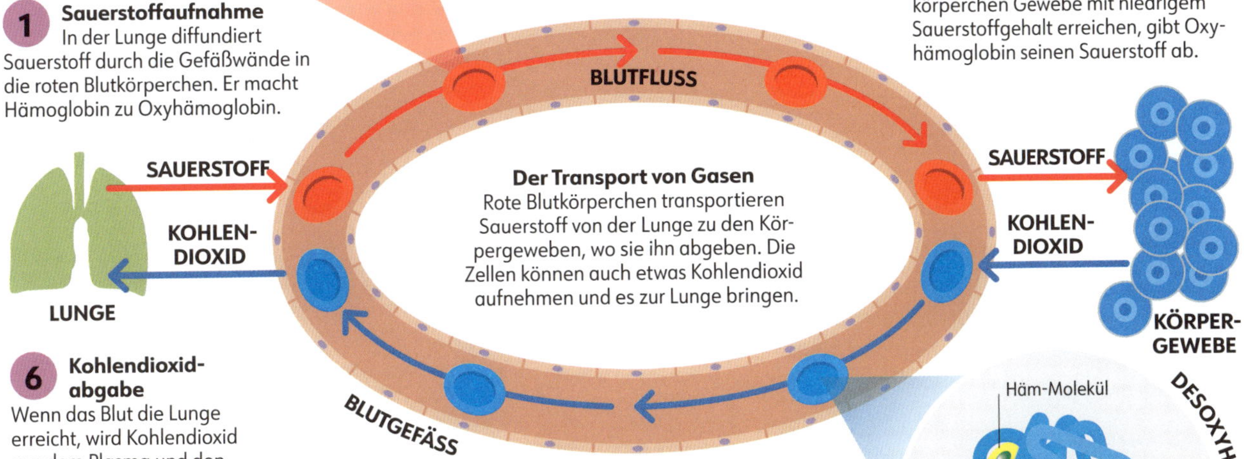

Der Transport von Gasen
Rote Blutkörperchen transportieren Sauerstoff von der Lunge zu den Körpergeweben, wo sie ihn abgeben. Die Zellen können auch etwas Kohlendioxid aufnehmen und es zur Lunge bringen.

6 Kohlendioxidabgabe
Wenn das Blut die Lunge erreicht, wird Kohlendioxid aus dem Plasma und den roten Blutkörperchen abgegeben und ausgeatmet.

5 Weg zurück zur Lunge
Desoxygeniertes Blut fließt zurück zur Lunge; es trägt Kohlendioxid im Plasma und in den roten Blutkörperchen.

4 Kohlendioxidaufnahme
Kohlendioxid aus dem Körpergewebe strömt ins desoxygenierte Blut. Der größte Teil davon löst sich im Blutplasma, ein wenig jedoch bindet sich ans Hämoglobin der roten Blutkörperchen.

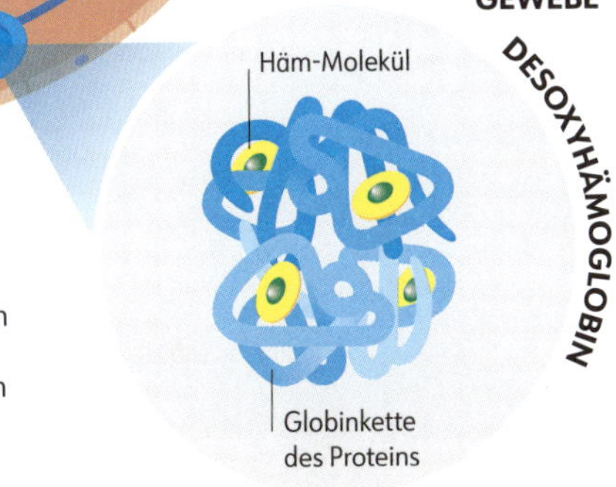

WIE LANGE LEBEN BLUTZELLEN?

Bei Menschen ist die durchschnittliche Lebensspanne eines roten Blutkörperchens 120 Tage. Weiße Blutkörperchen leben von Minuten bis Stunden, abhängig von Typ und Aufgabe.

DIE FARBEN VON BLUT

Das Blut verschiedener Spezies enthält unterschiedliche Pigmente, die an Sauerstoff binden; deshalb ist ihr Blut unterschiedlich gefärbt. Jede Art Blut sieht heller aus, wenn es Sauerstoff trägt, als wenn es desoxygeniert ist.

Rot
Bei Menschen und den meisten anderen Tieren ist Blut rot aufgrund des Eisens im Hämoglobin.

Grün
Das Blut einiger Würmer und Blutegel enthält Chlorokruorin, ein ebenfalls eisenbasiertes Pigment.

Blau
Manche Weichtiere, Krustentiere und Spinnen haben blaues Blut mit kupferbasiertem Hämocyanin.

Violett
Das eisenbasierte Pigment einiger Meereswürmer ist Hämerythrin. Es färbt ihr Blut violett.

Von Zellen zu Organismen

Die kleinsten Organismen bestehen nur aus einer Zelle. Bei komplexeren Lebensformen wie Pflanzen und Tieren bilden Ansammlungen von Zellen Gewebe, Organe und Organsysteme für die Funktionen des Lebens.

Tierische Gewebe und Organe

Bei Tieren bilden Gruppen von Zellen Gewebe, um spezielle Funktionen zu erfüllen. So bilden Epithelgewebe die Haut und die Auskleidung von Hohlorganen, Bindegewebe verbinden Strukturen wie Knochen und Muskeln. Gruppen verschiedener Gewebe bilden Organe; so enthält zum Beispiel das Herz Muskelgewebe, um Blut zu pumpen, und Nervengewebe, um Muskelkontraktionen zu stimulieren. Gruppen von Organen wiederum bilden Organsysteme.

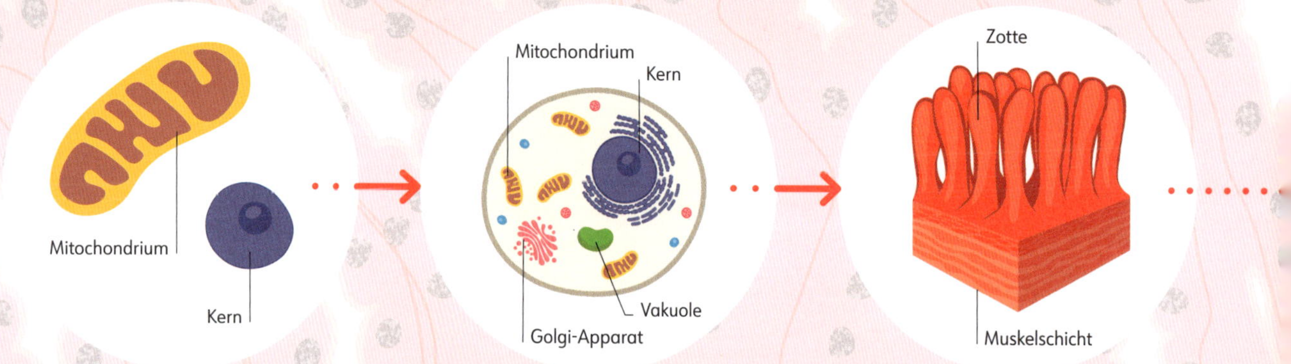

Organelle
Organellen erfüllen bestimmte Funktionen in einer Zelle. Der Kern zum Beispiel speichert die genetische Information, Mitochondrien produzieren chemische Energie.

Zelle
Zellen sind auf bestimmte Funktionen spezialisiert. Manche, etwa Blutzellen, bewegen sich frei im Körper, andere, etwa Muskelzellen, gruppieren sich in Geweben.

Gewebe
Zellen mit ähnlichen Strukturen und Funktionen bilden Gewebe. Zur Nahrungsaufnahme fähige Epithelgewebe bilden Auswüchse namens Zotten im Dünndarm.

Gewebe und Organe der Pflanzen

Die komplexesten Pflanzen, die Röhrenpflanzen, haben Gewebe und Organe aus verschiedenen Zellen. Parenchymzellen betreiben Fotosynthese, speichern Wasser und Zucker, tauschen Sauerstoff und Kohlendioxid aus. Andere Zelltypen sind Sklerenchym und Kollenchym, sie geben den Pflanzen Struktur und Stabilität. Epidermiszellen bilden die Oberflächen von Blättern und Stängeln, Tracheiden finden sich im Xylem (wasserführendes System) und Siebröhrenelemente im Phloem (zuckerführendes System).

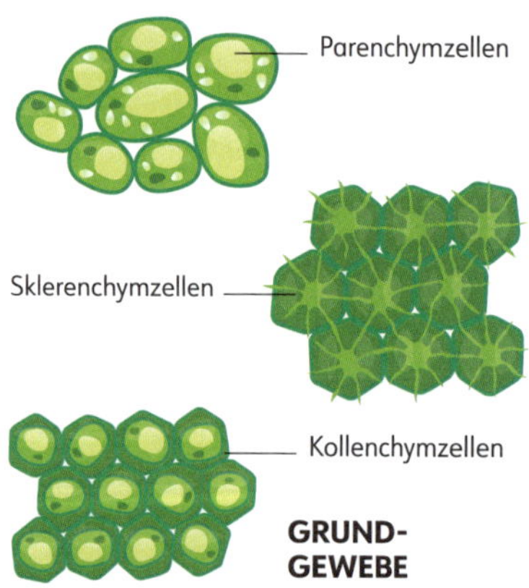

Gewebe
Grundgewebe sind der Ort der Fotosynthese. Röhrengewebe befördern Wasser und Nährstoffe in der Pflanze. Abschlussgewebe schützen die Außenseite und regulieren Gas- und Wassergehalt.

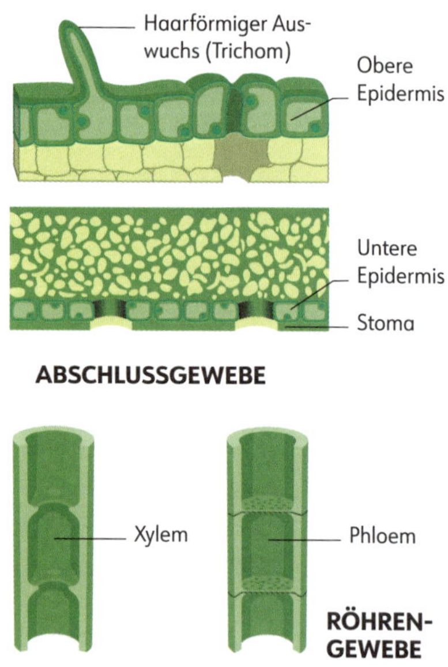

WELCHES IST DAS GRÖSSTE ORGAN BEI TIEREN?

Die Haut ist bei Wirbeltieren das größte Organ. Sie macht etwa 2–25 % der Körpermasse aus, je nach Art. Bei Menschen bildet sie etwa 15 % der Körpermasse.

SCHWÄMME BILDETEN ALS ERSTE ORGANISMEN GEWEBE, VOR ETWA 600 MILLIONEN JAHREN.

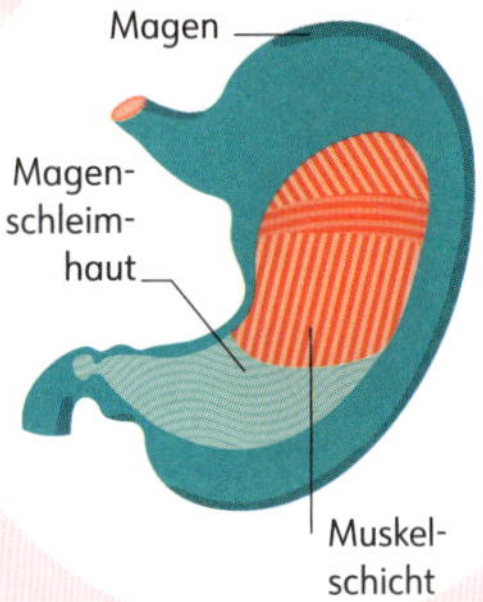

Organ
Gruppen kooperierender Gewebe bilden ein Organ. Im menschlichen Magen bewegen Muskelschichten die Nahrung, Drüsen der Magenschleimhaut geben Enzyme ab.

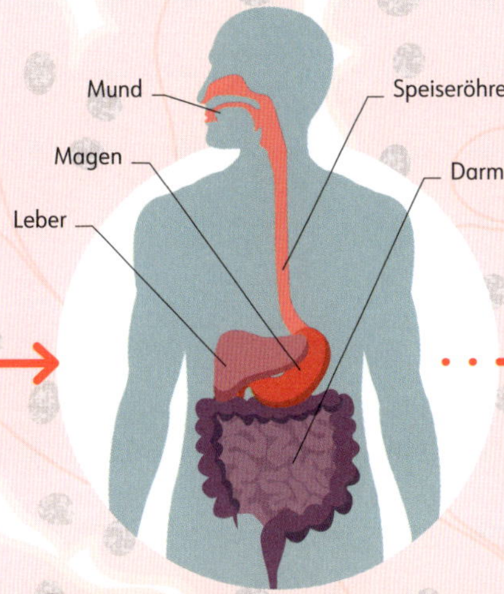

Organsystem
Gruppen von Organen mit ähnlichen Aufgaben bilden Organsysteme. Das Verdauungssystem hat Organe zum Schlucken, für den Nahrungstransport, die Nährstoffaufnahme und die Ausscheidung von Abfälllen.

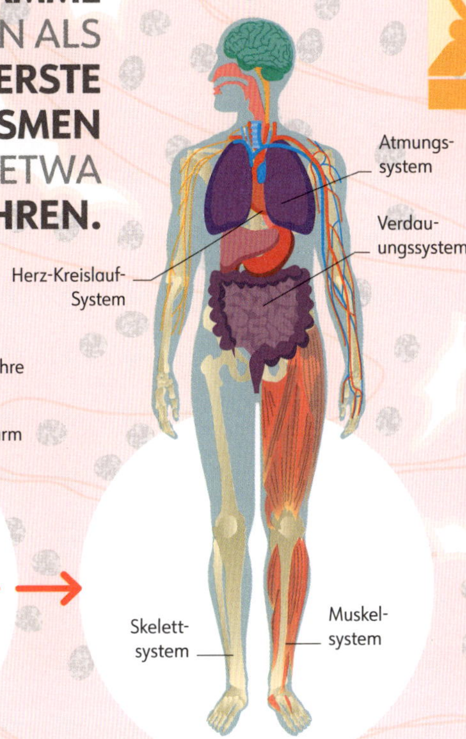

Organismus
Organsysteme kooperieren, um die Bedürfnisse eines Organismus zu erfüllen. Dazu gehören Atmung, Verdauung, Bluttransport, Stütze und Bewegung des Körpers.

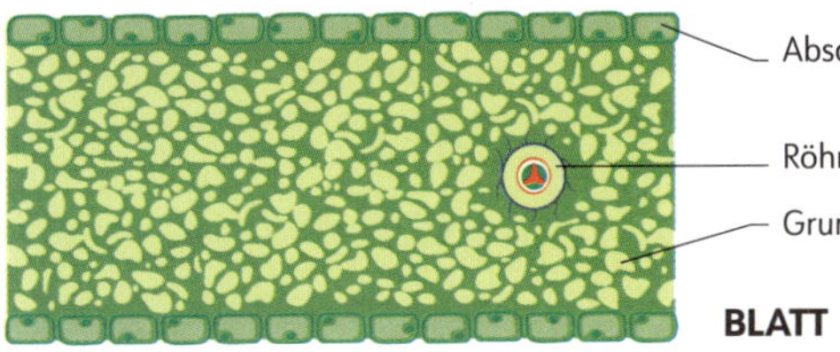

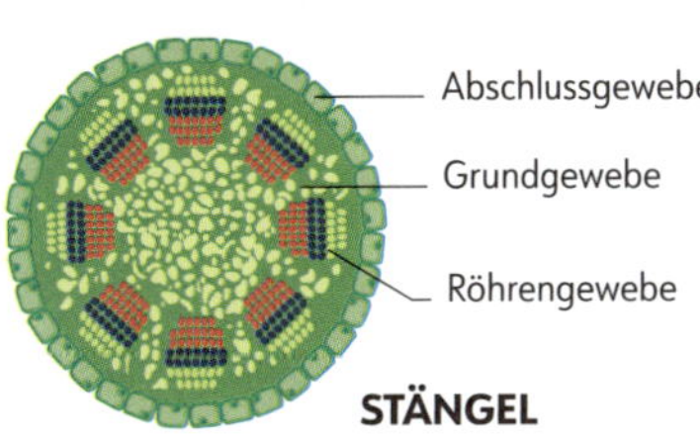

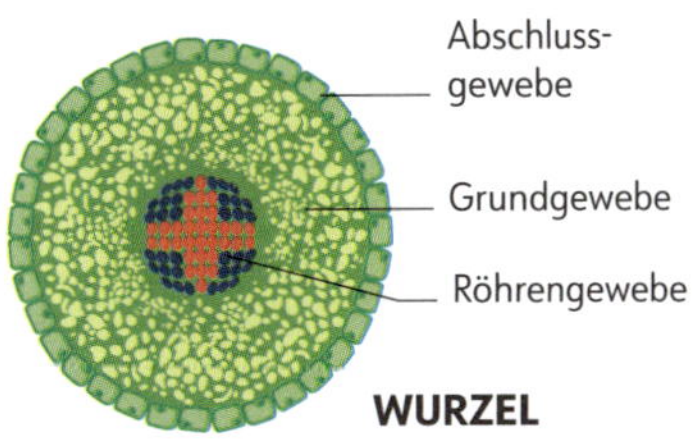

Organe
Organe der Pflanze sind Blätter (die Energie aus Sonnenlicht in Brennstoff wandeln), Blüten und Samen, Stängel und Wurzeln (zur Verankerung und zur Nährstoffaufnahme aus dem Boden).

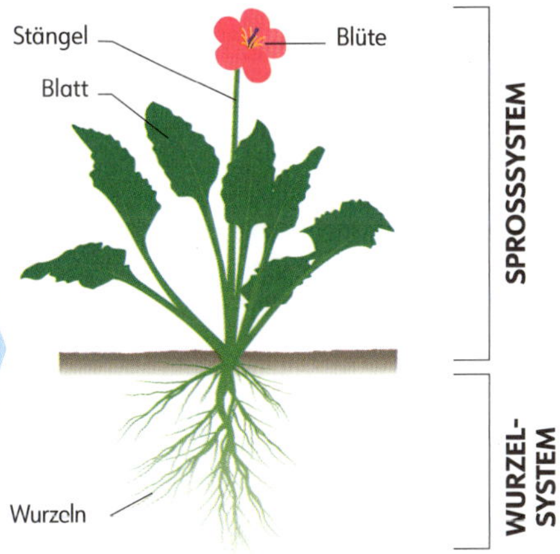

Organsysteme
Pflanzen haben mehrere Organsysteme. Blätter, Stängel, Früchte und Blüten bilden das Sprosssystem, unterschiedliche Wurzeltypen das unterirdische Wurzelsystem.

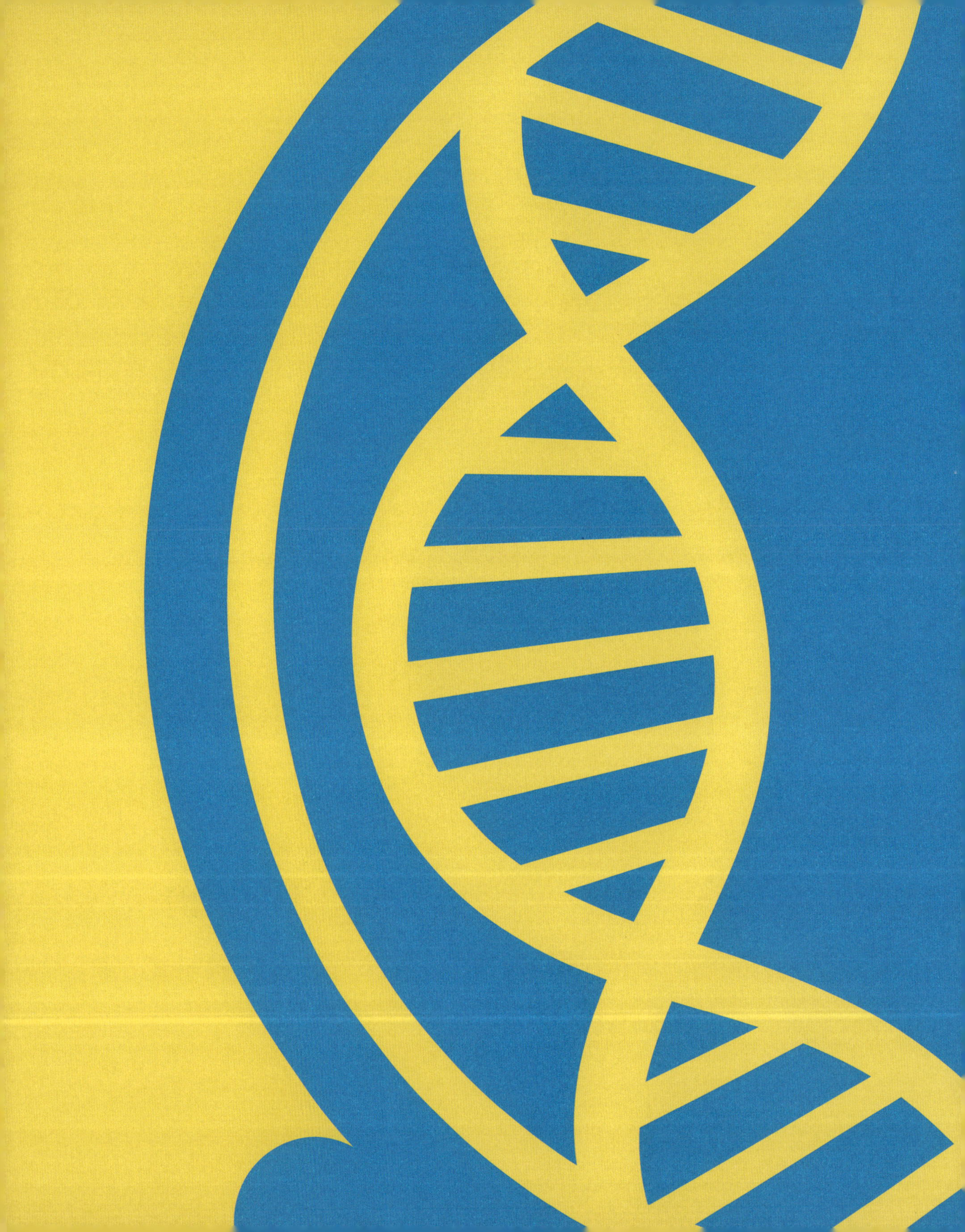

FORTPFLANZUNG UND GENETIK

EINEN **PLATTWURM** KANN MAN IN **279 STÜCKE SCHNEIDEN,** AUS ALLEN WERDEN **NEUE WÜRMER.**

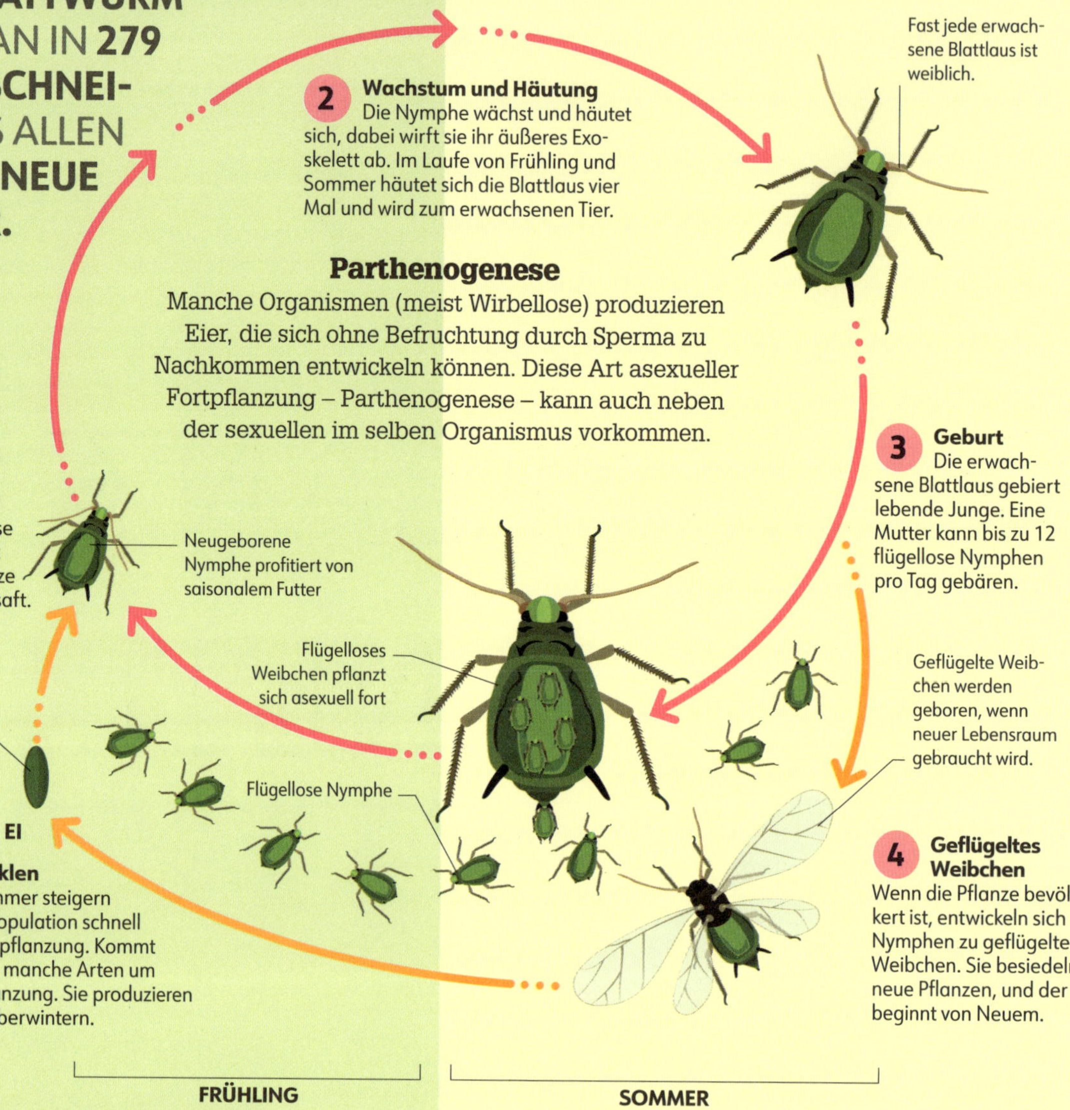

Asexuelle Fortpflanzung

Manche Organismen pflanzen sich ohne Paarung fort und produzieren Nachkommen, die identisch mit ihren Eltern und Geschwistern sind. Die Nachkommen können einen neuen Lebensraum schnell füllen, aber sich schwer an wechselnde Bedingungen anpassen.

IST PARTHENOGENESE BEI WIRBELTIEREN VERBREITET?

Nein – sie ist selten. Ein paar Arten von Amphibien, Reptilien und Fischen können sich asexuell fortpflanzen, Vögel und Säugetiere nicht.

Knospung

Eine der einfachsten Methoden asexueller Fortpflanzung ist die Knospung. Dabei brechen Teile des elterlichen Körpers ab und entwickeln sich zu ausgewachsenen, unabhängigen Individuen. Knospung kommt bei einfachsten Tieren und Einzellern, etwa Hefen, vor. Sie benötigt keine komplexen zellulären Veränderungen (wie Eiproduktion), um das Wachstum eines neuen Individuums zu ermöglichen.

Unsterbliche Organismen
Hydren sind Verwandte von Quallen und Seeanemonen, die am Meeresboden leben. Sie können sich durch Knospung vermehren. Das heißt, die Hydren von heute sind Teile eines ursprünglichen Körpers, der seit Millionen Jahren wächst.

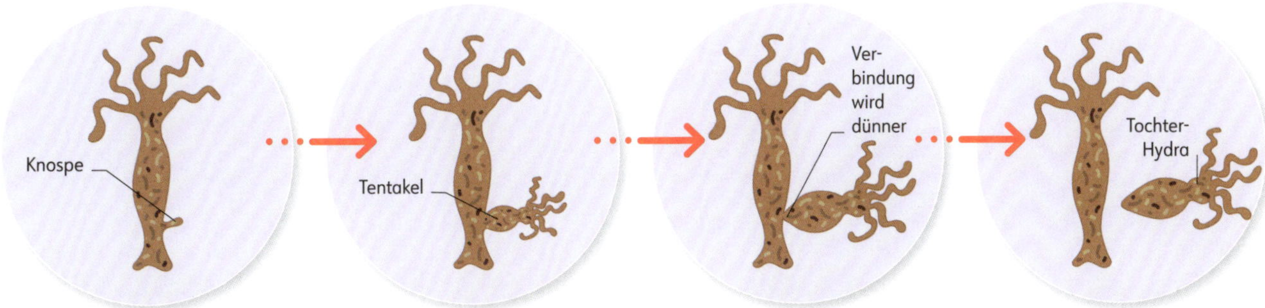

1 Knospe wächst
Eine Knospe wächst aus der Körperwand eines erwachsenen Tiers. Dies kann alle zwei Tage geschehen.

2 Sie entwickelt sich
Die Knospe wächst, bildet Tentakel und andere Merkmale – wie eine kleine Version des erwachsenen Tiers.

3 Knospe reift
Nach weiterem Wachstum bricht die Knospe vom älteren Körper ab. Der Prozess heißt Knospenablösung.

4 Sie wird selbstständig
Die Knospe entfernt sich vom Elterntier. Sie siedelt sich auf festem Boden an und wächst zu voller Größe heran.

Vegetative Fortpflanzung

Pflanzen können sich durch vegetative Fortpflanzung asexuell verbreiten. Dabei entwickeln sich an der Elternpflanze Auswüchse wie Rhizome oder Ausläufer (zwei Stengeltypen). Sie suchen sich neue Plätze zum Wachsen und wachsen zu Tochterpflanzen heran.

Neue Stengel
Rhizome und Ausläufer sind ähnlich, aber nicht dasselbe. Rhizome wachsen unterirdisch, Ausläufer oberirdisch aus dem Hauptstamm der Elternpflanze.

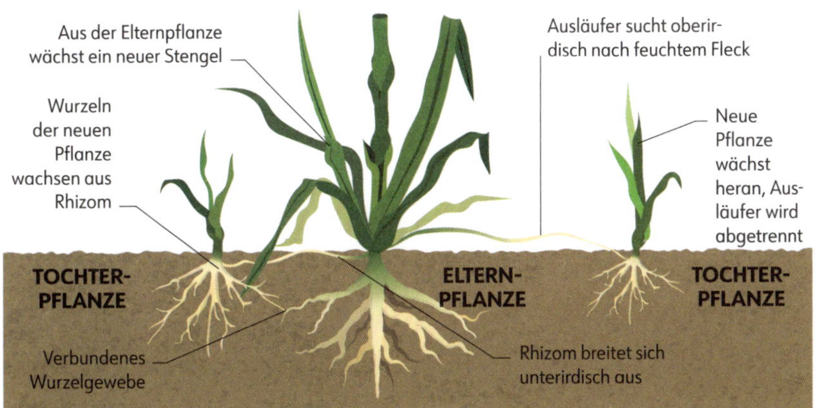

FRAGMENTATION

Einige Tiere, zum Beispiel Plattwürmer, können sich vermehren, nachdem ihr Körper zerteilt oder zerstückelt worden ist. Jedes Fragment wächst zu einem kompletten Körper heran. So kann ein Individuum Verletzungen oder Verstümmelungen überleben.

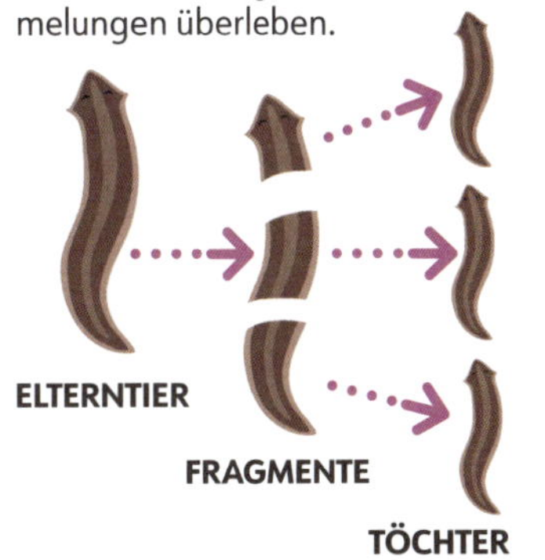

Meiose

Die Gameten (Keimzellen), die für die sexuelle Fortpflanzung gebraucht werden, entstehen in einem Prozess der Zellteilung namens Meiose. Während der Befruchtung verschmelzen die Gameten.

1 Interphase
Die Meiose beginnt mit einer diploiden Zelle (siehe nächste Seite). Vor der Teilung verdoppeln sich die DNA im Kern (das Chromatin) und das Centrosom.

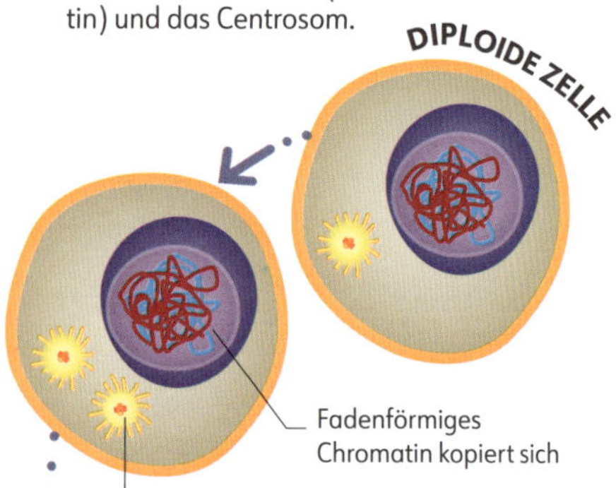

Teilungsprozesse

Die Meiose benutzt bei der Teilung des Zellinhalts denselben Spindelapparat wie die Mitose (s. S. 68–69). Anders als die Mitose besteht die Meiose jedoch aus zwei Teilungsschritten, die eine Elternzelle in vier Tochterzellen verwandeln. Beim Menschen hat jede dieser Zellen einen halben Chromosomensatz (23 Chromosomen).

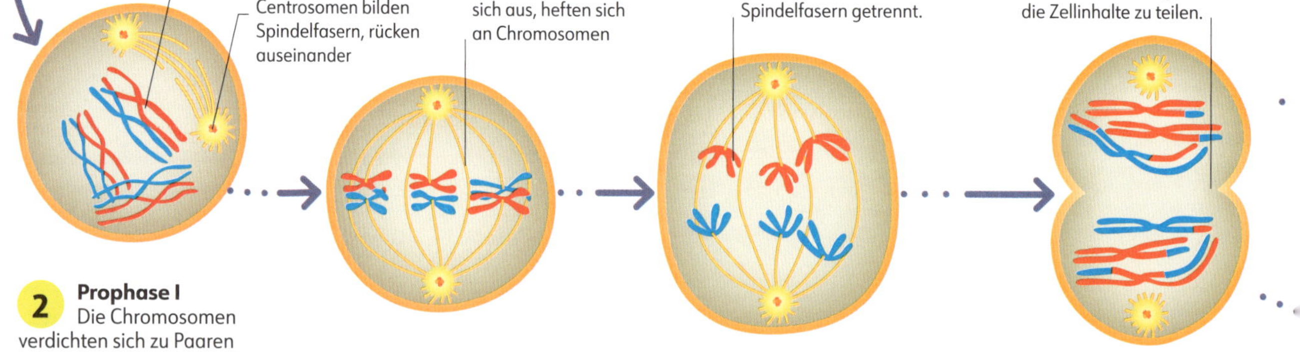

2 Prophase I
Die Chromosomen verdichten sich zu Paaren von Chromatiden, die in der Mitte verbunden sind. Die Schwesterchromatiden jedes homologen Paars können während des Crossing-overs (s. u.) DNA-Abschnitte austauschen.

3 Metaphase I
Das Crossing-over geht weiter. Spindelapparate entstehen an den Zellpolen. Die Chromosomenpaare reihen sich am Zelläquator auf.

4 Anaphase I
Die Spindelfasern ziehen jeweils ein Chromosom (aus zwei verbundenen Chromatiden) aus einem Paar zu gegenüberliegenden Seiten der Zelle.

5 Telophase I
Eine neue Zellmembran entsteht in der Mitte der Zelle, sie teilt das Cytoplasma in zwei Teile. So entstehen zwei haploide Zellen (siehe nächste Seite).

Crossing-over

Homologe Chromosomen tragen die gleichen Gene an den gleichen Stellen. Jedes Chromosom besteht aus zwei identischen Chromatiden. Schwesterchromatiden können bei einem Prozess namens Crossing-over Abschnitte austauschen. Der Prozess beginnt in der Prophase und setzt sich in der Metaphase fort. Crossing-over maximiert die genetische Diversität der künftigen Nachkommen, indem vier jeweils einzigartige Chromatiden entstehen.

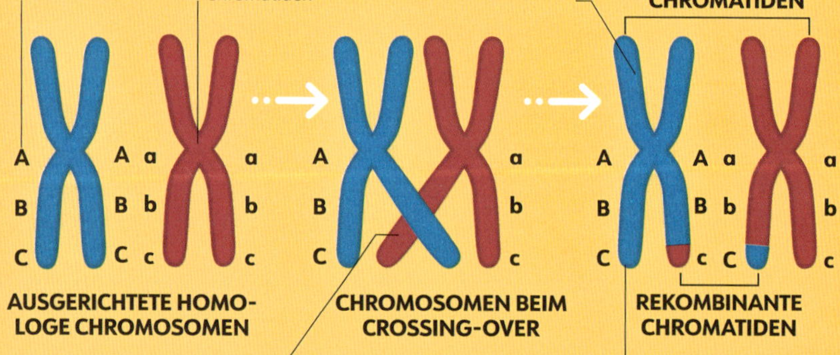

IN DEN EIERSTÖCKEN EINER FRAU ERFOLGEN IM LAUF IHRES **LEBENS 300–400 MEIOTISCHE** TEILUNGEN.

10 Vier Tochterzellen
Nach der zweiten Teilung gibt es vier Tochterzellen, jede mit einer einzigartigen DNA-Ausstattung.

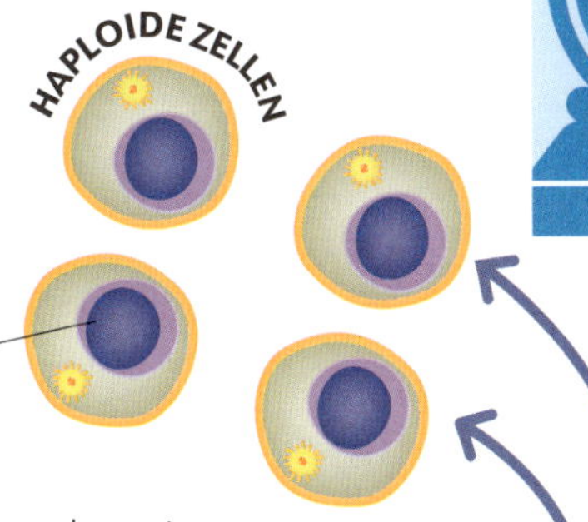

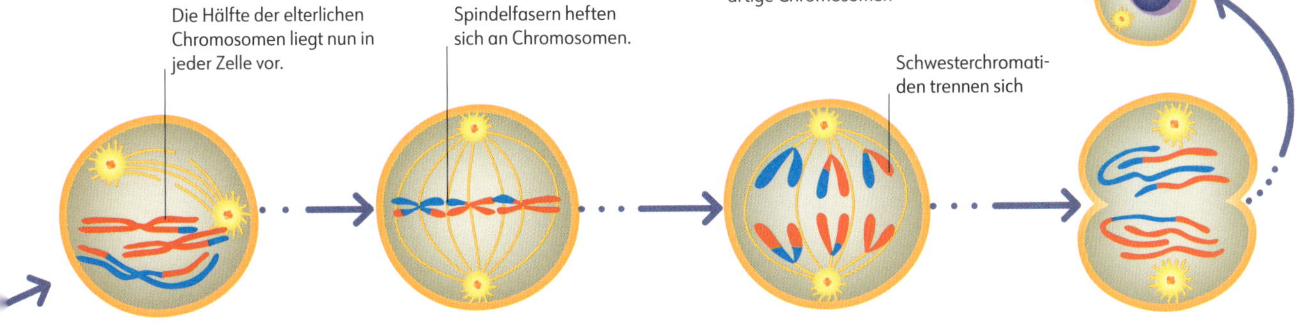

6 Prophase II
Beide Tochterzellen können jetzt eine zweite Teilung durchlaufen, bei der jeder Schritt wiederholt wird. Es beginnt mit der Trennung der Centrosomen.

7 Metaphase II
Die Spindelfasern heften sich an die homologen Chromosomen, die sich in der Zellmitte aufreihen.

8 Anaphase II
Die Spindelfasern ziehen die Chromosomen auseinander, die Chromatiden teilen sich auf und wandern zu gegenüberliegenden Polen der Zelle.

9 Telophase II
Eine Zellmembran bildet sich in der Mitte der Zelle und teilt die Chromosomen auf. Zwei neue Zellen entstehen.

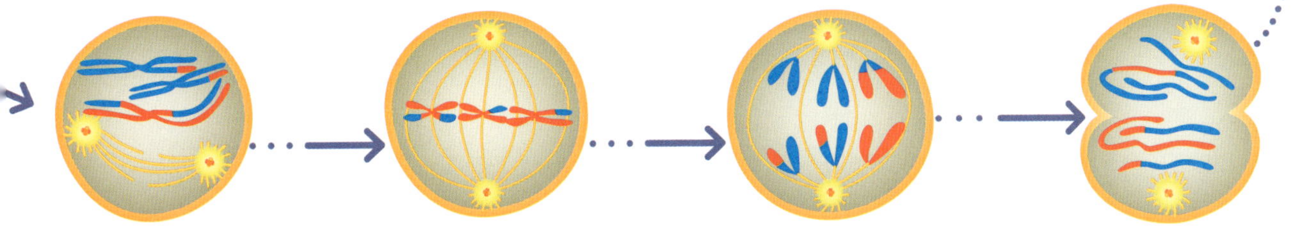

ZELLE TEILT SICH IN ZWEI ZELLEN, DIESE TEILEN SICH NOCHMALS

KOMMT MEIOSE BEI ALLEN LEBEWESEN VOR?

Bei vielzelligen Organismen (wie Pflanzen, Tieren und manchen Pilzen) ja, bei vielen einzelligen Organismen (wie Bakterien und Archaeen) aber nicht.

DIPLOIDE UND HAPLOIDE ZELLEN

Gameten oder Keimzellen sind haploid, sie enthalten die Hälfte eines vollen Chromosomensatzes, wie ihn diploide Körperzellen tragen. Diploide Zellen tragen zwei Kopien jedes Chromosoms – eine von jedem Elternteil. Die Chromosomen in einer diploiden Zelle liegen in homologen Paaren vor – die DNA jedes Chromosoms enthält Versionen der gleichen Gene. Während der Meiose werden die homologen Paare immer aufgeteilt.

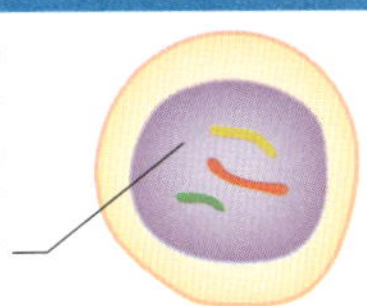

HAPLOIDE ZELLE

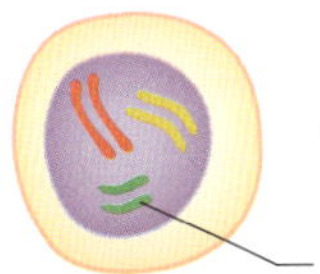

DIPLOIDE ZELLE

Sexuelle Fortpflanzung

Die meisten komplexen Organismen vermehren sich sexuell. Dabei kombinieren zwei Eltern ihre genetische Information. Nachkommen einer sexuellen Fortpflanzung sind genetisch einzigartig. Diese genetische Variabilität einer Art steigert die Überlebensfähigkeit jeder neuen Generation.

Verschmelzung der Keimzellen

Bei der sexuellen Fortpflanzung von Pflanzen und Tieren steuern beide Eltern jeweils eine Keimzelle (Gamet) bei. Der weibliche und der männliche Gamet müssen zusammentreffen und ihre Kerne müssen verschmelzen. Dies nennt man Befruchtung (s. gegenüberliegende Seite). Die befruchtete Zelle, die Zygote, teilt sich dann und entwickelt sich zu einem neuen Organismus.

EINE **BIENENKÖNIGIN LEGT** PRO **TAG** BIS ZU **1500** EIER.

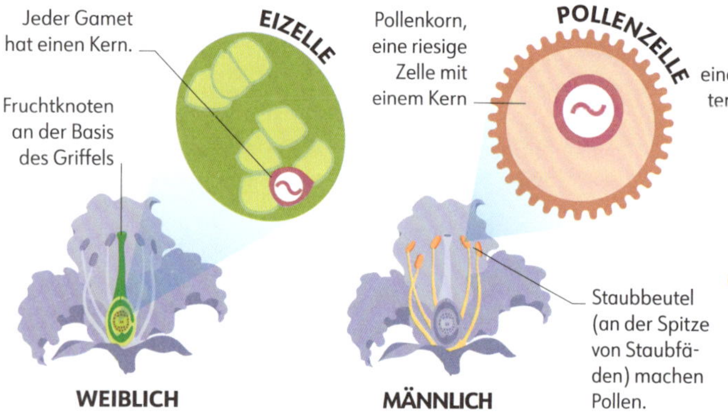

Sexuelle Fortpflanzung bei Blütenpflanzen
Der männliche Gamet ist in einem Pollenkorn enthalten. Dies muss durch Wind , Wasser oder ein Tier vom Staubbeutel (einem männlichen Teil der Pflanze) zum weiblichen Teil (Fruchtknoten) einer anderen Pflanze getragen werden.

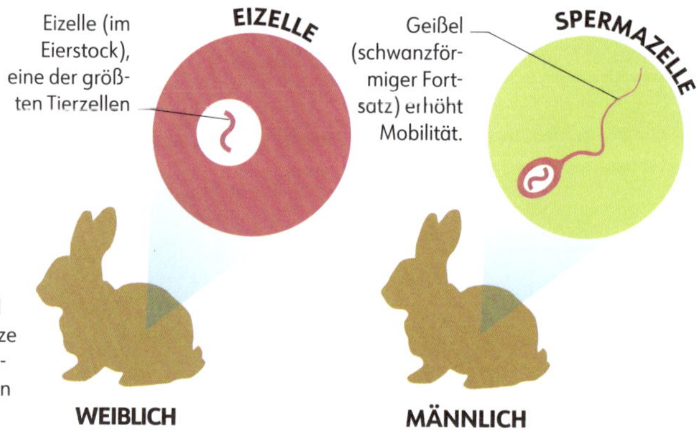

Sexuelle Fortpflanzung bei Tieren
Ein Spermium ist eine mobile Zelle, die zur Eizelle schwimmen kann. Eizellen können aus dem Körper entlassen werden, damit sie massenhaft vom Sperma befruchtet werden können, oder die Befruchtung findet innerlich statt.

GENERATIONSWECHSEL

Viele einfache Pflanzen durchlaufen zwei getrennte Phasen – die haploide Phase, in der sie sich sexuell mittels Gameten fortpflanzen, und die diploide Phase, in der sie sich asexuell durch Sporen reproduzieren. Bei Pflanzen, die zwischen einer haploiden und einer diploiden Phase wechseln, finden Meiose (s. S. 82–83) und Mitose (s. S. 68–69) statt.

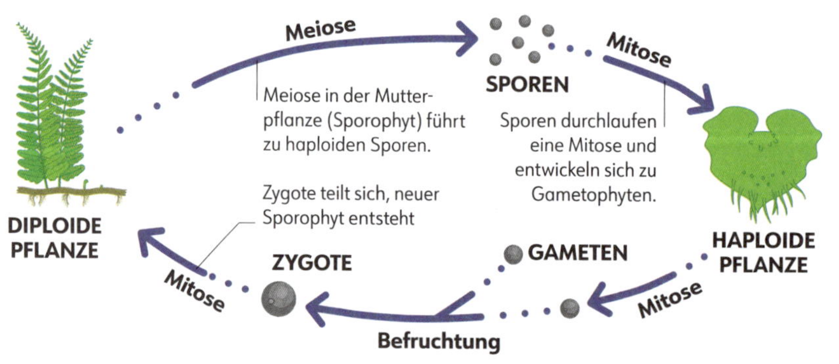

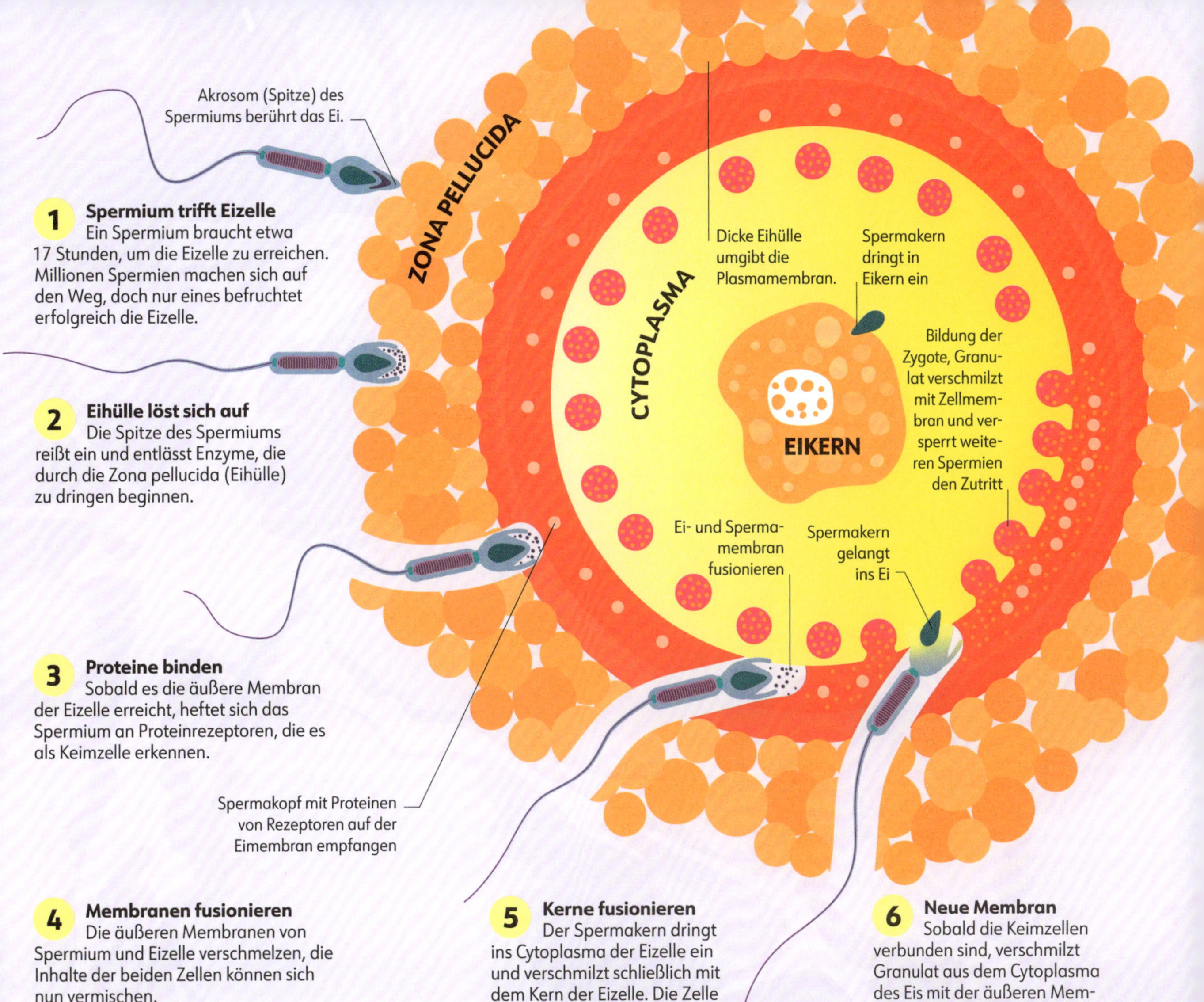

1 Spermium trifft Eizelle
Ein Spermium braucht etwa 17 Stunden, um die Eizelle zu erreichen. Millionen Spermien machen sich auf den Weg, doch nur eines befruchtet erfolgreich die Eizelle.

2 Eihülle löst sich auf
Die Spitze des Spermiums reißt ein und entlässt Enzyme, die durch die Zona pellucida (Eihülle) zu dringen beginnen.

3 Proteine binden
Sobald es die äußere Membran der Eizelle erreicht, heftet sich das Spermium an Proteinrezeptoren, die es als Keimzelle erkennen.

4 Membranen fusionieren
Die äußeren Membranen von Spermium und Eizelle verschmelzen, die Inhalte der beiden Zellen können sich nun vermischen.

5 Kerne fusionieren
Der Spermakern dringt ins Cytoplasma der Eizelle ein und verschmilzt schließlich mit dem Kern der Eizelle. Die Zelle wird zur diploiden Zygote.

6 Neue Membran
Sobald die Keimzellen verbunden sind, verschmilzt Granulat aus dem Cytoplasma des Eis mit der äußeren Membran und verändert deren äußere Rezeptoren.

Wie menschliche Gameten verschmelzen
Spermien schwimmen durch den Uterus, um das Ei zu finden, das vom Eierstock aus den Eileiter hinabwandert. Die Vereinigung der Keimzellen beim Menschen ist typisch für fast alle sich sexuell fortpflanzenden Tiere.

WIE GROSS SIND KEIMZELLEN?

Eine menschliche Spermazelle misst etwa 0,005 mm im Durchmesser – sie ist zu klein, um sie ohne Mikroskop zu sehen. Menschliche Eizellen sind 20-mal so groß, man kann sie mit bloßem Auge erkennen.

Befruchtung

Sexuelle Fortpflanzung beruht auf Befruchtung, der Verbindung von Spermium und Eizelle. Dabei verschmelzen die Kerne und bilden eine Zygote. Die beiden haploiden Keimzellen, jede mit einem Satz ungepaarter Chromosomen, werden zu einer diploiden Zelle mit zwei Chromosomensätzen. Spermium und Eizelle bringen jeweils die Hälfte des genetischen Materials mit, das die Zygote (die erste Zelle des Kindes) benötigt. Bei Blütenpflanzen wird die Befruchtung durch Bestäubung erleichtert (s. S. 151).

Fortpflanzung bei Tieren

Kann ein Tier die Überlebenschancen seiner Kinder steigern, wird sich der Nachwuchs eher selber fortpflanzen. Tiere haben eine Reihe von Fortpflanzungsstrategien entwickelt: Sie investieren ihre Ressourcen auf mehrere Arten in ihre Kinder.

Lebendgebärende Tiere

Manche Tiere investieren Zeit und Energie, damit ihre Kinder bei der Geburt einen hohen Entwicklungsstand haben. Daher wachsen sie im Körper der Mutter heran. Sicher vor Angriffen und versorgt mit Nährstoffen, werden die Kinder erst geboren, wenn sie ein Stadium erreicht haben, in dem sie höhere Überlebenschancen haben.

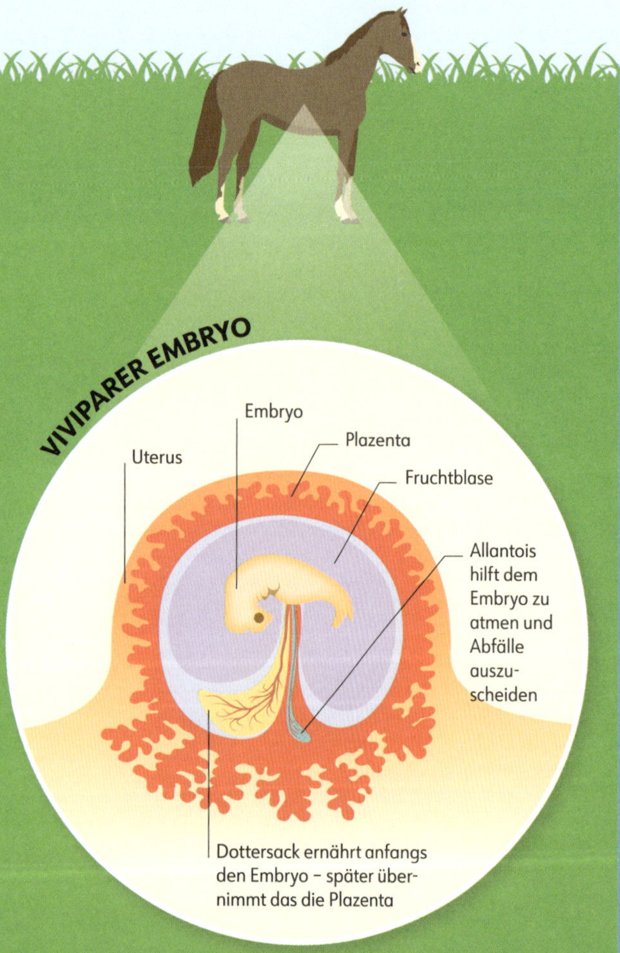

Vivipare Tiere
Lebend gebärende Tiere, die ihren Nachwuchs im elterlichen Körper produzieren – und nicht in einem Ei – nennt man vivipar. Plazentatiere, z. B. Pferde, sind vivipar, aber auch Skorpione, Blattläuse und Samtwürmer.

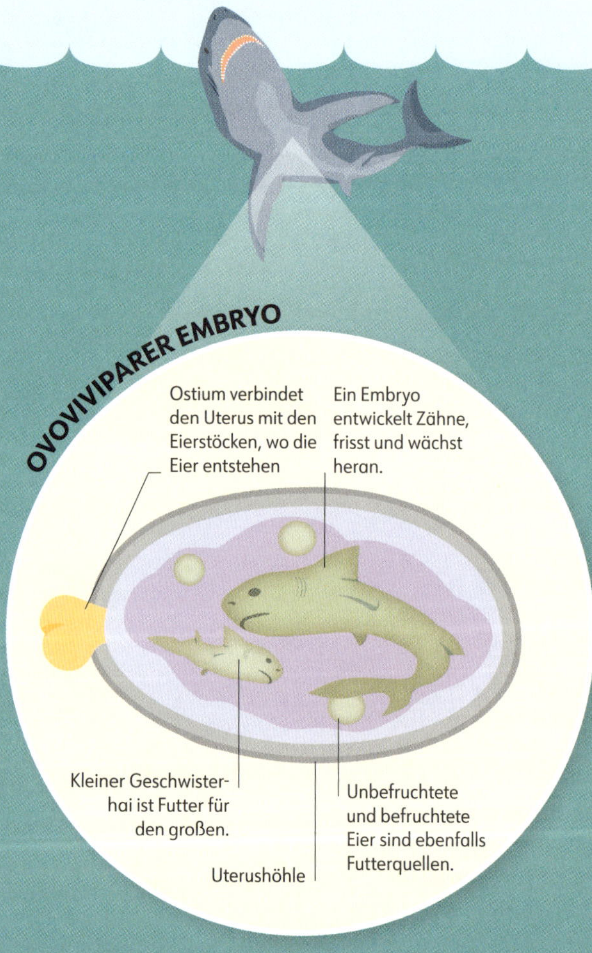

Ovovivipare Tiere
Ovovivipare Arten – darunter bestimmte Haie, Fische und Schlangen – beginnen ihr Leben in Eiern, die im Körper der Mutter verbleiben. Die Eier entwickeln sich, die Jungen schlüpfen und werden dann geboren.

Eierlegende Tiere

Tiere, die Eier legen, können rasch sehr viele Junge produzieren. Die Eier dieser Tiere bestehen zumindest aus einer schützenden Umhüllung aus Gel rund um den Embryo und aus einem kleinen Nährstoffvorrat in einem Dottersack. Manche haben eine zusätzliche Amnionschicht, die das Ei effektiv wasserdicht macht. Reptilien und Vögel zum Beispiel bilden Eier mit einer Calciumcarbonatschale, die wasserdicht, aber luftdurchlässig ist. Solche Tiere schützen ihre Eier oft, indem sie Nester bauen oder die Eier bebrüten (warm halten – etwa, indem sie auf ihnen sitzen).

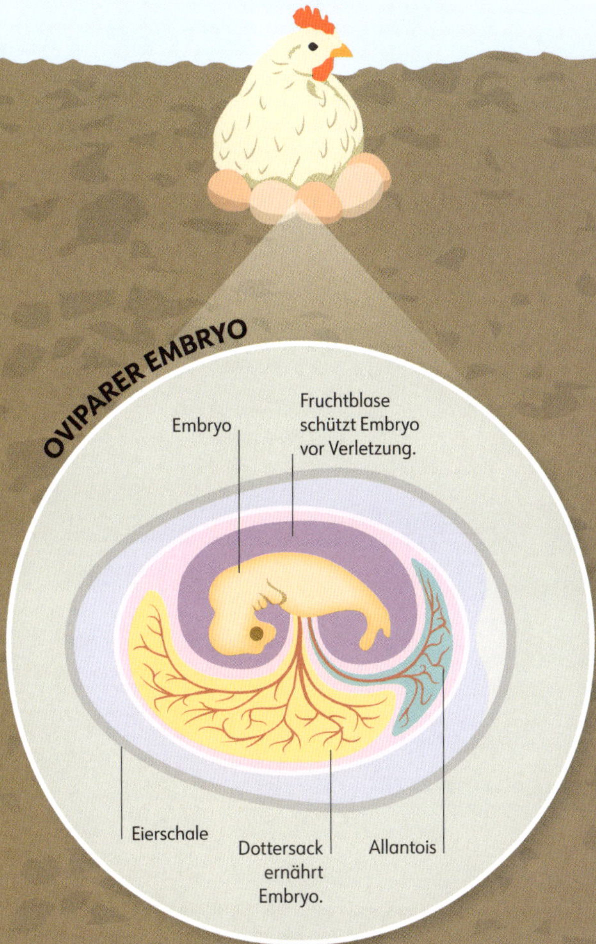

Ovipare Tiere
Bei oviparen (Eier legenden) Tieren wie Vögeln schlüpfen die Jungen außerhalb des elterlichen Körpers aus dem Ei. Lebend gebärende haben sich aus eierlegenden Tieren entwickelt; die inneren Strukturen ihrer Eier sind ähnlich.

WARUM HABEN MANCHE EIER SCHALEN?

Eierschalen haben viele Funktionen. Sie helfen das Ei gegen Wasser, Beschädigung und Infektionen zu schützen, regulieren den Gas- und Wasseraustausch und stellen Calcium für den Embryo bereit.

DER **MONDFISCH** PRODUZIERT **300 MILLIONEN EIER ZUGLEICH** – MEHR ALS **JEDES ANDERE TIER.**

EVO-DEVO

Evolutionäre Entwicklungsbiologie (Evo-Devo) ist der zellgenaue Vergleich, wie sich die Jungen verschiedener Organismen entwickeln und wie diese Prozesse in der Evolution entstanden sind. Verwandte Arten entwickeln sich als Embryos auf ähnliche Weise. Der Zeitpunkt, an dem sie divergieren, zeigt uns, wie eng die Verwandtschaft ist. Menschen und Fische zum Beispiel sind Wirbeltiere, ihre Embryos gleichen sich in den frühen Entwicklungsstadien.

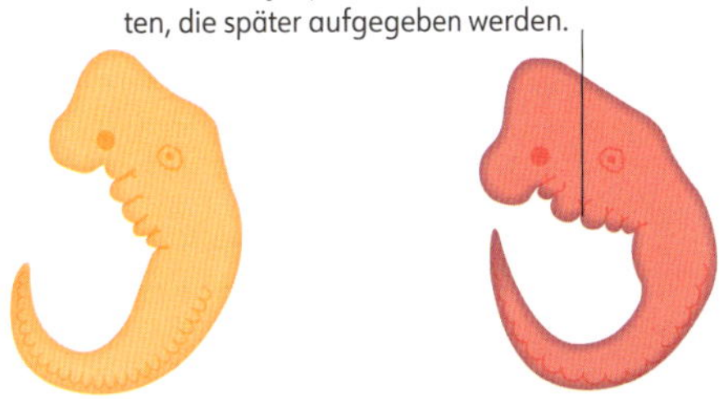

Stammzellen

Organismen bestehen größtenteils aus Zellen, die sich auf bestimmte Aufgaben spezialisieren. Einige unspezialisierte Zellen behalten jedoch bis ins Erwachsenenalter die Fähigkeit, sich zu anderen Zellen zu entwickeln.

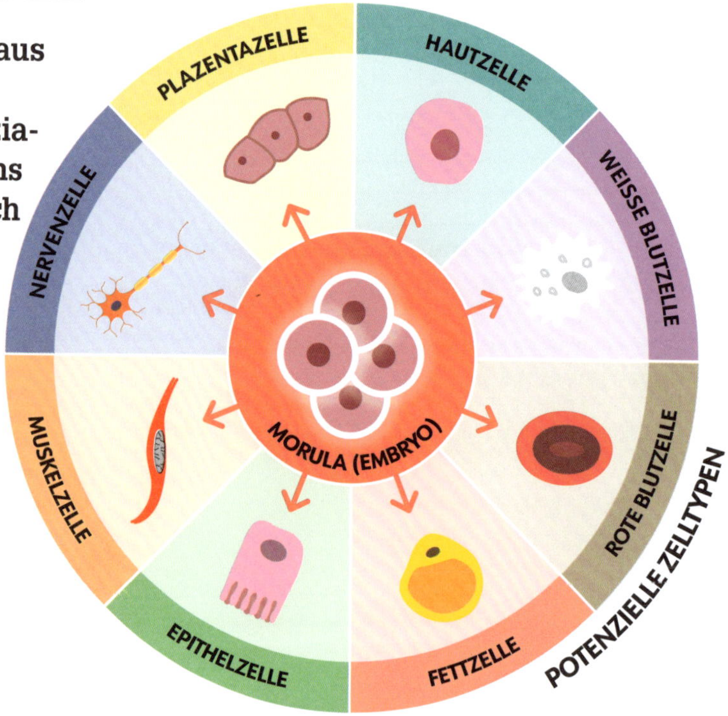

Typen von Stammzellen

Ein Tierembryo beginnt sein Leben als Kugel unspezialisierter Zellen. Diese Stammzellen müssen sich zu verschiedenen Zelltypen spezialisieren – der Vorgang heißt Differenzierung. Dabei werden die Zellen weniger vielseitig, weil sie auf bestimmte Rollen festgelegt sind. Während der Entwicklung werden die Stammzellen immer weniger und verlieren an Potenz (Fähigkeit zur Spezialisierung).

BEI **SALAMANDERN** KÖNNEN **ORGANE** UND **GANZE GLIEDMASSEN** NACHWACHSEN.

Frühester Embryo
Im frühesten Stadium ist ein Embryo ein winziger, fester Körper aus Zellen (Morula). Seine Zellen sind totipotent, sie können sich in jede Art von Zellen differenzieren und jeden Körperteil des Embryos bilden. Bei den meisten Säugetieren enthält die Morula auch die Membran, aus der die Plazenta wird.

STAMMZELLENTHERAPIE

Das Entwicklungspotenzial von Stammzellen kann benutzt werden, um gesunde Gewebe zu züchten und Krankheiten zu heilen. Die Stammzellentherapie ist eine sich konstant entwickelnde medizinische Wissenschaft.

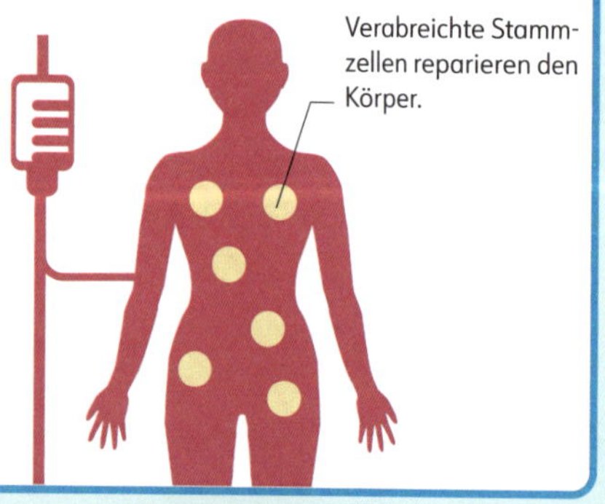

Stammzellen bei Pflanzen

Bei Pflanzen findet man Stammzellen im Meristem – Regionen unspezialisierter Zellen, die es den Pflanzen ermöglichen, ständig zu wachsen und ihre Form zu ändern. Anders als Tiere können Pflanzen eine unbegrenzte Zahl von Stammzellen bilden. Meristeme findet man in den Wurzeln und Sprossen von Pflanzen, aber auch im Xylem (Leitgewebe für Wasser) und Phloem (Leitgewebe für Nährstoffe). Stammzellen ermöglichen es der Pflanze, Beschädigungen und Reparaturen zu überleben, existierende Organe wachsen zu lassen und neue anzulegen sowie aus Ablegern mit Meristem neue Pflanzen zu bilden.

LEGENDE

- Ruhendes Zentrum
- Stammzellen
- Organisierendes Zentrum
- Rippenmeristem

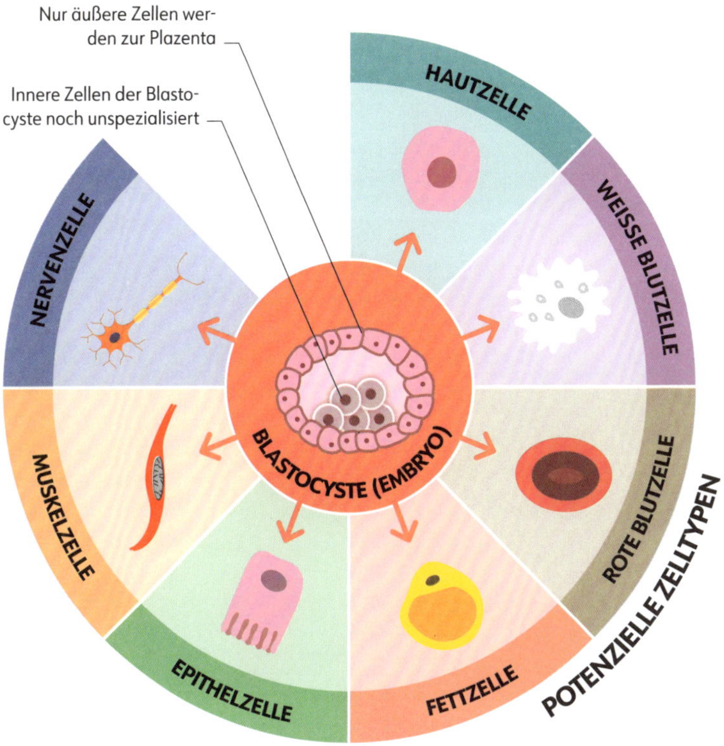

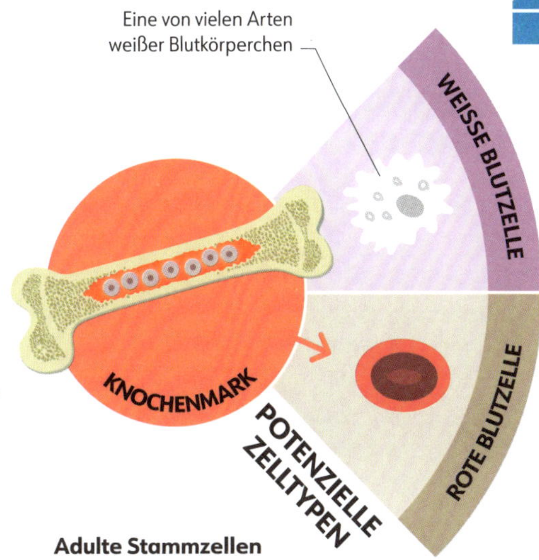

Früher Embryo
Der Embryo entwickelt sich und bildet eine Hohlkugel (Blastocyste). Zum ersten Mal spezialisieren sich einige Zellen. Diese Zellen aus der Außenschicht helfen bei Säugetieren die Plazenta zu bilden. Die inneren Zellen sind pluripotent: Sie können sich in viele, aber nicht in alle Zelltypen umwandeln.

Adulte Stammzellen
Organismen verfügen ihr ganzes Leben lang über Stammzellen, aber diese werden immer weniger. Bei erwachsenen Menschen findet man Stammzellen etwa in Knochenmark, Haut und Augen. Diese Zellen sind multipotent: Sie können sich nur in eine begrenzte Zahl von Zelltypen umwandeln. Knochenmarkszellen können sich in rote und weiße Blutkörperchen (und weitere Zellen) diffenzieren, sie sind also wichtig für die Immunabwehr.

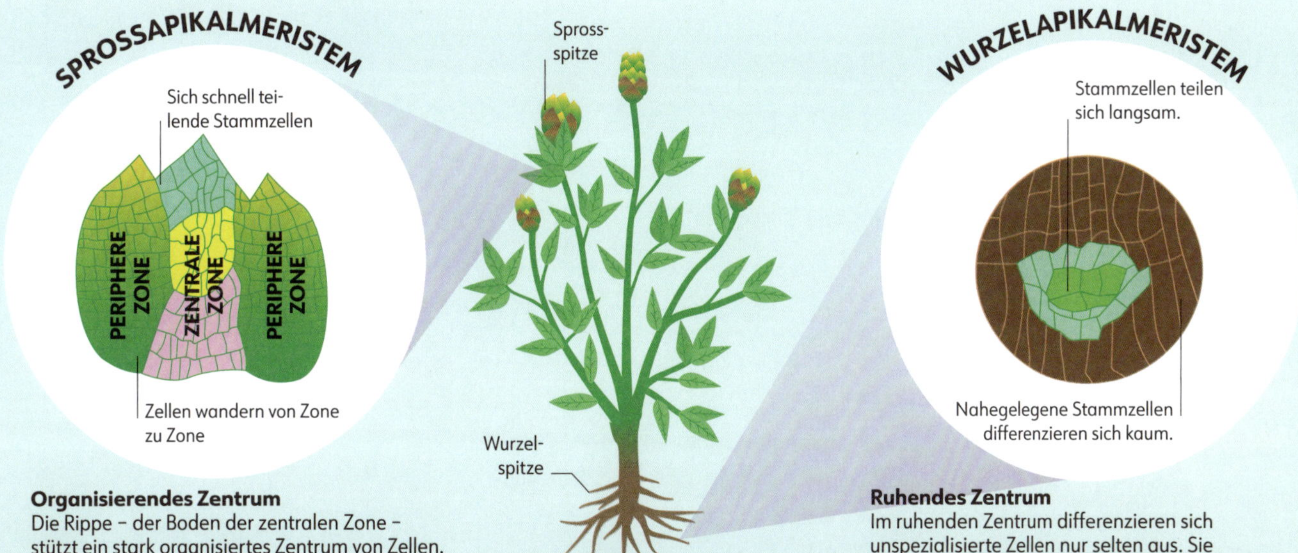

Organisierendes Zentrum
Die Rippe – der Boden der zentralen Zone – stützt ein stark organisiertes Zentrum von Zellen. Darüber differenzieren sich Stammzellen aus, um zum Beispiel Blattwachstum zu ermöglichen.

BLÜTENPFLANZE

Ruhendes Zentrum
Im ruhenden Zentrum differenzieren sich unspezialisierte Zellen nur selten aus. Sie halten auch benachbarte Zellen davon ab und erhalten so die Struktur der Wurzel.

Genexpression

Jedes Gen in unserer DNA enthält codierte Instruktionen zum Bau eines Proteins. Dazu muss der Code von einem Enzym abgelesen und dann in Form einer RNA ins Cytoplasma transportiert werden, wo er in ein Protein übersetzt wird.

WAS PASSIERT MIT DER mRNA NACH DER TRANSLATION?

Ein mRNA-Strang kann mehrfach in ein Protein übersetzt werden, bevor er schließlich in der Zelle zerfällt.

Transkription

Bevor ein Gen in ein Protein übersetzt werden kann, müssen Enzyme zunächst einen DNA-Strang in Boten-RNA (mRNA, s. S. 36) transkribieren (kopiert), die den Code für das Protein trägt. Dazu heftet sich RNA-Polymerase an die Doppelhelix und benutzt einen DNA-Strang als Muster für die mRNA. Dann wandert die mRNA aus dem Kern ins Cytoplasma.

50 BASEN PRO SEKUNDE WERDEN BEIM **KOPIEREN** MENSCHLICHER **DNA** HINZUGEFÜGT.

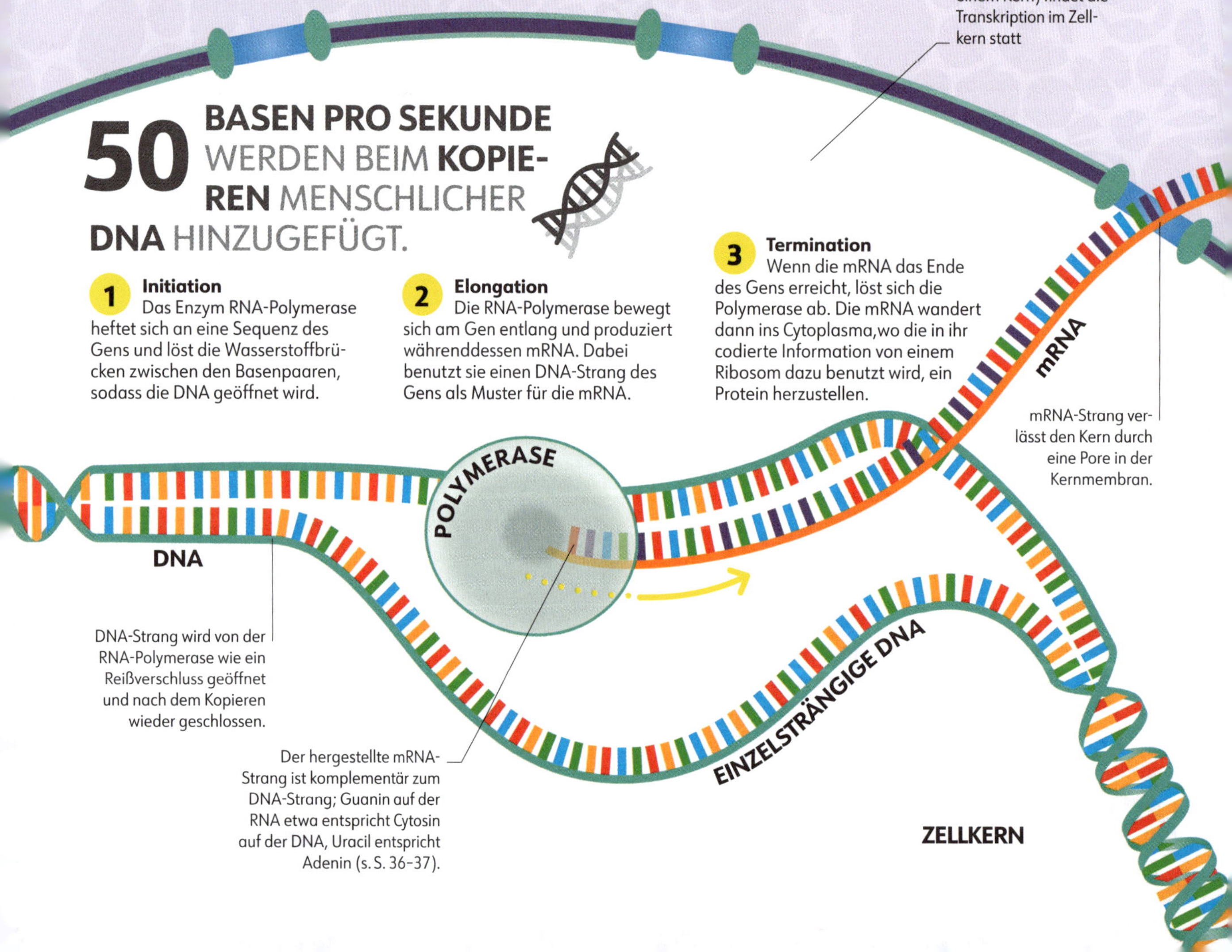

Translation

Die mRNA macht sich an einem Ribosom fest. Information, die in der mRNA gespeichert ist, dient als Code für das herzustellende Protein. Je ein Satz von drei Nukleinsäurebasen (ein Codon) auf der mRNA passt zu drei Basen auf der Transfer-RNA (tRNA). Da jede tRNA eine Aminosäure mitbringt, übersetzt sich die Basensequenz in eine Aminosäurenkette. Der genetische Code von 64 Codons umfasst drei Startcodons, die den Prozess starten, und ein Stoppcodon, das ihn beendet.

4 Proteinfaltung
Wenn das Stoppcodon erreicht ist, löst sich die Peptidkette von der tRNA. Organellen der Zelle falten sie dann auf und modifizieren sie zu einem Proteinmolekül (s. S. 38–39).

1 Initiation
Die mRNA wandert zu einem Ribosom, dockt dort an und zieht tRNA-Moleküle an, die dem Startcodon entsprechen.

2 Elongation
Ein weiteres tRNA-Molekül liefert eine Aminosäure, die dem Codon entspricht. Die beiden Aminosäuren hängen sich aneinander, die erste tRNA verlässt das Ribosom.

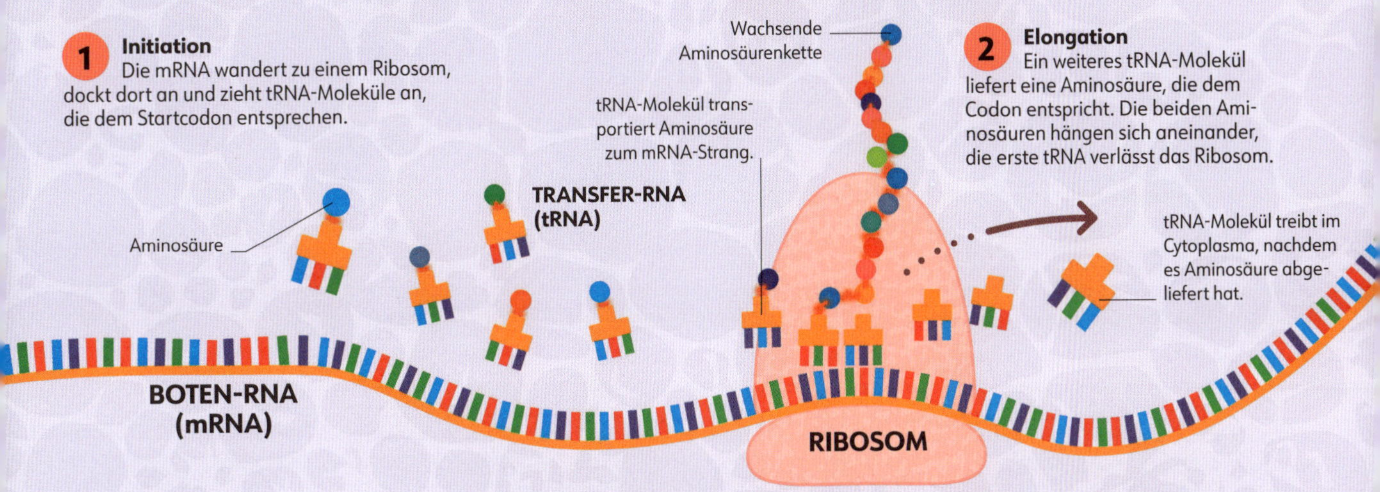

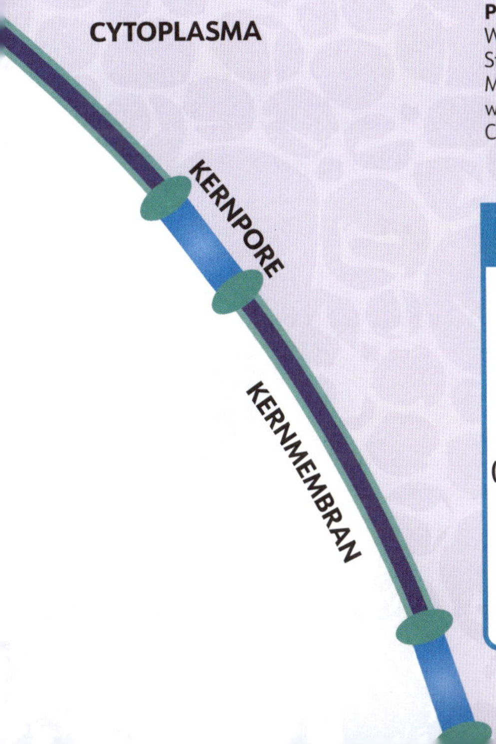

Peptidkette bilden
Während sich das Ribosom am mRNA-Strang entlangbewegt, heften sich tRNA-Moleküle an die mRNA. Ihre Reihenfolge wird durch das Zusammenpassen von Codons und Anticodons bestimmt.

3 Protein entsteht
tRNAs kommen und gehen im Ribosom und bringen Aminosäuren mit. So entsteht eine Aminosäurenkette, die immer länger wird – bis das Stoppcodon erreicht ist.

GEN-GRÖSSEN

Ein durchschnittliches menschliches Gen besteht aus 3000 DNA-Basenpaaren. Doch die Variation ist groß – von ein paar Hundert bis zu mehr als 2 Millionen Basenpaaren. Längere Gene sind mit der Funktion von Gehirn, Herz und Muskeln verbunden, kürzere mit Immun- oder Hautfunktionen.

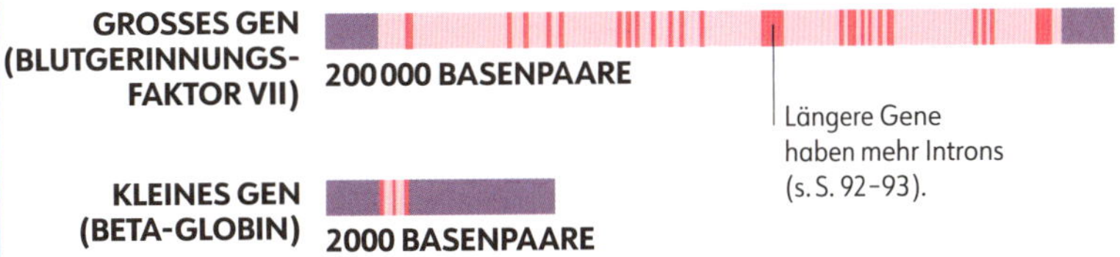

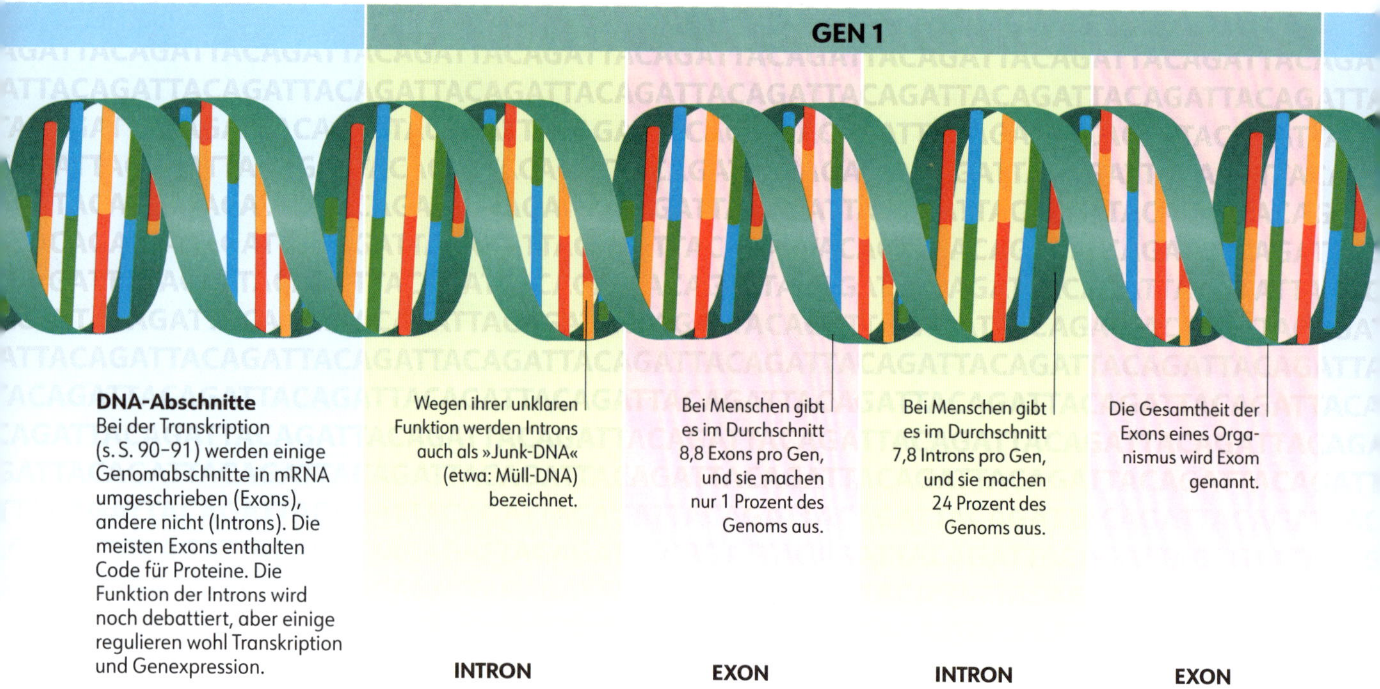

Die Organisation von Genen

Gene sind DNA-Abschnitte, die für spezielle Proteine codieren (s. S. 90–91). Bei Bakterien bewegt sich die DNA frei im Cytoplasma einer Zelle. Bei komplexeren Organismen wie Menschen, Tieren oder Pflanzen sind lange Stränge von DNA dicht zu Chromosomen verpackt (s. S. 58–59) und in einem Kern eingeschlossen. Jedes Gen hat eine genaue Position auf einem Chromosom, in einem codierenden Abschnitt der DNA. Codierende Gene sind durch intergene Regionen (nichtcodierende DNA) voneinander getrennt.

70 PROZENT DER MENSCHLICHEN **DNA** IST **NICHTCODIEREND.**

Genome

Jeder Organismus hat genetische Information in seiner DNA. Die Gesamtheit der genetischen Information eines Organismus heißt Genom. Es enthält alle Instruktionen, die ein Organismus braucht, um sich zu entwickeln und zu funktionieren. Die Analyse von Genomen hilft, Gene zu lokalisieren und ihre Funktion zu verstehen.

WELCHES IST DAS GRÖSSTE GENOM DER WELT?

Das Genom der japanischen Blume *Paris japonica* hat 149 Mrd. Basenpaare – etwa 50-mal so viele wie das Menschengenom.

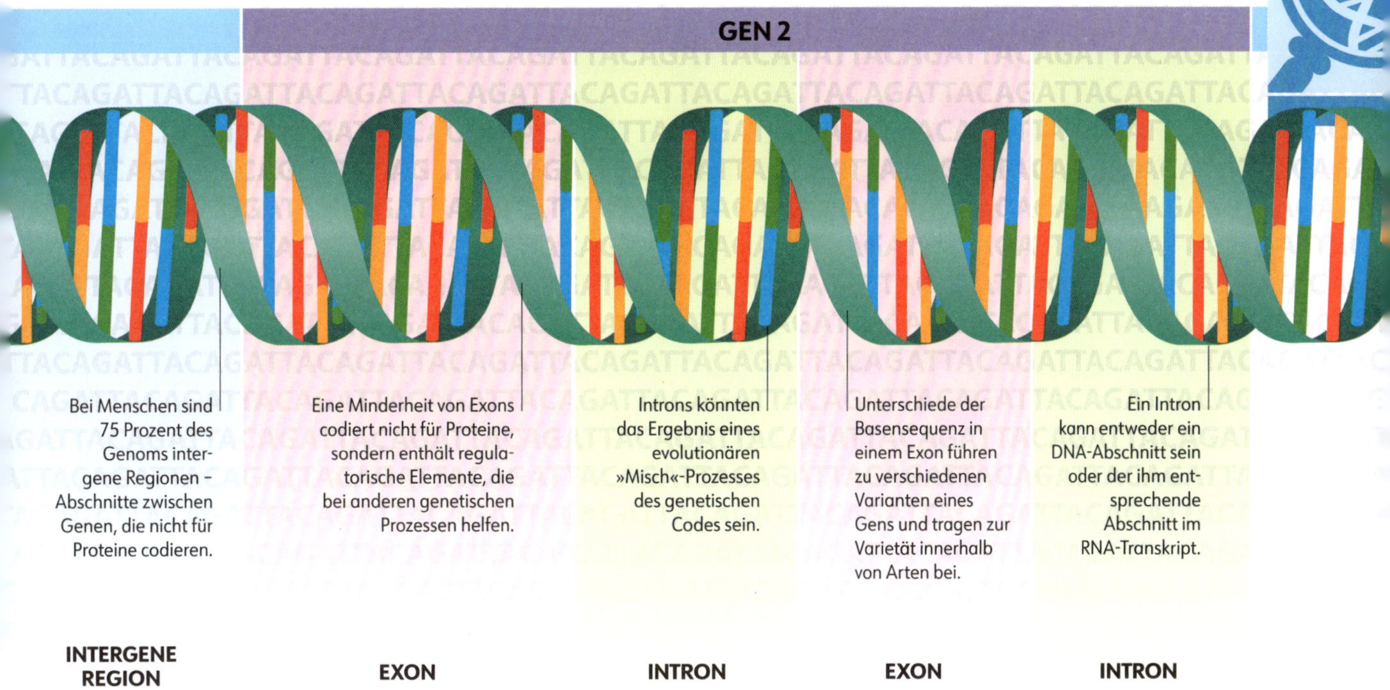

Codons und Anticodons

Ein Codon ist eine Sequenz von drei Basen auf einem mRNA-Strang (s. S. 36), der sich mit einem komplementären Satz von drei Basen auf einem tRNA-Strang zusammenfindet (einem Anticodon) und somit eine bestimmte Aminosäure codiert. Die meisten der 64 Codons der menschlichen DNA codieren für eine von 20 Aminosäuren (jeweils abgekürzt durch einen Großbuchstaben). Nur Stoppcodons codieren nicht für eine Aminosäure, sondern signalisieren das Ende der Proteinsynthese.

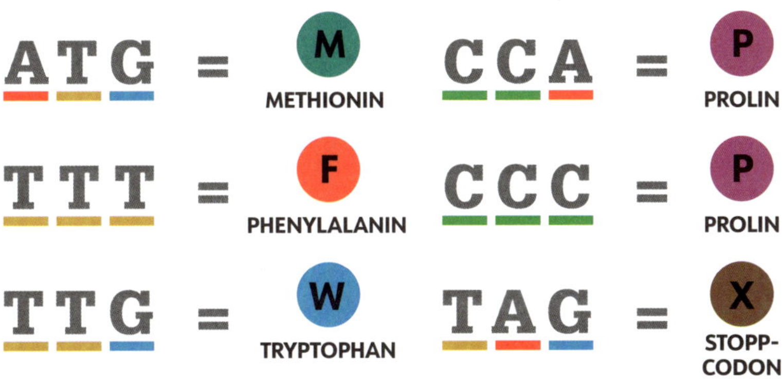

Aminosäuren codieren
Adenin (A), Cytosin (C), Guanin (G) und Thymin (T) sind die Basen (s. S. 37), die man in Codons findet. Jede Kombination von ihnen steht für eine bestimmte Aminosäure. Oben sieht man Beispiele für Codons und die aus ihnen resultierenden Aminosäuren.

UNSER GENOM LESEN

1990 startete das Humangenomprojekt mit dem Ziel, die gesamte Genomsequenz des Menschen zu lesen und die Position und Funktion aller Gene zu kartieren. Die gesamte Sequenz der etwa 3 Mrd. Basenpaare war 2003 vollendet, aber nur 92 Prozent der Gene waren damals identifiziert. Erst 2022 standen alle Gene fest.

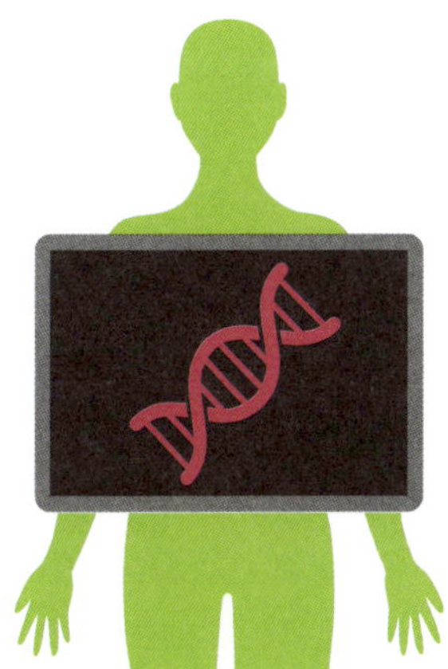

Vererbung

Bei Organismen mit sexueller Fortpflanzung beruhen die Merkmale, die vererbt werden, auf der Kombination der Gene bei der Befruchtung.

Allele

Ein Allel ist eine Variante eines Gens. Allele bestimmen ein Merkmal bei den Kindern. Sie liegen in der Regel paarweise vor, von jedem Elternteil eines. Die Kombination der Allele in einem Organismus wird als sein Genotyp bezeichnet, die beobachteten Merkmale heißen Phänotyp. Genotyp und Phänotyp der Nachkommen hängen vom Genotyp der Eltern ab.

Dominante und rezessive Allele
Oft ist eine Version eines Allels dominant über die andere. Her hat jedes Elternteil ein dominantes (D) und ein rezessives (d) Allel. Das rezessive Merkmal wird nur sichtbar, wenn zwei rezessive Allele geerbt werden.

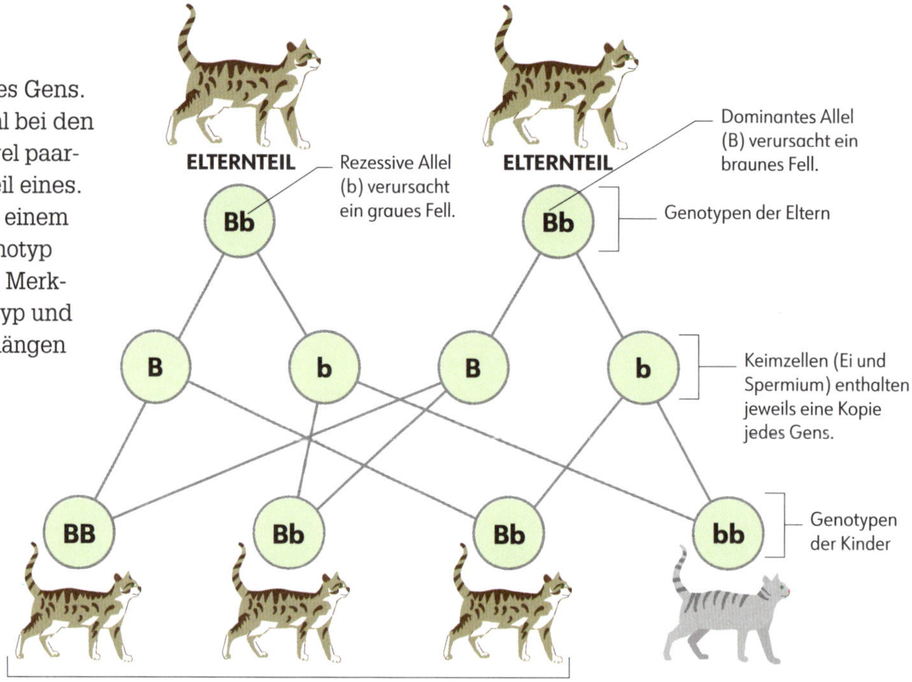

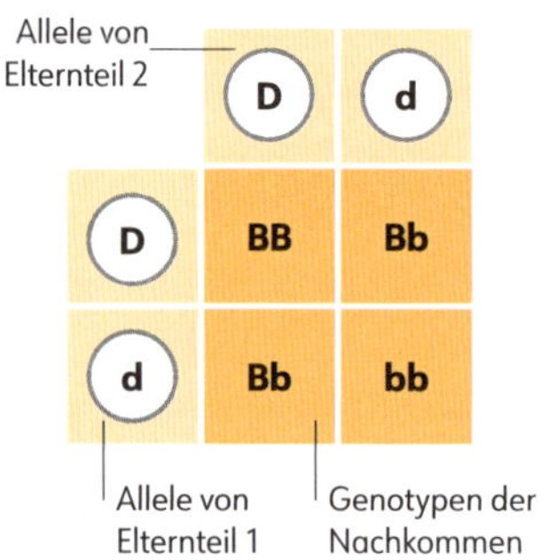

Punnett-Quadrat
Ein Punnett-Quadrat zeigt die Vielfalt von Genotypen, die jedes Kind erben kann, sowie im Effekt die Wahrscheinlichkeit jeder Variante.

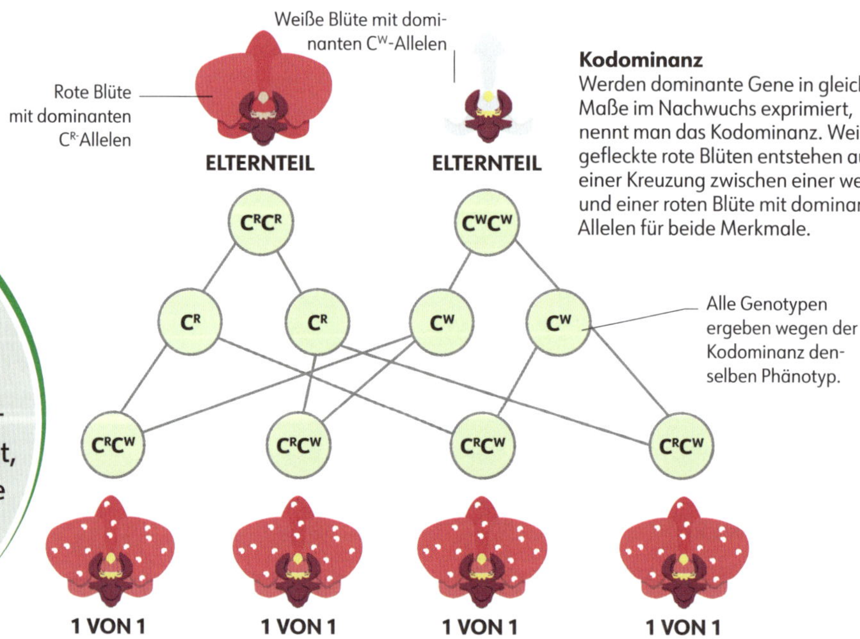

Kodominanz
Werden dominante Gene in gleichem Maße im Nachwuchs exprimiert, nennt man das Kodominanz. Weiß gefleckte rote Blüten entstehen aus einer Kreuzung zwischen einer weißen und einer roten Blüte mit dominanten Allelen für beide Merkmale.

WIE BESTIMMT MAN DAS RISIKO VON ERKRANKUNGEN?

Bei genomweiten Assoziationsstudien werden genetische Varianten durchgetestet, um diejenigen zu finden, die statistisch mit Krankheiten zusammenhängen.

Geschlechtsgekoppelte Vererbung

Die Häufigkeit mancher Krankheiten hängt vom Geschlecht ab. Krankheiten, die von Genen des X-Chromosoms (s. S. 98–99) beeinflusst werden, kommen oft weniger häufig bei Frauen vor. Frauen haben nämlich zwei X-Chromosomen, und das zweite kann sich mit seinem dominanten Allel über das fehlerhafte erste hinwegsetzen. Da Männer nur ein X-Chromosom haben, zeigt sich die Krankheit bei einem Sohn mit dem fehlerhaften Gen.

Erbgang des Farbensehens
Rot-Grün-Blindheit ist ein rezessives Merkmal auf dem X-Chromosom. Man kann es tragen (ohne es auszuprägen), wenn das dominante Allel für Farbtüchtigkeit vorliegt. Liegt nur das rezessive Allel vor, ist das Kind betroffen.

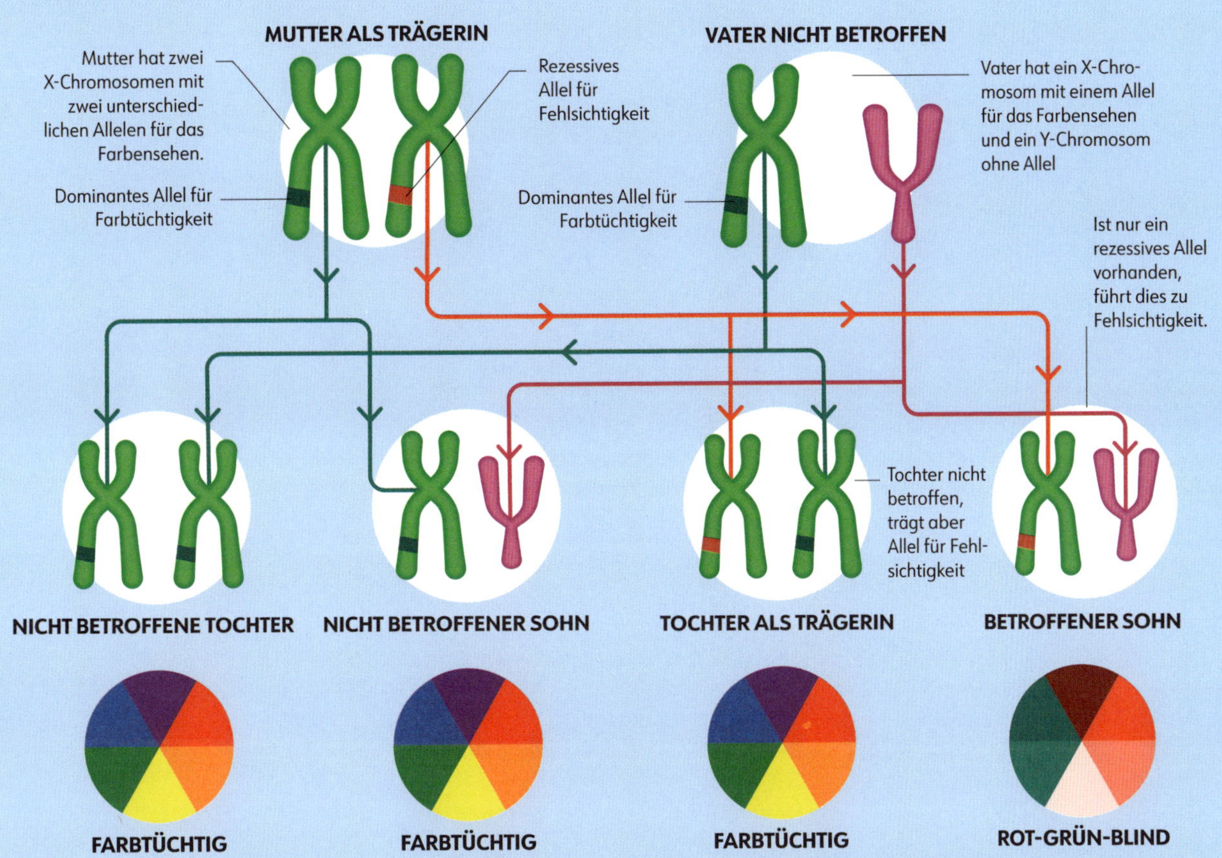

ROT-GRÜN-BLINDHEIT BETRIFFT 1 VON 12 MÄNNERN, ABER NUR ETWA 1 VON 200 FRAUEN.

HYBRIDE

Wenn sich zwei Arten vermischen, ist das Ergebnis eine hybride Art. Ein Liger ist zum Beispiel das Kind eines männlichen Löwen und einer Tigerin. Hybride sind selten, weil es Fortpflanzungsbarrieren gibt. Die genetischen Inkompatibilitäten von Hybriden steigern auch ihr Risiko für Unfruchtbarkeit.

LIGER

Mutationen

Mutationen sind permanente Veränderungen in Genen. Äußere Ursachen wie Strahlung, Chemikalien oder Infektionserreger nennt man Mutagene. Mutationen können auch bei der DNA-Verdoppelung entstehen und zu genetischen Störungen führen.

SARS-COV-2, DAS VIRUS, DAS COVID-19 VERURSACHT, MUTIERT ETWA EINMAL PRO WOCHE.

Mutationsarten

Bei Genmutationen kommen meist zwei Arten vor: Bei einer Rastermutation wird eine Base eingefügt oder geht verloren, sodass sich das Leseraster verschiebt (s. u.), was die gesamte Sequenz beeinflusst. Bei einer Punktmutation wird ein einzelnes Basenpaar ersetzt (oft folgenlos).

Nicht betroffene DNA
Die DNA-Sequenz eines Individuums ist eine Art Programmiervorschrift für Proteine. Nicht immer ist die Ablesereihenfolge betroffen, wenn ein Gen mutiert.

Insertion
Werden eine oder mehrere Basen in die DNA-Sequenz eingefügt, heißt das Insertion. Geschieht dies während der DNA-Verdoppelung oder Meiose (s. S. 82–83), wird es gefährlich. Insertion (auch Deletion) ändert die Basenreihenfolge und damit die Aminosäuresequenz.

Ursachen der Mutation

Alle Arten genetischer Variation werden durch Mutationen verursacht, diese sind also wichtig für die Evolution einer Art. Innere Mutationen können durch Fehler während des Kopierens verursacht werden. Der Körper sucht nach Kopierfehlern und bessert sie normalerweise aus. Einige werden jedoch übersehen und können an die Kinder weitergegeben werden. Äußere Ursachen (Mutagene) sind vielfältig. Krebs wird durch Mutationen verursacht, und manche Mutagene sind auch Karzinogene.

Äußere Ursachen
Wenn Umweltfaktoren in eine Zelle eindringen und mit der DNA interagieren, kann die DNA mutieren und beschädigt werden. Dies passiert, wenn Menschen, andere Tiere oder Pflanzen schädlichen Substanzen ausgesetzt sind.

Strahlung
Ionisierende Strahlung aus Röntgengeräten kann DNA-Sequenzen aufbrechen. UV-Strahlen haben eine relativ geringe Energie, können aber trotzdem DNA-Brüche verursachen.

KANN EIN VIRUS UNENDLICH MUTIEREN?

Im Endeffekt ja. Ein Virus kann so lange existieren wie sein Wirt. Mit der Zeit mutiert ein Virus und verändert sich – der beste Schutz ist also, die Verbreitung des Virus zu begrenzen.

MUTATIONSRATEN

Viele Faktoren bestimmen bei einem Organismus die Häufigkeit neuer Mutationen über die Zeit. Arten mit hoher Stoffwechselrate haben wohl ein höheres Risiko, bei der Zellatmung (s. S. 64–65) Mutagenen ausgesetzt zu sein. Je mehr Generationen pro Zeiteinheit entstehen, desto häufiger passieren DNA-Replikationsfehler. Dies erhöht die Mutationsrate.

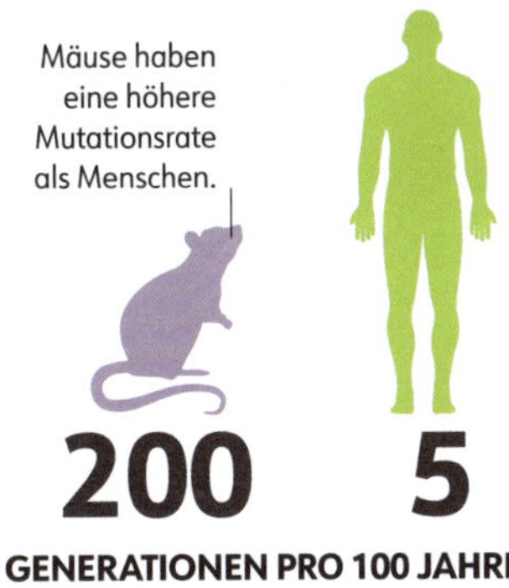

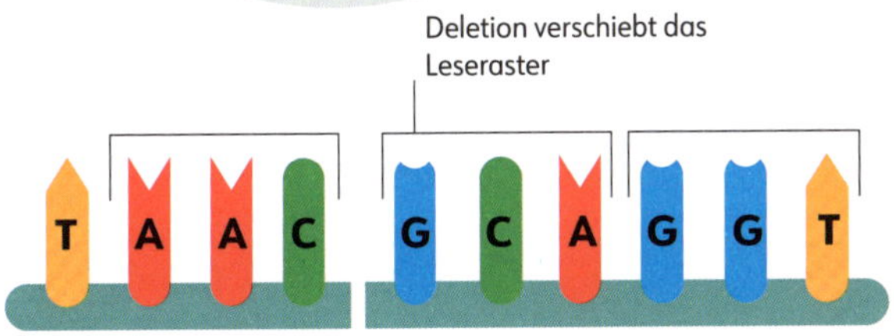

Deletion
Geht genetisches Material verloren, kann das zu einer Verschiebung des Leserasters führen. Je größer die Deletion, desto wahrscheinlicher der resultierende Defekt. Zystische Fibrose ist z. B. eine Lungenkrankheit, die von einer Deletion im CFTR-Gen verursacht wird.

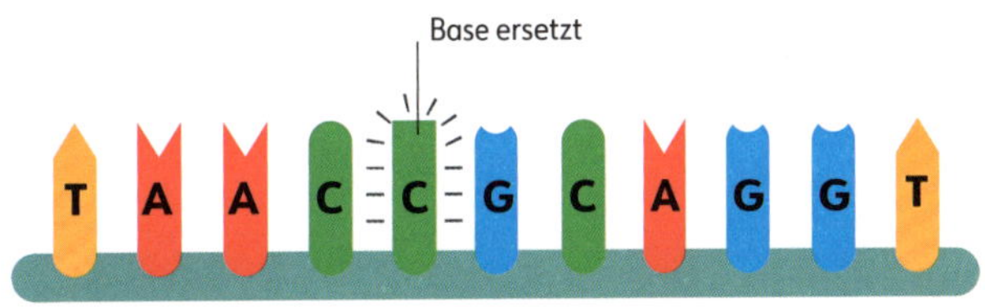

Substitution
Solche Mutationen ereignen sich, wenn eine Base durch eine andere ersetzt wird. Dies kann keinen oder einen drastischen Effekt haben, je nachdem, welches Basenpaar substituiert wird und womit. Sichelzellanämie wird durch eine Substitution verursacht.

Chemikalien
Chemische Mutagene verändern die Chemie der DNA. Eine Mutation in einer Körperzelle (alle Zellen außer Ei- und Samenzelle) kann zu Krebs führen. Dabei verändert eine Chemikalie das DNA-Muster, sodass die Zellen sich unkontrollierbar teilen.

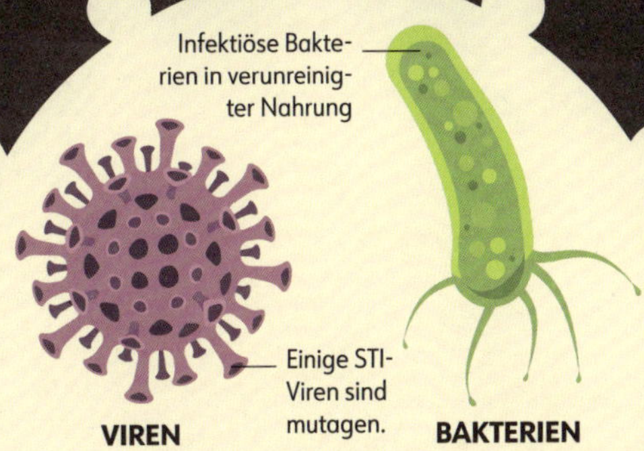

Infektiöse oder biologische Erreger
Viren und Bakterien können Punktmutationen verursachen. *Helicobacter pylori* ist ein Bakterium, das Entzündungen verursacht und dabei die DNA und ihre Reparatursysteme beeinträchtigt.

Geschlechtschromosomen

Bei Menschen und anderen Säugetieren wird das Geschlecht durch Geschlechtschromosomen bestimmt. Frauen haben typischerweise zwei X-Chromosomen, Männer ein X- und ein Y-Chromosom.

Geschlechtschromosomen
Beim Menschen gibt es vier Kombinationen von X- und Y-Chromosomen, die von den Eltern bei der Befruchtung (s. S. 84–85) vererbt werden können.

Geschlechtsbestimmung

Bei Menschen wird eines der 23 Chromosomenpaare Geschlechtschromosomen genannt, weil sie das Geschlecht aller Nachkommen bestimmen. Die Nachkommen erben ein Geschlechtschromosom von der Mutter und eines vom Vater. Alle weiblichen Keimzellen (Eier) tragen ein X-Chromosom, aber nur die Hälfte der männlichen (Spermien), die andere Hälfte trägt ein Y-Chromosom. Bei vielen Insekten hat die Hälfte der männlichen Keimzellen ein X-Chromosom (daraus werden Töchter), die andere keines (führt zu Söhnen).

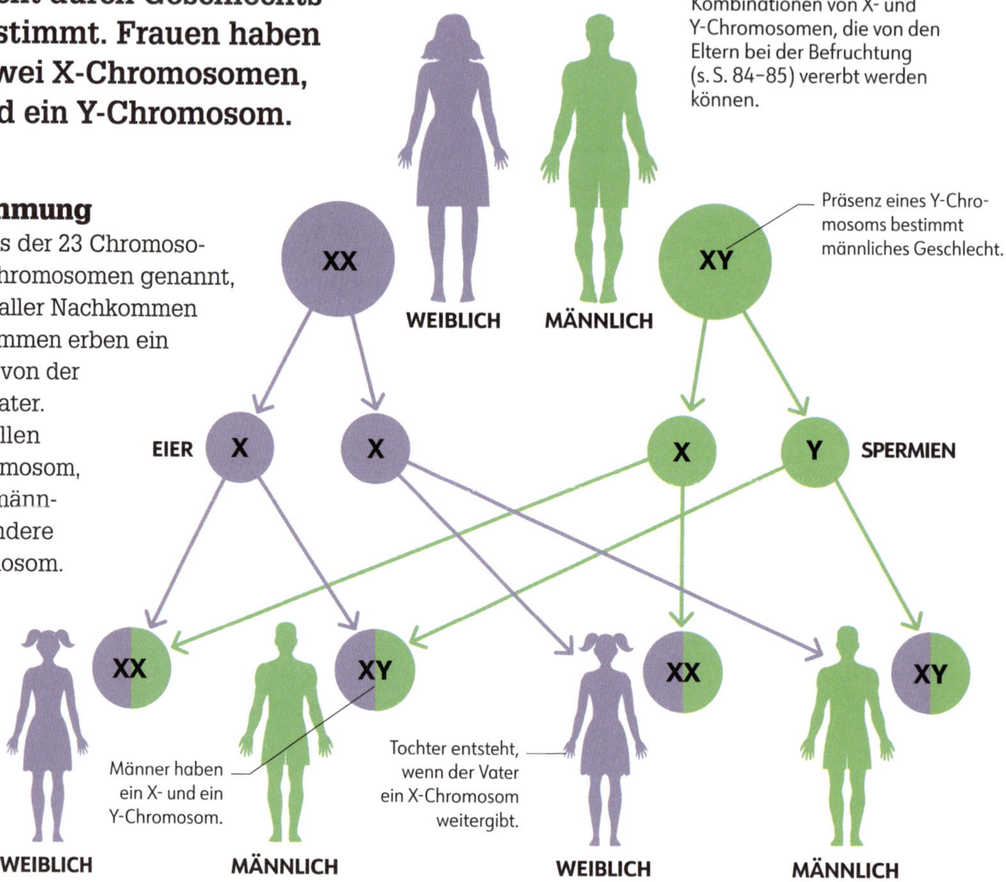

Vögel und Insekten
Bei Vögeln tragen Weibchen das ungleiche Chromosomenpaar (ZW) und Männchen das gleiche (ZZ). Bei vielen Insekten tragen Weibchen zwei X-Chromosomen (XX), Männchen nur eines (X0) – wobei das 0 das Fehlen eines zweiten X-Chromosoms bedeutet.

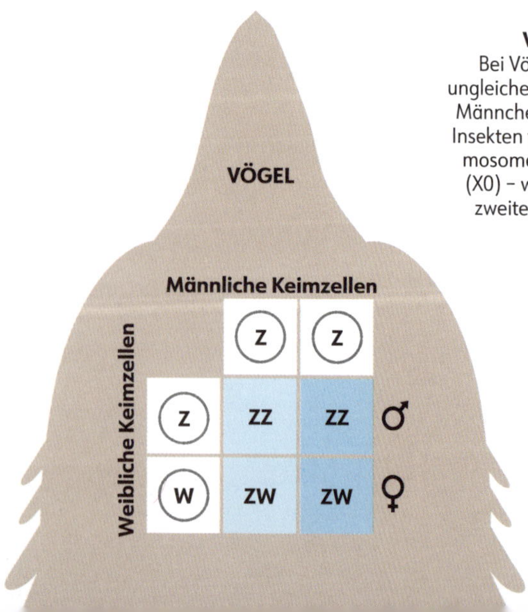

	Z	Z	
Z	ZZ	ZZ	♂
W	ZW	ZW	♀

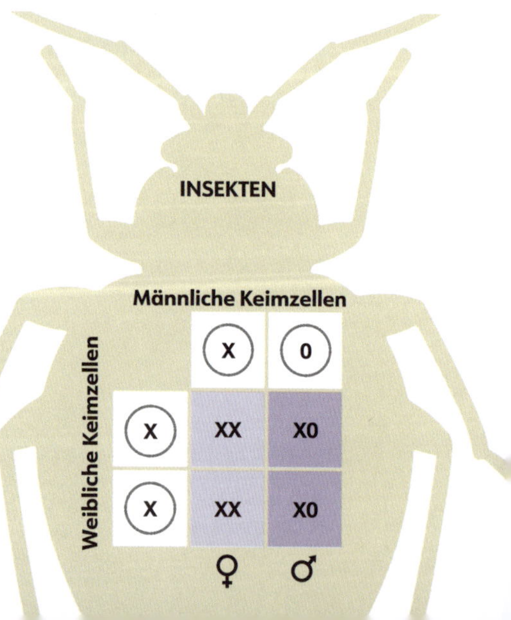

	X	0
X	XX	X0
X	XX	X0
	♀	♂

Das SRY-Gen

Das Y-Chromosom enthält das SRY-Gen – ein geschlechtsbestimmendes Gen, das die Sexualentwicklung von Männern bestimmt. Dieses Gen hat sich vermutlich vor 200–150 Mio. Jahren (Mio. J.) entwickelt. Es codiert ein Protein, das sich an bestimmte Regionen der DNA bindet und die Aktivität anderer Gene kontrolliert. Es löst die Bildung von Hoden aus und verhindert die Entwicklung weiblicher Merkmale, etwa eines Uterus.

DAS **SCHNABELTIER** HAT **10 GESCHLECHTSCHROMOSOMEN** – DIE MEISTEN BEI **TIEREN.**

Die Geschichte des Y-Chromosoms

Das Y-Chromosom bildete sich, nachdem das SRY-Gen durch eine Mutation entstanden war. Mit der Zeit wurde das Y-Chromosom kleiner und hat nun viel weniger Gene als ursprünglich.

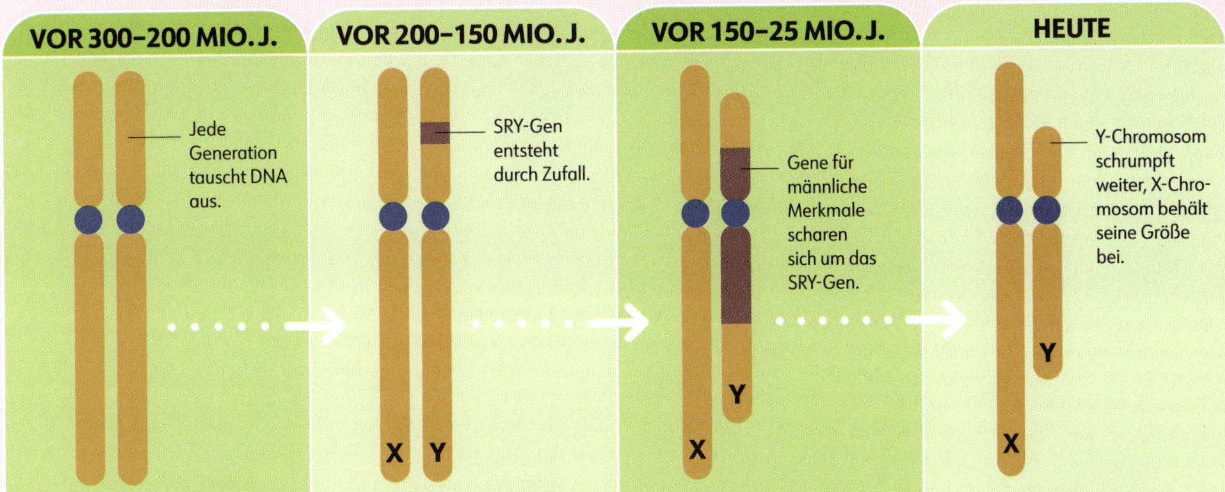

1 DNA-Austausch Bevor menschliche Geschlechtschromosomen existieren, tauschen zwei Chromosomen DNA aus.

2 SRY-Gen bildet sich Eine Zufallsmutation führt zur Bildung des SRY-Gens und des männlichen Geschlechtschromosoms.

3 Weitere Gene Im Laufe der Evolution passt das Y-Chromosom nicht mehr zum X-Chromosom und verliert immer mehr Teile.

4 Y wird kleiner Das Ergebnis: Das Y-Chromosom ist viel kleiner geworden und schrumpft auch heute noch weiter.

STIRBT DAS Y-CHROMOSOM AUS?

Die Forschung ist uneins, ob es weiter so schrumpfen wird wie derzeit. Falls ja, könnte das Y-Chromosom in den nächsten 5 Mio. Jahren aussterben.

NICHTGENETISCHE GESCHLECHTSBESTIMMUNG

Bei den meisten Arten wird das Geschlecht bei der Befruchtung bestimmt. Das Geschlecht mancher Organismen kann jedoch durch Temperatur, Feuchtigkeit oder soziale Interaktionen bestimmt werden. Bei Schildkröten, Alligatoren und Krokodilen triggert die Temperatur der Eier Gene, die das Geschlecht der Kinder bestimmen. Krokodilweibchen entstehen bei 30 °C, -männchen bei 34 °C.

KROKODILGEBURT

Zwitter

Ein Zwitter ist ein Organismus, der in seinem Lebenszyklus sowohl weibliche als auch männliche Keimzellen bildet. Zwitter können Pflanzen oder Tiere sein. Manche Zwitter vermehren sich sexuell, andere asexuell, viele tun beides.

Zwittrigkeit bei Pflanzen

Die meisten Pflanzen sind Zwitter. Bei Blütenpflanzen bedeutet das, dass ihre Blüten sowohl männliche Sexualorgane (Staubblätter mit Staubbeuteln und -fäden) als auch weibliche (darunter Fruchtknoten) enthalten. Wenn diese Teile in derselben Blüte vorkommen, gilt die Pflanze als zweigeschlechtlich. Pflanzen mit Blüten, die entweder männlich oder weiblich sind, heißen eingeschlechtlich. Davon gibt es zwei Typen: einhäusige (zwittrige) Pflanzen mit männlichen und weiblichen Blüten und zweihäusige, die nur männliche oder weibliche Blüten tragen (keine Zwitter).

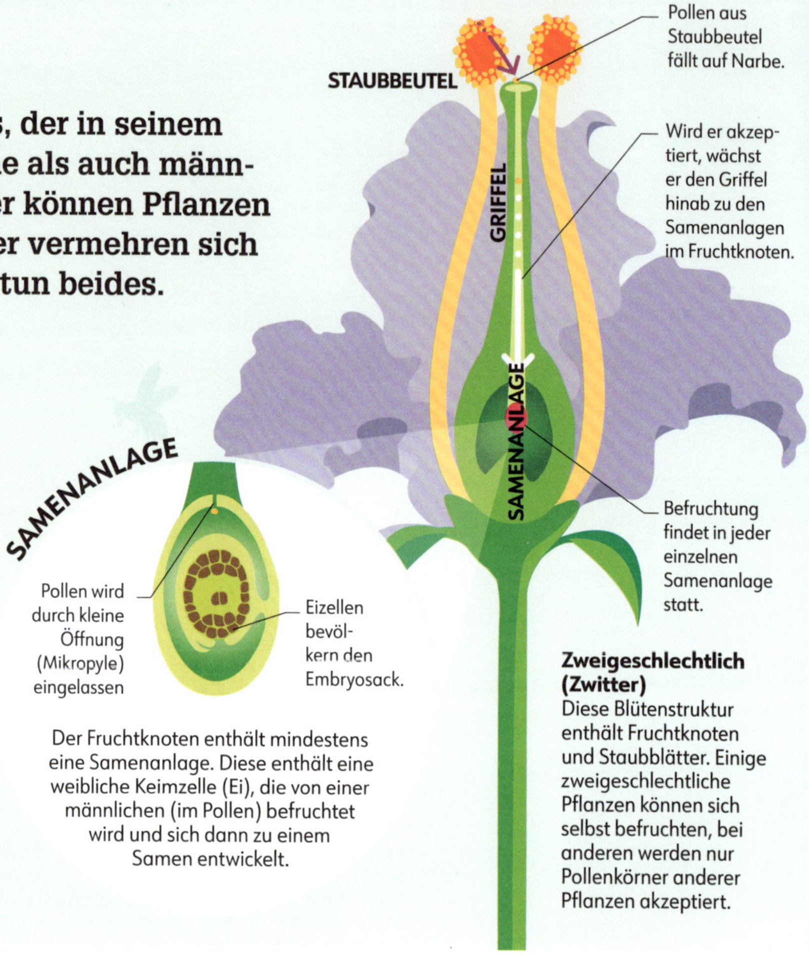

Der Fruchtknoten enthält mindestens eine Samenanlage. Diese enthält eine weibliche Keimzelle (Ei), die von einer männlichen (im Pollen) befruchtet wird und sich dann zu einem Samen entwickelt.

Zweigeschlechtlich (Zwitter)
Diese Blütenstruktur enthält Fruchtknoten und Staubblätter. Einige zweigeschlechtliche Pflanzen können sich selbst befruchten, bei anderen werden nur Pollenkörner anderer Pflanzen akzeptiert.

Zwittertum bei Tieren

Alle Tiergruppen (außer Vögel und Säugetiere) umfassen Zwitter. Einige Typen von Wirbellosen, etwa Würmer, Weichtiere und Quallen, sind besonders häufig Simultanzwitter: Sie entwickeln weibliche und männliche Sexualorgane zur gleichen Zeit. Solche Tiere sind häufig sesshaft, bewegen sich nur langsam oder leben weit verstreut und interagieren seltener. Deshalb müssen sie ihr Fortpflanzungspotenzial maximieren, indem sie sowohl Spermien als auch Eier bereitstellen. Zwittrige Wirbeltiere wie bestimmte Fische, Amphibien und Reptilien sind meistens Konsekutivzwitter (siehe Kasten).

Sexuelle Anatomie einer Schnecke
Die meisten Landschnecken sind Simultanzwitter. Während der Paarung ragt eine kleine Genitalwölbung aus einer Pore neben dem Kopf der Schnecke. Sie enthält einen Penis, der ein Samenpaket an den Partner übergibt und eine Vagina, die ein solches empfängt.

Eingeschlechtlich (ein- und zweihäusig)
Nur etwa 10 Prozent der Blütenpflanzen sind einhäusig. Viele können sich selbst befruchten. Zweihäusige Pflanzen können das nicht: Die weibliche Pflanze braucht den Pollen einer anderen (männlichen) Pflanze.

SIND DIE MEISTEN ARTEN ZWITTER?

Etwa 95 Prozent der Pflanzen sind Zwitter. Zwar sind nur 5 Prozent der Tiere Zwitter, die Zahl springt jedoch auf 30 Prozent, wenn man Insekten ausschließt.

DER **TABAKBARSCH** ÄNDERT **SEIN GESCHLECHT** BIS ZU **20-MAL AM TAG.**

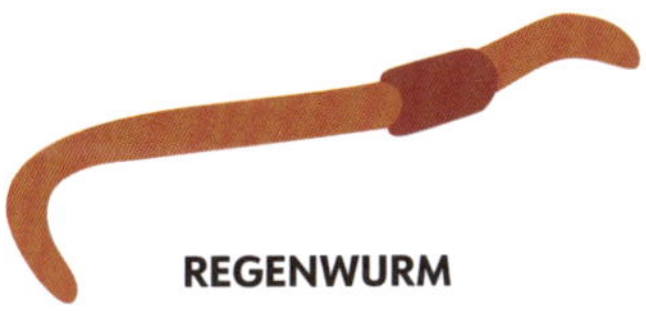

REGENWURM

Regenwürmer
Die Eier eines Regenwurms sind in der dickeren Mittelregion gespeichert, seine männlichen Sexualorgane an einem Ende des Körpers.

SCHWAMM

Schwämme
Diese Meeresbodenbewohner entlassen Eier und Spermien zu verschiedenen Zeiten ins Wasser, um die Selbstbefruchtung zu minimieren.

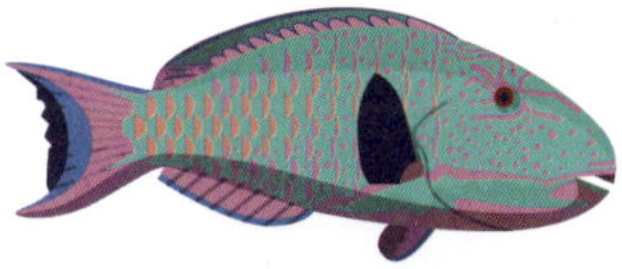

PAPAGEIENFISCH

Papageienfische
Sie kommen weiblich auf die Welt, und meistens bleiben sie es lebenslang. Nur die größten werden schließlich zu Männchen.

KONSEKUTIVZWITTER

Organismen, die ihr Geschlecht wechseln, sind Konsekutivzwitter. Protogyne Arten starten weiblich und werden männlich. Bei den meisten protogynen Fischen kontrolliert ein großes Männchen einen Harem von Weibchen. Protandrische Arten (z. B. Clownfisch) starten männlich und werden weiblich. Die größeren Weibchen produzieren viele Eier.

Dominantes Weibchen
Wenn das dominante Clownfisch-Weibchen stirbt, wird das größte Männchen weiblich.

Nichtdominante Männchen
Viele Männchen (und ein dominantes Weibchen) treten auf.

Undifferenziert
Bei Geburt haben Clownfische beide Arten von Sexualorganen.

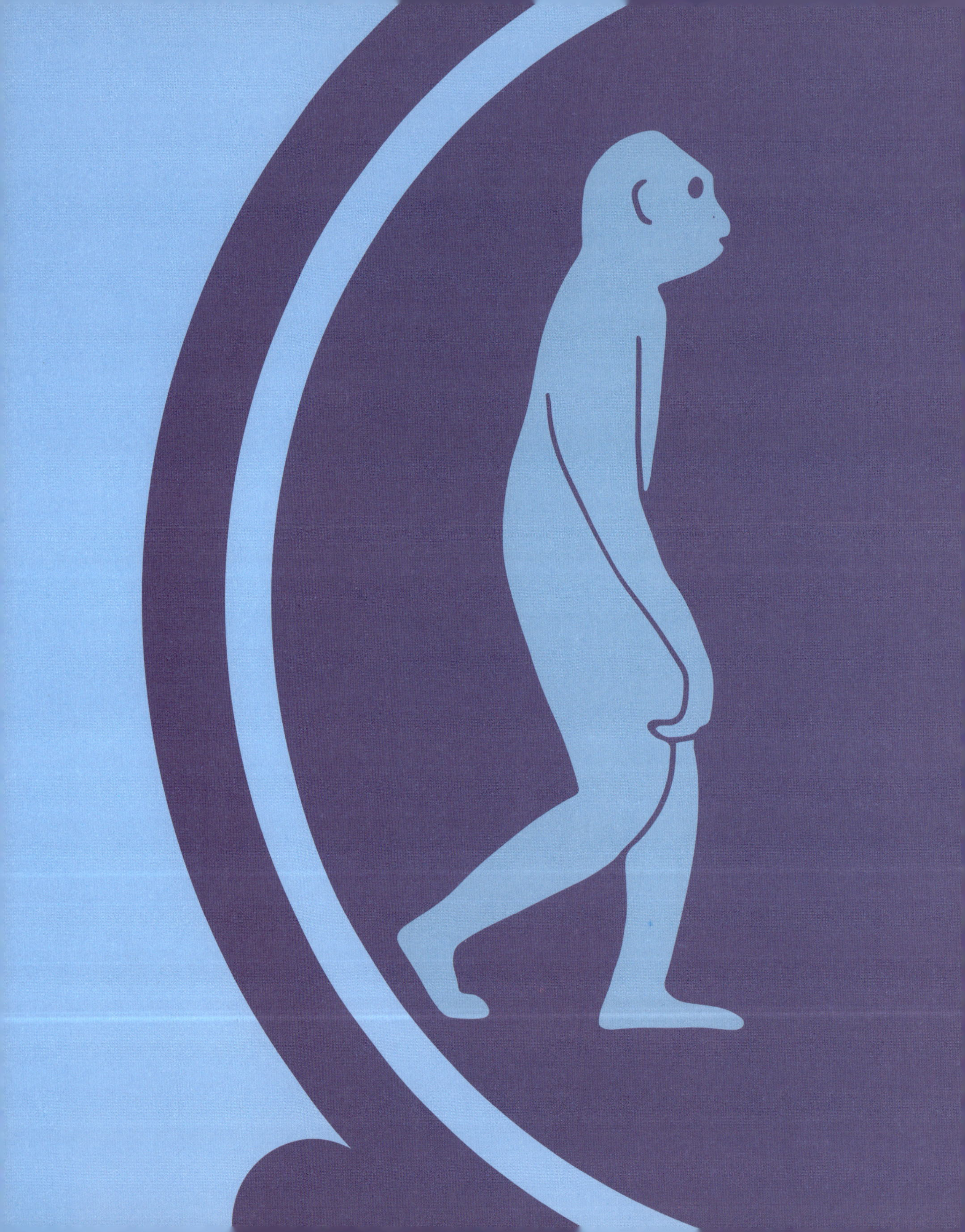

EVOLUTION

Anpassung und Selektion

Die Mitglieder einer Population von Organismen unterscheiden sich oft in den Merkmalen, die sie von ihren Eltern erbten. Bieten diese Variationen einigen bessere Überlebens- und Fortpflanzungschancen in einer bestimmten Umwelt, passt sich die Art an.

KÖNNEN INDIVIDUEN EVOLVIEREN?

Nein, nur Populationen von Organismen können evolvieren, und dies geschieht im Laufe vieler Generationen. Einzelne Individuen evolvieren nicht.

Natürliche Selektion

Zufällige Mutationen (s. S. 96–99) können zu Unterschieden bei den Nachkommen eines Organismus führen. Manche Unterschiede wirken sich negativ auf die Überlebenschancen aus, andere sind neutral und manche sind günstig. Individuen, die günstige Merkmale erben, gedeihen besser und bringen mehr Junge hervor. Mit der Zeit machen sie einen größeren Anteil der Gesamtpopulation der Art aus und werden dominant. Dies ist Evolution durch natürliche Selektion. Eine ererbte Eigenschaft, die den Überlebens- und Fortpflanzungserfolg erhöht, heißt Anpassung.

1 Mutation und Variation
Wenn Organismen wie diese Heuschrecke sich fortpflanzen, kommt es manchmal zu Mutationen. Sie führen zu Variationen bei Merkmalen, etwa der Farbe. Solche Änderungen können die genetische Vielfalt erhöhen und der Art beim Überleben in einer sich ändernden Welt helfen.

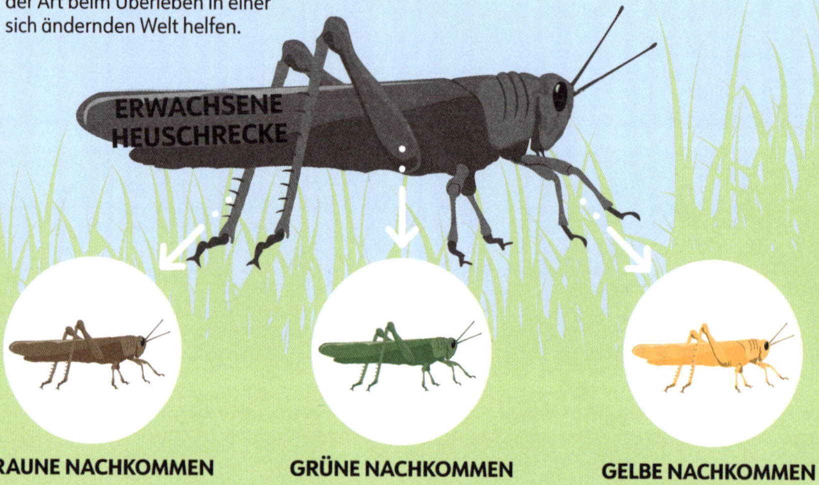

VOR 375 MIO. JAHREN EVOLVIERTEN DIE ERSTEN LANDWIRBELTIERE AUS FISCHEN.

ANTIBIOTIKA-RESISTENZ

Antibiotika haben seit den 1940er-Jahren Millionen Leben gerettet. Übermäßiger Gebrauch hat jedoch dazu geführt, dass infektiöse Bakterien in weniger als 50 Jahren Resistenzen gegen die Medikamente entwickelt haben. Wissenschaftler müssen deshalb ständig neue Antibiotika erfinden.

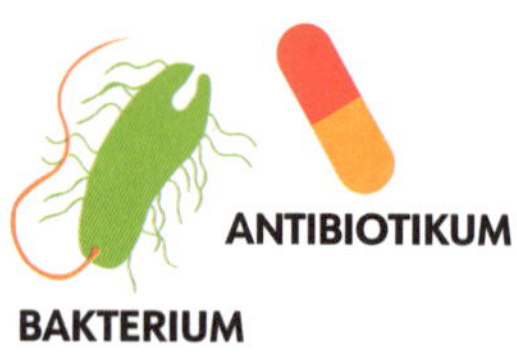

Arten der Anpassung

Die Art und Weise, wie eine Art in ihre Umgebung passt, heißt Nische. Eine Nische umfasst viele Faktoren, von der Verfügbarkeit von Futter, Wasser und Unterschlüpfen bis zur Häufigkeit von Raubtieren und Giften. Alle Organismen haben Anpassungen, die ihnen in ihrer Nische ein besseres Überleben und Fortpflanzen ermöglichen. Anpassungen können das Verhalten betreffen, Körperprozesse und körperliche Eigenschaften.

2 Überleben der Passendsten
Bei feuchtem Klima ist die Vegetation das ganze Jahr grün. Vögel erbeuten meistens gelbe und braune Heuschrecken, weil sie anders als die grünen nicht getarnt sind. Mit der Zeit dominieren grüne Heuschrecken die Population, weil sie eher überleben und ihre Gene weitergeben. Dies nennt man Überleben der am besten Angepassten oder natürliche Selektion.

3 Umwelt verändert sich
Umwelten verändern sich mit der Zeit. Wenn es weniger regnet und die Umgebung immer trockener wird, sind grüne Heuschrecken nicht mehr getarnt. Ebenso wie die gelben werden sie zur Beute der Vögel. Die getarnten braunen Heuschrecken entkommen nun den Raubtieren und dominieren die Population – die ganze Population passt sich der Umweltveränderung an.

VERHALTENSANPASSUNGEN

Die Evolution des Verhaltens, die dem Tier eine bessere Überlebenschance gibt, ist eine Verhaltensanpassung. Viele Delfine jagen zum Beispiel im Schwarm, um ihren Nahrungserfolg zu erhöhen.

PHYSIOLOGISCHE ANPASSUNGEN

Änderungen bei Körperprozessen, um in der Umwelt besser zurechtzukommen, sind physiologische Anpassungen. Kamele produzieren konzentrierteren Urin und schwitzen weniger als die meisten Säugetiere, um Wasser zu sparen.

STRUKTURELLE ANPASSUNGEN

Die Evolution körperlicher Eigenschaften, die die Überlebenschancen eines Organismus verbessern, sind strukturelle Anpassungen. Kaktusblätter haben sich zu Stacheln entwickelt, die weniger Wasser verlieren und Schutz vor Pflanzenfressern bieten.

Artbildung

Zur Herausbildung einer neuen Art kommt es, wenn genetische Veränderungen in einem Teil der Population einer Art zu reproduktiver Isolation führen, es also unmöglich ist, sich erfolgreich mit dem Rest der Population fortzupflanzen.

Allopatrische Artbildung

Wenn eine Population in geografisch isolierte Subpopulationen geteilt ist, etwa durch einen Fluss oder eine Bergkette, kann allopatrische Artbildung stattfinden. Die Trennung führt dazu, dass sich die beiden Populationen im Verlauf von vielen Generationen auseinanderentwickeln. Schließlich sind die Unterschiede so groß, dass sich die beiden Populationen nicht mehr kreuzen können, dann kann man sie als verschiedene Arten klassifizieren. Die Bewegung der Kontinente kann ebenfalls zu geografischer Isolation führen, wie sie für diese Form der Artbildung nötig ist. Man sieht sie hier an den Fröschen Indiens und Madagaskars.

VOR 88 MIO. JAHREN

1 Eine Art
Solange Madagaskar und Indien verbunden sind, findet in der Froschpopulation ein Genfluss statt. Frösche der Madagaskarregion pflanzen sich mit denen der indischen Region erfolgreich fort.

LEGENDE
- Ursprüngliche Population
- Neue madagassische Population
- Neue indische/südostasiatische Population

Sympatrische Artbildung

Im Gegensatz zur allopatrischen Artbildung findet sympatrische Artbildung statt, wenn nicht physische Barrieren die Mitglieder einer Art daran hindern, sich untereinander fortzupflanzen – sondern die Bewegung der Gene (der Genfluss) zwischen Subpopulationen durch Faktoren wie Unterschieden im Lebensraum oder Polyploidie eingeschränkt ist. Ersteres passiert, wenn eine Subpopulation einen Lebensraum erschließt, den die Eltern nicht genutzt haben. Polyploidie – bei der einige Individuen einen zusätzlichen Chromosomensatz haben – kann bei Selbstbefruchtung vorkommen oder bei der Kreuzung mit Individuen, die zusätzliche Chromosomen haben. In nur einer Generation kann dies zur reproduktiven Isolation führen.

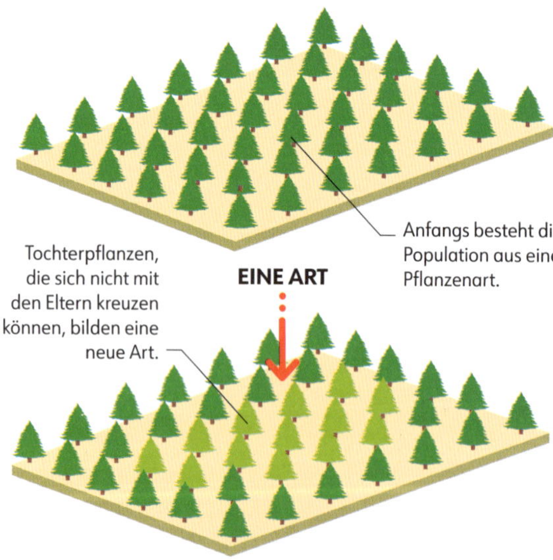

Polyploidie bei Pflanzen
Polyploidie ist bei Pflanzen häufig, ebenso bei manchen Amphibien- und Fischarten. »Fehler« bei der Zellteilung führen zur Vervielfachung von Chromosomen bei den Tochterpflanzen. Sie können sich nicht mehr mit den Elternpflanzen kreuzen.

MINDESTENS **EIN DRITTEL ALLER PFLANZEN** ENTWICKELTE SICH DURCH **POLYPLOIDIE.**

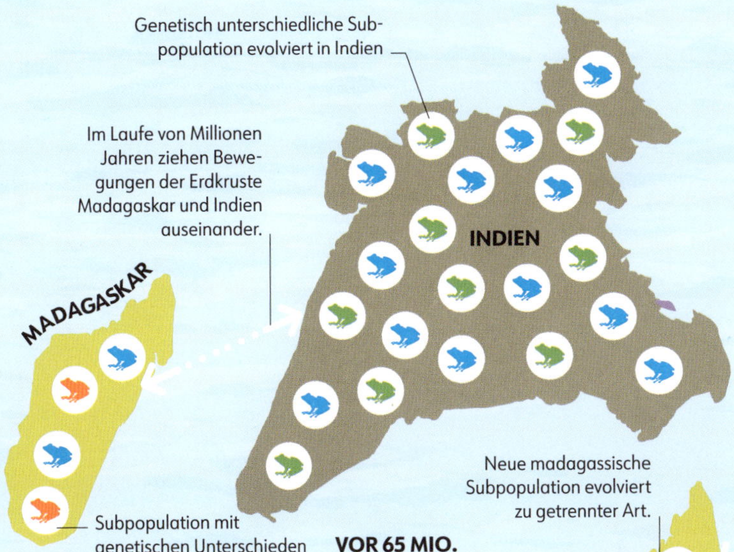

2 Population teilt sich
Die Trennung der Landmassen teilt die Population, Gene können zwischen indischen und madagassischen Fröschen nicht mehr frei fließen. Mutation, natürliche Selektion und Anpassung an die geänderte Umwelt lassen die Populationen genetisch divergieren.

3 Zwei Arten
Allopatrische Artbildung findet innerhalb der jetzt getrennten Frosch-Populationen statt, da sie sich nicht mehr kreuzen können. Im Laufe von Millionen Jahren evolvieren mehr als 200 weitere Tier- und Pflanzenarten in Madagaskar und weit mehr in Indien.

FISCHELTERN

NACHKOMMENDE POPULATIONEN

Lebensraumdifferenzierung bei Tieren
Mutation und das Erben neuer Eigenschaften in einer Subpopulation können dazu führen, dass diese eine andere Futterquelle ausbeuten kann als die Hauptpopulation. Mit der Zeit kommt es zu weiterer genetischer Divergenz und schließlich zu sympatrischer Artbildung.

WAS IST EINE ART?

Die bekannteste Definition einer Art ist das biologische Artkonzept. Es besagt, dass eine Art eine Gruppe von Organismen ist, deren Mitglieder sich untereinander fortpflanzen und fruchtbare Nachkommen produzieren können. Gemäß dem biologischen Artkonzept sind Maultiere keine Art, weil sie steril sind.

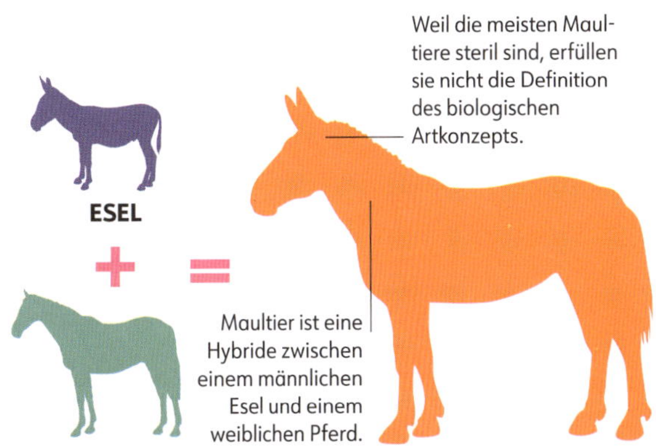

Sexuelle Selektion

Die natürliche Selektion wird manchmal von physischen Eigenschaften getrieben, die ein Individuum sexuell attraktiv machen und seine Chancen erhöhen, einen Paarungspartner zu finden.

KOMMT SEXUELLE SELEKTION BEI PFLANZEN VOR?

Ja. Bestäuber zeigen beispielsweise eine Präferenz für symmetrische gegenüber asymmetrischen Blüten, was zu sexueller Selektion führt.

Was ist sexuelle Selektion?

Von Individuen mit bestimmten ererbten Eigenschaften weiß man, dass sie eher als andere Paarungspartner finden. So wird eine bestimmte Art der natürlichen Selektion angetrieben, bei der diese Eigenschaften – Körpergröße, helle Farben, extravagante Darbietungen – im Lauf von Generationen gesteigert werden. Dies kann zu sexuellem Dimorphismus führen, Männchen und Weibchen einer Art sehen dann sehr verschieden aus. Sexuelle Selektion kann intrasexuell oder intersexuell erfolgen.

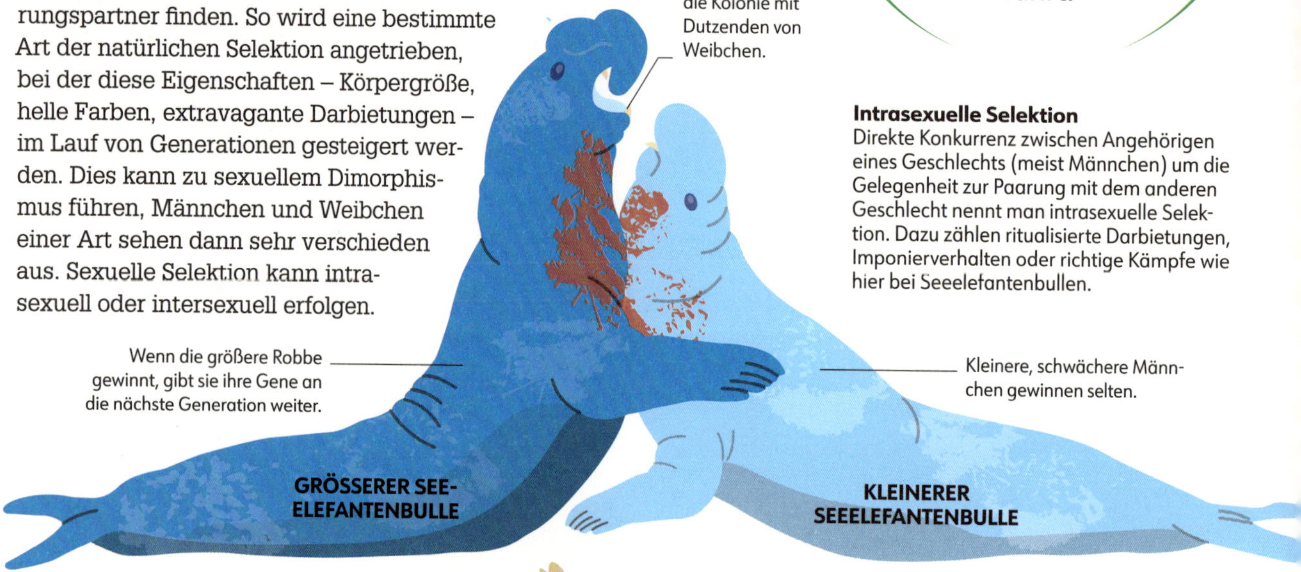

Intrasexuelle Selektion
Direkte Konkurrenz zwischen Angehörigen eines Geschlechts (meist Männchen) um die Gelegenheit zur Paarung mit dem anderen Geschlecht nennt man intrasexuelle Selektion. Dazu zählen ritualisierte Darbietungen, Imponierverhalten oder richtige Kämpfe wie hier bei Seeelefantenbullen.

Intersexuelle Selektion
Wenn Mitglieder eines Geschlechts bei der Auswahl eines Partners vom anderen Geschlecht wählerisch sind, kommt es zu sexueller Selektion. Sie basiert auf Faktoren wie Klarheit und Lautstärke von Gesängen – etwa bei Vögeln und Fröschen – oder der Auffälligkeit von Darbietungen wie bei Pfauenspinnen.

HIRSCHGEWEIHE SIND DAS ERGEBNIS **INTRASEXUELLER SELEKTION.**

Fortpflanzungserfolg

Männchen und Weibchen der meisten Tiere sind ähnlich in Größe, Form und Färbung. Bei manchen Arten haben sich jedoch auffällige Körpermerkmale entwickelt, die einigen Individuen einen größeren Erfolg bei der Partnersuche verleihen. Diese Eigenschaften sieht man meist bei Männchen; sie reichen von den riesigen Geweihen mancher Hirsche bis zu den farbenfrohen Kämmen und Schwänzen einiger Vögel. Pfauenmännchen haben ihre langen Schwänze mit Augenflecken als Resultat sexueller Selektion entwickelt, da Pfauenweibchen eine Vorliebe für Männchen mit vielen »Augen« zeigen.

SEXUELLER DIMORPHISMUS

Die Unterschiede im Aussehen von Männchen und Weibchen derselben Art nennt man sexuellen Dimorphismus. Kleine Unterschiede sind in der Natur weitverbreitet, sexuelle Selektion hat sie jedoch bei Paradiesvögeln und Pfauen ins Extreme getrieben.

1. Generation
Pfauenweibchen bevorzugen Männchen, deren Schwänze mehr Augenflecke tragen, deshalb paaren sich solche Pfauenmännchen öfter und produzieren mehr Junge. Die Söhne erben die Gene für viele Augenflecke.

2. Generation
In der nächsten Generation gibt es mehr Männchen mit einer höheren Zahl Augenflecke. Auch die Weibchen der zweiten Generation wählen Partner mit den meisten Augenflecken aus, und noch mehr Söhne erben dieses Gen.

3. Generation
Der Prozess wiederholt sich in der nächsten Generation. Im Schnitt haben die Männchen jetzt mehr Augenflecke auf ihren Schwanzfedern, aber die Weibchen wählen weiterhin die Männchen mit den meisten Augenflecken aus.

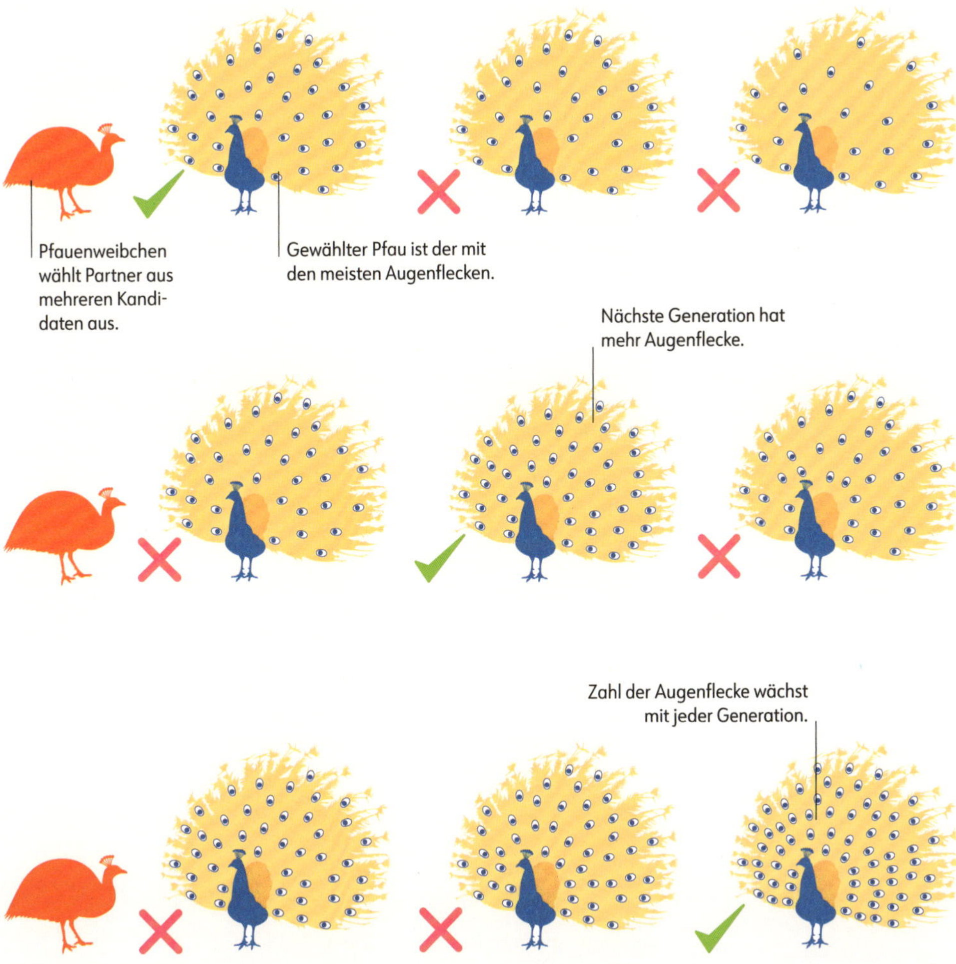

Koevolution

Eine Art oder eine Gruppe von Arten entwickelt sich, um eine bestimmte ökologische Nische in einem Lebensraum zu besetzen. Manchmal trifft die Art in dieser Nische auf eine andere, nicht verwandte Art, und die beiden koevolvieren unter Selektionsdruck in einer unbeabsichtigten Partnerschaft.

GIBT ES KOEVOLUTION ZWISCHEN MENSCH UND EINER ANDEREN ART?

Hunde haben sich über Jahrtausende gemeinsam mit Menschen entwickelt. Sie sind zu Freunden, Hirten, Wächtern und Jagdgefährten geworden.

Bei der Koevolution passen sich zwei Arten an, bis sie zumindest während eines Lebensstadiums in enger Interaktion stehen. Es gibt verschiedene Formen dieser Partnerschaft: Profitieren beide Arten von der Verbindung, spricht man von einer Symbiose. Die häufigste Art der Wechselwirkung ist der Parasitismus, bei dem der Wirt durch seinen Partner im Grunde geschädigt wird. Wenn eine Art profitiert, die andere aber unversehrt bleibt, spricht man von Kommensalismus.

DER **PARASIT** EINES **PARASITEN** HEISST **HYPERPARASIT.**

Zombie-Schnecke
Die kleine Bernsteinschnecke beherbergt einen hochangepassten Plattwurm, der die Fühler des Wirts besiedelt und die Schnecke in einen Zombie verwandelt.

SCHNECKE FRISST PARASITEN

1 Die Schnecke sucht auf Blättern nach Algen und Bakterien. Sie infiziert sich, wenn sie Vogelkot frisst, der Eier des parasitischen Plattwurms enthält.

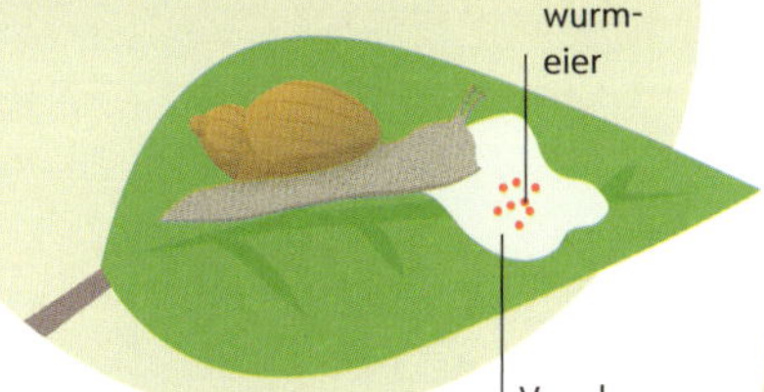

PARASIT SCHLÜPFT AUS DEM EI

2 Larven schlüpfen in der Schnecke heran und fressen aus ihrem Darm. Dann übernimmt der Parasit den Körper der Schnecke und drängt in ihren Kopf.

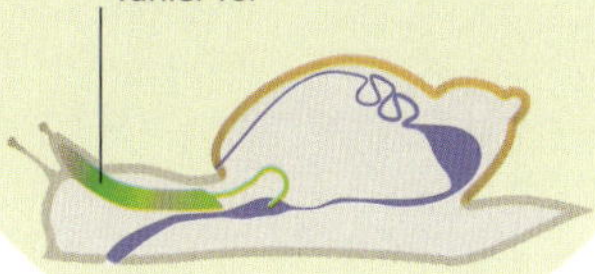

PARASIT ÜBERNIMMT DAS KOMMANDO

3 Die Jugendformen des Parasiten erzeugen langsam pulsierende Farben, wenn sie sich in den Schneckenfühlern bewegen.

VOGEL FRISST SCHNECKE

4 Bernsteinschnecken leben meist im Dunkeln. Wenn sie mit dem Parasiten infiziert sind, suchen sie sonnige Plätze auf. Dort verwechseln Singvögel ihre Fühler mit wohlschmeckenden Raupen.

PARASIT VERMEHRT SICH

5 Der Parasit vermehrt sich im Magen des Vogels, wandert dann zu seinem Darmausgang und legt Eier im Kot des Wirts ab.

Parasitismus

Parasitismus ist eine Beziehung zwischen zwei Arten mit einseitigem Nutzen für eine Art. Etwa 40 Prozent aller Arten gelten als parasitisch. Ein Parasit zielt darauf ab, die Ressourcen des Wirts in einem Ausmaß zu stehlen, das ihn nur schwächt, aber nicht tötet.

Mimikry

Bei einer Form der Koevolution ahmt eine Art eine andere durch die Gestalt, Farben oder Gerüche nach. Mimikry findet sich oft, wenn die imitierte Art ein visuelles Signal nutzt, um vor einem Verteidigungsmechanismus – Stachel oder Gift – zu warnen. Denn ein Räuber meidet nach dem Stich durch eine gestreifte Wespe alles, was ihr gleicht.

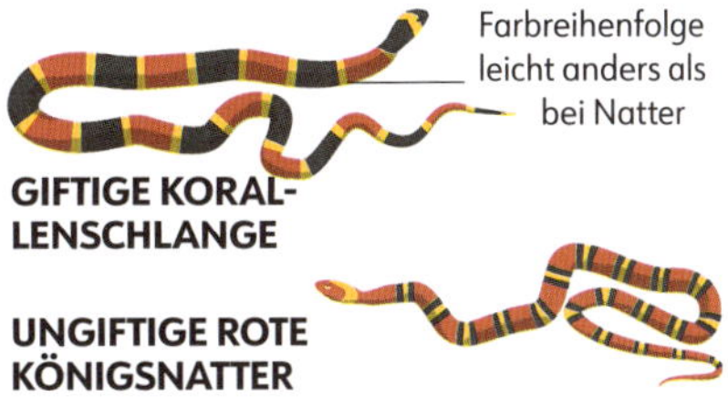

Bates'sche Mimikry
Bei dieser Form nimmt eine harmlose Art Aussehen und Färbung einer hochgefährlichen an. So ahmt die harmlose Königsnatter die giftige Korallenschlange nach.

Müller'sche Mimikry
Sowohl die Musterung als auch der Umriss dieser beiden schlecht schmeckenden Schmetterlingsarten sind ähnlich. Jede profitiert von der Warnfärbung der anderen.

Mikroevolution

Jede Art entwickelt sich weiter und ändert ihren Genpool. Mikroevolution beschreibt die kleinen Änderungen, die innerhalb relativ kurzer Zeit auf Populationsebene stattfinden. Dieser Prozess wird durch natürliche Selektion und zufällige Schwankungen getrieben.

Die Rote-Königin-Hypothese

Räuber und Beute stehen in permanenter Konkurrenz ums Überleben. Entweder ist der eine erfolgreicher beim Jagen oder der andere beim Entwischen. Trotz konstanter Anpassungen an die Evolution des jeweils anderen bleiben die beiden Arten im Verhältnis zueinander am gleichen Platz stehen, ähnlich wie die Rote Königin in den Geschichten von Alice im Wunderland, die die ganze Zeit rennt, sich aber nicht von der Stelle bewegt. Obwohl diese Mikroevolution weitgehend unsichtbar verläuft, signalisieren manche Tiere ihren Erfolg durch auffällige Eigenschaften wie lebhafte Körperfärbung oder, bei Vögeln, einem besonders langen Schwanz. Dies sind »ehrliche« Signale, dass diese Tiere genetisch fit sind.

Überleben der Beute
Ziel der Beutelratte ist es, von der Klapperschlange nicht entdeckt zu werden. Wenn das schiefgeht, will sie zuerst fliehen, zuletzt kämpfen. Natürliche Selektion bewirkt, dass Ratten, die all dies am besten können, überleben.

Genfluss

Ein weiterer Mechanismus der Evolution ist der Genfluss, bei dem der Genpool einer Gruppe von Organismen durch Einwanderung verändert wird. Dies kann sehr unterschiedliche Wirkungen haben. Ein Gen, das in der ersten Population häufig ist, kann in der zweiten eine neue Variante darstellen. Diese Variante kann das ursprüngliche Gen verdrängen, sodass die zweite Population der ersten genetisch ähnlicher wird. Der Migrant kann aber auch ein seltenes Gen tragen, das dadurch der ersten Population verloren geht, aber der zweiten hinzugefügt wird. Dies kann die Unterschiede der beiden Populationen erhöhen und damit die Wahrscheinlichkeit, dass sie sich zu getrennten Arten entwickeln.

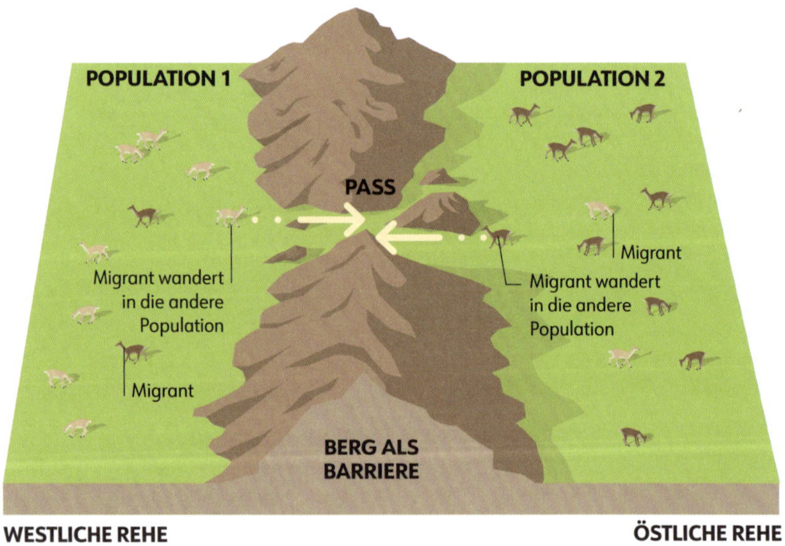

Bewegung der Gene
Genfluss ereignet sich einfach dadurch, dass ein Mitglied einer Tierpopulation in eine andere einwandert. Die Gene, die der Migrant trägt, fließen in die neue Population ein. Die Wirkung des Genflusses ist größer, wenn die beteiligten Populationen klein sind und genetisch nicht sehr vielfältig.

TEXAS-KLAPPERSCHLANGE

Überleben des Raubtiers
Die Klapperschlange stirbt, wenn sie nicht genug Ratten tötet. Mit der Zeit entwickelt sie Anpassungen, mit denen sie den sich ständig weiterentwickelnden Verteidigungsfähigkeiten der Ratte beikommt. Winzige, kaum sichtbare Unterschiede entscheiden über den Erfolg.

GENETISCHE DRIFT

Zufällige Änderungen im Genpool, genetische Drift genannt, können signifikante Wirkungen auf die Evolution einer Art haben, vor allem wenn Populationen klein und zersplittert sind. Wenn eine Population aufgeteilt wird, werden die einzelnen Mitglieder – und ihre Gene – nicht gleich aufgeteilt. Manche Gene fehlen in den resultierenden Populationen ganz, rein durch Zufall.

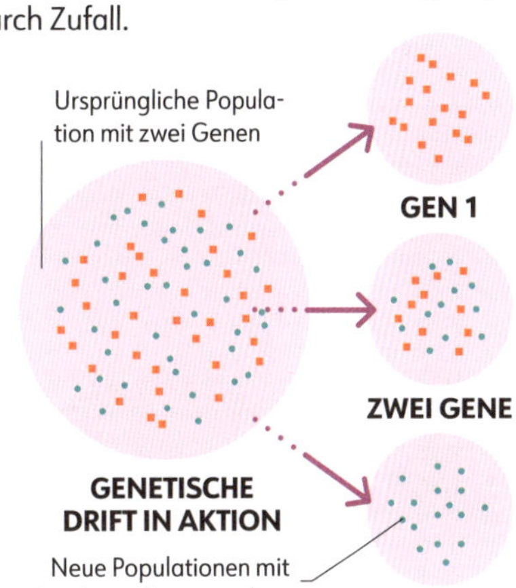

GENETISCHE DRIFT IN AKTION

1 Zwei Populationen
Obwohl die beiden Rehpopulationen zur gleichen Art gehören, gibt es Unterschiede in ihren Genen. Wenn sie sich vermischen, kann durch Zufall eine genetisch homogene Gruppe entstehen.

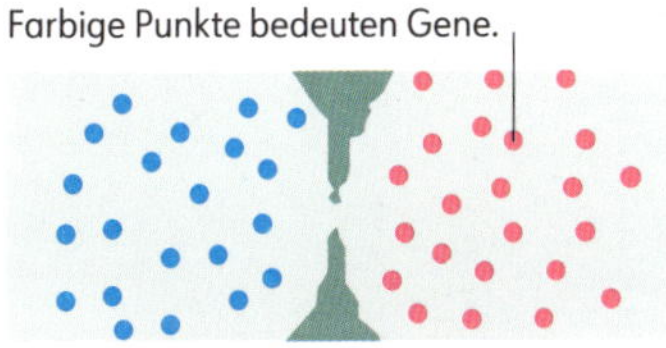

POPULATIONEN MIT VERSCHIEDENEN GENEN

2 Genfluss findet statt
Zwischen den Populationen werden Gene ausgetauscht, in beiden Richtungen. Häufigere Gene einer Population fließen eher in die Nachbarpopulation ein als seltene Gene.

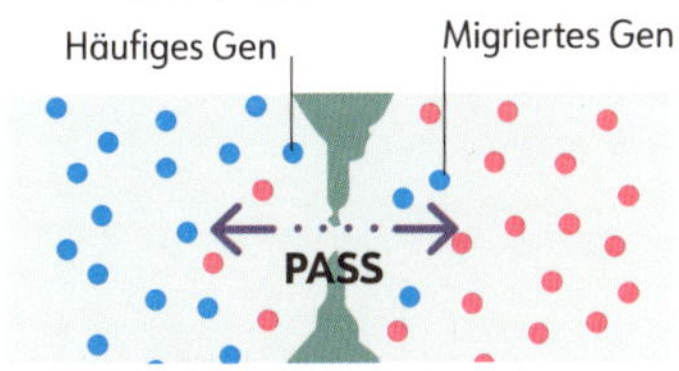

GENMIGRATION ZWISCHEN POPULATIONEN

3 Mischpopulationen
Bei hoher Genflussrate mischen sich die Gene, die beiden Populationen werden einander genetisch ähnlich. Bei langsamem Fluss kann ein einzelnes migriertes Gen einen großen Unterschied bewirken.

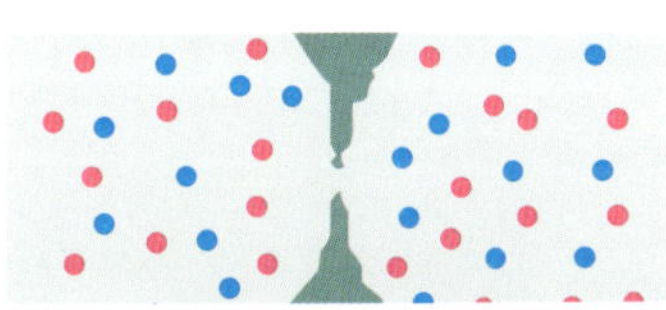

POPULATIONEN MIT ÄHNLICHEN GENEN

ÄNDERUNGEN BEI BAKTERIEN, DIE ZU **ANTIBIOTIKARESISTENZ** FÜHREN, SIND BEISPIELE FÜR **MIKROEVOLUTION.**

IST DIE EVOLUTION EINER NEUEN ART IMMER OFFENSICHTLICH?

Zwei Populationen können sich so entwickeln, dass sie sich nicht mehr kreuzen können, aber noch gleich aussehen. Man nennt sie kryptische Arten.

Aussterben

Wenn das letzte Individuum einer Art stirbt, gilt die Art als ausgestorben – sie wird nie mehr lebendig sein. Aussterben (Extinktion) ist ein natürlicher Prozess: Die meisten jemals lebenden Arten sind ausgestorben.

Arten des Aussterbens

Aussterben ist ein wichtiger Teil der Evolution durch natürliche Selektion. So wie neue Arten evolvieren, um sich an Veränderungen der Umwelt anzupassen, scheitern andere, sich anzupassen, und sterben aus – dies nennt man Hintergrundsterben. Schnelle Veränderungen der Umwelt, die Tieren keine Zeit für Anpassungen lassen, können ihr Aussterben bewirken. In solchen Situationen sterben oft viele Arten zugleich aus, es kommt zu Massenaussterben, die große taxonomische Gruppen betreffen können wie die berühmten Dinosaurier oder auch die Trilobiten (s. S. 116–117). Auch einzelne Gene können aussterben, wenn sie nicht mehr vererbt werden können (s. S. 112–113).

ÜBER **99 PROZENT** DER **ARTEN,** DIE ES JE AUF DER ERDE **GAB,** SIND **AUSGESTORBEN.**

BEUTELWOLF

TYRANNOSAURUS REX

ENTE

Wirkliches Aussterben

Diese Form entspricht der Standarddefinition. Der Beutelwolf, ein räuberisches Beuteltier, ist wirklich ausgestorben. Ausgerottet durch menschliche Aktivitäten (exzessive Jagd, Lebensraumzerstörung und Krankheiten) in den 1930er-Jahren, ist er evolutionär gesehen eine Sackgasse, da keine Art vom Beutelwolf abstammt.

Pseudo-Aussterben

Alle Dinsosaurier starben beim Massenaussterben in der Kreidezeit vor 66 Mio. Jahren aus (s. S. 117). Aber Vögel, die direkte Nachkommen der Dinosaurier sind, haben überlebt. Nicht-Vogel-Dinosaurier (alle Dinosaurier außer Vögeln) könnte man als pseudoextinkt beschreiben, weil ihre Nachkommen weiterleben.

KANN MAN EINE AUSGESTORBENE ART ZURÜCKHOLEN?

Wissenschaftler versuchen die Gene von Arten, die dem Beutelwolf genetisch ähnlich sind, zu verändern, um diese Spezies wiederzubeleben.

Koextinktion
Koevolvierte Tiere – etwa bestimmte Räuber-Beute-Paare – können auch gemeinsam aussterben, weil eine Art nicht ohne die andere überleben kann. Als zum Beispiel der Moa, ein flugunfähiger Vogel, in Neuseeland ausgerottet wurde, war sein Räuber, der Haastadler, ebenfalls verloren.

Warum sterben Arten aus?

Im Zuge natürlicher Selektion passen sich Arten an Umweltveränderungen an. Manche sind jedoch so drastisch, dass sich eine Art nicht anpassen kann: Alle Organismen sterben, die Art stirbt aus. Faktoren, die das Aussterberisiko erhöhen, umfassen menschliche Aktivitäten und Naturkatastrophen.

HAUPTURSACHEN DES AUSSTERBENS

Lebensraumverlust
Menschliche Aktivitäten, etwa Waldrodungen, verschieben Lebensräume. Unbewegliche Arten sterben aus.

Klimaveränderungen
Schwankungen von Temperatur, Feuchtigkeit und Salzgehalt haben große Auswirkungen auf die Biosphäre, insbesondere in den Ozeanen.

Langsame Anpassung
Arten, die sich langsam fortpflanzen, können es womöglich nicht schaffen, rechtzeitig angepasste neue Generationen zu produzieren; somit schrumpft die Population.

Plötzliches Erscheinen einer neuen Art
Eine neue Art im Ökosystem, auch der Mensch, bringt das ökologische Gleichgewicht in Gefahr, sodass manche Arten keine Nische besetzen können.

Verbreitung von Krankheiten
Selten löscht eine Krankheit eine Art aus, aber in Kombination mit anderen Faktoren kann sie ein wesentlicher Faktor sein.

Entwicklung in eine neue Art
Eine Art stirbt aus, wenn einige ihrer Mitglieder in eine neue Art evolvieren, die besser angepasst ist. Diese Organismen können sich dann aufgrund genetischer Barrieren nicht mehr mit Mitgliedern der ursprünglichen Art kreuzen.

LEBENDE FOSSILIEN

Manchmal werden Arten gefunden, die zu Gruppen gehören, die als ausgestorben gelten: lebende Fossilien. So ist zum Beispiel der Quastenflosser der einzige lebende Verwandte von Fischen, die vor 400 Mio. Jahren Flossen entwickelt haben, die zu Bewegungen wie bei vierbeinigen Landtieren fähig waren.

Massenaussterben

Ein Massenaussterben ist ein globales Ereignis, bei dem ein Großteil der auf der Erde lebenden Arten in einem kurzen geologischen Zeitraum ausstirbt. Die genauen Ursachen dieser Ereignisse sind oft unklar.

KÖNNEN WIR DAS AKTUELLE MASSENAUSSTERBEN STOPPEN?

Weltweiter Schutz von Wildnisgebieten und Renaturierung möglichst großer Flächen kann den Verlust an Biodiversität stoppen.

Zeitskala der Massenaussterben

Die Vielfalt des Lebens auf der Erde schwankt über die Zeit in hohem Ausmaß und die Naturgeschichte wurde von Massenaussterben unterbrochen. Sie markieren die Grenzen zwischen Perioden der geologischen Zeitskala. Nachweise für diese Ereignisse sind Fossilien, Überreste von Lebewesen, die plötzlich nicht mehr auftauchen. Seit komplexes Leben auf der Erde existiert, gab es fünf große Massenaussterben.

MEHR ALS **40 PROZENT** DER **AMPHIBIENARTEN** SIND VOM **AUSSTERBEN BEDROHT.**

ENDE ORDOVICIUM – VOR 444 MIO. JAHREN

Ein Zeitalter globaler Abkühlung verringerte die Pflanzenbedeckung an Land und senkte den Meeresspiegel. Meerestiere wie Trilobiten wurden weniger. Dann rottete eine plötzliche Erwärmung Arten aus, die an die Kälte angepasst waren.

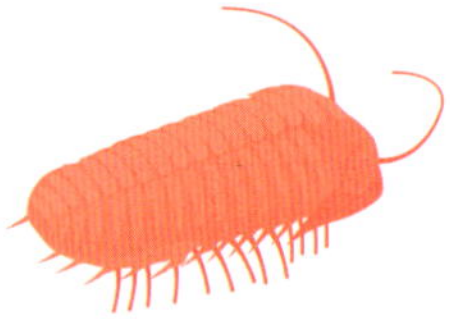

TRILOBIT

ENDE DEVON – VOR 359 MIO. JAHREN

Nach einer Theorie entwickelten Landpflanzen tiefere Wurzelsysteme, die mehr Mineralien im Boden erreichten. Diese endeten in den Ozeanen, lösten Algenblüten aus, viele Fischarten (auch der riesige *Dunkleosteus*) starben aus.

DUNKLEOSTEUS

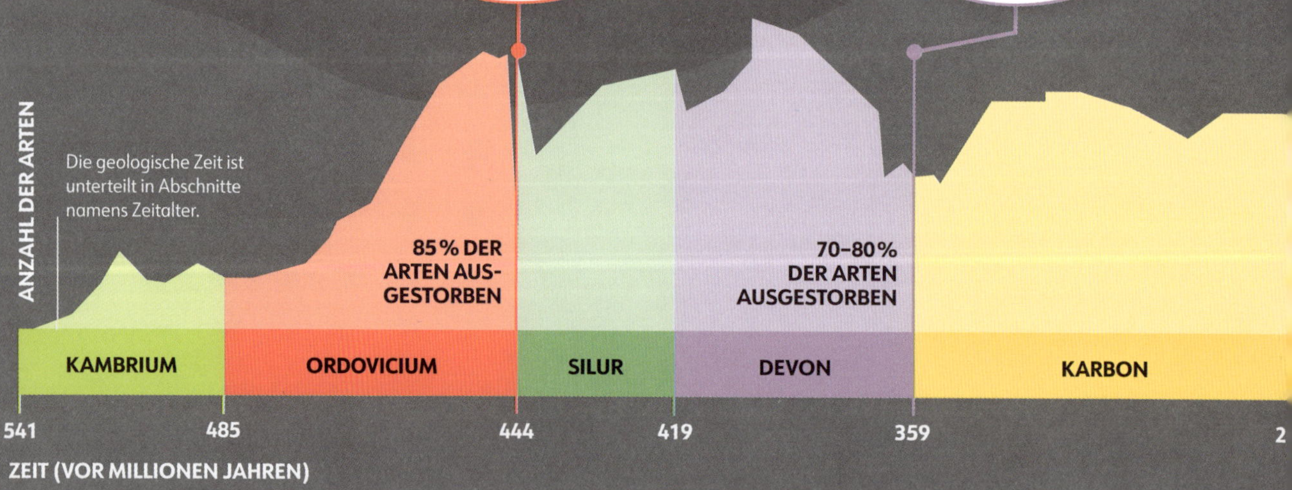

EIN SECHSTES MASSENAUSSTERBEN?

Wissenschaftler glauben, dass sich die Erde mitten in einem sechsten Massensterben befindet, aufgrund der Lebensraumzerstörung durch den Menschen. Schätzungsweise 2000 Arten sterben jedes Jahr aus – das ist eine 10 000-mal schnellere Rate als die natürliche Aussterbensrate vor 200 Jahren.

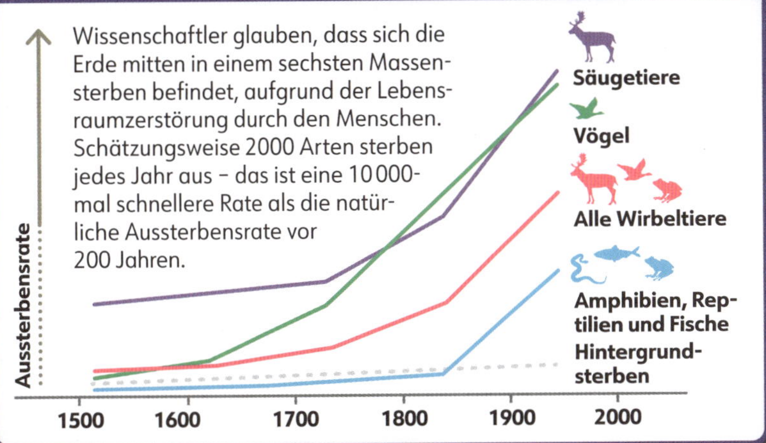

ENDE KREIDE – VOR 66 MIO. JAHREN

Dieses Ereignis löschte die meisten Dinosaurier aus, auch *Triceratops*. Doch die Ahnen der modernen Vögel überlebten. Ein großer Asteroideneinschlag verwüstete die Erde und löste vielleicht immense Vulkaneruptionen aus.

TRICERATOPS

ENDE PERM – VOR 252 MIO. JAHREN

Die Ursache des »Großen Sterbens« war wahrscheinlich vulkanische Aktivität, die zu signifikanten Klimaveränderungen führte. Meere wurden außerdem zu sauer für die meisten Arten, darunter Schalentiere wie Ammoniten.

AMMONIT

ENDE TRIAS – VOR 201 MIO. JAHREN

Möglicherweise ausgelöst durch Klimaveränderungen oder einen Asteroideneinschlag, löschte das Trias-Aussterben viele Verwandte der heutigen Säugetiere aus. Der Weg wurde frei für die Dominanz der Dinosaurier auf der Erde.

PLATEOSAURUS

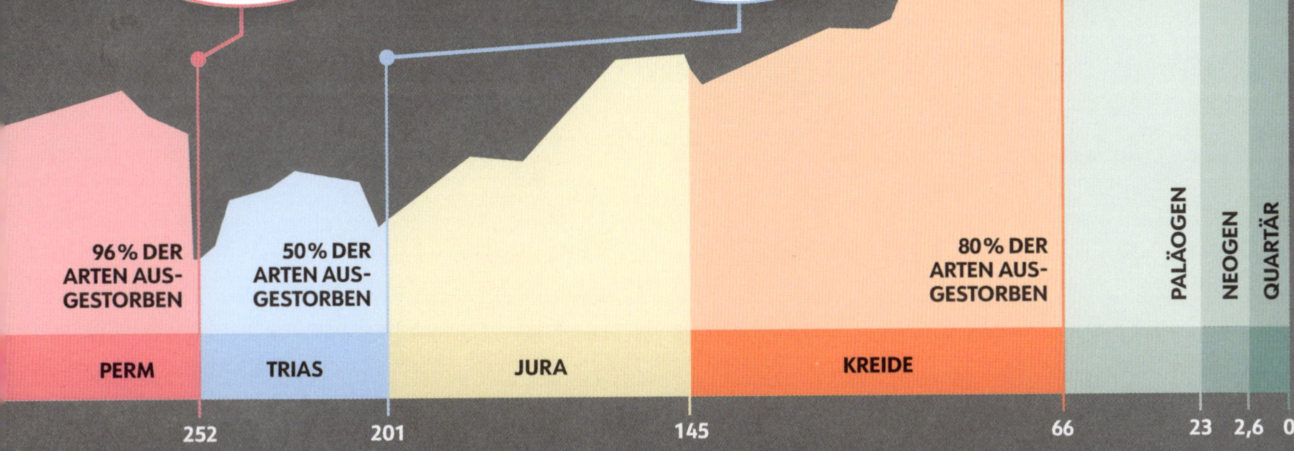

DER BAUM
DES LEBENS

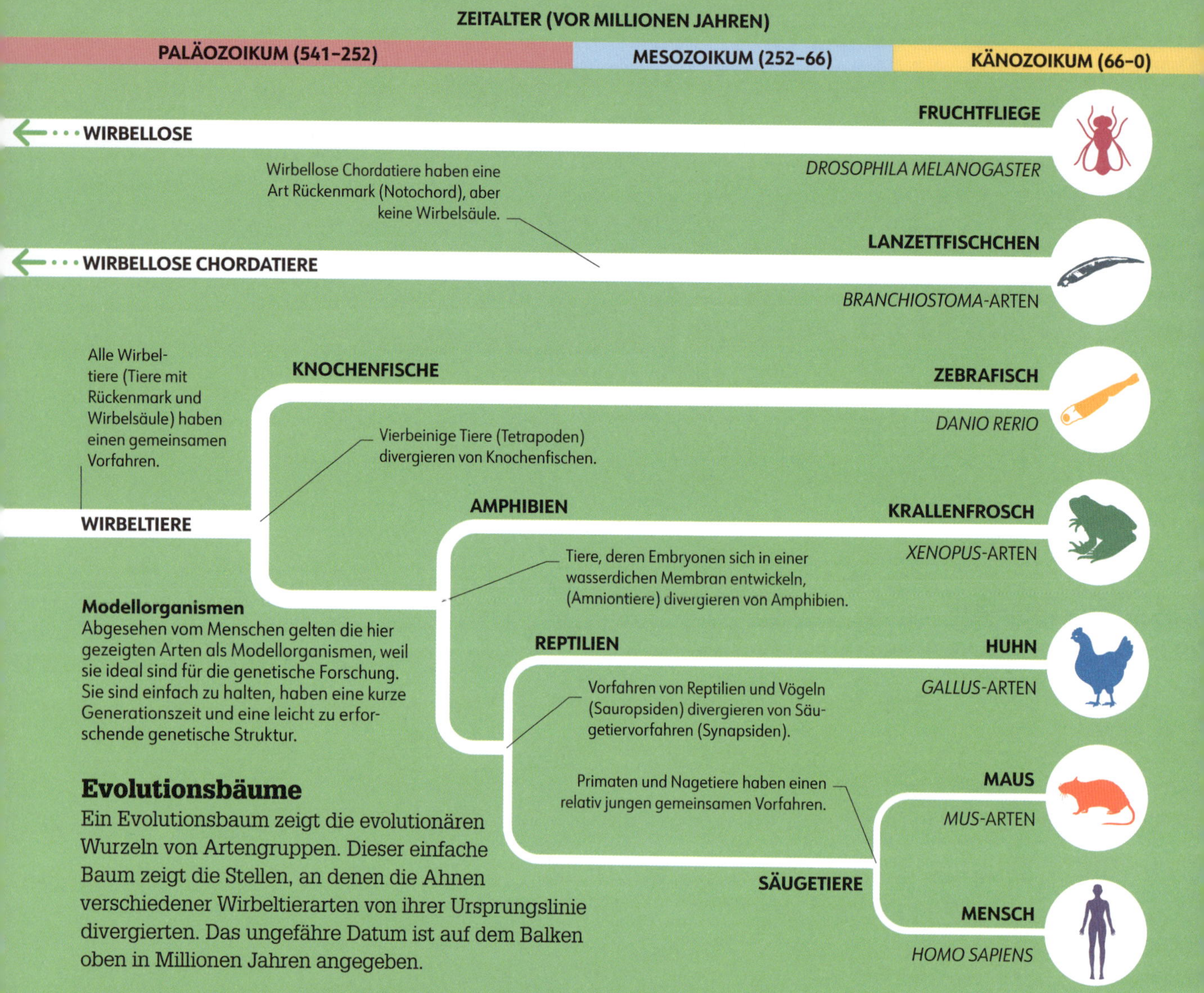

Modellorganismen
Abgesehen vom Menschen gelten die hier gezeigten Arten als Modellorganismen, weil sie ideal sind für die genetische Forschung. Sie sind einfach zu halten, haben eine kurze Generationszeit und eine leicht zu erforschende genetische Struktur.

Evolutionsbäume

Ein Evolutionsbaum zeigt die evolutionären Wurzeln von Artengruppen. Dieser einfache Baum zeigt die Stellen, an denen die Ahnen verschiedener Wirbeltierarten von ihrer Ursprungslinie divergierten. Das ungefähre Datum ist auf dem Balken oben in Millionen Jahren angegeben.

Klassifizierung von Lebewesen

Verwandtschaftsverhältnisse von Arten wurden einst auf Aussehen oder Verhalten gestützt. Forscher benutzen heute eine Kombination aus Genmaterial und Fossilienanalyse. Auch die Evolution gemeinsamer Eigenschaften kann zur Gruppierung von Arten benutzt werden. So wird ein Baum des Lebens erstellt, der verschieden dargestellt werden kann.

WAS IST KONVERGENTE EVOLUTION?

Sie kommt vor, wenn ähnliche Umweltbedingungen und natürliche Selektion ähnliche Anpassungen bei Tieren mit unterschiedlicher Abstammung produzieren.

ALLE VÖGEL STAMMEN VON EINER GRUPPE **FLEISCHFRESSENDER DINOSAURIER** AB, EBENSO WIE ***TYRANNOSAURUS REX.***

LETZTER GEMEINSAMER VORFAHR

Der letzte universelle gemeinsame Vorfahr (englisch LUCA) ist der jüngste Vorfahr, von dem alle heute lebenden Arten abstammen. Obwohl die Identität von LUCA unbekannt ist, weiß man, dass er vor etwa 4 Mrd. Jahren lebte.

Kladogramme
Diese verzweigten Diagramme zeigen Divergenzpunkte von gemeinsamen Abstammungslinien, aber ohne Information über den Grad der evolutionären Abweichung.

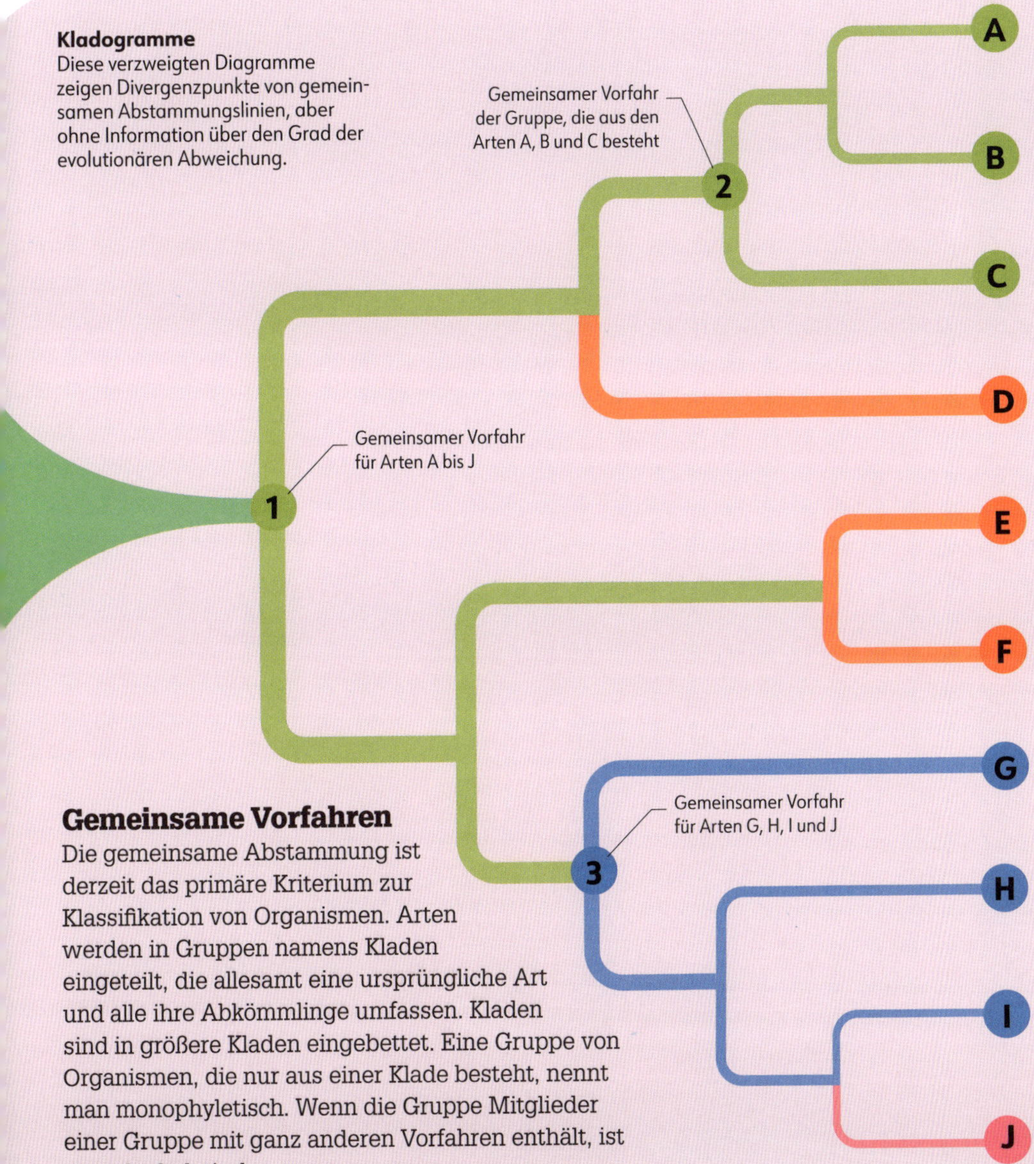

Klade
Eine Klade ist eine Gruppe von Arten, die einen gemeinsamen Vorfahr und alle seine Nachkommen enthält. Spezies A, B und C haben den Vorfahren 2 gemeinsam und sie gehören alle zur selben Gruppe. Eine Klade wird auch monophyletische Gruppe genannt.

Polyphyletische Gruppe
Dies ist eine Gruppe, in der der jüngste gemeinsame Vorfahr aller Mitglieder nicht eingeschlossen ist. Die Arten E und F haben einen relativ jungen gemeinsamen Vorfahren, aber er ist kein Vorfahr der Art D.

Paraphyletische Gruppe
Wenn eine Gruppe einen gemeinsamen Vorfahren und einige (aber nicht alle) seiner Abkömmlinge enthält, wird sie paraphyletisch genannt. Die Arten G, H, I und J teilen den Vorfahren 3, aber J gehört nicht zur Gruppe. Reptilien (ohne Vögel) sind eine solche Gruppe.

Gemeinsame Vorfahren

Die gemeinsame Abstammung ist derzeit das primäre Kriterium zur Klassifikation von Organismen. Arten werden in Gruppen namens Kladen eingeteilt, die allesamt eine ursprüngliche Art und alle ihre Abkömmlinge umfassen. Kladen sind in größere Kladen eingebettet. Eine Gruppe von Organismen, die nur aus einer Klade besteht, nennt man monophyletisch. Wenn die Gruppe Mitglieder einer Gruppe mit ganz anderen Vorfahren enthält, ist sie polyphyletisch.

LÖSEN PROKARYOTEN KRANKHEITEN AUS?

Ja. Aber nur ein paar Hundert der rund 30 000 beschriebenen Bakterien sind als Krankheitserreger des Menschen bekannt.

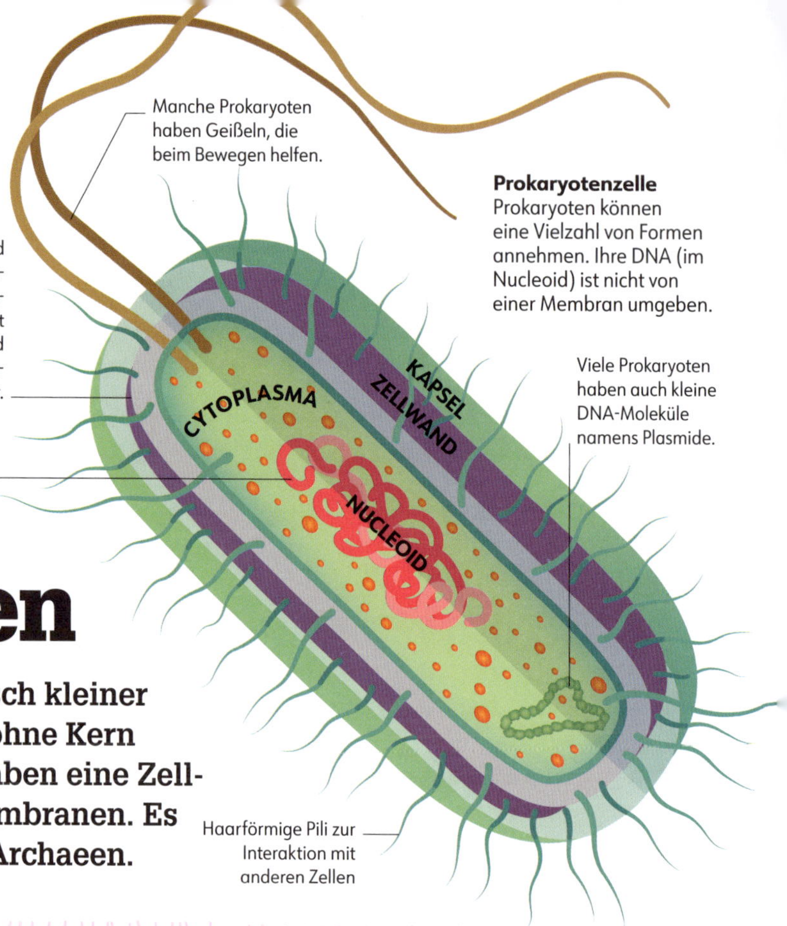

Prokaryotenzelle
Prokaryoten können eine Vielzahl von Formen annehmen. Ihre DNA (im Nucleoid) ist nicht von einer Membran umgeben.

Prokaryoten

Ein Prokaryot ist ein mikroskopisch kleiner Organismus, der aus einer Zelle ohne Kern besteht. Prokaryotische Zellen haben eine Zellwand, aber keine inneren Zellmembranen. Es gibt zwei Typen: Bakterien und Archaeen.

Bakterien

Bakterien sind mikroskopisch kleine, meist frei lebende einzellige Organismen. Einige sind Pathogene, die meisten spielen eine positive Rolle, etwa indem sie es Tieren ermöglichen, Futter zu verdauen und die globalen Kreisläufe von Kohlenstoff, Stickstoff, Schwefel und Phosphor antreiben. Sie unterscheiden sich von Archaeen (s. Seite gegenüber) in der Zusammensetzung ihrer Zellwände, ihrem Nahrungsspektrum und ihrem Stoffwechsel. Die ersten bekannten Bakterien lebten vor etwa 2,4 Mrd. Jahren.

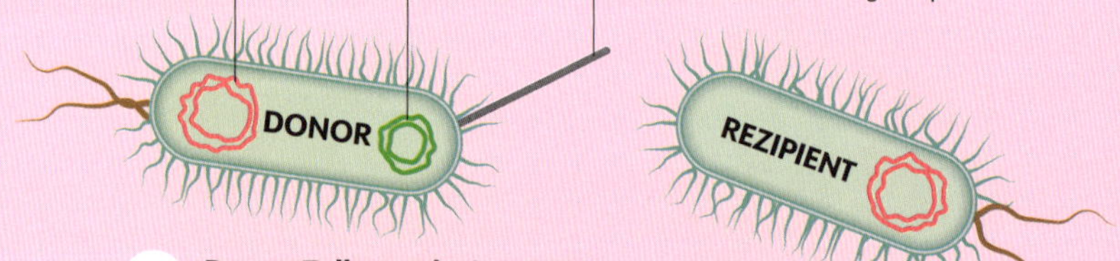

1 Donor-Zelle produziert DNA
Zusätzlich zur chromosomalen DNA trägt das Donor-Bakterium eine DNA-Sequenz namens Fertilitätsfaktor oder F-Plasmid.

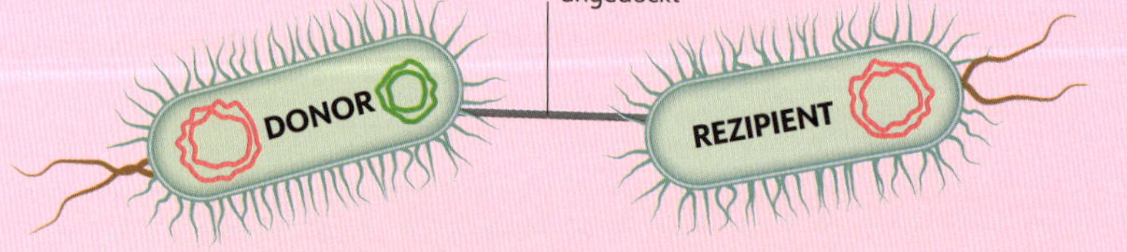

2 Donor heftet sich an Rezipient
Das F-Plasmid befähigt den Donor, eine dünne, röhrenförmige Struktur namens Pilus oder Paarungsbrücke herzustellen. Damit wird ein Bakterium ohne F-Plasmid kontaktiert.

Wie Bakterien DNA transferieren
Bakterien übertragen DNA untereinander durch direkten Kontakt (Konjugation). Dieser Gentransfer sowie die schnellen Reproduktionsraten ermöglichen es Bakterien, sich schnell an Umweltveränderungen anzupassen.

Archaeen

Archaeen lebten bereits vor 3,5 Mrd. Jahren, sie waren vermutlich die erste Lebensform überhaupt. Anders als Bakterien können sie keine Sporen bilden. Einige ertragen extreme Umweltbedingungen. Thermophile etwa können bei Temperaturen über 100 °C leben – Bedingungen, die die DNA anderer Organismen zerstören würden.

MANCHE ARCHAEEN BRAUCHEN KEINEN **SAUERSTOFF.**

BEISPIELE VON ARCHAEEN	FORM	VERBREITUNG
Methanobrevibacter	Sehr kleine Stäbchen oder Kokken	Diese Archaeen sind anaerob (sie leben ohne Sauerstoff). Man findet sie im Verdauungssystem von Tieren, einschließlich des Menschen.
Methanospirillum	Stäbchen oder Bazillen	Diese weitverbreiteten Organismen kommen in Meeres- und Landtieren, Pflanzen und Böden vor. Manche sind aerob, andere anaerob.
Pyrodictium	Scheibenförmige Zellen, zusammengehalten durch Hohlröhren namens Cannulae	*Pyrodictium* ist thermophil und kommt in hydrothermalen Schloten der Tiefsee vor.
Methanococcus	Kugelförmig oder kokkoid	Diese Organismen sind mesophil (sie bevorzugen moderate Temperaturen) und in der Nähe von hydrothermalen Tiefseeschloten zu finden.

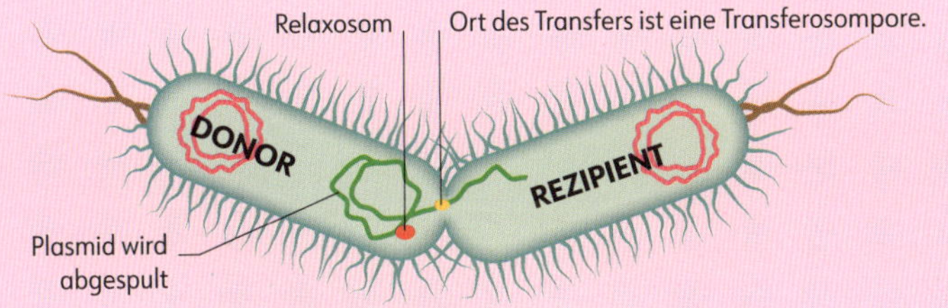

3 DNA wird transferiert
Ein Protein namens Relaxosom bewirkt, dass ein Plasmidstrang in den Rezipienten wandert. Dann wickelt sich das Donor-Plasmid ab und mehr DNA gelangt in den Rezipienten.

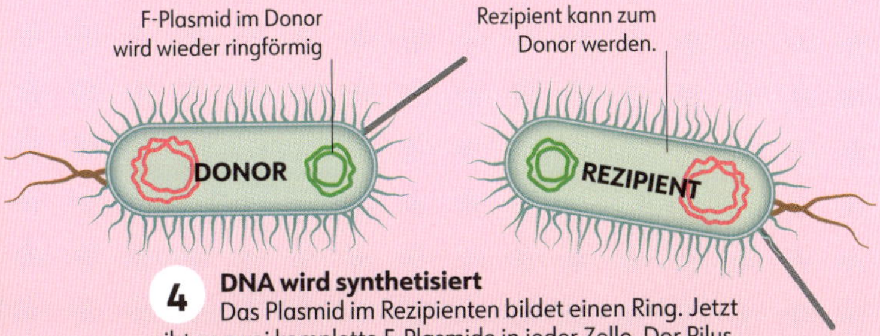

4 DNA wird synthetisiert
Das Plasmid im Rezipienten bildet einen Ring. Jetzt gibt es zwei komplette F-Plasmide in jeder Zelle. Der Pilus bricht ab, die Verbindung zwischen den Zellen wird getrennt.

BAKTERIELLE KRANKHEITEN

Pathogene Bakterien verursachen etwa die Hälfte aller menschlichen Krankheiten. Meist produzieren sie Giftstoffe. Manche Bakterien werden von anderen Arten (Vektoren) übertragen, etwa von Zecken.

KRANKHEIT	WIRKUNG
Lyme-Borreliose	Zecken verbreiten *Borrelia*-Bakterien. Sie verursachen Fieber, Kopfschmerzen und Müdigkeit, unbehandelt Gesichtslähmung und chronischen Schmerz.
Tuberkulose	Eingeatmete *Myobacterium tuberculosis* infizieren in der Regel die Lungen. Unbehandelt ist Tuberkulose tödlich.
Milzbrand	Toxine des *Bacillus anthracis* können Übelkeit, Durchfall und Atemnot auslösen. Milzbrand ist meist tödlich, sogar bei Behandlung.
Granville-Welke	*Ralstonia solanacearum* attackiert das Xylem von Kulturpflanzen wie Kartoffeln. Die Granville-Welke lässt Pflanzen welken, umfallen und sterben.

Eukaryoten

Die Eukaryoten bilden – neben den Bakterien und den Archaeen – eine der drei Domänen des Lebens. Ihre Zellen haben einen Kern, der in einer Kernhülle eingeschlossen ist, sowie typischerweise spezialisierte, membrangebundene Organellen.

Der Ursprung der Eukaryoten

Eukaryoten sind wahrscheinlich durch Endosymbiose entstanden. Vor mehr als 1,6–2,1 Mrd. Jahren waren alle Organismen noch Prokaryoten (s. S. 122–123). Archaeen nahmen dann – in einem noch nicht ganz verstandenen Prozess – Bakterienzellen auf, die in ihren Wirten blieben. Mit der Zeit entwickelte sich eine wechselseitig vorteilhafte Beziehung zwischen dem verschluckten Bakterium (dem Endosymbionten) und seinem Wirt. Über viele Generationen entwickelte sich eine Symbiose, sodass weder Wirt noch Endosymbiont ohne einander überleben könnten.

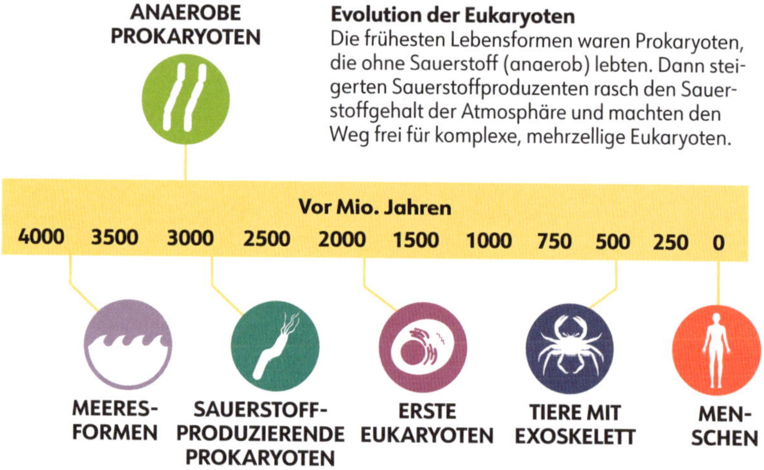

Evolution der Eukaryoten
Die frühesten Lebensformen waren Prokaryoten, die ohne Sauerstoff (anaerob) lebten. Dann steigerten Sauerstoffproduzenten rasch den Sauerstoffgehalt der Atmosphäre und machten den Weg frei für komplexe, mehrzellige Eukaryoten.

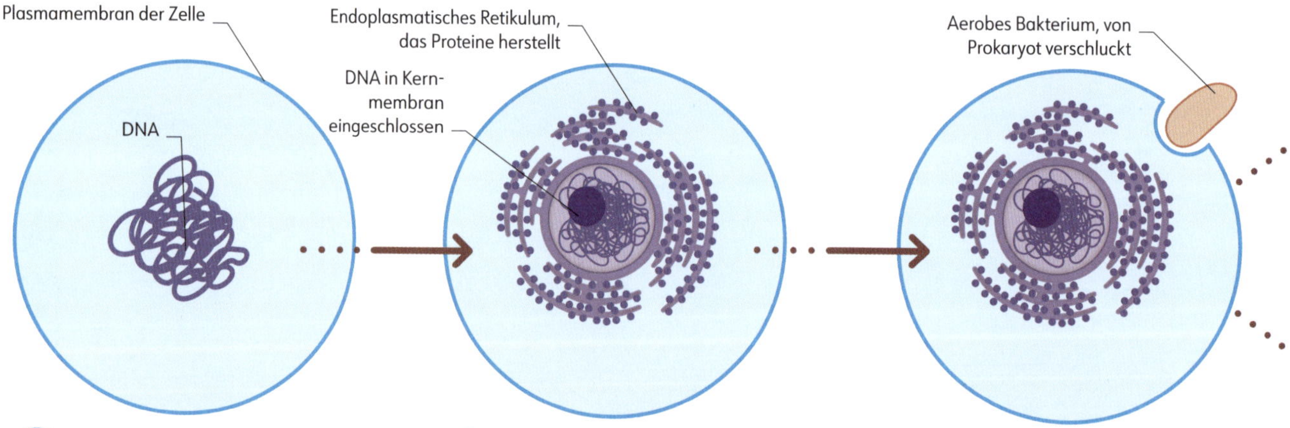

1 Ursprünglicher Prokaryot
Ein ursprünglicher anaerober (ohne Sauerstoff lebender) Prokaryot hat eigene DNA und Cytoplasma, umgeben von einer Plasmamembran.

2 Endoplasmatisches Retikulum
Die Plasmamembran der Zelle faltet sich. Neue Komponenten innerhalb der Zelle entstehen, darunter ein Kern und ein endoplasmatisches Retikulum.

3 Bakterien aufnehmen
Einige anaerobe Prokaryoten schlucken kleinere aerobe Bakterien. Statt verdaut zu werden, leben sie in ihren Wirten und werden zu Mitochondrien.

Endosymbiose
Eukaryoten evolvierten, als frühe Prokaryoten Bakterien aufnahmen. Diese Bakterien ermöglichten es ihren Wirten erstmals, Sauerstoff zur Freisetzung von Energie aus Nährstoffen zu nutzen, und die Wirte schützten die Bakterien.

DIE **EINZELZELLE** DER WASSERLEBENDEN ALGE ***CAULERPA TAXIFOLIA*** KANN **BIS ZU 30 CM** LANG WERDEN.

Typen von Eukaryoten

Die Eukaryoten sind eine außerordentlich diverse Gruppe. Sie reichen von einzelligen Protisten (s. S. 126–127) bis zu riesigen Blauwalen. Traditionell teilte man sie in vier Reiche ein: Tiere, Pflanzen, Pilze und Protisten. Die Protisten sind jedoch eine diverse Gruppe; einige sind enger verwandt mit Mitgliedern anderer Reiche als mit anderen Protisten. Ihre Diversität ist so groß, dass man sie mehreren Gruppen von Reichsniveau zuordnen könnte.

TYP	SCHLÜSSELMERKMALE
Protisten	Die meisten – aber nicht alle – Protisten sind einzellig. Ihre Zellen haben einen Kern und andere membrangebundene Organellen. Sie ernähren sich, indem sie Bakterien und andere kleine Partikel fressen.
Pilze	Die meisten Pilze sind mehrzellig, ihre Zellen haben Zellwände. Sie vermehren sich mit Sporen, entweder sexuell oder asexuell. Pilzen fehlt Chlorophyll, daher können sie keine Fotosynthese betreiben.
Pflanzen	Pflanzen sind vielzellig, ihre Zellen haben Zellwände. Fast alle stellen ihre eigene Nahrung durch Fotosynthese her. Die meisten vermehren sich sexuell, wobei männliche und weibliche Sexualorgane auf derselben oder verschiedenen Pflanzen vorhanden sein können.
Tiere	Tiere sind vielzellig, eine Zellwand haben sie nicht. Ihre Energie erhalten sie üblicherweise durch das Verdauen anderer Organismen oder ihrer Produkte. Tiere reproduzieren sich sexuell oder asexuell.

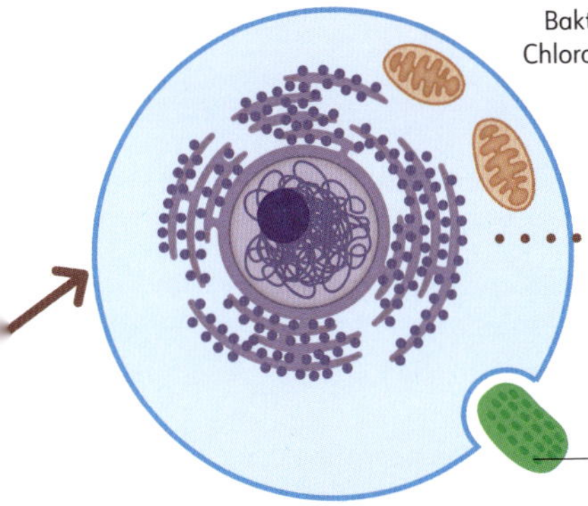

4 Fotosynthese hinzufügen
Manche Zellen fressen auch fotosynthetische Bakterien. Sie leben in ihrem Wirt weiter und werden zu Chloroplasten.

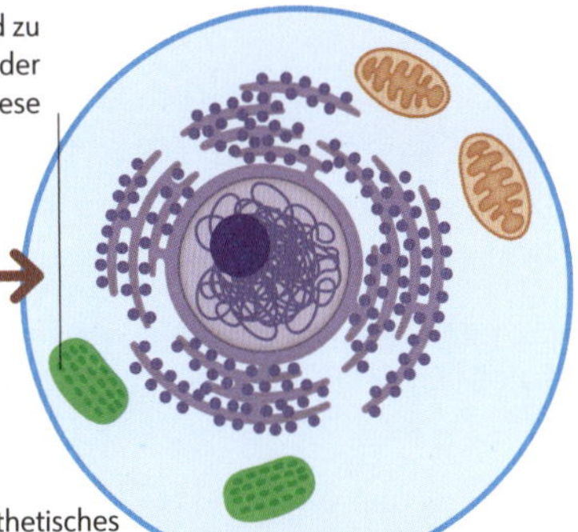

5 Moderne Pflanzenzelle
Eine Pflanzenzelle hat Mitochondrien und Chloroplasten, sie ist also zu zellulärer Atmung und zur Fotosynthese fähig.

HABEN EUKARYOTEN EINEN VORTEIL GEGENÜBER PROKARYOTEN?

Ja. Eukaryotische Zellen können sich zu komplexen, vielzelligen Organismen organisieren – etwas, wozu prokaryotische Zellen nicht fähig sind.

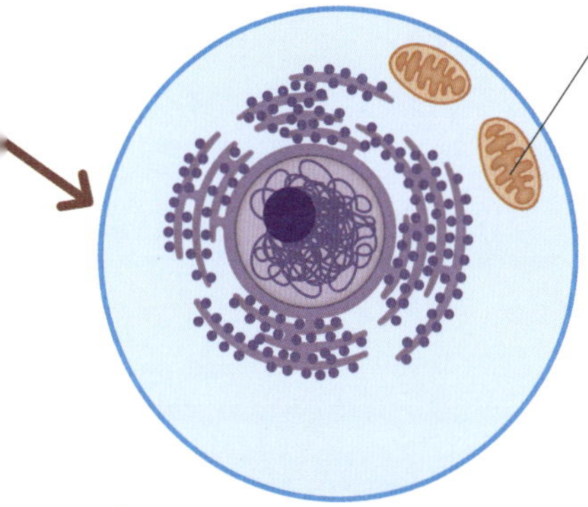

4 Heterotrophe Zelle
Die Zellen von Tieren und Pilzen sind heterotroph. Sie können ihre Nahrung nicht selbst herstellen und müssen Nährstoffe aufnehmen.

FOSSILE BEWEISE FÜR EUKARYOTEN

Den Ursprung der Eukaryoten mithilfe von Fossilien aufzuspüren, ist schwierig. Fossilien von *Grypania spiralis* sind die ältesten Kandidaten, sie sind etwa 2,1 Mrd. Jahre alt. Doch die Forschung ist sich nicht sicher, um welche Art Organismen es sich wirklich handelte: eukaryotische Algen, Riesenbakterien oder Bakterienkolonien.

GRYPANIA-SPIRALIS-**FOSSIL**

Strahlentierchen (Radiolarien)

Meist im Meer lebend und gewöhnlich nicht aus eigener Kraft beweglich, haben diese Einzeller ein feines inneres Skelett aus Siliciumdioxid und sind oft radialsymmetrisch gebaut. Das Skelett besteht aus einer zentralen Kapsel und einer Außenkapsel, getrennt durch eine Kapselwand. Radiolarien gewinnen Energie, indem sie Kleinplankton mithilfe von Pseudopodien (s. gegenüberliegende Seite) fangen. Manche bilden auch Symbiosen mit fotosynthetischen Algen.

Radialsymmetrie
Viele Radiolarien gleichen kleinen Schmuckstücken. Benannt nach der Radialsymmetrie vieler Spezies, haben manche radiale Stacheln, die den Widerstand im Wasser erhöhen. Die größten haben einen Durchmesser von 2 mm.

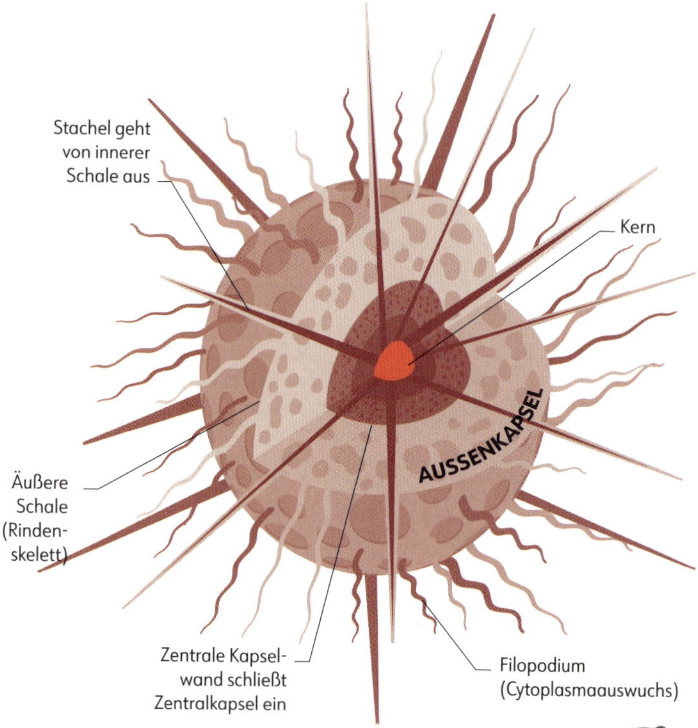

Protisten

Unter Protisten werden nicht näher verwandte Eukaryoten zusammengefasst, die nicht zum Tier-, Pflanzen- oder Pilzreich gehören. Zumeist einzellig, haben sie unterschiedlichste Strukturen und Lebenszyklen.

DAS WORT **PSEUDOPODIUM** BEDEUTET **»FALSCHER FUSS«**.

WICHTIGE PROTISTENGRUPPEN

Obwohl fast alle Protisten einzellig sind, haben manche sehr ausgefeilte Zellen mit Organellen, die – anstelle mehrzelliger Organe – biologische Funktionen erfüllen. Protisten zeigen eine große Vielfalt an Ernährungs-, Bewegungs- und Fortpflanzungsverhalten. Spaltung ist eine Form asexueller Reproduktion, bei der sich ein Körper in zwei (Binärspaltung) oder mehr Kopien (multiple Spaltung) seiner selbst aufteilt.

Gruppe	Ernährung	Fortpflanzung	Bewegung
Strahlentierchen	Verzehren Zooplankton, Phytoplankton und Bakterien	Binärspaltung, multiple Spaltung oder Knospung (s. S. 81)	Üblicherweise unbeweglich, schweben im Wasserstrom
Kieselalgen	Stellen meist ihre eigene Nahrung durch Fotosynthese her	Vorwiegend Binärspaltung; sexuelle Fortpflanzung bei einigen Arten	Unbewegliche Arten schweben, bewegliche benutzen Geißel
Wimpertierchen	Fressen Bakterien und Algen	Binärspaltung, Knospung oder sexuell	Mittels Wimpern
Dinoflagellaten	Fressen Kieselalgen und Zooplankton	Binärspaltung oder sexuell	Mittels Geißel
Euglenozoa	Fotosynthese, Parasitismus oder Fressen anderer Organismen	Binärspaltung	Mittels Geißel
Amoebozoa	Durch Phagocytose (s. gegenüberliegende Seite)	Binärspaltung oder sexuell	Mittels Pseudopodien

WELCHE KRANKHEITEN WERDEN VON PROTISTEN VERURSACHT?

Mehrere, darunter Malaria, Schlafkrankheit, Chagas-Krankheit, Giardiasis und Amöbenruhr.

Amoebozoa

Die Mitglieder dieser großen, diversen Gruppe können ihre Form ändern, üblicherweise indem sie Pseudopodien (flüssigkeitsgefüllte Ausstülpungen der Zelle) ausstrecken oder zurückziehen. Einige sind Räuber, andere fressen Detritus (zerfallene Substanzen). Sie verleiben sich ihr Futter durch Phagocytose ein, ihre Pseudopodien verschlingen lebende Beute.

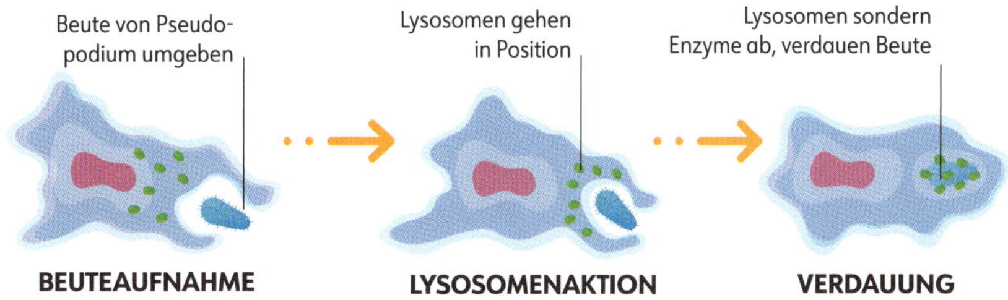

Phagocytose
Amoebozoa verschlingen ihr Essen mit Pseudopodien. Dann treten Organellen namens Lysosomen in Aktion: Sie sondern Enzyme ab, um das Futter zu verdauen.

Geißel- und Wimpertierchen

Zwei große Gruppen von Protisten nutzen spezialisierte Organellen – Geißeln oder Wimpern – zur Fortbewegung oder Ernährung. Wimpern sind kurze, haarförmige Strukturen, Geißeln sind lang und peitschenförmig. Zu bestimmten Stadien ihres Lebenszyklus besitzen Geißeltierchen (Flagellaten) eine oder mehr Geißeln. Wimpertierchen (Ciliaten) haben sich wahrscheinlich aus Geißeltierchen entwickelt.

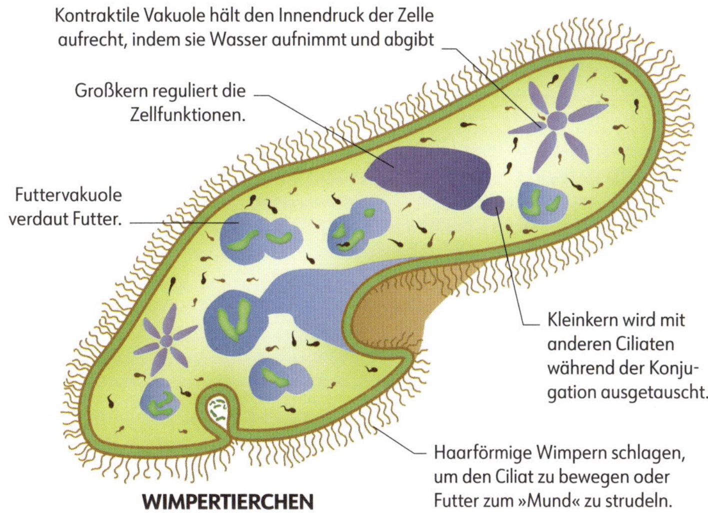

Doppelte Kerne
Wimpertierchen sind Einzeller, die mittels kurzer Wimpern schwimmen. Sie haben zwei Arten von Kernen: einen Großkern (Makronucleus) und einen Kleinkern (Mikronucleus).

LEBENSZYKLUS DER MALARIA

Wenn eine infizierte *Anopheles*-Mücke einen Menschen beißt, überträgt sie den Protisten *Plasmodium* in der Sporozoitenphase seines Lebenszyklus. Die Protisten wandern in Leberzellen ein, wo sie zu Merozoiten werden. Diese gelangen in den Blutstrom und zerstören rote Blutkörperchen.

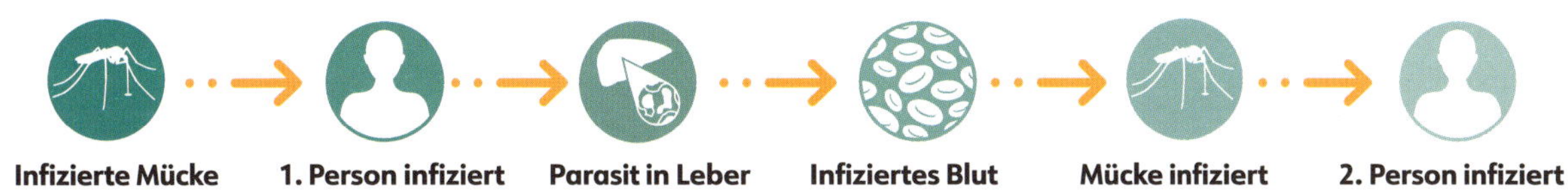

Pilze

Vom Waldpilz bis zu winzigen Schimmelpilzen und Hefen: Pilze sind meist vielzellig, sie ernähren sich, indem sie auf oder in ihrer Nahrung wachsen. Das unterscheidet sie von Pflanzen, die ihre eigene Nahrung durch Fotosynthese herstellen, und von Tieren, die Futter von außen aufnehmen.

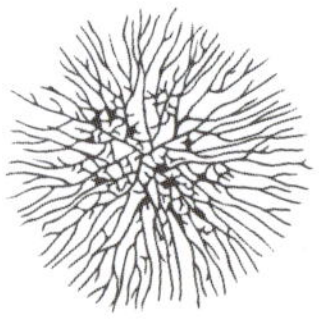

EIN EINZIGES MYZEL, ENTDECKT IN OREGON, USA, **WIEGT ETWA 400 000 KG.**

DIE WICHTIGSTEN TYPEN VON PILZEN	
Bis ins 21. Jahrhundert wurden Pilze nach ihrer Form und Struktur klassifiziert. In letzter Zeit hat die DNA-Analyse traditionelle Unterteilungen infrage gestellt und das Reich der Pilze wird jetzt in neun Stämme (Phyla) unterteilt. Vier Hauptstämme sind hier aufgelistet, zusammen mit der Gruppierung Deuteromycota, die noch erforscht und klassifiziert wird.	
GRUPPE	**SCHLÜSSELMERKMALE**
Chytridiomycota	Diese Gruppe umfasst mehr als 750 Arten. Sie sind Zersetzer, Parasiten oder leben in Symbiose im Verdauungssystem von Tieren. Eine Art ist die Ursache einer tödlichen Amphibienkrankheit.
Glomeromycota	Viele der annähernd 230 Arten von Glomeromycota haben eine symbiotische Beziehung zu Bryophyten (s. S. 132) und Landpflanzen. Sie bilden in deren Wurzeln Mykorrhizen aus.
Ascomycota	Die Gruppe enthält 64 000 Arten. Sie besitzen einen Sporenschlauch (Ascus), in dem die Sporen gebildet werden. Sind in 98 Prozent aller Flechten vertreten.
Basidiomycota	Die Gruppe besteht aus etwa 32 000 Arten. Diese Ständerpilze umfassen die bekannten Fruchtkörper von Waldpilzen, Morcheln, Schwämmen und Bovisten.
Deuteromycota	Dies ist eine Gruppe von 25 000 »imperfekten« Pilzen. Ihre sexuelle Reproduktionsform wurde nie beobachtet. Der bekannteste Vertreter ist *Penicillium*.

Pilzzellen und Hyphen

Von Hefen abgesehen sind Pilze mehrzellige Organismen. Die meisten wachsen als Fäden namens Hyphen. Pilzhyphen bilden eine verflochtene Masse, das Myzel, die durch das Material wächst, von dem sich der Pilz ernährt. Einige Pilze haben spezialisierte Hyphen, Haustorien genannt, durch die sie Nährstoffe mit ihren Wirten austauschen. Solche Mykorrhizapilze sind für die Gesundheit von Ökosystemen extrem wichtig.

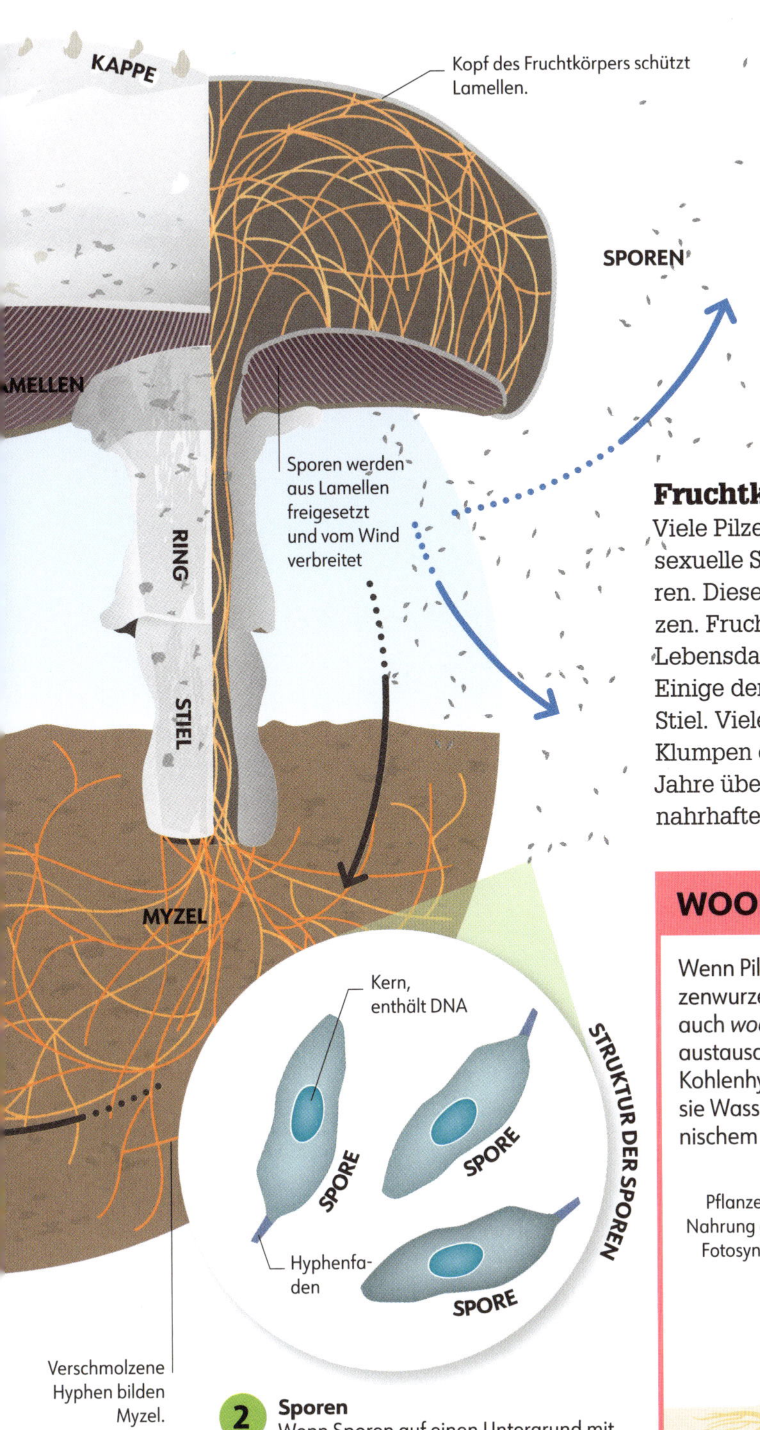

WAS SIND FLECHTEN?

Sie sind symbiotische Vereinigungen zwischen kleinen fotosynthetischen Organismen (üblicherweise Algen) und einem Pilz, der Erstere in einer Masse von Pilzhyphen festhält.

Fruchtkörper

Viele Pilze bilden Fruchtkörper (Sporokarpe), die das sexuelle Stadium im Lebenszyklus einer Art repräsentieren. Diese tragen Sporen, mit denen sich Pilze fortpflanzen. Fruchtkörper variieren stark in Form, Größe, Farbe, Lebensdauer, Geruch und Verteilmechanismus der Sporen. Einige der bekanntesten haben eine Kappe und einen Stiel. Viele Fruchtkörper stehen allein, andere wachsen in Klumpen oder Ringen. Diejenigen der Schwämme können Jahre überdauern, andere halten nur ein paar Tage. Die nahrhaften Fruchtkörper werden oft von Tieren verzehrt.

2 Sporen
Wenn Sporen auf einen Untergrund mit ausreichend Feuchtigkeit und Nahrung fallen, treiben sie aus und bilden Hyphen. Treffen die Hyphen einer Spore auf die einer anderen, vereinigen sie sich und bilden ein Myzel.

WOOD-WIDE WEBS

Wenn Pilzhyphen sich ausbreiten, verbinden sie sich mit Pflanzenwurzeln und bilden Netzwerke, die man Mykorrhiza oder auch *wood-wide web* nennt. Sie ermöglichen einen Stoffaustausch zwischen Pilzen und Pflanzen. Die Pflanzen stellen Kohlenhydrate und Vitamine bereit, im Gegenzug bekommen sie Wasser und Mineralien, die die Pilze dem Boden und organischem Material entnehmen.

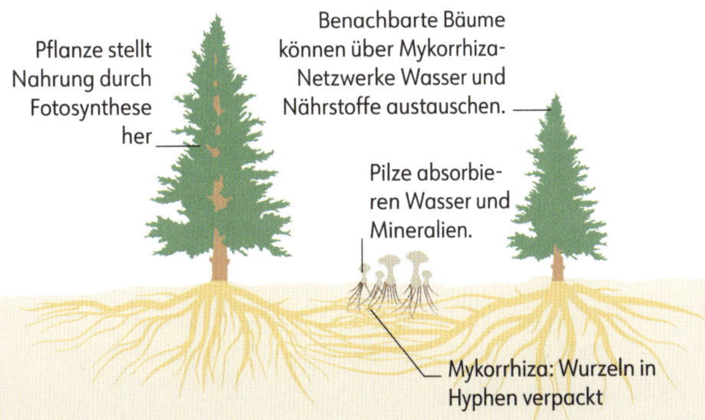

Algen

Algen ist ein Sammelname für eine Reihe von fotosynthetisch aktiven Organismen, die im Meer oder im Süßwasser leben. Alle Algen sind Eukaryoten (ihre Zellen haben Kerne, anders als Bakterien). Viele sind einzellig, andere, wie Seetang, größer und komplexer.

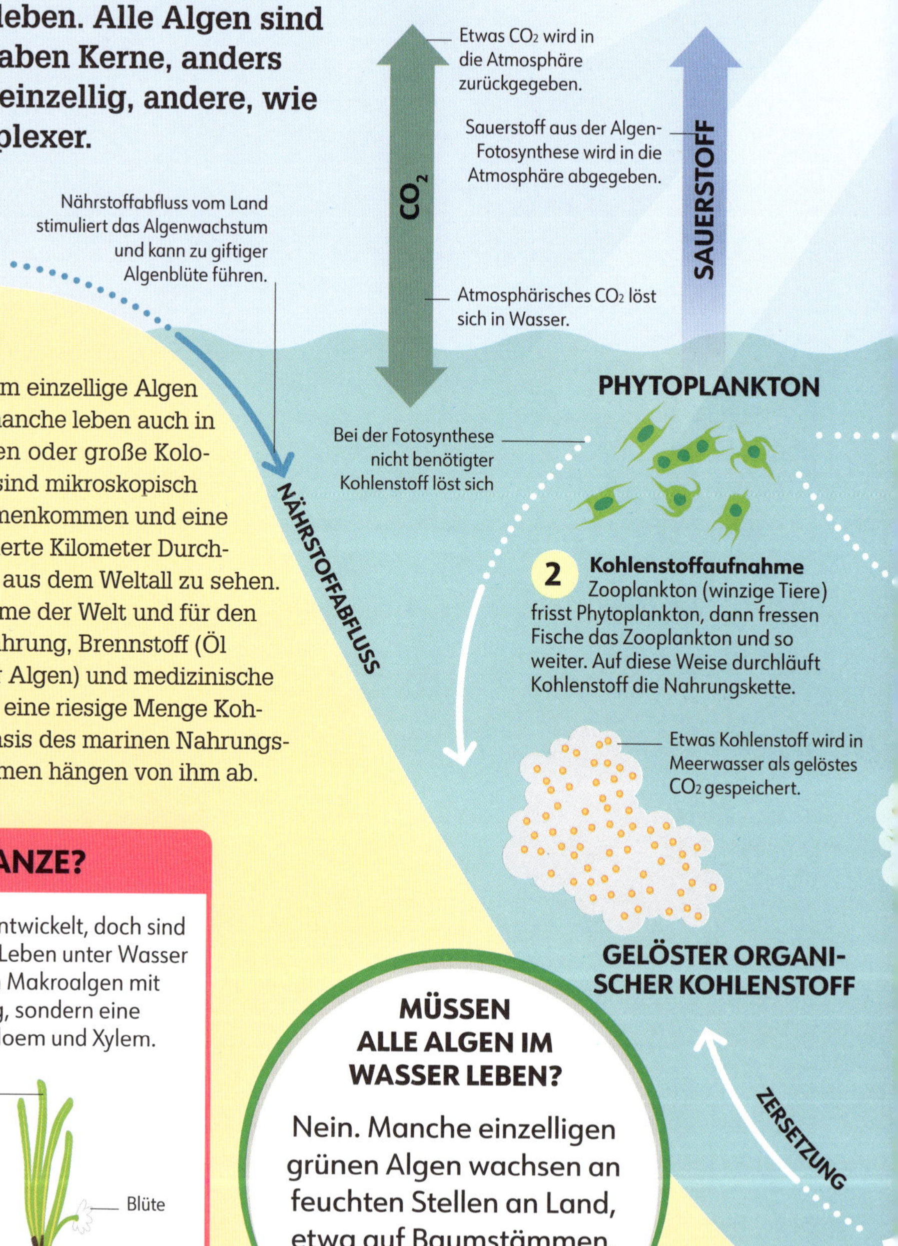

Phytoplankton

Bei Phytoplankton handelt es sich um einzellige Algen (Mikroalgen), meist Meeresalgen, manche leben auch in Süßwasser. Sie können frei flottieren oder große Kolonien bilden. Einzelne Organismen sind mikroskopisch klein, doch wenn Milliarden zusammenkommen und eine Algenblüte bilden, kann diese Hunderte Kilometer Durchmesser haben – groß genug, um sie aus dem Weltall zu sehen. Algen sind wichtig für die Ökosysteme der Welt und für den Menschen. Sie liefern Sauerstoff, Nahrung, Brennstoff (Öl stammt aus der Zersetzung früherer Algen) und medizinische Grundstoffe, zudem absorbieren sie eine riesige Menge Kohlenstoff. Phytoplankton bildet die Basis des marinen Nahrungsnetzes, alle anderen Meeresorganismen hängen von ihm ab.

ALGE ODER WASSERPFLANZE?

Landpflanzen haben sich aus Algen entwickelt, doch sind einige Blütenpflanzen (s. S. 132) zum Leben unter Wasser zurückgekehrt. In Teichen koexistieren Makroalgen mit Wasserpflanzen. Seegras ist kein Tang, sondern eine Meerespflanze mit Blüten, Samen, Phloem und Xylem.

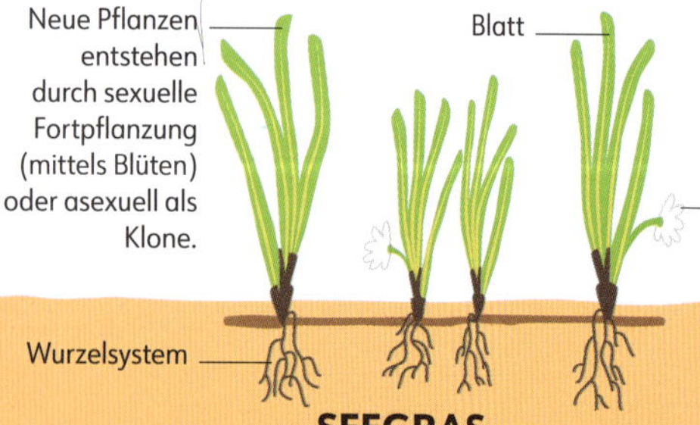

SEEGRAS

MÜSSEN ALLE ALGEN IM WASSER LEBEN?

Nein. Manche einzelligen grünen Algen wachsen an feuchten Stellen an Land, etwa auf Baumstämmen, Boden, Felsen, Ziegeln oder sogar Tierfellen.

SONNE

Die Kohlenstoffpumpe
Die Ozeane spielen eine große Rolle im Kohlenstoffzyklus der Welt und sind die größten globalen Kohlenstoffspeicher. Kohlenstoffpumpe nennt man ein Phänomen, bei dem Phytoplankton Kohlendioxid aus der Atmosphäre extrahiert und es für seinen Stoffwechsel verwendet. Selbst kleine Veränderungen dieses Prozesses können das atmosphärische CO_2-Niveau und somit das Klima beeinflussen.

1 Fotosynthese
Phytoplankton betreibt Fotosynthese in den sonnenbeschienenen Oberflächengewässern des Ozeans und nutzt dabei gelöstes atmosphärisches Kohlendioxid (CO_2). Es ist der Primärproduzent in der Nahrungskette.

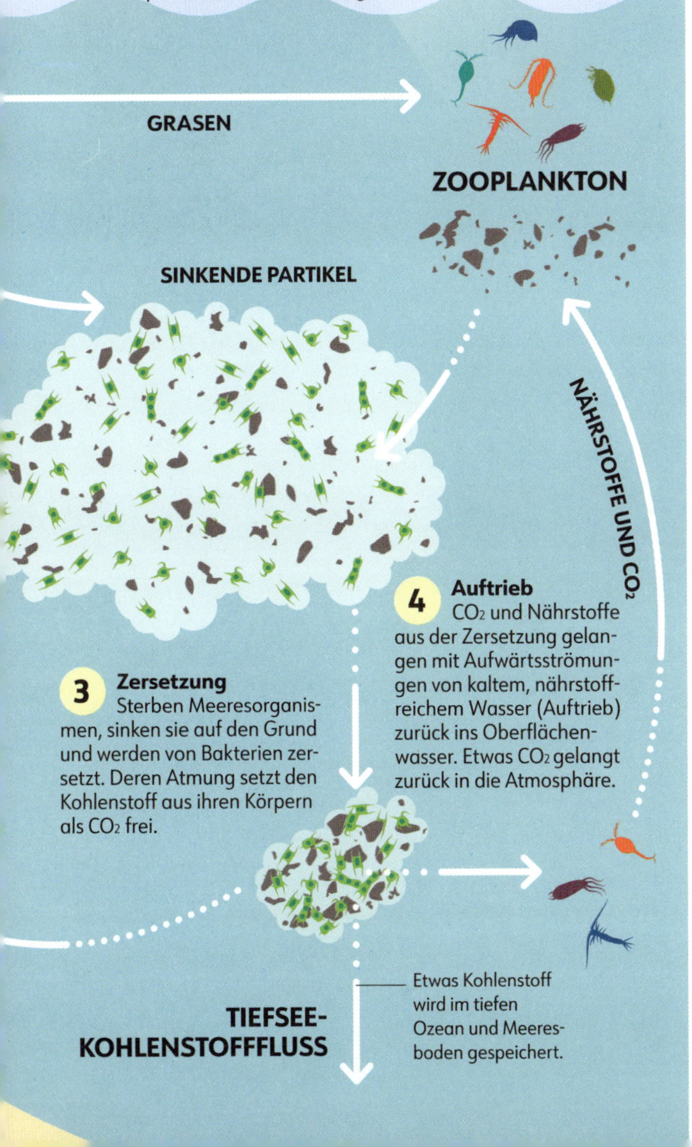

4 Auftrieb
CO_2 und Nährstoffe aus der Zersetzung gelangen mit Aufwärtsströmungen von kaltem, nährstoffreichem Wasser (Auftrieb) zurück ins Oberflächenwasser. Etwas CO_2 gelangt zurück in die Atmosphäre.

3 Zersetzung
Sterben Meeresorganismen, sinken sie auf den Grund und werden von Bakterien zersetzt. Deren Atmung setzt den Kohlenstoff aus ihren Körpern als CO_2 frei.

Seetang

Seetang nennt man große, vielzellige Meeresalgen. Es gibt drei Gruppen: Grün-, Rot- und Braunalgen. Sie benutzen unterschiedliche fotosynthetische Pigmente. Wie Pflanzen ist Seetang autotroph (stellt seine eigene Nahrung her), ihm fehlen aber Xylem, Phloem und Spaltöffnungen. Statt Wurzeln, Stängel und Blätter hat er Rhizoide, Kauloide und Phylloide. Manche Arten haben Schwimmkörper, um nah am Licht zu bleiben. Statt mit Blüten und Samen vermehren sie sich durch Sporen.

Marine Makroalgen
Seetang wächst meist in seichten Küstengewässern und an felsigen Küsten, wo er lange Zeit außerhalb des Wassers aushalten muss.

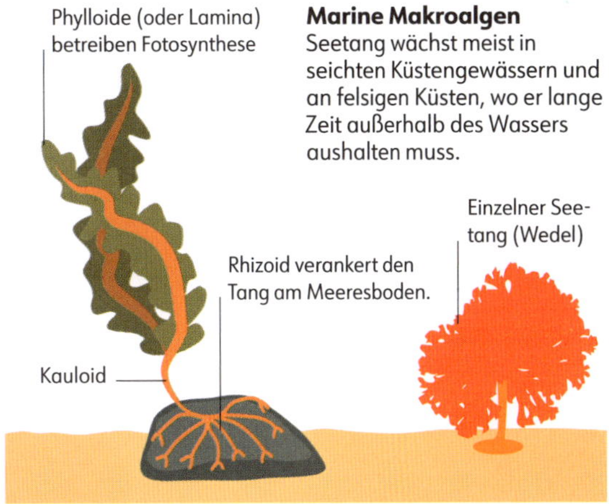

Süßwasser-Makroalgen
Seetang hat Entsprechungen im Süßwasser. Die komplexesten sind Armleuchteralgen, aus denen sich die Landpflanzen entwickelt haben. Die Armleuchteralge *Chara* (hier gezeigt) ist die nächste lebende Verwandte der Landpflanzen.

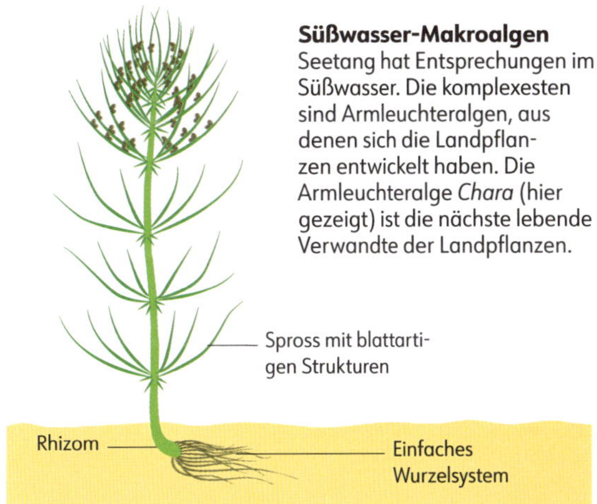

BIS ZU 80 % DER SAUERSTOFFPRODUKTION GESCHIEHT IM OZEAN.

Pflanzen

Pflanzen leben zumeist an Land. Es sind mehrzellige Organismen, die in der Regel das Pigment Chlorophyll enthalten. Sie sind gewöhnlich ortsfest, absorbieren Wasser und Mineralien durch ihre Wurzeln und stellen mittels Fotosynthese Nährstoffe her.

Bärlapp- und Farnpflanzen (samenlose Gefäßpflanzen)
Die ersten Pflanzen mit richtigen Wurzeln und einem Transportsystem aus Xylem und Phloem (s. S. 148–149). Als Sporenpflanzen brauchten sie feuchte Bedingungen, aber dank ihrer Gefäße konnten sie hoch wachsen und große Blätter entwickeln.

Landpflanzen evolvieren
Pflanzen haben sich durch Vermeidung von Wasserverlust an das Landleben angepasst und später Wurzeln entwickelt, um Nährstoffe aus Steinen zu gewinnen.

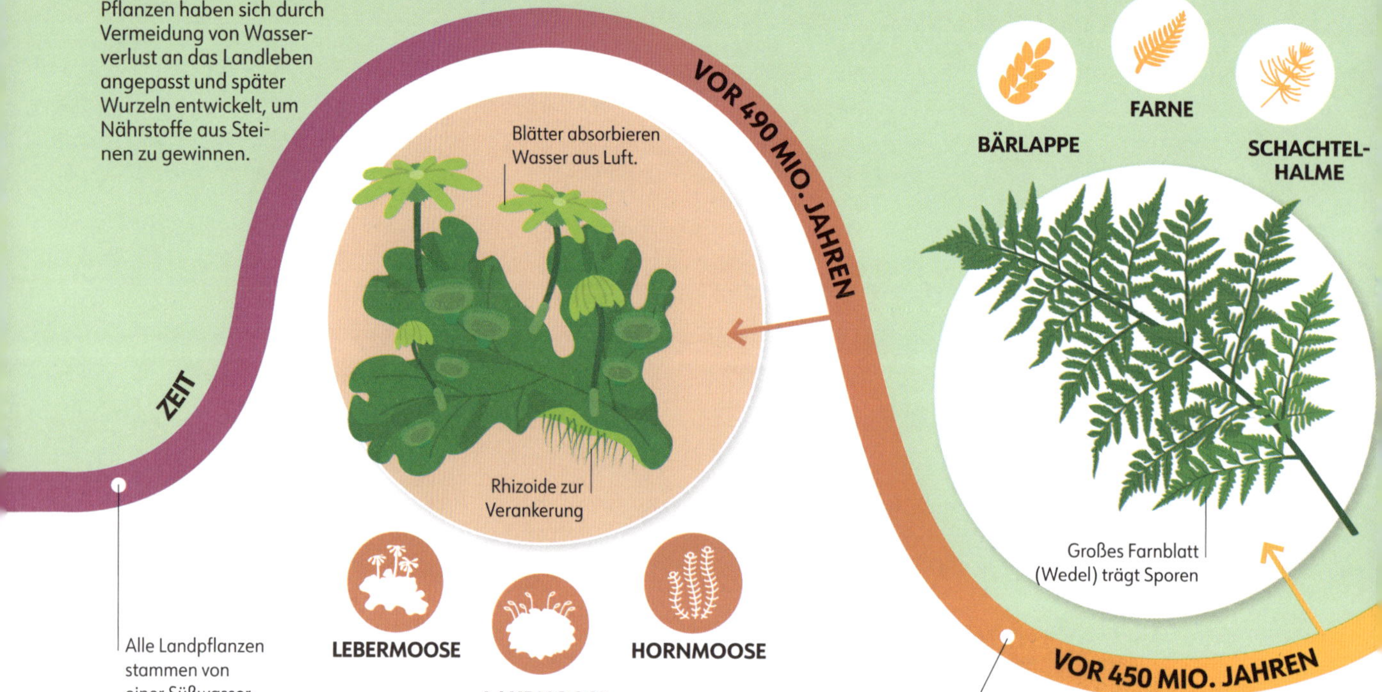

Alle Landpflanzen stammen von einer Süßwasser-Grünalge ab, vor rund 510 Mio. Jahren.

Moose (gefäßlose Pflanzen)
Die ersten Landpflanzen waren niedrige Pflanzen ohne Gefäße, sie hatten keine Transportsysteme für Wasser und Nährstoffe. Sie reproduzierten sich über staubartige Sporen und waren auf Feuchtgebiete angewiesen.

Landpflanzen entwickeln Röhrengewebe, um Wasser und Nährstoffe zu transportieren.

Blütenlose Pflanzen

Die Besiedlung des Lands durch Pflanzen vor rund einer halben Milliarde Jahren war eines der wichtigsten Ereignisse der Erdgeschichte. Sämtliche frühesten Landpflanzen hatten keine Blüten. Die primitivsten Gruppen wie Moose und Farne hatten keine Samen, sondern reproduzierten sich mit Sporen, die vom Wasser oder Wind verbreitet wurden. Nacktsamer waren die ersten Pflanzen mit Pollenkörnern und Samen. Sie konnten neue Gebiete besiedeln.

WIE VIELE PFLANZENARTEN EXISTIEREN ZURZEIT?

Man schätzt, dass es derzeit rund 450 000 Pflanzenarten gibt. Etwa 382 000 wurden entdeckt und benannt. Etwa 40 Prozent sind vom Aussterben bedroht.

Gefäßpflanzen entwickeln Samen zur Vermehrung.

VOR 320 MIO. JAHREN

Nacktsamer

Die ersten Samenpflanzen bildeten Pollen und hatten nackte Samen (ohne Fruchtknoten). Moderne Nacktsamer sind vorwiegend Koniferen (Nadelbäume wie Pinien und Fichten) mit rund 600 Arten.

Blütenpflanzen

Die Entwicklung von Blüten und Früchten machte die Bedecktsamer erfolgreich. Es entwickelte sich eine massive Vielfalt von rund 370 000 Arten, die alle bis auf die extremsten Lebensräume der Erde besiedelt haben. Bedecktsamer machen heute die große Mehrzahl aller Pflanzenarten aus und dominieren die meisten Landökosysteme. Ihre Formen reichen von turmhohen Bäumen bis zu winzigen Kräutern. Für die Bestäubung sind sie komplexe Symbiosen mit Tieren eingegangen.

Bedecktsamer (Blütenpflanzen)

Nach der Evolution der Nacktsamer kam die riesige Innovation der Blüten und Früchte (reife Fruchtkörper). Blütenpflanzen sind Bedecktsamer, ihre Samen sind in Früchten enthalten.

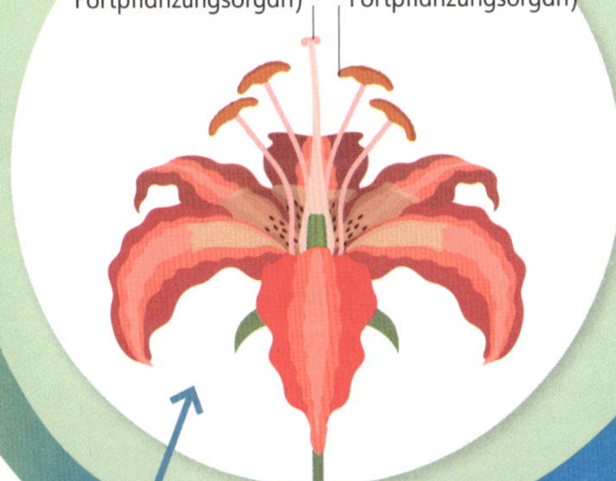

VOR 240 MIO. JAHREN

MONOKOTYLEDONEN UND DIKOTYLEDONEN

Blütenpflanzen bilden zwei Gruppen: Dikotyledonen (etwa 70 Prozent der Arten) und Monokotyledonen (30 Prozent). Dikotyledonen sind zahlreicher und vielfältiger, Monokotyledonen umfassen aber einige der größten Pflanzenfamilien und die meisten Grundnahrungsmittel.

MONOKOTYLEDONEN	DIKOTYLEDONEN
Der Samen hat ein Kotyledon (embryonales Blatt, Samenblatt).	Der Samen hat zwei Kotyledonen.
Blattadern sind üblicherweise parallel.	Blattadern bilden zumeist ein verzweigtes Netzwerk.
Gefäßbündel sind im Stamm verstreut.	Gefäßbündel sind in einem Ring angeordnet.
Wurzeln sind meistens faserig (keine zentrale Hauptwurzel).	Meist gibt es eine zentrale Pfahlwurzel, von der der Rest des Wurzelsystems abzweigt.
Anzahl der Blütenteile (wie Blüten- und Staubblätter): meistens Vielfache von 3	Anzahl der Blütenteile: meist Vielfache von 4 oder 5

DER **ÄLTESTE** EINZELNE **BAUM** IST MEHR ALS **5000** JAHRE ALT.

Wirbellose Tiere

Die meisten Tiere sind Wirbellose – vielzellige Organismen ohne Wirbelsäule. Rund 1,3 Millionen Arten wurden beschrieben – da aber ständig neue entdeckt werden, ist die Gesamtzahl wahrscheinlich viel höher.

Typen von Wirbellosen

Die Wirbellosen bilden keine natürliche Verwandtschaftsgruppe. Einige Arten sind enger verwandt mit Wirbeltieren als mit anderen Wirbellosen. Sie besiedeln nahezu jeden Lebensraum auf der Erde, von den gefrorenen Wüsten der Antarktis bis zu hydrothermalen Schloten des Meeres. Lebensstile und Körperformen sind entsprechend vielfältig.

MAN SCHÄTZT, DASS ETWA **97 % ALLER TIERE** AUF DER ERDE **WIRBELLOSE** SIND.

WICHTIGE GRUPPEN VON WIRBELLOSEN

Es gibt 30 Stämme von Wirbellosen (ein Stamm ist die Rangstufe unterhalb des Reiches). Einige der größten und interessantesten sind unten aufgelistet. Bei Weitem die größte Gruppe ist der Stamm Arthropoda, der alle Insekten und Spinnen enthält. Er macht mehr als drei von vier bekannten Tierarten aus.

GRUPPE	TAXONOMISCHER RANG	EIGENSCHAFTEN
Insekten Über 1 Mio. Arten	Stamm: Arthropoda Klasse: Insecta	Drei Beinpaare; Antennen; dreiteiliger Körper mit Kopf, Thorax und Abdomen
Spinnentiere Über 100 000 Arten	Stamm: Arthropoda Klasse: Arachnida	Vier Beinpaare; keine Flügel oder Antennen; Kopf und Thorax verschmolzen
Krebstiere 67 000 Arten	Stamm: Arthropoda Unterstamm: Crustacea	Flexibles Exoskelett oder Schale; zwei Paar Antennen
Weichtiere 85 000 Arten	Stamm: Mollusca	Körper hat Kopf, muskulösen Fuß und Mantel (der eine Schale bilden kann)
Seeigel 7000 Arten	Stamm: Echinodermata	Radialsymmetrisch; Stachelhaut; ausschließlich im Meer lebend
Ringelwürmer Über 15 000 Arten	Stamm: Annelida	Segmentierter Körper; atmen durch Körperoberfläche

Libelle
Wie andere Insekten hat eine Libelle sechs Beine und drei Körperabschnitte: Kopf, Thorax und Abdomen. Während Libellen vier Flügel haben, haben Fliegen nur zwei und viele Insekten gar keine.

Körperschemata

Die meisten Wirbellosen haben Beine mit Gelenken oder Flügel (oder beides) zur Bewegung, einige sind zumeist unbeweglich. Das Verdauungssystem einiger Gruppen hat nur eine Öffnung, die als Mund und After fungiert, andere haben zwei Öffnungen. Manche Wirbellose haben nur ein einfaches Nervennetz, die meisten ein Gehirn und Sinnesorgane (s. S. 165).

Wachstum und Entwicklung

Alle Wirbellosen ändern ihre Körperform beim Wachsen. In manchen Gruppen, etwa Spinnen, sehen die Jungtiere wie kleine Erwachsene aus. Insekten machen eine unvollständige oder vollständige Metamorphose durch. Letztere umfasst den Wechsel vom Ei zu Larve, Puppe und schließlich zum erwachsenen Tier. Bei unvollständiger Metamorphose entwickelt sich das Insekt vom Ei zur Nymphe, bevor es erwachsen wird.

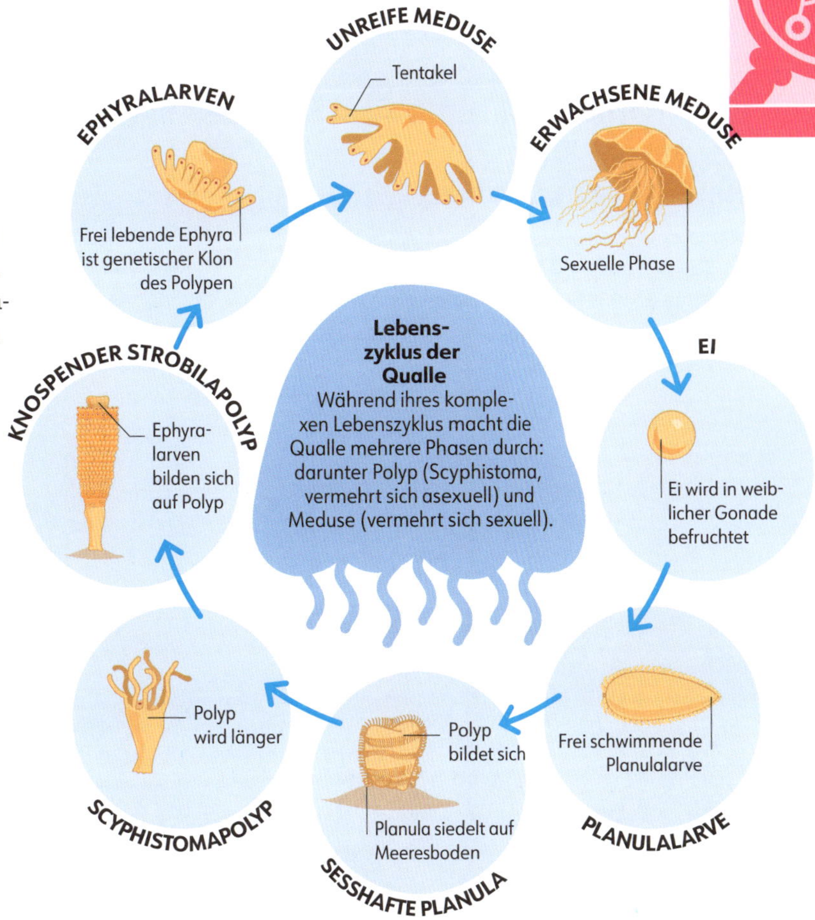

KOLONIEBILDENDE WIRBELLOSE

Einige marine Wirbellose, etwa Korallen und Schwämme, leben in großen Gruppen (Kolonien) zusammen. Eine Kolonie besteht aus Polypen, die für den größten Teil des Lebens sesshaft sind.

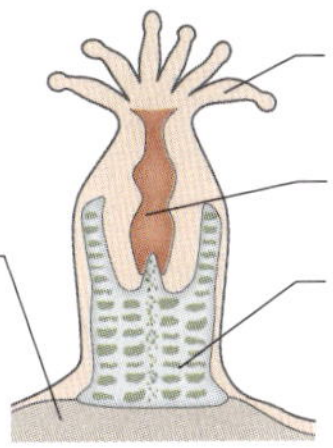

Korallenpolyp

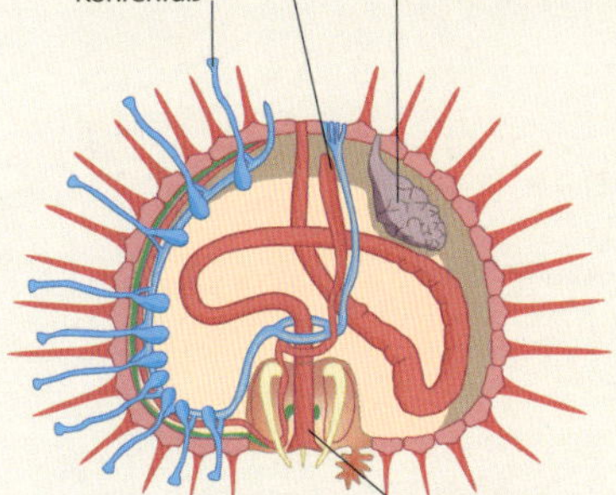

Seeigel
Nahezu kugelförmig, haben Seeigel Röhrenfüße, mit denen sie sich langsam bewegen. Muskeln schwenken lange Stacheln, die schützen und bei der Fortbewegung helfen.

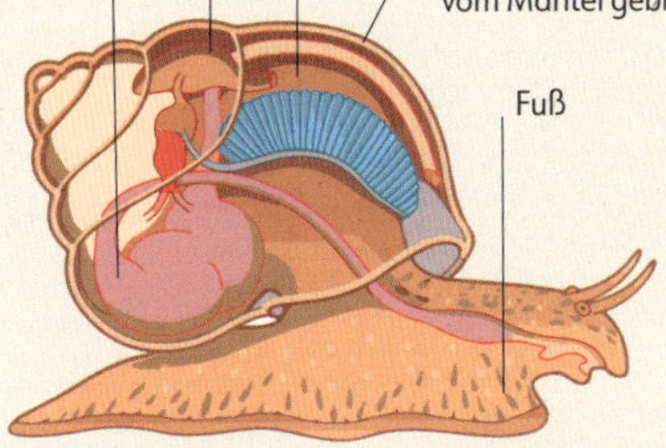

Weichtier
Drei Viertel aller Weichtiere sind Gastropoden, so wie diese Schnecke. Sie haben einen großen Fuß, eine schützende Schale und einen Kopf mit Augen und Tentakeln.

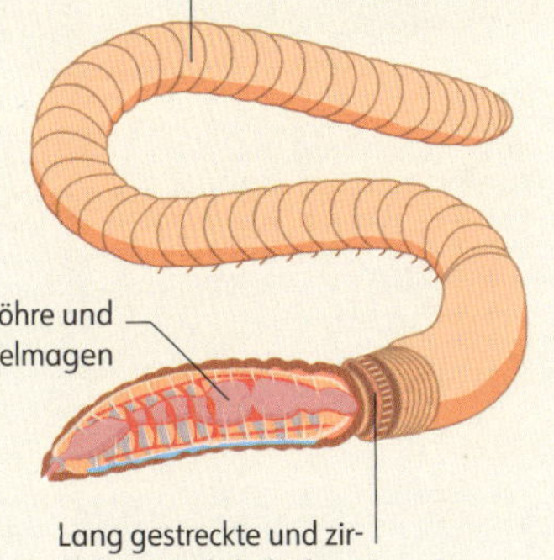

Wurm
Die Segmente von Ringelwürmern sind umgeben von lang gestreckten Muskeln, die von zirkulären Muskeln bedeckt sind. Koordiniert kontrahiert, ermöglichen sie Bewegung.

Wirbeltiere

Fast alle Wirbeltiere haben ein Innenskelett mit einer Wirbelsäule und einem Schädel. Diese Tiergruppe hat ihren Namen von der Kette aus Knochen (Wirbeln), die die Wirbelsäule bilden.

LEGENDE FÜR MERKMALE

- Gleichwarm
- Wechselwarm
- Legt Eier
- Lebendgeburt
- Mit Federkleid
- Mit Haarkleid
- Mit Schuppenkleid
- Ohne Schuppen
- Fisch mit Kiefern
- Fisch mit Knochenskelett
- Fisch mit flexiblem Knorpelskelett
- Fisch mit Knorpelskelett, kein Kollagen

Chordatiere und Wirbeltiere

Wirbeltiere entwickelten sich aus Chordatieren, deren älteste Fossilien 530 Mio. Jahre alt sind. Während alle Chordatiere eine Chorda dorsalis haben – einen flexiblen Stab im Rückenbereich –, wird diese bei den Wirbeltieren durch eine Wirbelsäule ersetzt. Die ersten Wirbeltiere waren kieferlose Fische, die vor etwa 518 Mio. Jahren lebten. Wirbeltiere blieben ca. 150 Mio. Jahre lang Wassertiere, bis die Evolution der Gliedmaßen in einer Fischgruppe den Weg für die Besiedlung des Landes bereitete. Landbewohnende Wirbeltiere teilten sich auf in Amphibien, Reptilien (inklusive der Vorfahren von Dinosauriern und Vögeln) sowie Säugetiere.

Chordatiere
Alle Chordatiere haben eine Chorda dorsalis und einen hohlen Nervenstrang. Sie werden in drei Gruppen eingeteilt: Wirbeltiere, Manteltiere (Seescheiden und enge Verwandte) sowieSchädellose (Lanzettfischchen).

Wirbeltiere
Alle Wirbeltiere haben eine Wirbelsäule mit Wirbeln, abgesehen vom Schleimaal, der nur eine primitive Chorda hat. Der Mund eines Wirbeltiers befindet sich vorn am Körper, der After kurz vor dem hinteren Ende.

WELCHES IST DAS VERBREITETSTE WIRBELTIER AUF DER ERDE?

Die kleinen Tiefseefische namens Borstenmäuler gelten als die weltweit am häufigsten vorkommenden Wirbeltiere.

DAS **KLEINSTE WIRBELTIER** DER WELT, EIN ***PAEDOPHRYNE*-FROSCH,** IST NUR 7,7 MM LANG.

DER VIERFÜSSER EVOLVIERT

Der früheste Beweis für vierfüßige Wirbeltiere (Tetrapoden) sind 390 Mio. Jahre alte Fußabdrücke. Tetrapoden entwickelten sich aus frühen Fleischflossern (Fische), die in seichtem Wasser lebten. Die ersten Arten hatten Beine und Lungen sowie Kiemen, sie waren vorwiegend wasserlebend.

Gruppen von Wirbeltieren

Wirbeltiere werden üblicherweise in sieben Gruppen aufgeteilt: die stets wasserlebenden kieferlosen Rundmäuler, Knorpelfische und Knochenfische, die teilweise wasserlebenden Amphibien und die meist landlebenden Reptilien, Säugetiere und Vögel. Säugetiere und Vögel sind endotherm (gleichwarm), sie erzeugen innerlich Wärme. Andere Wirbeltiere sind ektotherm (wechselwarm) und meistens abhängig von äußeren Wärmequellen.

VÖGEL

Vögel entwickelten sich vor etwa 160 Mio. Jahren aus Dinosauriern. Sie haben Federn, legen Eier mit harten Schalen und die meisten Arten sind fähig, aus eigener Kraft zu fliegen.

REPTILIEN

Die frühesten Vertreter der Reptilien lebten vor 320–310 Mio. Jahren. Sie haben Schuppen und sind meist terrestrisch (landlebend). Die meisten legen Eier, einige gebären lebende Junge.

SÄUGETIERE

Säugetiere entwickelten sich vor mehr als 300 Mio. Jahren aus frühen Reptilien. Sie haben Haare, gebären lebenden Nachwuchs und ernähren ihre Jungen mit Milch.

KNOCHENFISCHE

Knochenfische erschienen erstmals vor rund 425 Mio. Jahren. Sie haben ein knöchernes Skelett, sind mit Schuppen bedeckt und haben ein Paar Kiemenöffnungen. Moderne Knochenfische sind entweder Strahlen- oder Fleischflosser.

AMPHIBIEN

Amphibien entwickelten sich vor rund 370 Mio. Jahren aus Fischen. Sie sind schuppenlos und teilweise terrestrisch, aber die meisten legen ihre Eier im oder nahe dem Wasser ab. Moderne Beispiele sind Frösche und Molche.

KNORPELFISCHE

Die ersten Knorpelfische entstanden vor rund 430 Mio. Jahren. Sie haben ein Skelett aus relativ weichem, flexiblem Knorpel. Moderne Beispiele umfassen Haie und Rochen.

RUNDMÄULER

Die ersten Rundmäuler erschienen vor rund 530 Mio. Jahren. Sie haben kieferlose Mäuler und ein Skelett aus kollagenfreiem Knorpel. Moderne Beispiele für Rundmäuler sind Neunaugen und Schleimaale.

WIRBELLOSE TIERE ...→

Anpassung ans Landleben
Zu den Wirbeltieren gehören die schwersten Tiere, die je an Land lebten. Bei Säugetieren, Reptilien und Vögeln wächst der Embryo in einer wasserdichten Eihaut (Amnion). Diese Anpassung erlaubte es den Tetrapoden, sich außerhalb von Gewässern zu entwickeln.

WIE PFLANZEN FUNKTIONIEREN

Samen

Samen entstehen, wenn Pollenkörner Eizellen befruchten. Der Samen schützt den Pflanzenembryo, bis er keimt. Er kann dem Embryo auch helfen, Kälte und Trockenheit zu überstehen oder sich weit zu verbreiten.

Struktur der Samen

Bei Blütenpflanzen entwickeln sich Samen im Fruchtknoten. Diese Pflanzen nennt man Bedecktsamer (Angiospermen). Bei Nacktsamern (Gymnospermen) werden Samen auf Schuppen in Zapfen festgehalten. Bei allen samentragenden Pflanzen enthält der Samen einen Embryo (sich entwickelnde Pflanze) und ein nährstoffreiches Gewebe als Nahrungslager für den Embryo (Endosperm). Beides ist in einer Samenschale eingeschlossen. Der Embryo seinerseits umfasst einen Keimstängel, eine Keimwurzel und ein oder zwei Keimblätter (Kotyledonen) sowie die ersten richtigen Blätter (Laubblätter). Pflanzen mit einem Keimblatt heißen Monokotyledonen, mit zwei sind es Dikotyledonen.

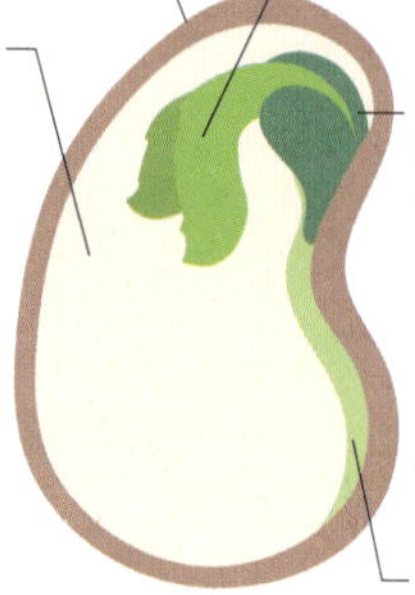

Samen von Dikotyledonen
Dikotyledonen haben zwei Keimblätter, die sich gegenüberliegen. Das Endosperm ist in den Kotyledonen enthalten, die ersten Blätter sind deshalb dick und gerundet.

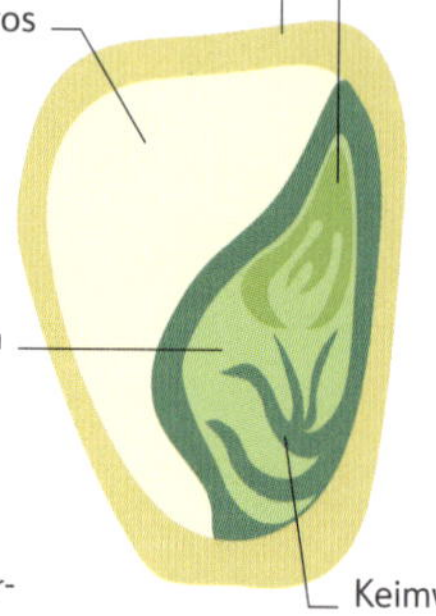

Samen von Monokotyledonen
Monokotyledonen wie Gräser und Getreide haben ein Keimblatt, der Keimling hat also ein senkrechtes erstes Blatt. Das Endosperm ist nicht im Keimblatt enthalten, das Blatt ist dünn.

Keimung und Hormone

Bei der Keimung bricht der Samen die Samenruhe, und eine embryonale Pflanze kommt zum Vorschein. Wärme, Feuchtigkeit und Sauerstoff sind erforderlich, damit der Samen seinen Stoffwechsel anwirft und der Keimling zu wachsen beginnt. Zeitpunkt und Ablauf der Keimung werden durch Hormone im Samen geregelt. Abscisinsäure (ABA) bewahrt die Samenruhe, Gibberelline lösen die Keimung aus. Auxine stimulieren Tropismen – Wachstumsänderungen in Reaktion auf die Schwerkraft und Lichtquellen. Beim Spross stimulieren hohe Auxinkonzentrationen das Wachstum, in Wurzeln hemmen sie es. Ethylen hilft ebenfalls bei der Keimung, Cytokinine stimulieren Zellwachstum und -teilung.

AUS **SAMEN,** DIE IM **PERMAFROST 32 000 JAHRE** ÜBERDAUERT HABEN, WUCHSEN **GESUNDE PFLANZEN.**

1 Samen keimt
Nimmt ein Samen Wasser aus dem Boden auf, werden Gibberelline aus dem Embryo freigesetzt und lösen die Keimung aus. Enzyme verdauen die Stärke im Endosperm und setzen Glucose für die Energiegewinnung frei. Wurzel und Spross kommen aus der Samenschale hervor.

WELCHER IST DER GRÖSSTE SAMEN DER WELT?

Die Coco-de-Mer-Palme von den Seychellen produziert die größten Samen der Welt. Ein einzelner Samen kann bis zu 25 kg wiegen und 50 cm lang werden.

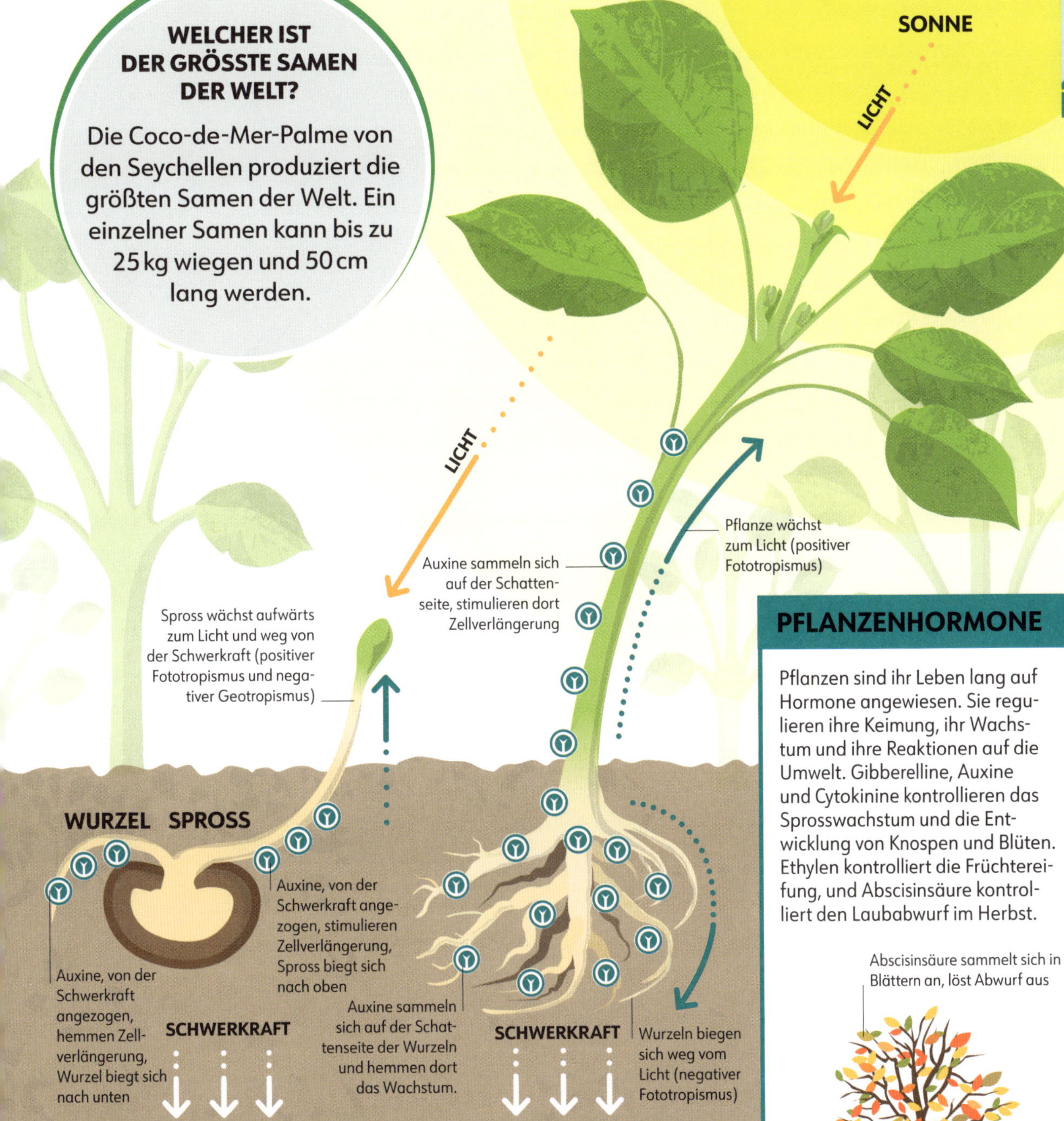

2 Auxine und Schwerkraft
Eine Wachstumsreaktion auf Schwerkraft heißt Geotropismus. Bei Wurzeln hemmt eine Ansammlung von Auxinen auf der Unterseite das Zellwachstum, die Wurzel biegt sich abwärts. Im Spross steigert Auxin auf der erdzugewandten Seite die Zellverlängerung, der Spross biegt sich aufwärts.

3 Auxine und Licht
Die Wachstumsreaktion auf Licht heißt Fototropismus. Dabei sammeln sich Auxine in den vom Licht abgewandten Teilen der Pflanze an. In Stängeln verlängern sich die Zellen auf der Schattenseite, der Stängel biegt sich zum Licht. In Wurzeln haben Auxine die gegenteilige Wirkung, sie biegen sich weg vom Licht.

PFLANZENHORMONE

Pflanzen sind ihr Leben lang auf Hormone angewiesen. Sie regulieren ihre Keimung, ihr Wachstum und ihre Reaktionen auf die Umwelt. Gibberelline, Auxine und Cytokinine kontrollieren das Sprosswachstum und die Entwicklung von Knospen und Blüten. Ethylen kontrolliert die Früchtereifung, und Abscisinsäure kontrolliert den Laubabwurf im Herbst.

LAUBABWURF

Wurzeln

Wurzeln verankern eine Pflanze in der Erde und nehmen Wasser und Mineralien auf. Sie können auch Kohlenhydrate aus der Fotosynthese speichern. Pflanzenwurzeln sind wesentlich, um Bodenerosion zu minimieren, damit sich ökologische Gemeinschaften entwickeln können.

HÖREN WURZELN AUF ZU WACHSEN?

Nein, Wurzeln wachsen während der gesamten Lebenszeit der Pflanze. Sie wachsen an der Spitze, die mit einer robusten Schicht toter Zellen bedeckt ist, der Wurzelkappe.

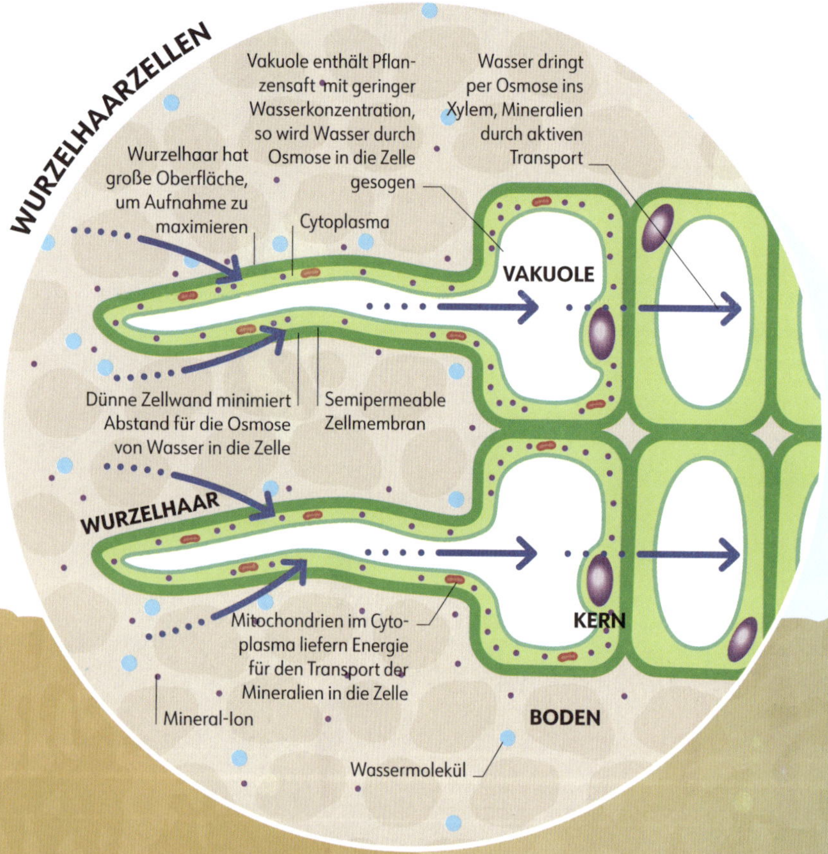

Die Struktur des Wurzelsystems

Ein Wurzelnetzwerk ermöglicht es der Pflanze, Wasser und Mineralien aus dem Boden aufzunehmen. Dikotyledonen (viele Blütenpflanzen inklusive Sträuchern und Bäumen) und Nacktsamer (wie Koniferen) haben eine zentrale Pfahlwurzel, von der kleinere Wurzeln abzweigen. Monokotyledonen (etwa Gräser) und Farne haben flache Wurzeln, die von der Basis des Stängels abgehen. Beide Systeme enden in feinen Wurzeln, die mit Haaren bedeckt sind, die die Absorptionsoberfläche stark vergrößern. Außerdem gehen die meisten Pflanzen eine symbiotische Beziehung mit Pilzen im Boden ein. Sie helfen bei der Absorption, die Pflanze gibt ihnen Zucker ab.

Anatomie und Funktion der Wurzel
Haarzellen der Wurzel absorbieren Wasser mittels Osmose (s. S. 65) durch eine semipermeable Zellmembran. Von hier aus wandert das Wasser in die Wurzelrinde und dann ins Xylem, das es zu Spross und Blättern transportiert.

Speicherorgane

Neben der Aufnahme von Wasser und Mineralien speichern manche Wurzelsysteme Kohlenhydrate, um die Pflanze mit Energie zu versorgen. Die Pfahlwurzel von Dikotyledonen und Nacktsamern ist oft von Zuckern und Stärke geschwollen wie bei Karotten. Andere Pflanzen speichern Stärke in unterirdischen Speicherorganen wie Zwiebeln, Knollen und Rhizomen. Dies sind modifizierte Stängel, keine Wurzeln.

KROKUS

Kormus
Ein kleiner, geschwollener Stängel, geschützt durch schalenartige Blätter aus dem Vorjahr. Keine fleischigen Speicherblätter.

IRIS

Rhizom
Ein modifizierter Spross, der horizontal direkt unter der Erdoberfläche wächst. Vertikale Triebe entstehen aus Knospen entlang des Rhizoms.

ZWIEBEL

Zwiebel
Eine Zwiebel ist ein gestauchter Stängel mit vielen Lagen aus Blättern des Vorjahres, deren Basis zur Speicherung angeschwollen ist.

KARTOFFEL

Knolle
Eine geschwollene Rhizomspitze, die viele Nährstoffe speichern kann. Triebe wachsen aus Knospenbündeln (»Augen«) der Knolle.

Unterirdische Energiespeicherung
Bei Wurzelgemüsen wie Karotten sammelt sich Zucker aus der Fotosynthese in der ersten Wachstumssaison in der Pfahlwurzel an. Die Pflanze zapft diese Reserven an, wenn sie Blüten und Samen produziert.

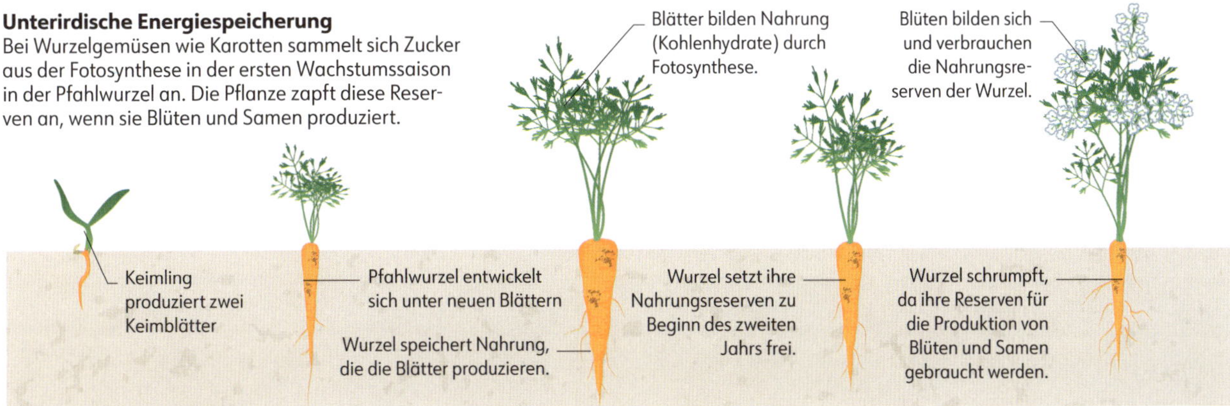

LEBENSZYKLUS DER KAROTTE

WURZELARCHITEKTUR

Dikotyledonen und Monokotyledonen haben verschieden organisierte Wurzelsysteme. Zudem entwickelten sich bei Xerophyten (Wüstenpflanzen) verschiedene Wurzelarchitekturen als Anpassung an trockene Bedingungen. Kaktuspflanzen haben breite, flache Wurzelsysteme, die Tau und Regenwasser aufnehmen, bevor sie im Boden versickern. Dagegen haben Akazien schmale, tiefe Wurzelsysteme, die das Grundwasser erreichen können. Beide Systeme maximieren die Aufnahme.

KAKTUS

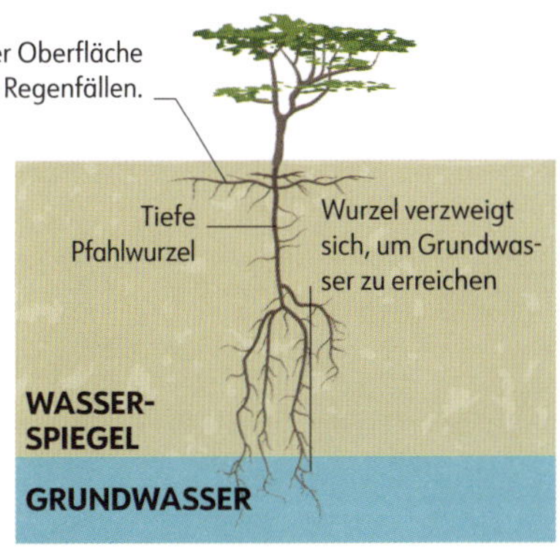

AKAZIE

Sprossachsen

Die Sprossachse hat zwei Funktionen: Sie trägt die oberirdischen Teile der Pflanze, etwa Blüten und Blätter, damit sie nach Licht streben können. Zudem beherbergt sie (im Stängel oder Stamm) mit den Leitbündeln ein Transportsystem, das Wasser und Nährstoffe verteilt (s. S. 148–149).

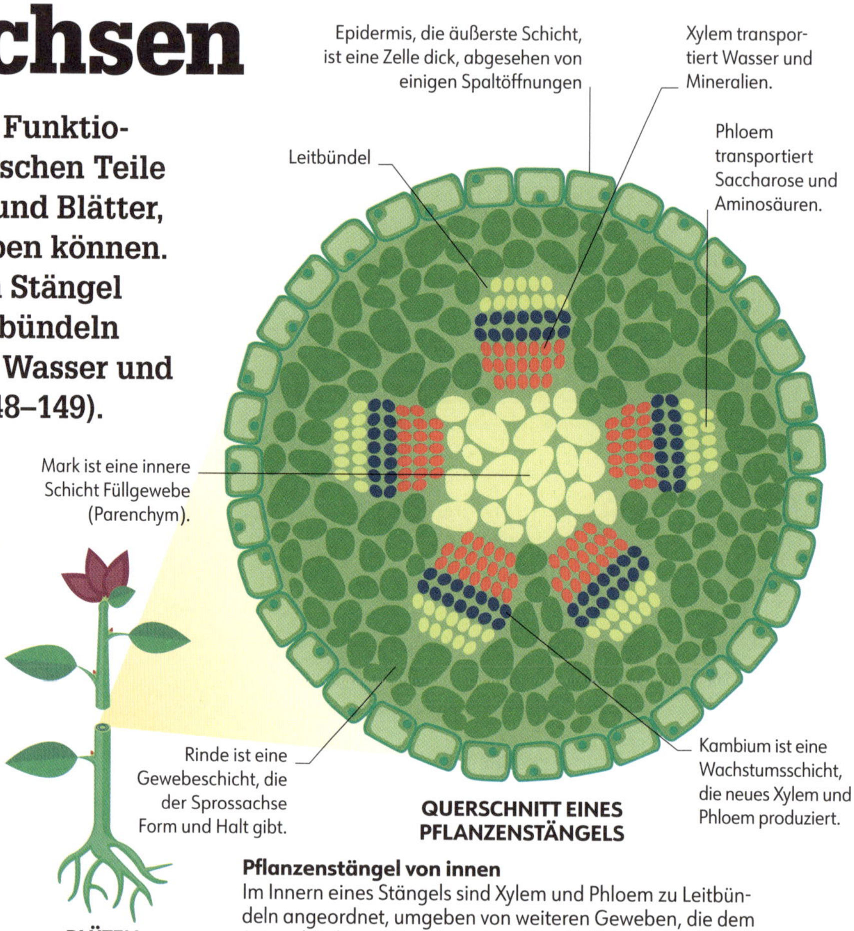

QUERSCHNITT EINES PFLANZENSTÄNGELS

Pflanzenstängel von innen
Im Innern eines Stängels sind Xylem und Phloem zu Leitbündeln angeordnet, umgeben von weiteren Geweben, die dem Stängel Halt und Struktur geben. Eine äußere wasserdichte Epidermis verhindert Wasserverlust.

Struktur der Sprossachse

Die Sprossachse ist von der Epidermis bedeckt, einer dichten äußeren Schicht, die verhindert, dass Wasser verdunstet. Die Rinde bewahrt die Form der Pflanze und wird durch einen äußeren Ring von Kollenchym und Sklerenchym gestärkt, mit Füllgewebe (Parenchym) im Innern. Das Mark im Kern gibt weiteren Halt. In der Rinde sind die Leitbündel: Xylem auf der Innen-, Phloem auf der Außenseite und teilweise eine Kambiumschicht dazwischen, die neues Xylem und Phloem abscheidet.

Leitbündel

Wie Tiere haben Pflanzen Gefäßsysteme, die Nährstoffe und Flüssigkeiten transportieren. Anstelle von Blutgefäßen besitzen Pflanzen Leitbündel aus zwei spezialisierten Geweben: Xylem (Holzteil) und Phloem (Siebteil). Diese Gewebe haben eine unterschiedliche Struktur und Funktion: Das Xylem ist das Leitsystem für Wasser, das Phloem das für Zucker und Aminosäuren. Wenn die Pflanze wächst, wird neues Xylem und Phloem vom Kambium produziert, einer Region sich teilender Zellen im Zentrum des Leitbündels.

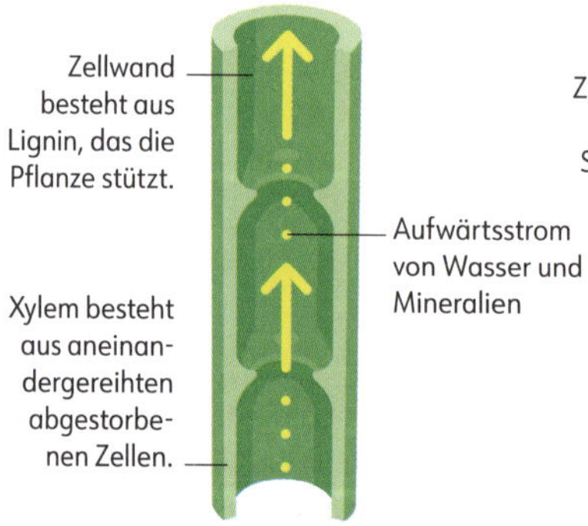

SCHNITT DURCH DAS XYLEM

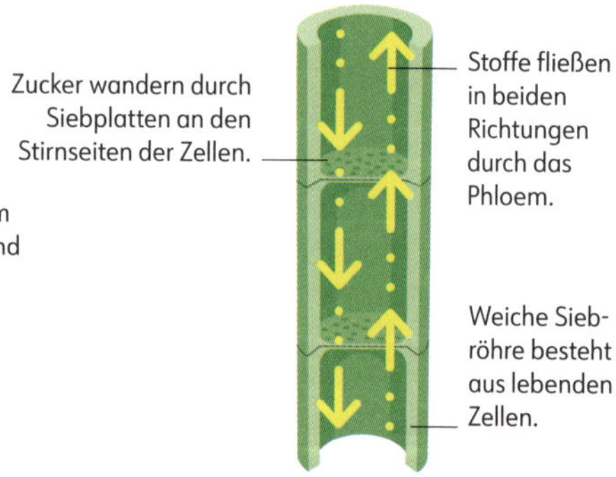

SCHNITT DURCH DAS PHLOEM

Xylem
Xylemgefäße transportieren Wasser und Mineralien von den Wurzeln zum Rest der Pflanze. Sie bestehen aus toten, hohlen Zellen, die zu einer Röhre verschmolzen sind. Xylemwände bestehen aus wasserdichtem Lignin.

Phloem
Die Siebröhren transportieren Saccharose (abgewandelte Glucose aus der Fotosynthese) und Aminosäuren auf- und abwärts (Translokation). Die Richtung hängt davon ab, wo der Zucker gebraucht wird.

Die Sprossachse produziert Holz

Wenn eine Pflanze wächst, muss sich ihre Sprossachse verstärken, um Stabilität und eine erhöhte Transportkapazität für Wasser und Mineralien zu bieten. Zu diesem Zweck wird mehr Leitgewebe produziert. Dieses Wachstum nach außen nennt man sekundäres Dickenwachstum (primäres Wachstum ist Aufwärtswachstum). Anstelle von Leitbündeln bilden Xylem und Phloem nun ganze Ringe, der Spross (bzw. Stamm) verholzt immer mehr.

WELCHE PFLANZE HAT DEN HÖCHSTEN STAMM?

Der größte Baum der Welt ist ein Küsten-Redwood in Kalifornien, USA, mit Namen Hyperion. Mit 116 m Höhe ist dieser Baum höher als ein Fußballfeld lang ist.

KARTOFFELN SIND **UNTERIRDISCHE SPROSSKNOLLEN,** DIE AN DIE **SPEICHERUNG VON STÄRKE** ANGEPASST SIND.

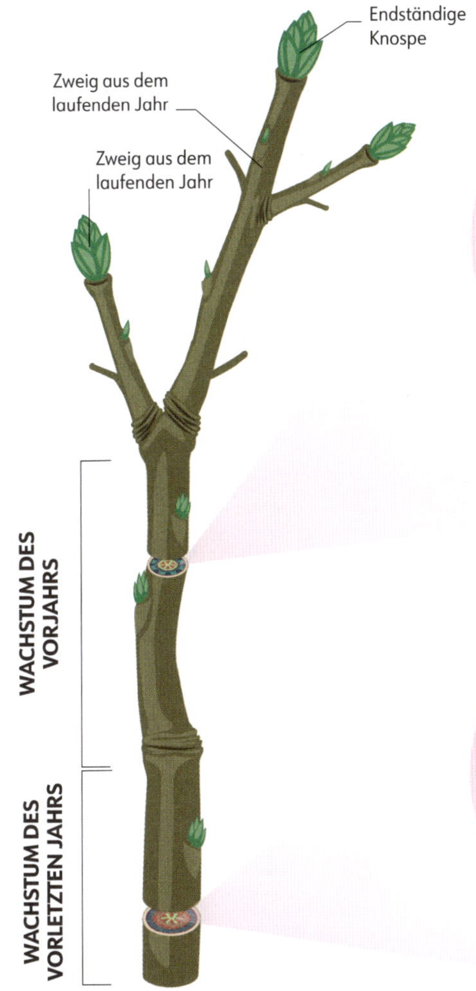

SEKUNDÄRES DICKENWACHSTUM, 1. JAHR

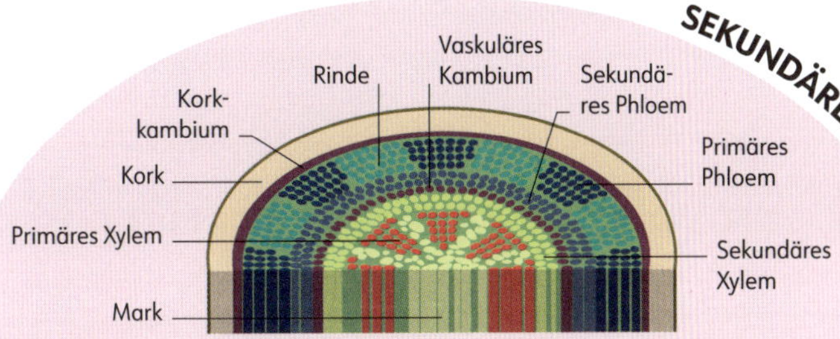

1 Wachstum im ersten Jahr
Das vaskuläre Kambium produziert einen Ring aus sekundärem Xylem auf der Innenseite und einen Ring von sekundärem Phloem auf der Außenseite. So wird der Stamm dicker. Unter der Epidermis bildet sich eine weitere Kambiumschicht, das Korkkambium. Es ersetzt die Epidermis und wird zur äußeren Rinde des Stamms.

SEKUNDÄRES DICKENWACHSTUM, 2. JAHR

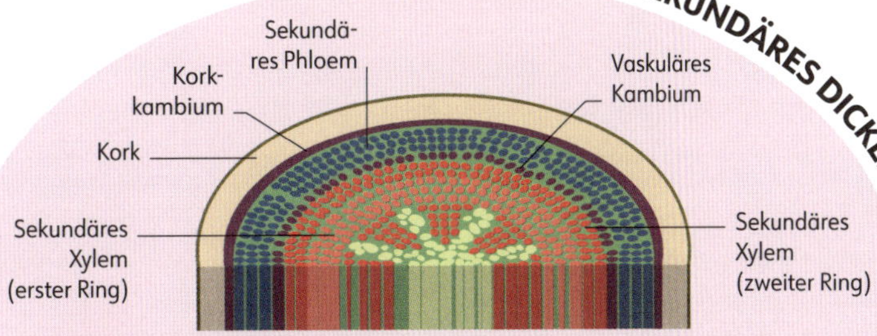

2 Wachstum im zweiten Jahr
Weil mehr Kork und sekundäres Xylem und Phloem gebildet werden, wird der Stamm noch dicker. Xylem und Phloem werden so dicht gepackt, dass das weiche Phloem zerdrückt wird. Verstärkt durch Lignin und Cellulose, dominiert das harte Xylem zunehmend den Raum innerhalb des Stamms, sodass dieser völlig verholzt.

Blätter

Während Tiere einfach essen, um Energie zu gewinnen, stellen Pflanzen ihre Nahrung selbst her. Dazu betreiben sie Fotosynthese (s. S. 46–47). Blätter sind die Hauptorgane der Fotosynthese. Sie fangen Lichtenergie mithilfe von Chlorophyll ein, dem grünen Pigment in Chloroplasten, und wandeln damit Kohlendioxid und Wasser in Zucker und Sauerstoff um.

Die Struktur eines Blatts

Ein typisches Blatt besteht aus einer flachen Blattspreite, die mit einem Stiel (Blattstiel) am Spross befestigt ist. Ein Netzwerk von Adern aus Xylem und Phloem (s. S. 144–145) transportiert Wasser, Mineralien und Nährstoffe. Die zentrale Ader heißt Mittelrippe. Blätter bestehen aus mehreren Zellschichten, darunter Epidermis, Palisadenparenchym und Schwammparenchym. Jedes Element hat eine andere Funktion und ganz spezielle Anpassungen an diese Funktion.

Blattoberseite
Eine wasserdichte, aus Wachs bestehende Cuticula bedeckt die Blattoberfläche. Sie reduziert Wasserverlust durch Transpiration (Verdunstung). Darunter liegt die schützende Epidermis, deren Zellen lichtdurchlässig sind.

DIE BLÄTTER DER RIESENSEEROSE *VICTORIA AMAZONICA* SIND BIS ZU 3 M BREIT.

NICHTFOTOSYNTHETISCHE BLÄTTER

Bei manchen Pflanzen sind die Blätter zu Strukturen modifiziert, deren Hauptfunktion nicht die Fotosynthese ist. Kaktusblätter sind zu schützenden Stacheln geworden. Bei Erbsen sind manche Blätter zu Ranken geworden, die der Pflanze beim Klettern helfen. Die roten Blätter des Weihnachtssterns imitieren Blüten, um Bestäuber anzuziehen.

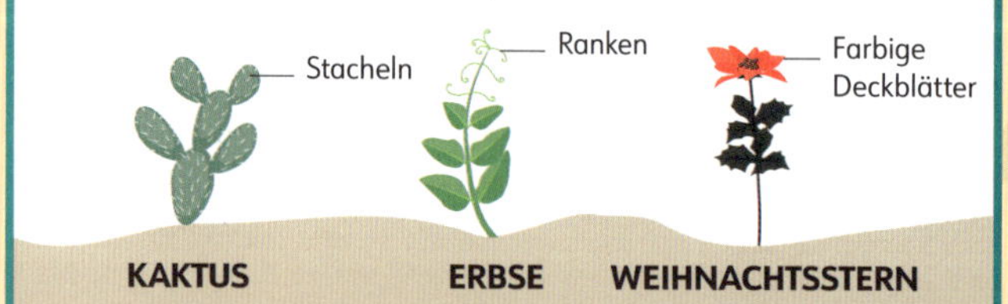

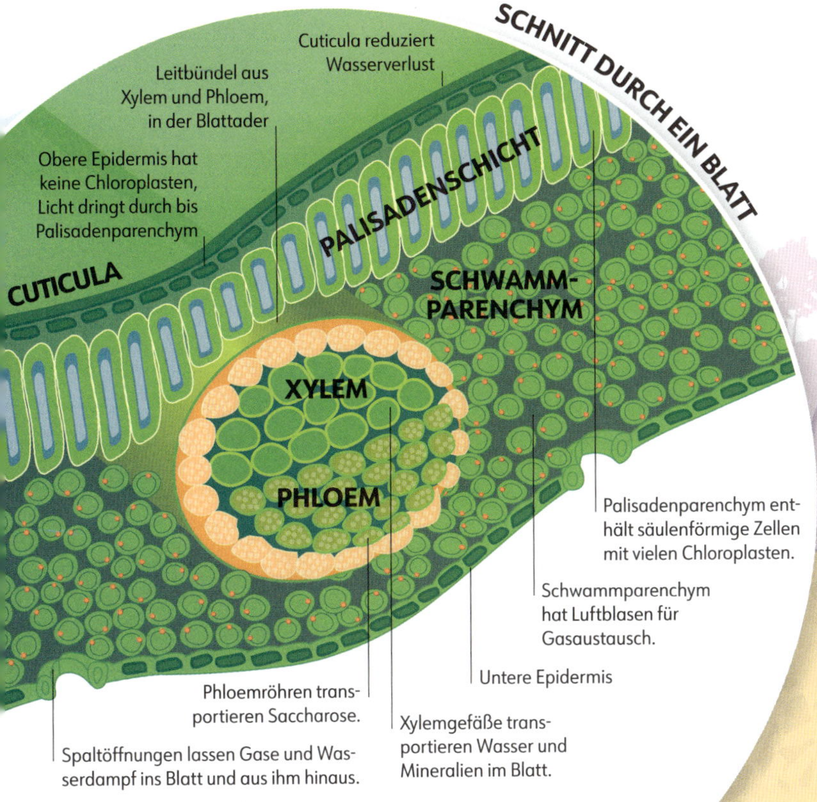

Innerer Aufbau eines Blatts
Der Großteil der Fotosynthese findet im Palisadenparenchym statt, das viele Chloroplasten enthält. Zellen des Schwammparenchyms betreiben ebenfalls Fotosynthese, Luftblasen zwischen den Zellen lassen Sauerstoff und Kohlendioxid diffundieren. Leitbündel erleichtern den Transport.

WARUM ÄNDERN BLÄTTER IHRE FARBE?

Wenn im Herbst Temperatur und Lichtstärke abfallen, wird zunächst Chlorophyll, das grüne Blattpigment, abgebaut. Zurück bleiben andere Pigmente, etwa gelbe Carotine und rote oder rosa Anthocyane.

Spaltöffnungen

An der Unterseite des Blatts befinden sich die Spaltöffnungen. Sie lassen für die Fotosynthese Kohlendioxid in das Blatt herein-, Sauerstoff und Wasserdampf hinausdiffundieren. Spaltöffnungen sind tagsüber offen, um Fotosynthese zu ermöglichen, und nachts geschlossen. Fehlt einer Pflanze Wasser, schließt sie ihre Spaltöffnungen, um Wasserverlust zu vermeiden – eine verwelkte Pflanze kann also keine Fotosynthese betreiben. Das Öffnen und Schließen wird durch zwei wurstförmige Schließzellen kontrolliert.

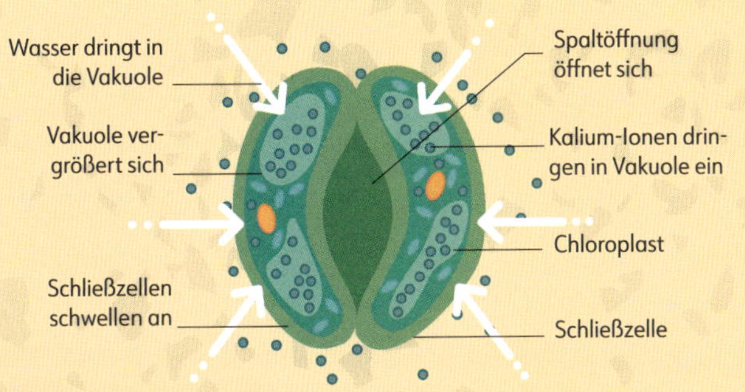

1 Spaltöffnung öffnet sich
Licht stimuliert Schließzellen dazu, Kalium-Ionen anzusammeln. Dies bewirkt, dass Wasser per Osmose in die Zellen dringt (s. S. 64–65). Die inneren Zellwände der Schließzellen sind dicker als die äußeren: Schwellen die Zellen an, verbiegen sie sich, die Spaltöffnung geht auf.

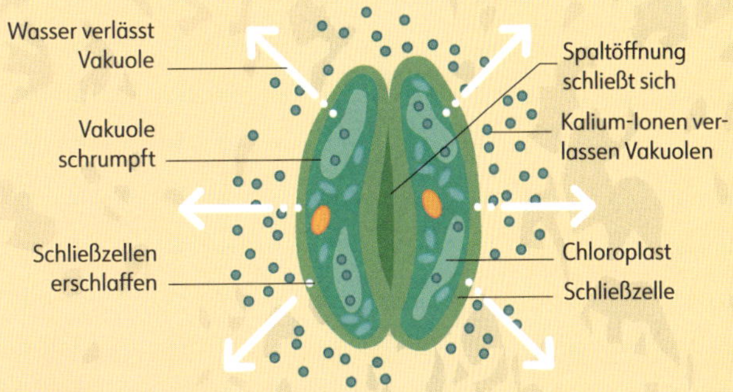

2 Spaltöffnung schließt sich
Nachts oder bei Wasser- oder Hitzestress produziert die Pflanze das Stresshormon Abscisinsäure. Sie veranlasst Kalium-Ionen zum Verlassen der Schließzellen. Wasser folgt per Osmose, die Schließzellen schrumpfen und erschlaffen. Die Spaltöffnung geht zu.

IN GROSSEN BÄUMEN FLIESST **SAFT** MIT BIS ZU **45 M/H.**

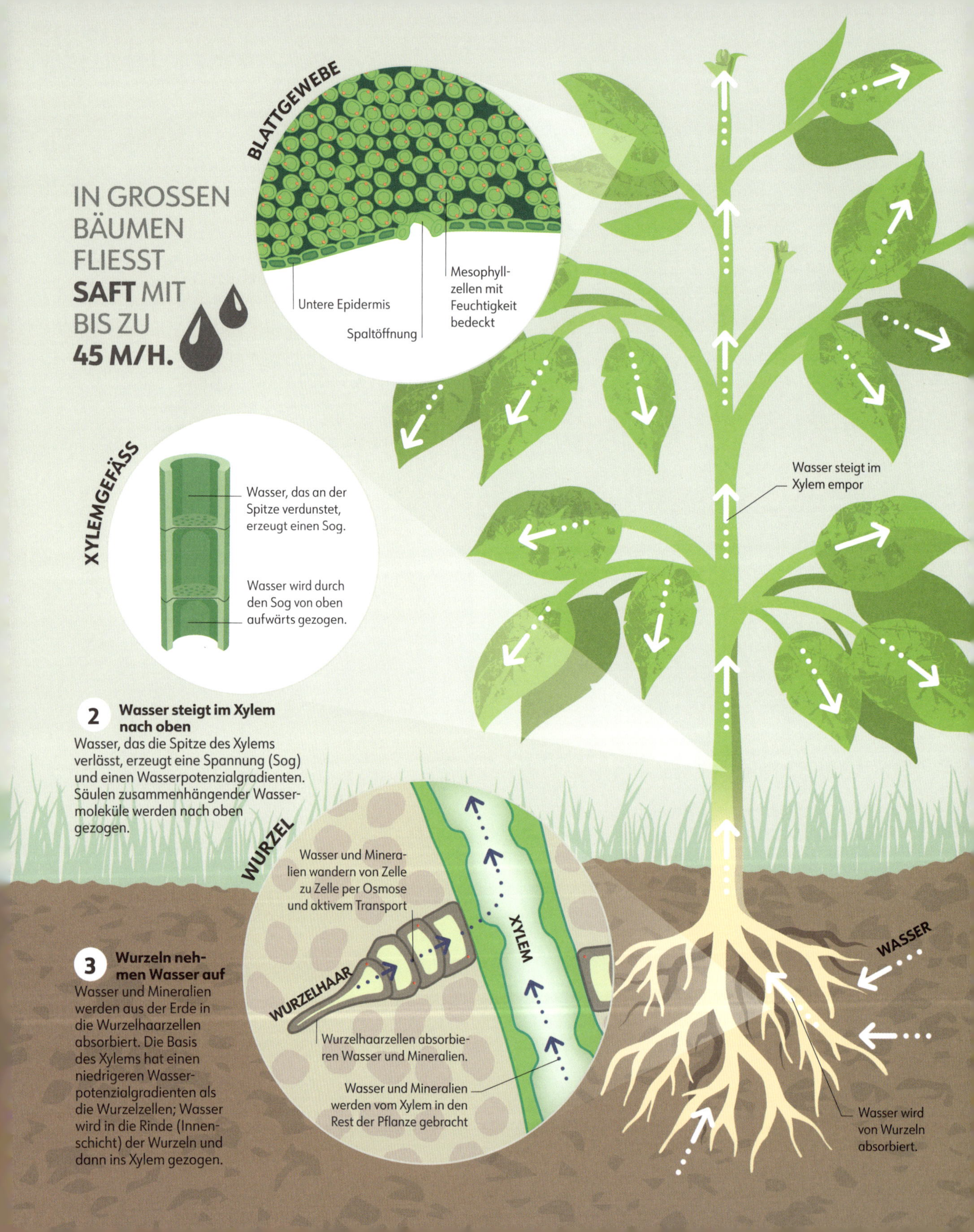

2 Wasser steigt im Xylem nach oben

Wasser, das die Spitze des Xylems verlässt, erzeugt eine Spannung (Sog) und einen Wasserpotenzialgradienten. Säulen zusammenhängender Wassermoleküle werden nach oben gezogen.

3 Wurzeln nehmen Wasser auf

Wasser und Mineralien werden aus der Erde in die Wurzelhaarzellen absorbiert. Die Basis des Xylems hat einen niedrigeren Wasserpotenzialgradienten als die Wurzelzellen; Wasser wird in die Rinde (Innenschicht) der Wurzeln und dann ins Xylem gezogen.

Transport in Pflanzen

Tiere haben ein Herz, um Substanzen durch den Körper zu transportieren, Pflanzen nutzen chemische und biologische Prozesse, um Wasser und Nährstoffe zu den Zellen zu bringen. Druck- und Konzentrationsunterschiede treiben diese Prozesse an.

1 Verdunstung durch Spaltöffnungen Wasser verdunstet aus der Innenschicht der Blattzellen und diffundiert durch Poren, den Spaltöffnungen. Das Wasserpotenzial im Blatt sinkt, Wasser wird aus Xylem aufgenommen.

Transpiration und Wurzeldruck

Transpiration ist die Verdunstung von Wasser aus Blättern. Dadurch entstehen Wasserpotenzialgradienten in der Pflanze, die den Wassertransport von Zonen hoher Wasserkonzentration zu Zonen niedrigerer Konzentration antreiben. Transpiration bewirkt, dass Wasser durch die Wurzeln und dann im Xylem hochgesogen wird (s. S. 144). Nachts, wenn die Spaltöffnungen geschlossen sind, nimmt die Pflanze durch Wurzeldruck Wasser auf: Mineralien werden immer noch aus den Wurzeln ins Xylem abgegeben und verringern dessen Wasserpotenzial. Wasser sammelt sich an der Basis des Xylems an, dieser Druck lässt das Wasser steigen.

Translokation

Saccharose und Aminosäuren werden im Phloem durch Translokation transportiert (s. S. 144) – Bewegung von Zonen der Produktion (Quellen) zu Zonen, wo sie bei Atmung oder Wachstum gebraucht werden (Senken). Die Nährstoffe werden im sogenannten Pflanzensaft transportiert. Wasser aus dem Gewebe wird in den konzentrierten Saft an der Quelle gezogen und drückt ihn zur Senke. Je nach Jahreszeit ist die Quelle ein Blatt oder ein Speicherorgan, die Senken sind Sprosse, Knospen, Blüten, Samen oder Speicherorgane.

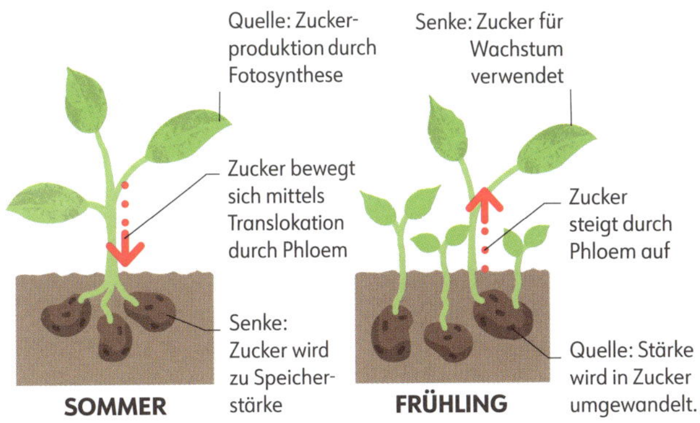

Translokation in einer Kartoffel
Im Sommer sind die Blätter die Quelle: Glucose wird dort produziert und in Saccharose umgewandelt. Die wachsenden Knollen sind die Senke, dort wird Saccharose in Stärke umgewandelt. Im Winter sterben die Blätter ab, die Knollen sind die einzige Quelle. Im Frühling treiben die Knollen aus, die Keimlinge werden zur Senke.

WELKEN

In einer Pflanze drückt der Wasserdruck innerhalb der Zellen (Turgordruck) die Membran gegen die Zellwand und die Zellen aneinander. Diese dicht gepackten Zellen halten die Pflanze aufrecht. Welke setzt ein, wenn die Transpiration die Wasseraufnahme übersteigt. Verlieren die Zellen Wasser, werden sie schlapp. Die Zellmembran schrumpft weg von der Wand (Plasmolyse), die Zellen sind nicht aneinandergepresst.

WELKE PFLANZE

WINDBESTÄUBTE BLÜTE	INSEKTENBESTÄUBTE BLÜTE
Kein Nektar wird produziert	Nektar (Nahrung) wird oft produziert, um Insekten anzuziehen
Kein Duft wird produziert	Süßer Duft wird oft produziert, um Insekten anzuziehen
Wenn vorhanden, sind Blütenblätter klein und unscheinbar, oft grün	Farbige Blütenblätter, oft mit Mustern, die nur für Insekten sichtbar sind
Narbe und Staubblätter hängen aus der Pflanze heraus, sodass sie dem Wind ausgesetzt sind	Narbe und Staubblätter sind in der Blüte, damit Pollen von Insekten abgerieben werden kann
Narbe hat eine große Oberfläche	Narbe hat eine kleine Oberfläche
Narbe ist fedrig, um Pollen aus der Luft aufzufangen	Narbe ist nicht fedrig, sondern oft klebrig
Kleine, leichte, glatte Pollenkörner werden leicht vom Wind verweht	Pollenkörner groß, mit Haaren oder Stacheln, um an Insekten zu haften
Große Mengen Pollen werden produziert, dies steigert die Wahrscheinlichkeit, dass der Pollen sein Ziel erreicht	Kleine Mengen Pollen produziert, da Insekten zielgenauen Transfer des Pollens von Blüte zu Blüte sicherstellen

Blüten

Blütenpflanzen (Bedecktsamer) sind die dominanten Landpflanzen. Sie sind weit zahlreicher und vielfältiger als Nacktsamer wie Koniferen. Bemerkenswert sind neben ihren Blüten auch ihre verschiedenen Arten, Pollen und Samen zu verbreiten.

WELCHE PFLANZE HAT DIE GRÖSSTE BLÜTE?

Einzelne Blüten von *Rafflesia arnoldii*, einer parasitischen Pflanze, die im indonesischen Regenwald wächst, erreichen einen Durchmesser von bis zu etwa 1 m.

Blütenstruktur

Blüten sind das reproduktive System einer Pflanze. Die Staubblätter sind die männlichen Organe, sie produzieren Pollen. Die weiblichen Organe – zusammen Stempel genannt – bestehen aus Fruchtknoten, Griffel und Narbe. Viele Blüten haben hell gefärbte Blütenblätter und geben Duft ab, um Bestäuber wie Insekten anzuziehen. Die meisten Blüten haben sowohl weibliche als auch männliche Organe, einige wie Zucchini haben getrennte männliche und weibliche Blüten, bei anderen ist die ganze Pflanze männlich oder weiblich, etwa bei der Stechpalme.

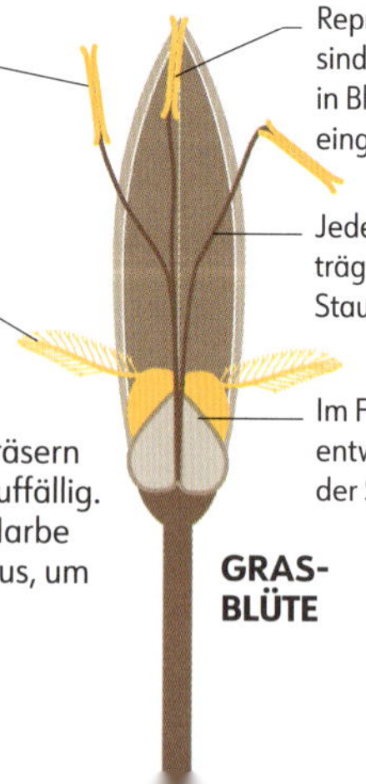

Windbestäubte Blüte
Blüten von Pflanzen wie Gräsern sind klein und farblich unauffällig. Staubblätter und fedrige Narbe hängen aus der Blüte heraus, um den Wind abzufangen.

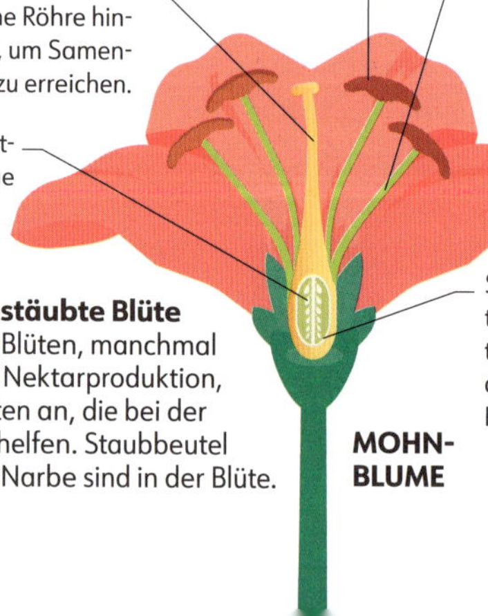

Insektenbestäubte Blüte
Farbenfrohe Blüten, manchmal mit Duft und Nektarproduktion, ziehen Insekten an, die bei der Bestäubung helfen. Staubbeutel und klebrige Narbe sind in der Blüte.

KONIFERENZAPFEN

Nacktsamer haben keine Blüten. Ihre Samen entstehen in Zapfen statt in Früchten. Koniferen haben kleine männliche und große weibliche Zapfen. Die männlichen produzieren Pollen, der vom Wind verteilt wird. Sobald Pollen auf einem weiblichen Zapfen landet und ihn befruchtet, bilden sich innerhalb von drei Jahren Samen. Der weibliche Zapfen übergibt sie dem Wind.

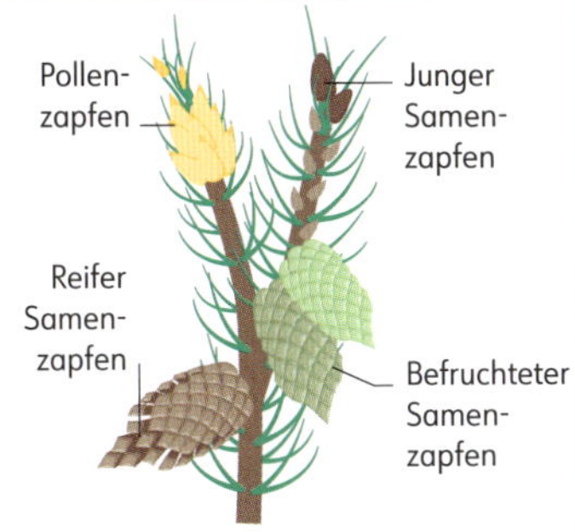

DIE AUSTRALISCHE WESTERN UNDERGROUND ORCHID **LEBT UND BLÜHT** VÖLLIG **UNTERIRDISCH.**

Kreuzbefruchtung durch Insekten
Über 80 Prozent der Tierbestäubung wird durch Insekten erledigt – Bienen, Schmetterlinge, Motten und Fliegen. Weitere Bestäuber sind Vögel und Fledermäuse.

Bestäubung

Bestäubung ist der Transfer von Pollen vom Staubbeutel einer Blüte zur Narbe derselben oder einer anderen Blüte. Die meisten Pflanzen müssen durch Bestäubung befruchtet werden, um sich zu Samen und Früchten zu entwickeln. Blüten können von Tieren (biotisch) bestäubt werden oder von Wind oder gelegentlich Wasser (abiotisch). Etwa 80 Prozent der Blütenpflanzen sind tierbestäubt, etwa 20 Prozent windbestäubt – etwa Gräser und viele Bäume.

Früchte

Jede Blütenpflanze produziert Früchte. Botanisch gesprochen ist eine Frucht ein reifer Fruchtknoten mit Samen. Nicht nur Früchte wie Äpfel gehören dazu, sondern auch Tomaten, Paprika und Zucchini, Nüsse und Mohnkapseln. Früchte haben zwei Funktionen: Sie schützen die Samen und helfen bei ihrer Verbreitung.

Fruchtentwicklung

Eine Blüte muss befruchtet werden, um zu einer Frucht zu werden. Dabei verschmelzen Spermazellen aus den männlichen Pollenkörnern mit den weiblichen Eizellen in den Samenanlagen des Fruchtknotens. Jede Samenanlage wird nur von einem Pollenkorn befruchtet. Nach der Befruchtung entwickelt sich jede Samenanlage in einen Samen, der Fruchtknoten in eine Frucht. Dabei wird er größer und seine Wände verdicken sich zum Fruchtgehäuse (Perikarp). Wenn die Frucht reift, sammeln sich Zucker darin, die verwelkten Blütenblätter und andere Blütenteile werden abgeworfen. Entwicklung und Reife der Frucht werden von Hormonen kontrolliert.

Doppelte Befruchtung
Bedecktsamer (Blütenpflanzen) nutzen als einzige eine doppelte Befruchtung. Zwei Spermien aus dem Pollenkorn verschmelzen mit zwei Zellen in jeder Samenanlage. Eine Verschmelzung wird zur Zygote, die zum Pflanzenembryo wird. Aus der anderen bildet sich das Endosperm, das Nährgewebe für den Embryo.

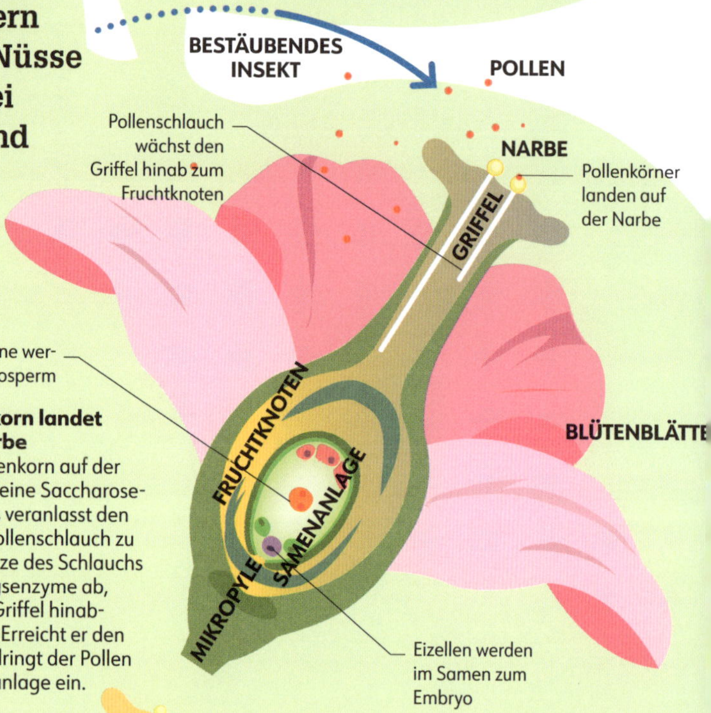

1 Pollenkorn landet auf Narbe
Landet ein Pollenkorn auf der Narbe, gibt sie eine Saccharoselösung ab. Dies veranlasst den Pollen, einen Pollenschlauch zu bilden. Die Spitze des Schlauchs gibt Verdauungsenzyme ab, sodass er den Griffel hinabwachsen kann. Erreicht er den Fruchtknoten, dringt der Pollen in eine Samenanlage ein.

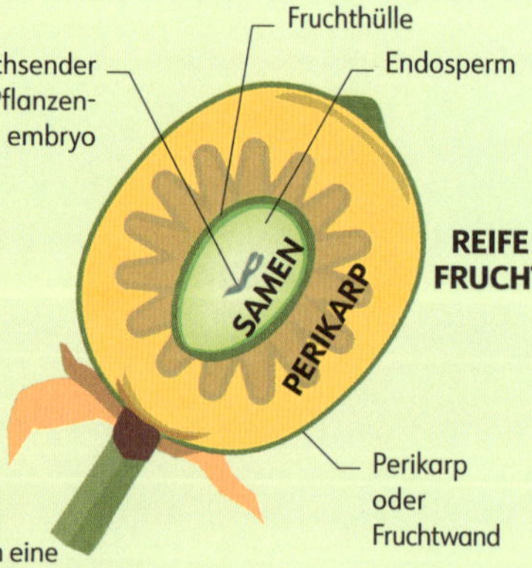

2 Befruchtung der Samenanlage
Zwei Spermien aus dem Pollenkorn wandern hinab in die Samenanlage. Eines verschmilzt mit dem Ei und wird zur Zygote, die zum Embryo heranwächst. Das zweite verschmilzt mit zwei weiteren weiblichen Kernen und bildet das Endosperm.

3 Frucht wächst
Nach der Befruchtung werden aus den Samenanlagen Samen und aus dem Fruchtknoten eine Frucht. Die Fruchtknotenwand wird zum fleischigen Perikarp. Die Blütenblätter werden abgeworfen. Die Frucht wächst und reift, so wie die Samen.

WELCHE FRUCHT STINKT AM MEISTEN?

Die Durian, eine große, stachelige, essbare Frucht aus Südostasien, hat einen unangenehm fauligen Geruch. Die Frucht ist deshalb in einigen Ländern in öffentlichen Verkehrsmitteln verboten.

WIE SAMEN UND FRÜCHTE VERBREITET WERDEN

TIERVERBREITUNG

Tomate
Früchte sind süß und hell gefärbt, um Tiere, etwa Vögel, anzulocken. Samen werden mit dem Kot verbreitet.

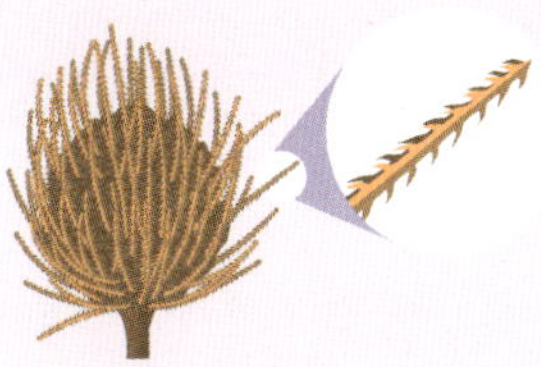

Klette
Früchte haben hakenbesetzte Stacheln, die in alle Richtungen zeigen. Diese Haken bleiben in Tierfellen hängen.

WASSERVERBREITUNG

Kokosnuss
Die Früchte schwimmen und haben eine dicke, faserige Schale. Sie können Monate oder Jahre auf See treiben.

Lotus
Lotus wächst im Wasser. Samen fallen aus der Frucht und schwimmen mit der Strömung. Sie keimen im Schlamm.

WINDVERBREITUNG

Ahorn
Die Früchte haben steife Flügel und können fliegen. Die Flügel sind so ausbalanciert, dass die Frucht sich dreht.

Löwenzahn
Jede Frucht, die nur einen leichten Samen enthält, hat einen fedrigen Fallschirm, den ein Windhauch davonträgt.

SELBSTVERBREITUNG

Spritzgurke
In der Frucht bildet sich ein Überdruck, sodass sie wie eine Rakete vom Stängel abhebt und Samen verspritzt.

Pfauenstrauch
Das Perikarp (Samenhülse) trocknet auf der Pflanze aus, dann dreht es sich heftig auf und wirft die Samen aus.

Methoden der Verbreitung

Sobald die Samen reif sind, unterstützen Früchte deren Verbreitung. Verbreitung ist ein Mittel der Pflanze, sich in neuen Lebensräumen zu etablieren. Zudem vermeidet sie, dass die Keimlinge mit der Elternpflanze und untereinander um Platz, Licht, Wasser und Nährstoffe konkurrieren. Früchte sind gut angepasst an die Verbreitung, verschiedene Pflanzen nutzen eine Vielfalt von Methoden. Manche nutzen Tiere (biotische Verbreitung), andere abiotische Mittel wie Wind und Wasser oder die mechanische Selbstverbreitung.

DER TROPISCHE **SANDBÜCHSENBAUM** HAT **EXPLODIERENDE FRÜCHTE,** DIE **SAMEN** FLIEGEN MIT BIS ZU **257 KM/H** DAVON.

FRUCHTTYPEN

Früchte werden auf vielfache Weise klassifiziert. Eine beruht darauf, wie sie wachsen. Einfache Früchte wie Zitronen wachsen aus einer Blüte. Aggregatfrüchte wie Himbeeren bilden einen Haufen kleiner Früchte, ebenfalls aus einer einzelnen Blüte. In falschen Früchten wie Äpfeln besteht ein Großteil der Frucht nicht aus dem Fruchtknoten, sondern anderem Gewebe. Außerdem können Früchte trocken sein wie Erbsenschoten oder fleischig wie Kirschen.

TROCKENE FRUCHT FLEISCHIGE FRUCHT

WIE TIERE FUNKTIONIEREN

Halt und Bewegung

Wie die Stangen eines Zelts bietet ein Skelett das nötige Gerüst, das einem Tier Gestalt gibt, seine Organe vor Verletzung schützt und eine starre Struktur bildet, an der Muskeln ziehen können, um Bewegung zu erzeugen.

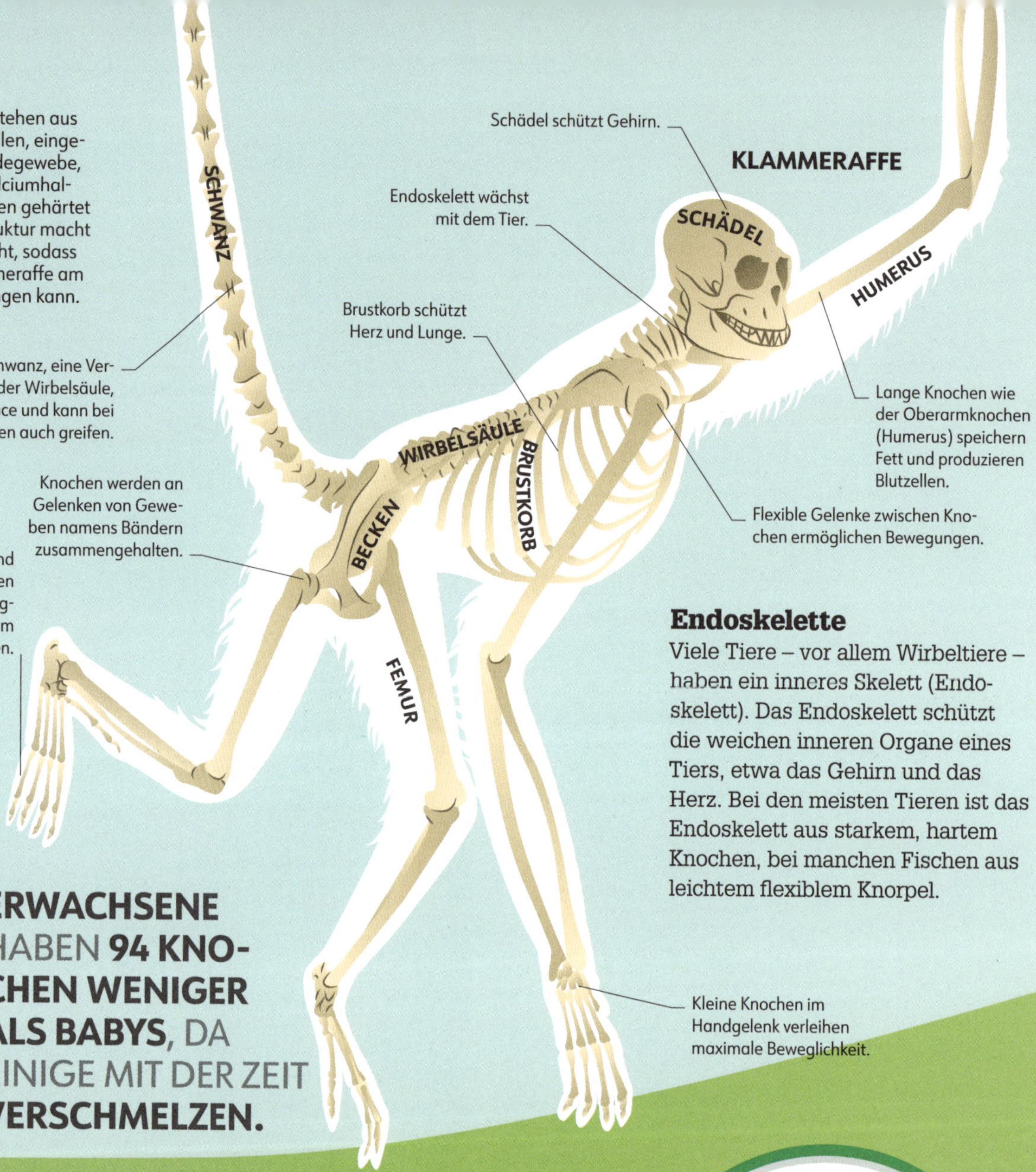

Knochen
Knochen bestehen aus lebenden Zellen, eingebettet in Bindegewebe, das durch calciumhaltige Mineralien gehärtet ist. Diese Struktur macht Knochen leicht, sodass dieser Klammeraffe am Baum schwingen kann.

Endoskelette

Viele Tiere – vor allem Wirbeltiere – haben ein inneres Skelett (Endoskelett). Das Endoskelett schützt die weichen inneren Organe eines Tiers, etwa das Gehirn und das Herz. Bei den meisten Tieren ist das Endoskelett aus starkem, hartem Knochen, bei manchen Fischen aus leichtem flexiblem Knorpel.

ERWACHSENE HABEN 94 KNOCHEN WENIGER ALS BABYS, DA EINIGE MIT DER ZEIT VERSCHMELZEN.

HABEN SCHILDKRÖTEN EIN ENDOSKELETT UND EIN EXOSKELETT?

Nein, die harte äußere Schale einer Schildkröte ist kein richtiges Exoskelett, sondern eine Anpassung ihres Endoskeletts.

HYDROSTATISCHE SKELETTE

Einige einfache Tiere, etwa Regenwürmer, haben eine flexible, flüssigkeitsgefüllte Kammer, umgeben von Muskeln, um Halt, Form und Bewegung zu ermöglichen. Dies nennt man ein hydrostatisches Skelett.

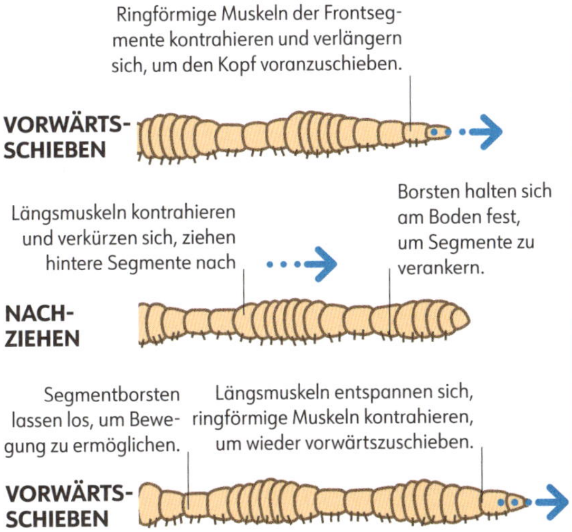

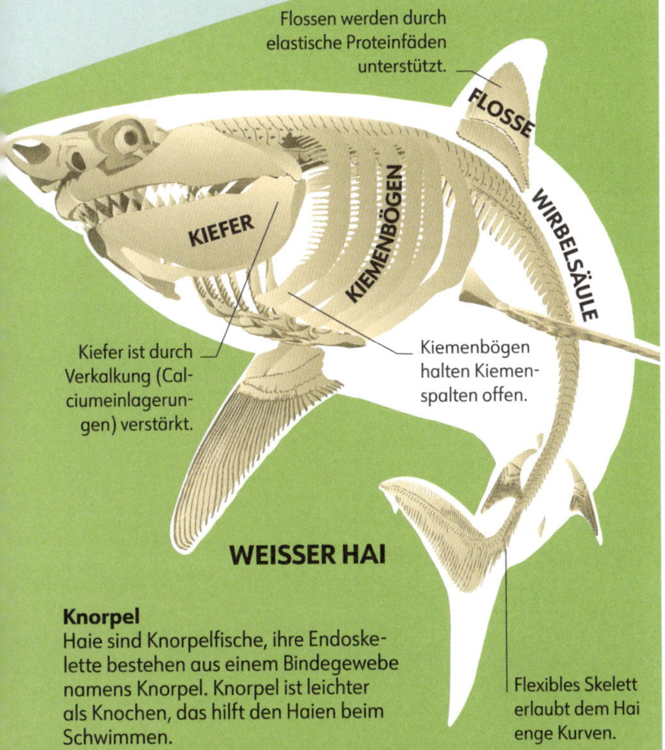

Knorpel
Haie sind Knorpelfische, ihre Endoskelette bestehen aus einem Bindegewebe namens Knorpel. Knorpel ist leichter als Knochen, das hilft den Haien beim Schwimmen.

Exoskelette

Viele Wirbellose haben rüstungsähnliche äußere Skelette. Wie ein Endoskelett verleiht ein Exoskelett die Struktur, um Bewegung zu unterstützen, schützt die weichen inneren Gewebe und verhindert das Austrocknen, etwa bei Insekten. Manche Exoskelette wachsen nicht mit, deshalb muss das Tier sich häuten, solange es wächst.

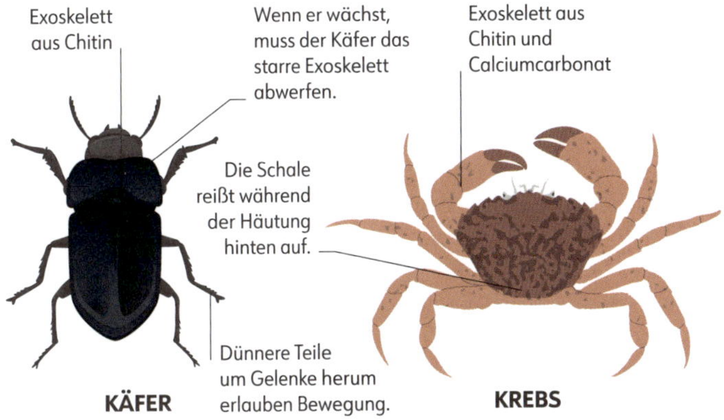

Wie Muskeln funktionieren

Ein Skelett wird von Skelettmuskeln bewegt, die an seinen Knochen ziehen. Bei Endoskeletten sind diese Muskeln an den Knochen mithilfe von faserigen Geweben namens Sehnen befestigt. Bei Exoskeletten setzen die Muskeln direkt am Skelett an. Muskeln an Gelenken operieren paarweise – während der eine Muskel kontrahiert, entspannt sich der andere (s. S. 72–73).

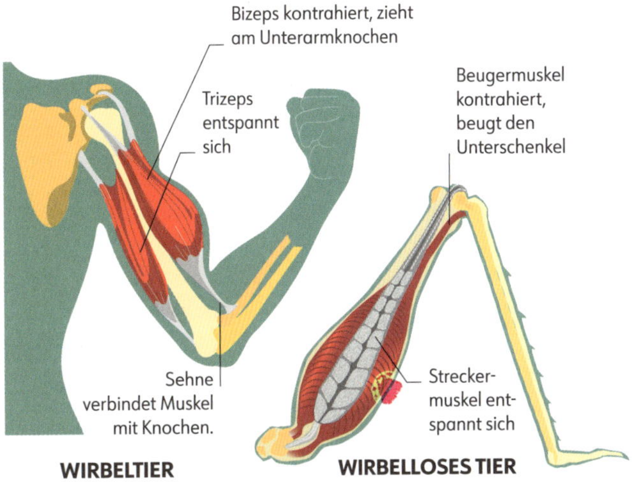

Atmung

Tiere brauchen Sauerstoff zum Leben. Verschiedene Gruppen haben ihre eigenen Methoden entwickelt, Sauerstoff in den Körper zu befördern, abhängig von Größe und Form und ob sie in Luft oder Wasser atmen.

WARUM SCHNARCHEN WIR?

Schnarchen entsteht, wenn weiches Gewebe hinten am Gaumen sich entspannt und beim Atmen flattert, oder wenn die Luftwege der Nase sich im Schlaf verengen und vibrieren.

Lungen

Säugetiere, Vögel, Reptilien und einige Amphibien und Fische nutzen Lungen zum Atmen. Lungen sind wie Saugpumpen, sie dehnen sich aus, um den Luftdruck im Innern zu senken, was wiederum Luft in den Körper saugt. Zudem enthalten sie die Oberflächen, an denen Sauerstoff in den Blutstrom gelangen und Kohlendioxid ihn verlassen kann.

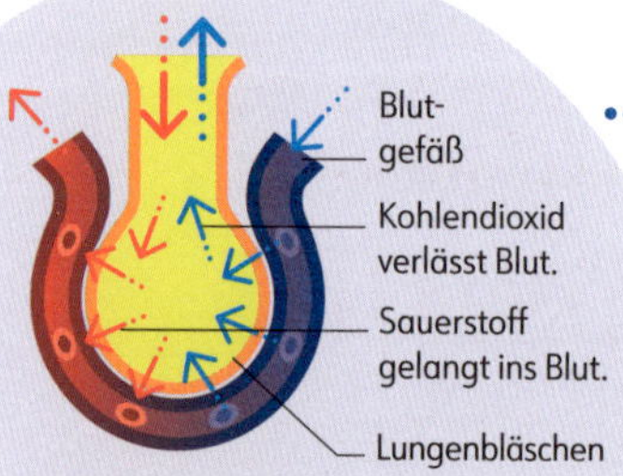

Gasaustausch
Lungen sind mit Millionen winziger, dünnwandiger Lungenbläschen (Alveolen) gefüllt. Blutgefäße umgeben jedes Bläschen, Gase können in den Blutstrom und hinaus diffundieren.

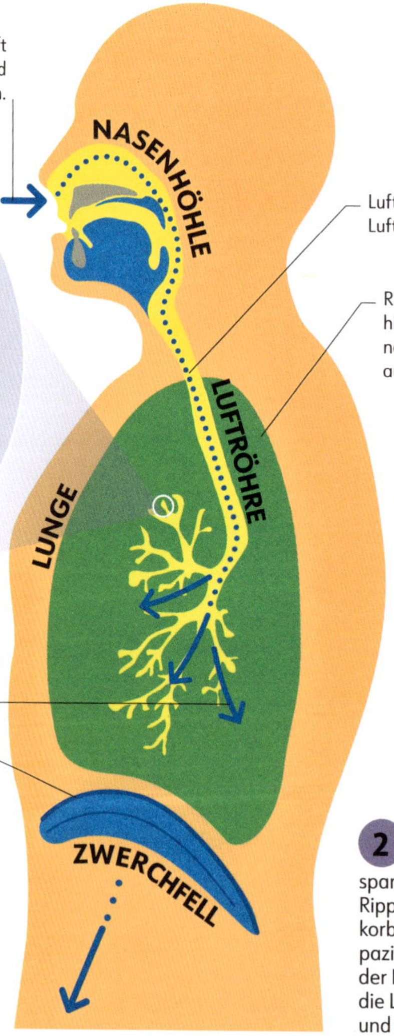

1 Einatmen
Wenn jemand einatmet, kontrahiert sein Zwerchfell und zieht nach unten, die Rippenmuskeln kontrahieren und dehnen den Brustkorb. Die Lunge dehnt sich aus, zieht Luft durch Nase und Mund die Luftröhre hinab in die Lungenflügel.

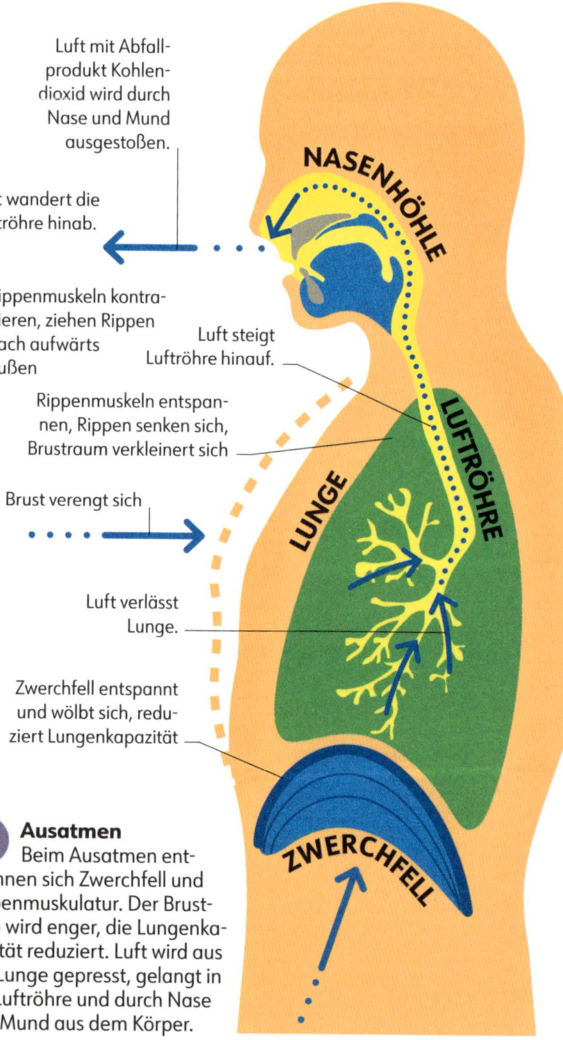

2 Ausatmen
Beim Ausatmen entspannen sich Zwerchfell und Rippenmuskulatur. Der Brustkorb wird enger, die Lungenkapazität reduziert. Luft wird aus der Lunge gepresst, gelangt in die Luftröhre und durch Nase und Mund aus dem Körper.

Kiemen

Fische, Krebse, Weichtiere und manche Larven von Tieren, die ihr Leben im Wasser beginnen, atmen mit Kiemen. Kiemen sind fädige Strukturen mit einer möglichst großen Oberfläche für den Gasaustausch. Wie die Bläschen von Lungen sind diese Fäden von winzigen Blutgefäßen umgeben, die Sauerstoff ins Blut absorbieren und Kohlendioxid austreten lassen. Kiemen müssen nass gehalten werden, damit sie nicht austrocknen und in sich zusammenfallen.

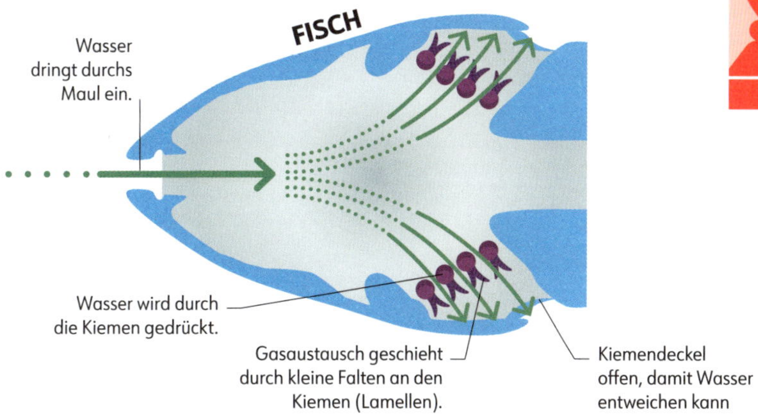

Tracheen und Atemlöcher

Das Atmungssystem von Insekten, etwa Schaben, ist komplett getrennt vom Blutkreislauf, ihr Blut transportiert keine Gase. Stattdessen haben sie ein Tracheensystem, in dem Luft durch Körperporen eingesogen und durch ein Netzwerk von Luftröhren, den Tracheen, befördert wird. Dieses System bringt Sauerstoff für die Zellatmung direkt in die Gewebe und entfernt das Abfallgas Kohlendioxid.

EIN KOLIBRI MACHT **250 ATEMZÜGE PRO MINUTE,** MENSCHEN **IM DURCHSCHNITT NUR 12.**

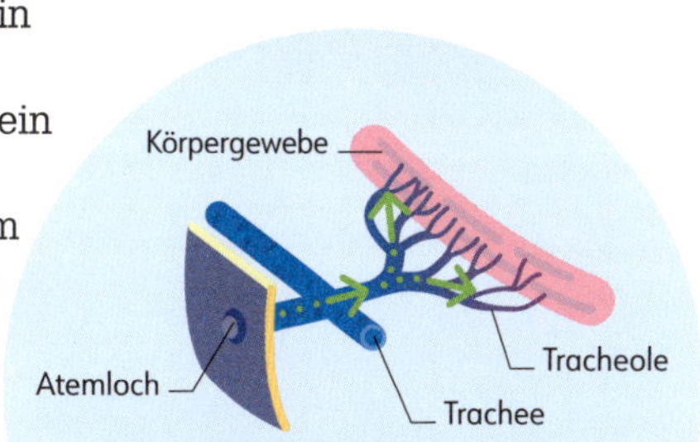

Röhrennetz
Atemlöcher öffnen sich, um Luft ins Tracheensystem zu lassen, das sich im ganzen Körper verzweigt, um Sauerstoff ins Gewebe zu bringen.

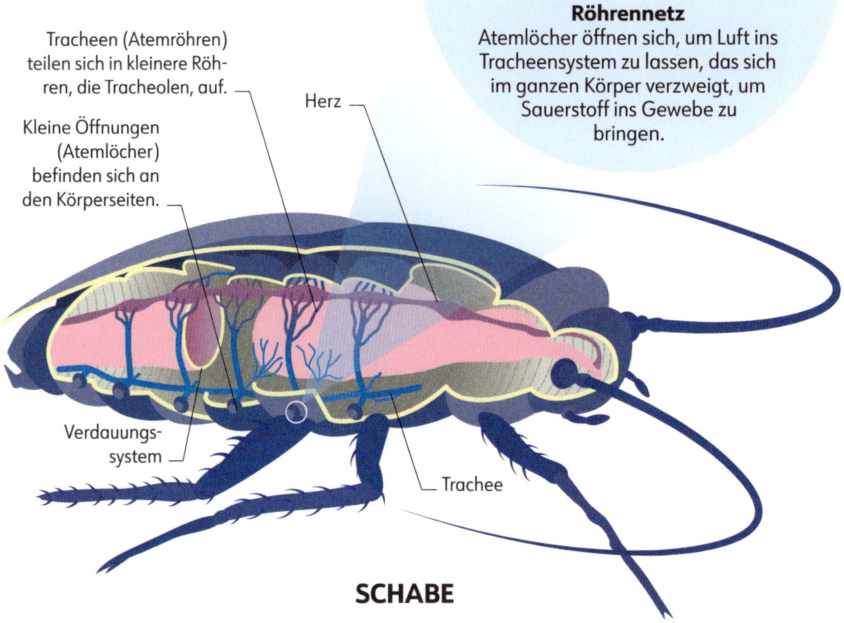

HAUTATMUNG

Manche Tiere – Schwämme, Korallen, Quallen und Würmer – können gänzlich durch ihre Haut atmen. Amphibien wie Frösche nutzen die Hautatmung in Kombination mit entweder Kiemen (als Kaulquappen) oder Lungen (als Erwachsene). Die Haut muss feucht und dünn sein, damit Gase mittels Diffusion durch diese Barriere dringen.

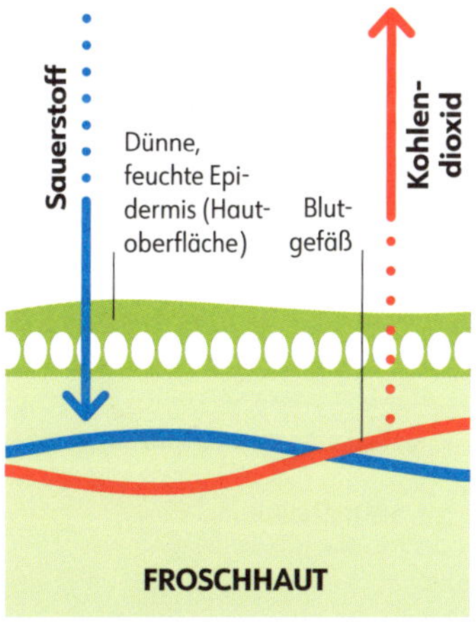

Kreislauf-systeme

Das Kreislaufsystem ist ein lebenswichtiges Transportsystem. Es versorgt jede Zelle in einem Tierkörper mit den Nährstoffen und Immunzellen, die sie braucht, und entfernt Abfallstoffe.

WIE VIELE HERZEN HAT EIN REGENWURM?

Keine gekammerten Organe wie das menschliche Herz, aber fünf Paare herzähnlicher Organe namens Aortenbögen, die Blut durch den Körper pumpen.

Lebenserhaltendes System

Alle komplexen Tiere brauchen ein System zum Transport von Nähr- und Abfallstoffen im Körper. Ähnlich wie ein Autobahnnetz mit seinen Lastwagen haben Tiere Kreislaufsysteme mit Netzen aus Blutgefäßen, die Blut zu jeder Zelle im Körper bringen. Das Herz ist die kraftvolle Pumpe im Zentrum des Systems, es hält seine Bewegung in Gang.

Einfache und doppelte Zirkulation

Wirbeltiere können ein einfaches oder ein doppeltes Kreislaufsystem haben. Bei den einfachen Systemen passiert das Blut während eines kompletten Zyklus nur einmal das Herz, bei doppelten Systemen wie beim Menschen zweimal – einmal nach dem Lungendurchgang und dann wieder nach dem Durchströmen des restlichen Körpers.

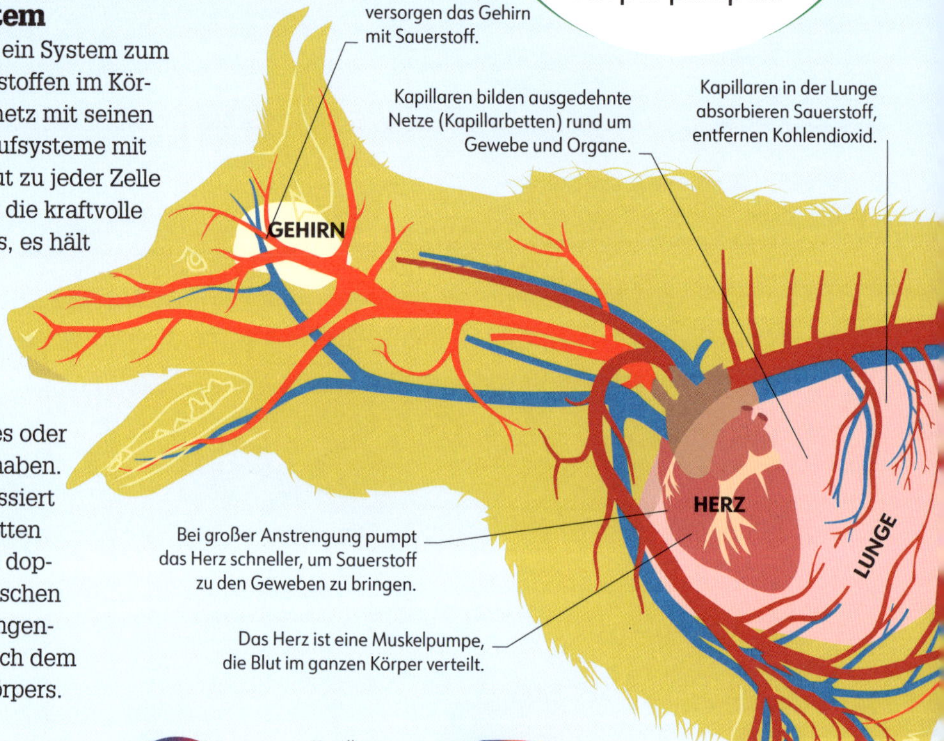

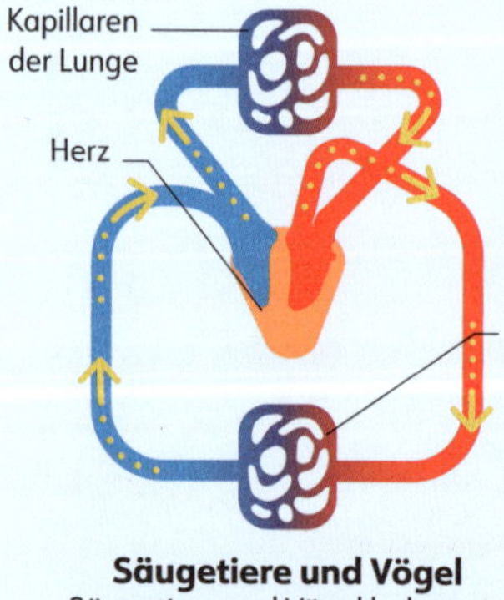

Säugetiere und Vögel
Säugetiere und Vögel haben ein doppeltes Kreislaufsystem. Blut wird in der Lunge mit Sauerstoff beladen und dann in den Körper gepumpt.

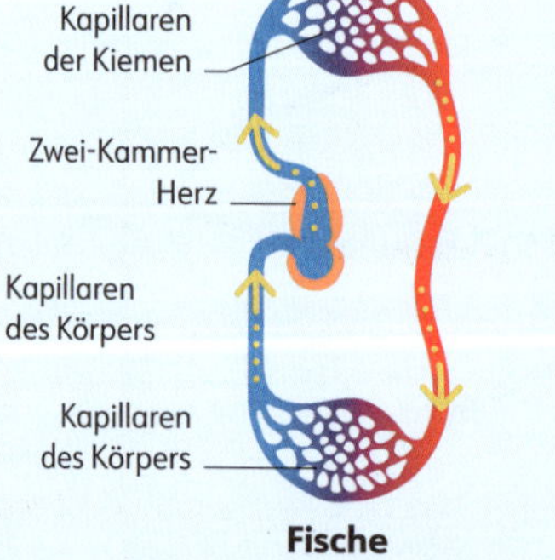

Fische
Blut wird in einer Schleife vom Herz zu den Kiemen gepumpt, wo es Sauerstoff auf dem Weg durch den Körper aufnimmt.

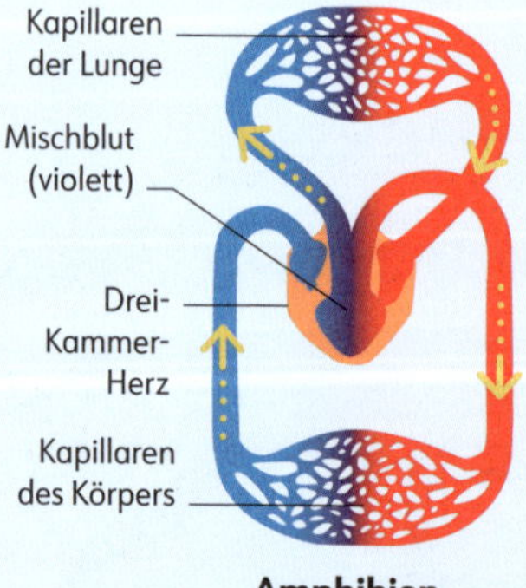

Amphibien
Amphibien haben ein doppeltes System, aber sauerstoffarmes und -reiches Blut mischen sich im Herzen, bevor es durch den Körper fließt.

OFFENE KREISLAUFSYSTEME

Kleine, einfache Tiere wie Regenwürmer und Insekten haben ein offenes System, in dem eine Flüssigkeit (Hämolymphe) von einem röhrenförmigen Herz direkt in die Körperhöhle gepumpt wird, wo der Gasaustausch stattfindet.

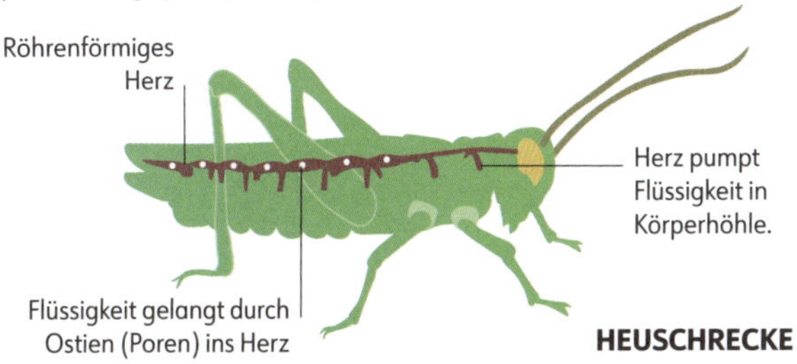

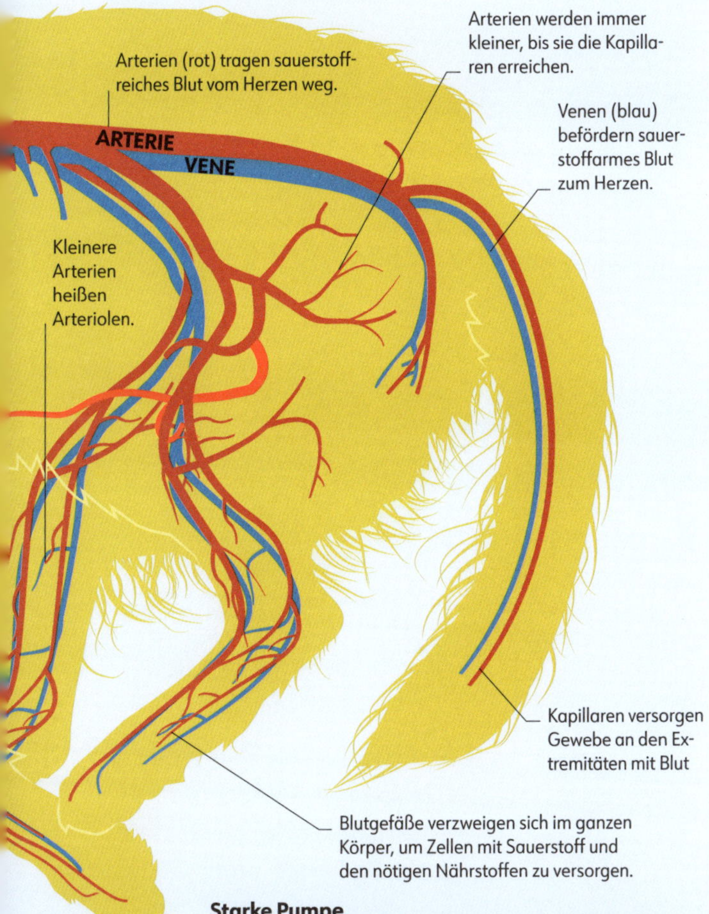

Starke Pumpe
Komplexe Tiere wie dieser Wolf sind auf ein effizientes Kreislaufsystem angewiesen, um ihre Muskeln schnell mit Energie versorgen zu können.

Typen von Blutgefäßen

Bei Säugetieren finden sich drei Haupttypen von Blutgefäßen: Arterien, Venen und Kapillaren. Arterien bringen Blut vom Herzen weg, sie können sich weiten und verengen, um den Blutfluss zu kontrollieren. Venen bringen das Blut zum Herzen zurück. Über Kapillaren findet ein ständiger Austausch von Nähr- und Abfallstoffen in den Geweben statt.

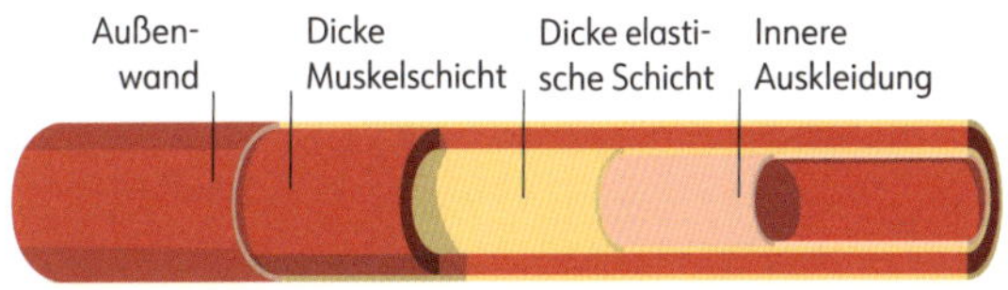

Arterien
Arterien sind von einer Bindegewebsschicht umgeben. Sie haben dicke, muskuläre, elastische Wände, die Druckanstiege aushalten können, wenn das Blut durch sie hindurch gepumpt wird.

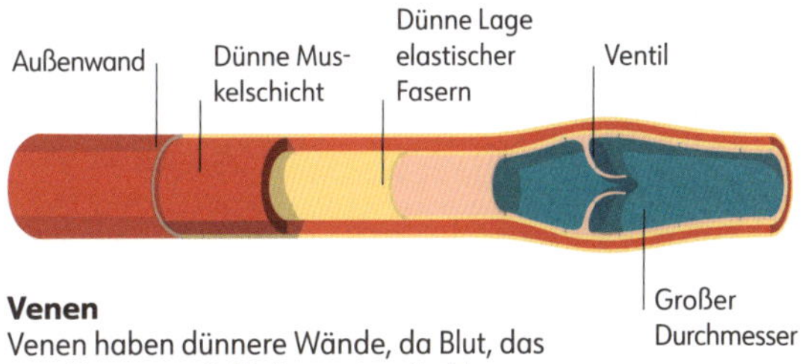

Venen
Venen haben dünnere Wände, da Blut, das zum Herzen zurückkehrt, unter niedrigerem Druck steht. Sie haben Einwegventile, die sicherstellen, dass Blut nicht rückwärts fließt.

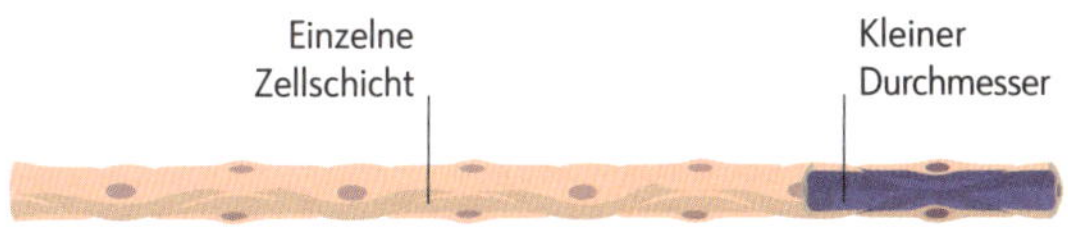

Kapillaren
Kapillaren haben sehr dünne Wände. Sie ermöglichen den Austausch von Nährstoffen, Gasen und anderen Molekülen zwischen Blut und Geweben. Manche haben auch Lücken und Poren für größere Moleküle.

DAS **HERZ** EINES BLAUWALS IST **1,5 M LANG, 1,2 M BREIT** UND **WIEGT 181 KG.**

Verdauungssysteme

Tiere beziehen Energie aus der Nahrung, die sie aufnehmen. Das Verdauungssystem baut die Nahrung Schritt für Schritt ab, sodass ein Tier die Nährstoffe, die es braucht, absorbieren kann. Je nach Bedarf variieren die Systeme.

Von der Nahrung zum Kot

Der Weg der Nahrung beginnt bei allen Tieren im Mund. Meistens wird der Nahrungsbrei dann durch einen langen Magen-Darm-Trakt befördert, wo er mittels Muskelkontraktionen und Chemikalien in seine Nährstoffkomponenten zerlegt wird. Erst diese können durch die Darmwand absorbiert und in den Blutstrom aufgenommen werden. Alles, was übrig bleibt – die unverdaulichen Bestandteile – wird als Kot über den After ausgeschieden.

2 Speiseröhre
Sie kontrahiert in wellenartigen Bewegungen (Peristaltik) und befördert so Nahrung und Flüssigkeit aus dem Mund in den Magen.

3 Magen
Muskeln der Magenwand kontrahieren, um die Nahrung mit säurehaltigen Verdauungssäften und Enzymen zu vermischen. Der entstehende Speisebrei wird in den Dünndarm abgegeben.

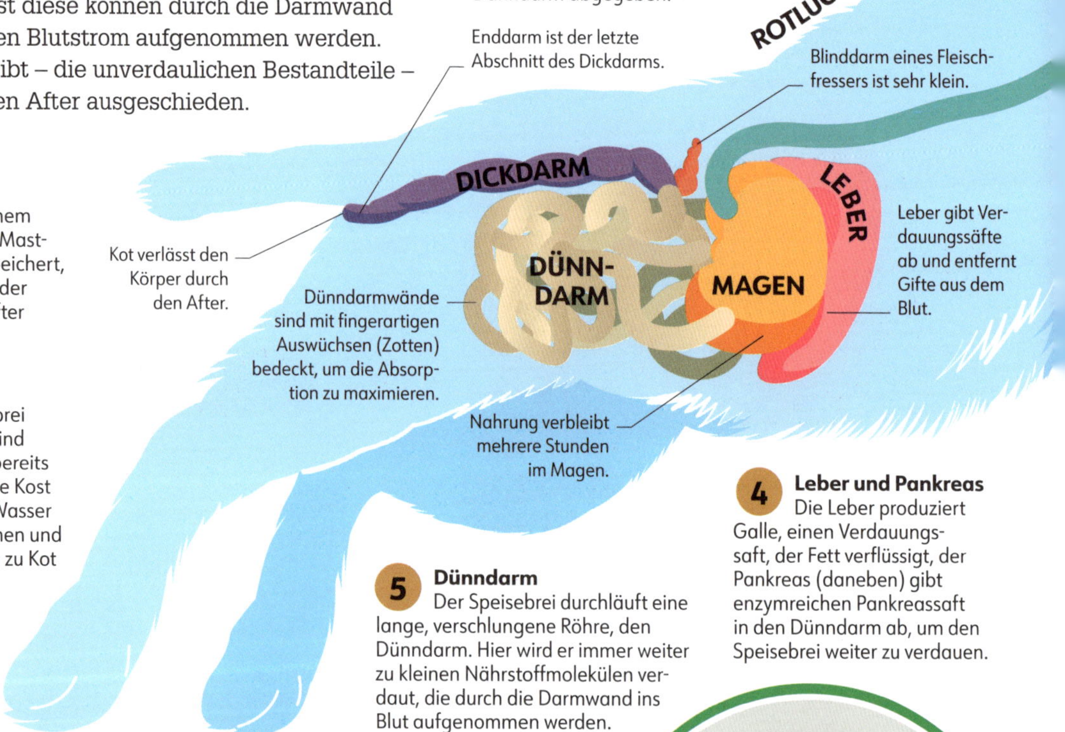

8 Mastdarm
Der Kot wird in einem Teil des Dickdarms, dem Mastdarm oder Rektum, gespeichert, bis er durch Kontraktion der Darmwand durch den After ausgeschieden wird.

7 Dickdarm
Wenn der Speisebrei den Dickdarm erreicht, sind die meisten Nährstoffe bereits absorbiert, unverdauliche Kost und Wasser sind übrig. Wasser wird ins Blut aufgenommen und die unverdaute Nahrung zu Kot zusammengepresst.

4 Leber und Pankreas
Die Leber produziert Galle, einen Verdauungssaft, der Fett verflüssigt, der Pankreas (daneben) gibt enzymreichen Pankreassaft in den Dünndarm ab, um den Speisebrei weiter zu verdauen.

5 Dünndarm
Der Speisebrei durchläuft eine lange, verschlungene Röhre, den Dünndarm. Hier wird er immer weiter zu kleinen Nährstoffmolekülen verdaut, die durch die Darmwand ins Blut aufgenommen werden.

Fleischfresser
Tiere, die vor allem Fleisch fressen, heißen Karnivoren. Sie haben einen kurzen Verdauungstrakt, weil Fleisch reich an Nährstoffen ist, die leicht extrahiert werden können. Ihre Mägen sind groß und sehr sauer, um Fleisch verdauen zu können.

6 Blinddarm
Bei Fleischfressern ist der Blinddarm eine kleine Kammer am Beginn des Dickdarms, der Salze und Mineralien absorbiert. Bei Pflanzenfressern ist er länger und stärker entwickelt, um pflanzenreiche Kost zu bewältigen.

HABEN ALLE TIERE EIN VERDAUUNGSSYSTEM?

Parasitische Bandwürmer haben kein Verdauungssystem. Sie absorbieren Nährstoffe direkt durch die Haut aus dem Verdauungstrakt ihres Wirts.

WOMBATS SIND DIE **EINZIGEN TIERE DER WELT,** DIE **ECKIGEN KOT** PRODUZIEREN.

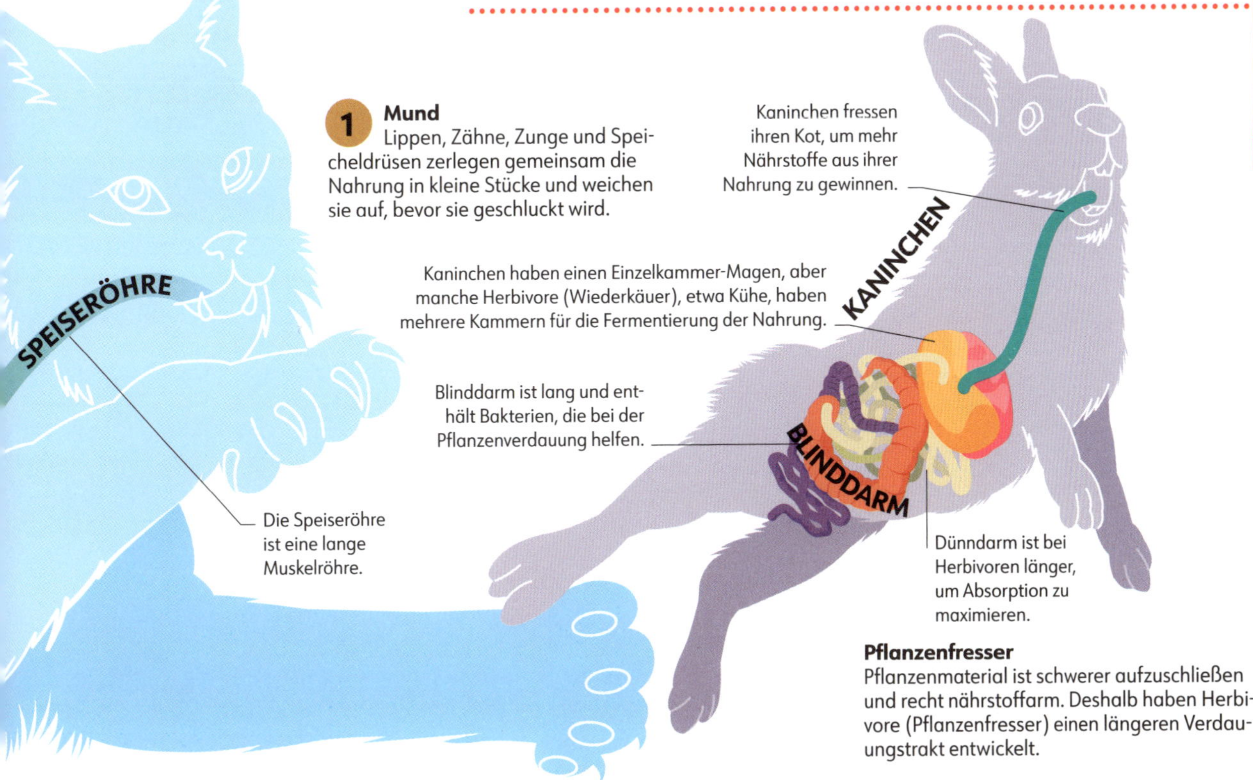

1 Mund
Lippen, Zähne, Zunge und Speicheldrüsen zerlegen gemeinsam die Nahrung in kleine Stücke und weichen sie auf, bevor sie geschluckt wird.

Pflanzenfresser
Pflanzenmaterial ist schwerer aufzuschließen und recht nährstoffarm. Deshalb haben Herbivore (Pflanzenfresser) einen längeren Verdauungstrakt entwickelt.

Verdauungsvielfalt

Obwohl die Funktion des Verdauungssystems universell ist, gibt es innerhalb der verschiedenen Tiergruppen eine große Variationsbreite in der Art der Verdauung. Abhängig davon, was die Tiere fressen, wie sie es fressen und wo sie leben, haben sich unterschiedliche Verdauungssysteme entwickelt. Die Systeme reichen von den fortgeschrittenen Mehrkammersystemen der Wirbeltiere (wie oben gezeigt) bis zu der einfachen Höhlung einiger Wirbelloser, etwa der Seeanemonen.

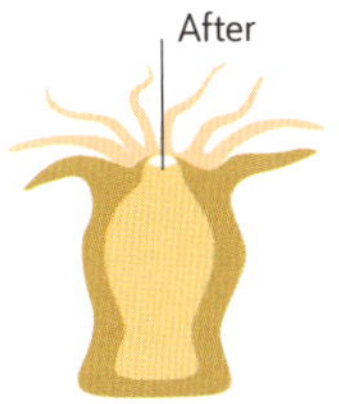

Einzelne Öffnung
Seeanemonen fressen und koten durch dieselbe Öffnung. Durch diese Öffnung befördern sie Nahrung in einen zentralen Magen und scheiden unverdauliche Abfallstoffe wieder aus.

Äußere Verdauung
Spinnen beginnen mit der Verdauung außerhalb des Körpers. Sie würgen Verdauungsenzyme auf ihre Beute und weichen sie auf, dann schlürfen sie sie mit einem Saugmagen auf.

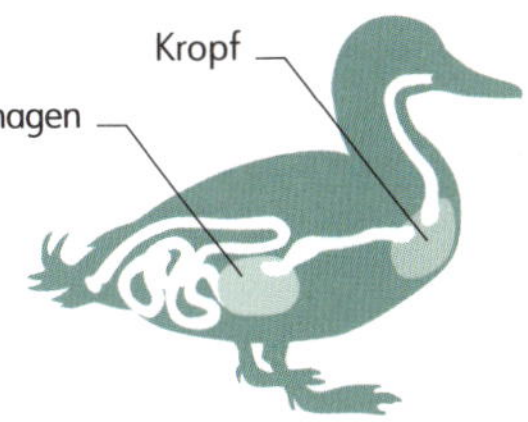

Mahlkammer
Vögel haben keine Zähne. Sie haben einen Muskelbeutel (Kropf), der Nahrung speichert und befeuchtet, sowie einen Kaumagen, der sie mithilfe von Magensteinchen zerreibt.

ZÄHNE

Von den spitzen Eckzähnen der Karnivoren bis zu den Mahlzähnen der Herbivoren sind Zähne ein wichtiges Werkzeug bei der Beschaffung und Aufbereitung der Nahrung. Entsprechend haben sie sich spezialisiert.

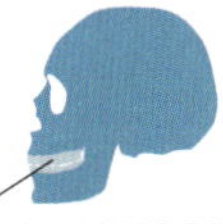

Gehirne und Nervensysteme

Gehirn und Nervensystem eines Tiers funktionieren ein wenig wie ein Kommandozentrum mit Glasfasernetz: Das Gehirn verarbeitet Informationen aus seiner Umgebung und steuert den Körper mittels eines Nervennetzwerks.

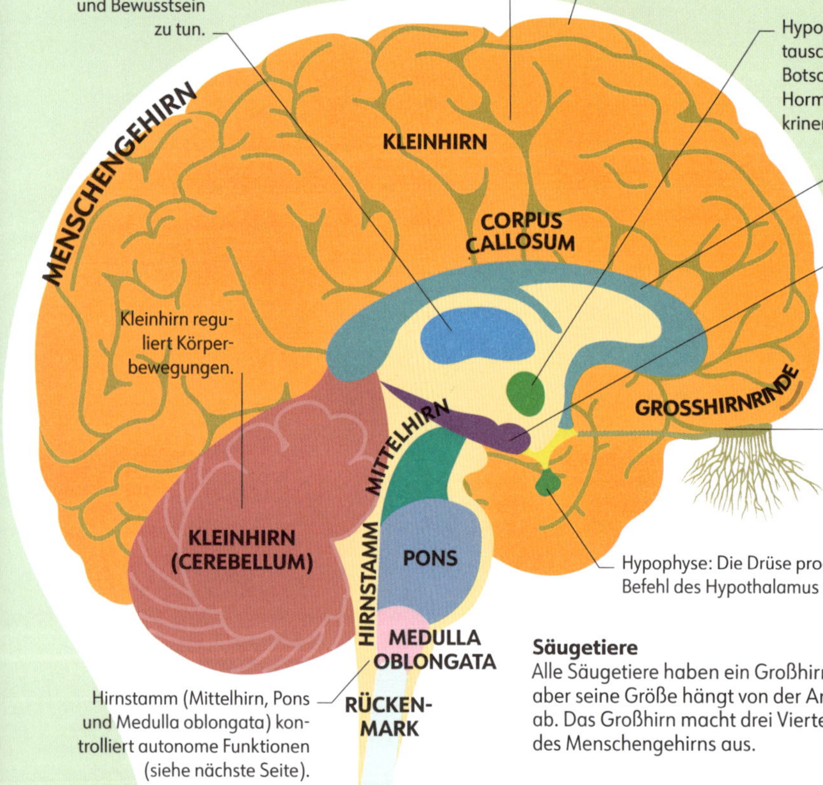

Säugetiere
Alle Säugetiere haben ein Großhirn, aber seine Größe hängt von der Art ab. Das Großhirn macht drei Viertel des Menschengehirns aus.

Wie Gehirne funktionieren

Das Gehirn verarbeitet kontinuierlich Informationen, vergleicht sie mit gespeicherten Informationen und koordiniert die Reaktionen des Körpers. Ein Wirbeltiergehirn hat verschiedene Regionen aus Milliarden verknüpfter Nervenzellen oder Neuronen, die spezielle Funktionen erfüllen. Da Gehirne viel Energie benötigen, haben in der Evolution einzelne Arten die für sie wichtigen funktionalen Areale maximiert.

Fische
Ein großer Anteil des Fischgehirns ist der Verarbeitung visueller Information gewidmet (Lobus opticus), das Großhirn ist relativ klein.

Amphibien
Amphibiengehirne sind winzig im Vergleich zu denen des Menschen. Die Proportionen lassen darauf schließen, dass sie großteils Reflexbewegungen ausführen.

Vögel
Ein Großteil des Vogelhirns ist dem Geruchssinn zugeordnet. Kleinhirn und Großhirn sind im Vergleich zu anderen Teilen des Gehirns ebenfalls groß.

LEGENDE

- Kleinhirn
- Lobus opticus
- Großhirn
- Hypophyse
- Medulla oblongata
- Riechkolben

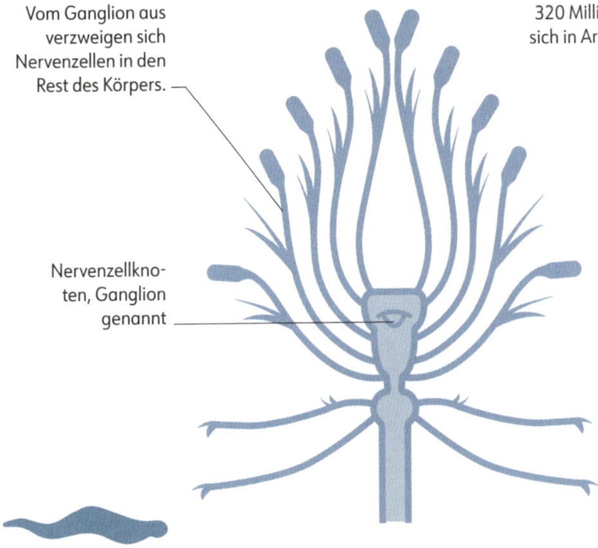

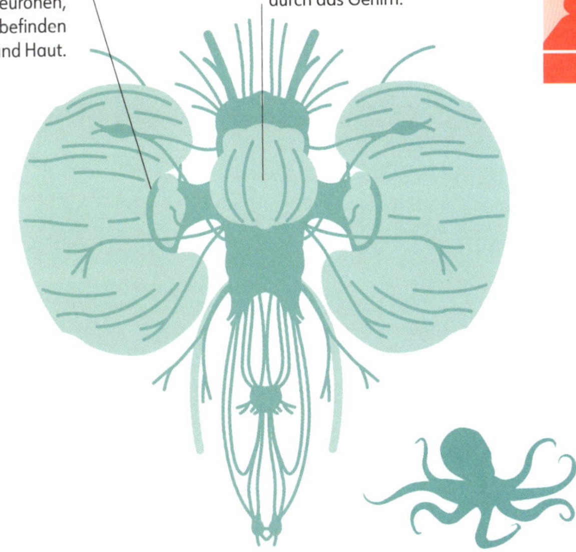

Nervensystem der Wirbellosen

Komplexität und Form des Gehirns sind bei Wirbellosen, die 97 Prozent des Tierreichs ausmachen, sehr viel variabler als bei Wirbeltieren. Diese Variabilität reicht von Schwämmen ganz ohne Nervenzellen bis zu Kraken, die ein donutförmiges Gehirn und rund 500 Millionen Neuronen haben. Viele Wirbellose haben Ganglien, Knoten miteinander verknüpfter Nervenzellen, die nicht im gleichen Maße organisiert sind wie ein Gehirn.

BEIM TINTENFISCH VERLÄUFT DIE **SPEISERÖHRE** DURCH EIN **LOCH** IM **GEHIRN.**

DAS PERIPHERE NERVENSYSTEM

Das Nervensystem wird unterteilt in zentrales Nervensystem (Gehirn und Rückenmark) und peripheres Nervensystem (alles andere). Das Rückenmark ist die Hauptautobahn zwischen dem Gehirn und dem Körper; von hier aus zweigen Paare von Spinalnerven ab und verbinden das Rückenmark mit dem Rest des Körpers. Einige dieser peripheren Nerven führen Willkürbewegungen aus und sammeln Sinnesinformationen (das somatische Nervensystem). Der Rest führt unwillkürliche Aktionen aus, etwa Verdauung oder Atmung (das autonome Nervensystem).

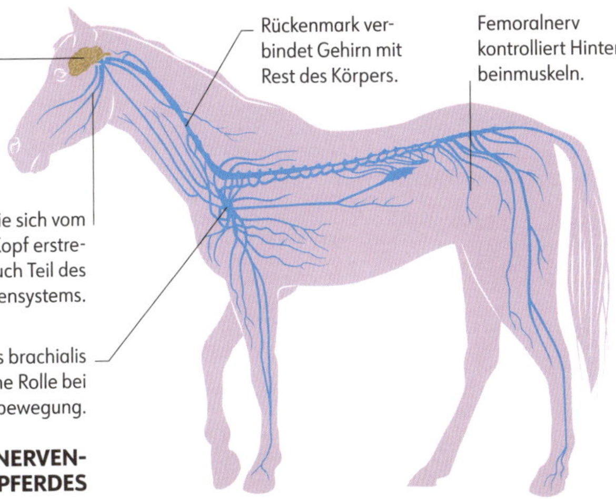

GEHIRN UND NERVENSYSTEM DES PFERDES

Sehen

Der Sehsinn der Tiere wandelt Licht in elektrische Signale um, die das Gehirn verarbeitet. Einfache visuelle Systeme wie Augenflecke unterscheiden Hell und Dunkel, mit komplexen Augen erkennen Tiere ihre Beute von Weitem.

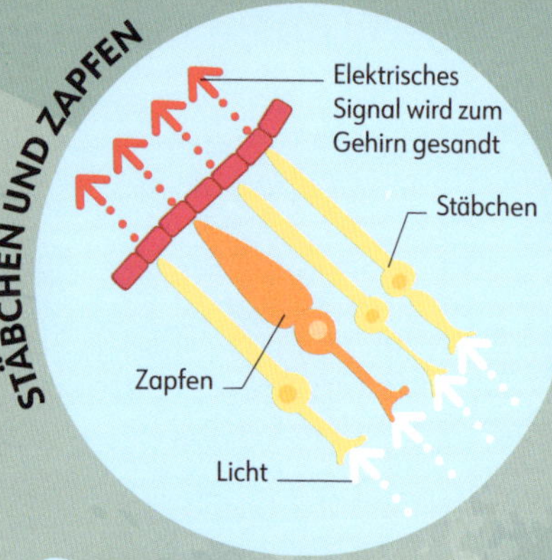

Fotorezeptoren
Es gibt zwei Typen lichtempfindlicher Zellen in der Netzhaut: Zapfen sind bei gutem Licht farbempfindlich, Stäbchen ermöglichen das Sehen (ohne Farben) bei schwachem Licht.

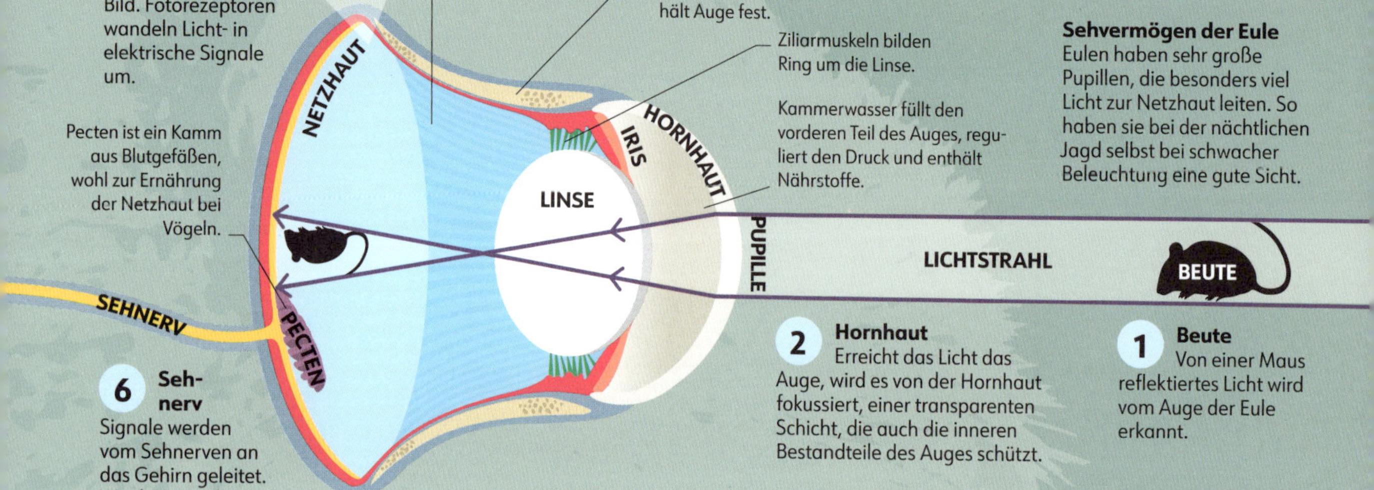

5 Netzhaut
Auf der Netzhaut entsteht ein umgekehrtes Bild. Fotorezeptoren wandeln Licht- in elektrische Signale um.

Sehvermögen der Eule
Eulen haben sehr große Pupillen, die besonders viel Licht zur Netzhaut leiten. So haben sie bei der nächtlichen Jagd selbst bei schwacher Beleuchtung eine gute Sicht.

1 Beute
Von einer Maus reflektiertes Licht wird vom Auge der Eule erkannt.

2 Hornhaut
Erreicht das Licht das Auge, wird es von der Hornhaut fokussiert, einer transparenten Schicht, die auch die inneren Bestandteile des Auges schützt.

3 Iris
Der Irismuskel kontrolliert die Größe der Pupille und lässt mehr oder weniger Licht durch. Bei schwachem Licht erweitert sich die Pupille.

4 Linse
Die flexible Linse fokussiert das Bild noch schärfer. Ziliarmuskeln ziehen an der Linse und verändern ihre Form, um den Fokus zu schärfen.

6 Sehnerv
Signale werden vom Sehnerven an das Gehirn geleitet. Wo dieser in die Netzhaut mündet, sind keine Fotorezeptoren. So entsteht ein blinder Fleck.

UV-SICHT HILFT **RÄUBERN, URIN ZU ERKENNEN,** DEN IHRE **NAGETIERBEUTE** UNTERWEGS ABSETZT.

Das Wirbeltierauge

Beim Wirbeltierauge dringt Licht durch Hornhaut, eine klare Schicht im vorderen Teil der Augenhaut, und Pupille. Die Linse fokussiert das Licht auf die Netzhaut, eine Schicht lichtempfindlichen Gewebes auf der Innenseite der Augenwand. Dort wird es in elektrische Signale umgewandelt, die das Gehirn verarbeiten kann.

WARUM STEHEN KATZENPUPILLEN SENKRECHT?

Senkrechte Pupillen sind bei Raubtieren verbreitet, die aus dem Hinterhalt agieren. Sie optimieren die Tiefenwahrnehmung und die Schätzung des Abstands zur Beute.

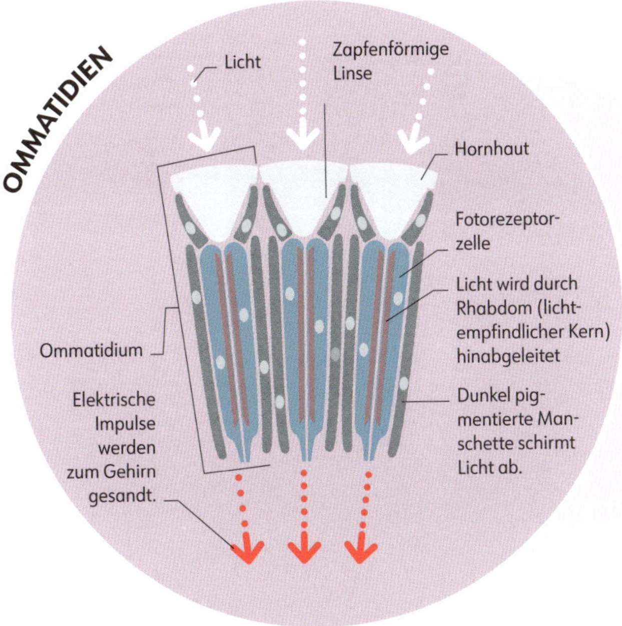

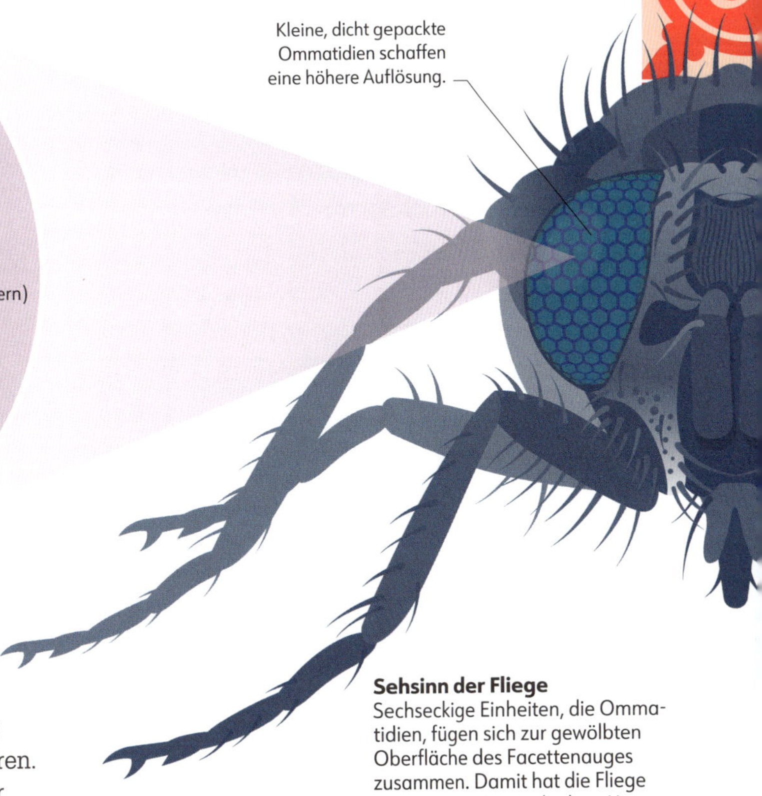

Facettenaugen

Die meisten Insekten und Krebstiere (wie Krabben) haben Facettenaugen, die aus Tausenden kleiner Einheiten, den Ommatidien, bestehen. Jede Einheit umfasst eine Hornhaut, eine Linse und Fotorezeptoren. Facettenaugen haben einen weiten Sehwinkel, aber eine schlechtere Bildauflösung als das Wirbeltierauge. Sie können aber schnelle Bewegungen gut erkennen.

Sehsinn der Fliege
Sechseckige Einheiten, die Ommatidien, fügen sich zur gewölbten Oberfläche des Facettenauges zusammen. Damit hat die Fliege fast eine 360°-Ansicht ihrer Umgebung; jede Einheit erfasst ein Segment des Gesamtbilds.

Einäugiges und beidäugiges Sehen

Beim einäugigen Sehen erstellt jedes Auge ein getrenntes Bild, beim beidäugigen Sehen arbeiten die Augen zusammen. Raubtiere haben häufiger eine beidäugige Sicht, da sie ein klareres Bild und bessere Tiefenwahrnehmung produziert. Beutetiere sehen eher einäugig, sie können so die Umgebung nach Gefahren absuchen.

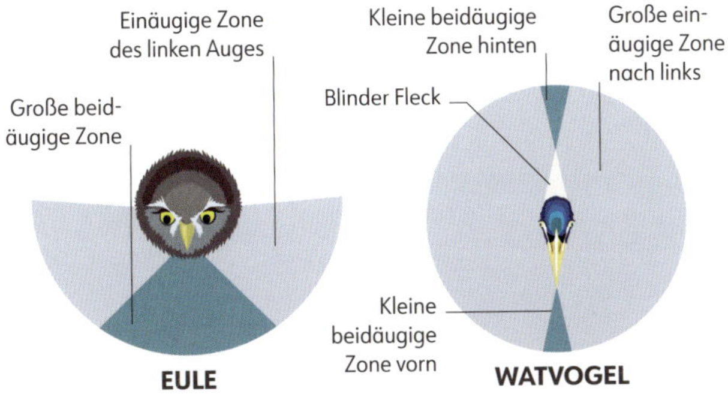

EULE **WATVOGEL**

DAS UNSICHTBARE SPEKTRUM

Viele Tiere können außerhalb des Wellenlängenbereichs sehen, der für Menschen sichtbar ist. Hummeln zum Beispiel haben Fotorezeptoren, die für ultraviolettes (UV-)Licht empfindlich sind. Damit erkennen sie scheinbar unsichtbare Markierungen auf Blüten, die sie wie Fahrbahnmarkierungen zur Nektarquelle leiten.

MENSCHLICHE ANSICHT

ANSICHT DER HUMMEL

Hören

Schall kann entscheidende Informationen über die Umwelt liefern und manchmal den Unterschied zwischen Leben und Tod bedeuten, etwa wenn ein Tier Beute jagt, einem Raubtier ausweicht oder einen Paarungspartner sucht. Tiere haben verschiedene Wege zur Detektion von Schallwellen entwickelt – von einfachen Haaren auf den Antennen eines Insekts bis zum komplexen Säugetierohr.

Wie hören Säugetiere?

Alle Säugetierohren haben drei Abschnitte: Außen-, Mittel- und Innenohr. Das Außenohr sammelt die Schallwellen und leitet sie ins Mittelohr, wo sie verstärkt und als mechanische Schwingungen ans Innenohr übermittelt werden. Das Innenohr wandelt die mechanischen Reize der Schallwellen in Nervenimpulse um und sendet sie über den Hörnerven ins Gehirn. Das Gehirn interpretiert die Impulse und reagiert darauf.

1 Außenohr
Das Außenohr fängt Schallwellen auf. Es umfasst meist eine Ohrmuschel (der sichtbare Teil des Ohrs), den Gehörgang und Muskeln, um die Ohrmuschel zu bewegen.

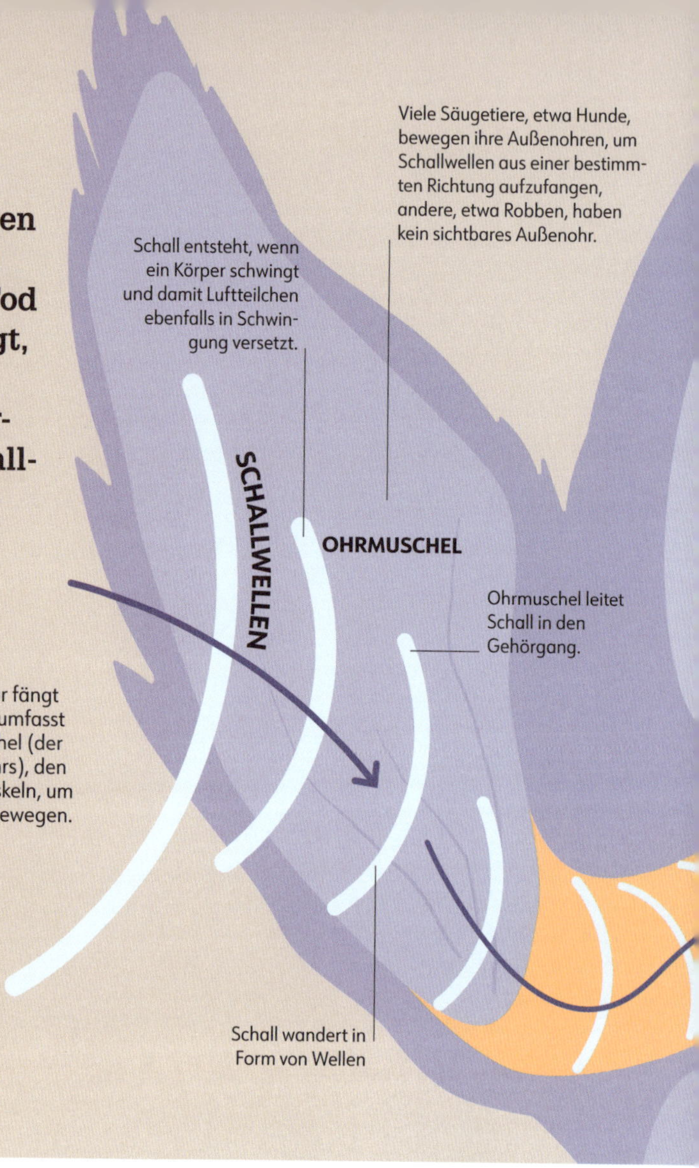

Haben Insekten Ohren?

Die Fähigkeit zu hören hat sich bei Insekten mehrfach entwickelt, bei verschiedenen Insekten gibt es deshalb eine Reihe von Anpassungen des Gehörs. Manche Insekten haben Hörorgane auf ihren Antennen, andere in ihren Vorderbeinen, Flügeln oder sogar im Mund. Raubtieren zu entkommen, ist ein offensichtlicher Nutzen des Gehörs, aber Partnersuche scheint auch wichtig, denn nur Zikaden-Arten, die bei der Partnersuche singen, haben einen Gehörsinn entwickelt.

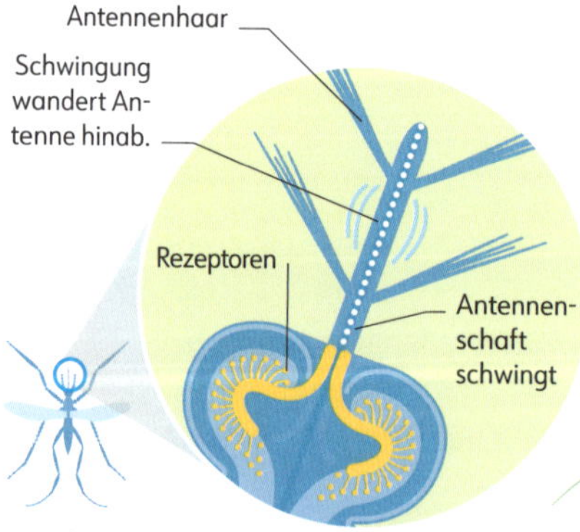

Mücke
Mücken erkennen Schallschwingungen durch kleine Härchen auf ihren Antennen. Männchen sind besonders empfindlich für den Schall weiblicher Flügelvibrationen.

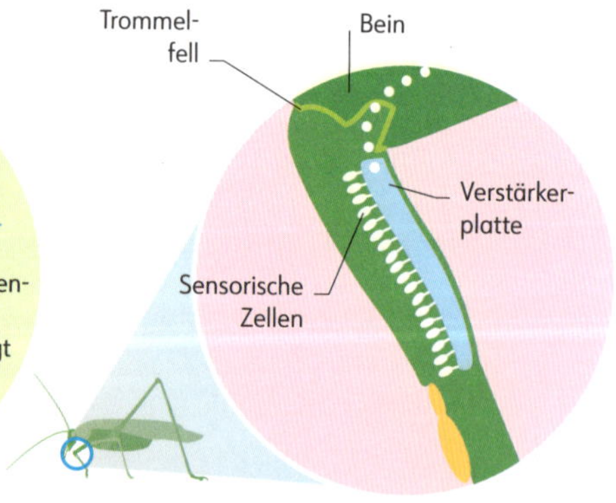

Laubheuschrecke
Das Trommelfell in den Vorderbeinen der Laubheuschrecke übermittelt Schallwellen an eine Verstärkerplatte, die sie dann an ein cochleaähnliches Organ weiterleitet.

EULEN HABEN KEIN AUSSENOHR – IHR GESICHTSSCHLEIER LEITET SCHALL.

3 Innenohr
Das Innenohr enthält die Bogengänge, die Gleichgewichtsorgane sind, und die Cochlea (Ohrschnecke), die Schallwellen in Nervensignale umwandelt.

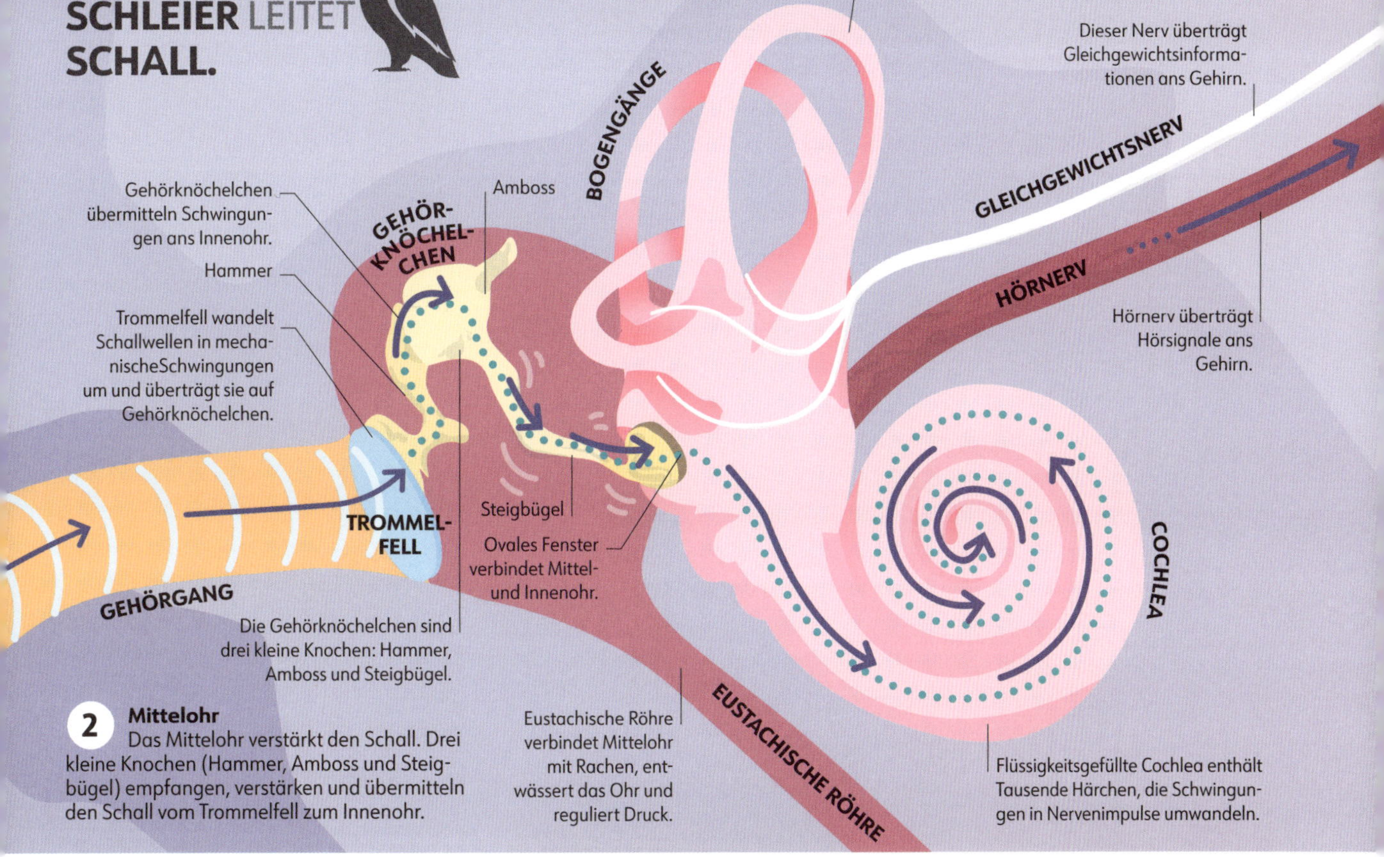

2 Mittelohr
Das Mittelohr verstärkt den Schall. Drei kleine Knochen (Hammer, Amboss und Steigbügel) empfangen, verstärken und übermitteln den Schall vom Trommelfell zum Innenohr.

KANN MAN SCHALL IM WELTRAUM HÖREN?

Nein, im Weltraum kann man keinen Schall hören, weil es keine Luft im Weltraum gibt, also kein Medium, durch das der Schall sich fortpflanzen kann.

JENSEITS DES MENSCHLICHEN GEHÖRS

Die Zahl der Schwingungen, die eine Schallquelle pro Sekunde erzeugt, heißt Frequenz. Manche Tiere erzeugen und hören Töne mit Frequenzen unterhalb (Infraschall) oder oberhalb (Ultraschall) des menschlichen Hörbereichs. Elefanten hören mit ihren Füßen niederfrequente Töne als Vibrationen. Fledermäuse nutzen ein Ultraschallerkennungssystem (Echoortung, s. S. 175).

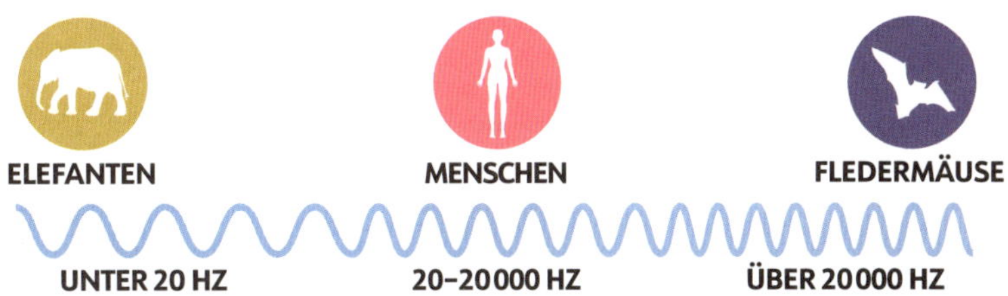

Chemische Sinne

Bestimmte Stoffe am Geruch oder Geschmack zu erkennen, kann eine Sache von Leben und Tod für solche Tiere sein, die darauf angewiesen sind, um Futter zu finden oder Räubern auszuweichen.

Die Nase der Säugetiere

Der Geruchssinn wird auch olfaktorisches System genannt. Tiere benutzen ihn, um Duftstoffe in der Luft zu erkennen, die ihnen nützliche Informationen über die Umwelt geben. Gelangen die Duftstoffe in die Nase, werden sie von Sinneszellen aufgenommen, die Signale zum Riechkolben des Gehirns senden. Die Größe des Riechkolbens und die Zahl der Sensoren unterscheiden sich beträchtlich zwischen verschiedenen Säugetieren.

WELCHES TIER HAT DEN BESTEN GERUCHSSINN?

Der Afrikanische Elefant hat 2000 Geruchssensoren, 2,5-mal so viele wie gute Fährtenhunde, etwa der Bloodhound, und 50-mal so viele wie der Mensch.

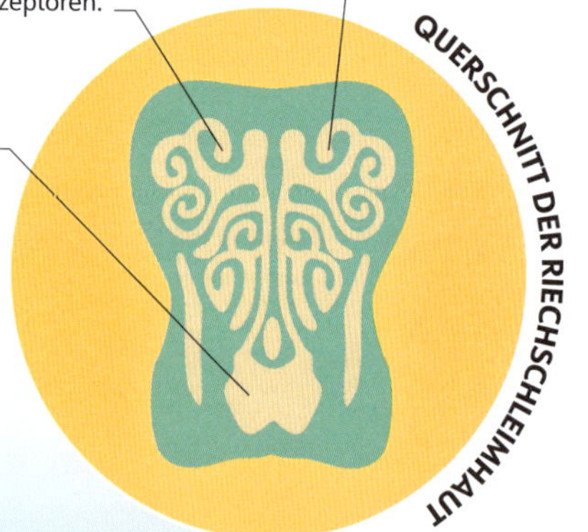

3 Im Gehirn
Signale der Riechsinneszellen werden durch Nervenknoten, die Glomeruli, an Mitralzellen weitergeleitet. Sie liegen im Riechkolben im Gehirn. Die Mitralzellen übermitteln diese Signale an verschiedene Gehirnregionen.

Die Riechschleimhaut
Das hintere Ende des Nasengangs enthält ein Labyrinth dünner Knochen, die von einer dünnen Gewebeschicht bedeckt sind, der Riechschleimhaut.

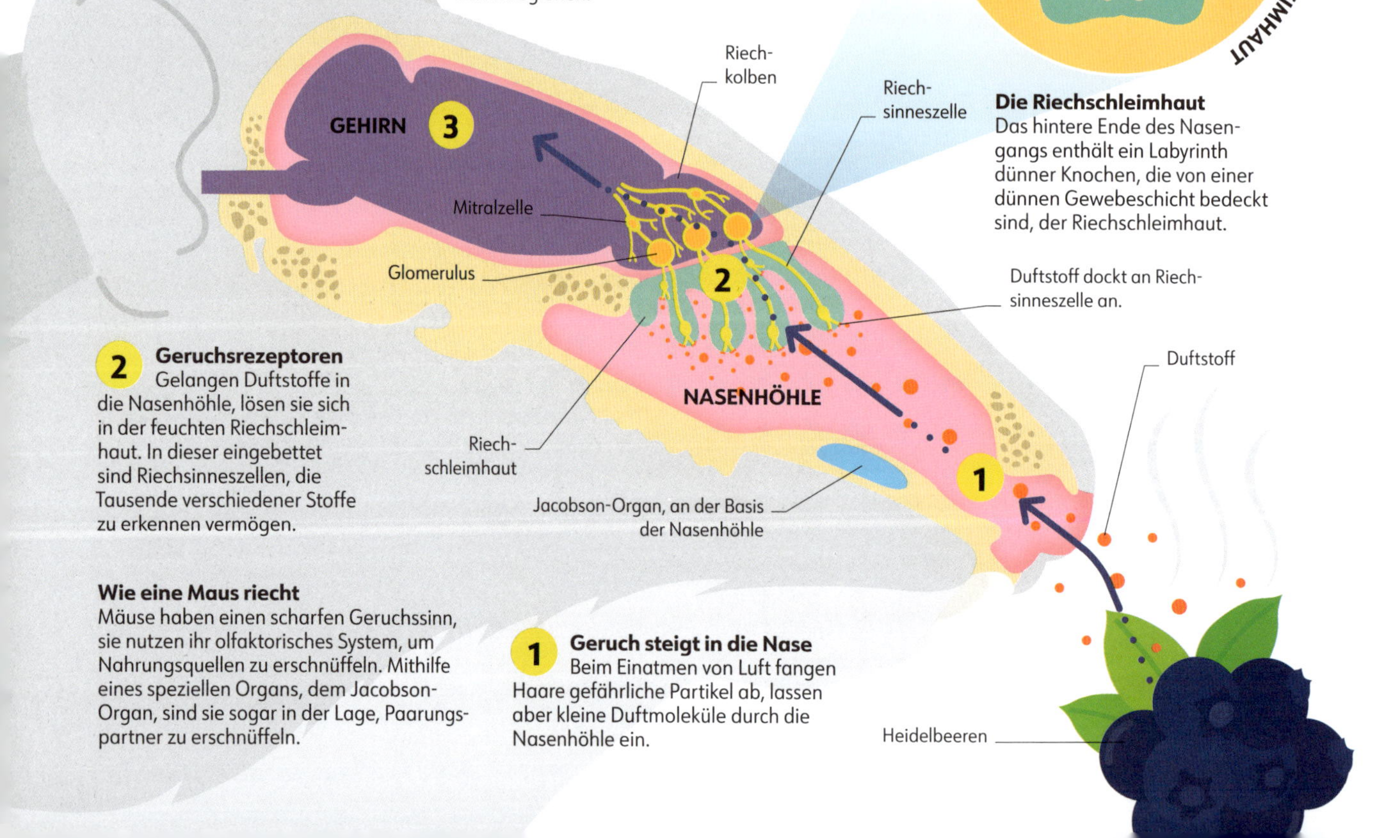

2 Geruchsrezeptoren
Gelangen Duftstoffe in die Nasenhöhle, lösen sie sich in der feuchten Riechschleimhaut. In dieser eingebettet sind Riechsinneszellen, die Tausende verschiedener Stoffe zu erkennen vermögen.

Wie eine Maus riecht
Mäuse haben einen scharfen Geruchssinn, sie nutzen ihr olfaktorisches System, um Nahrungsquellen zu erschnüffeln. Mithilfe eines speziellen Organs, dem Jacobson-Organ, sind sie sogar in der Lage, Paarungspartner zu erschnüffeln.

1 Geruch steigt in die Nase
Beim Einatmen von Luft fangen Haare gefährliche Partikel ab, lassen aber kleine Duftmoleküle durch die Nasenhöhle ein.

1 Zunge
Die muskuläre Zunge schiebt Nahrung im Mund herum. In ihrer Schleimhaut lösen sich die in der Nahrung enthaltenen Stoffe, sodass sie geschmeckt werden können. Dies hilft dem Gehirn zu entscheiden, ob die Nahrung genießbar ist.

Die Zunge der Säugetiere

Die Säugetierzunge enthält eine Reihe von Geschmackssinneszellen. Gemeinsam mit der Nase hilft sie dem Tier herauszufinden, wie nahrhaft oder genießbar die Nahrung ist. Die meisten Säugetiere haben fünf verschiedene Geschmacksrezeptoren: süß, sauer, bitter, salzig und umami. Katzen haben ihren Sinn für Süßes verloren, sie sind reine Fleischfresser.

WELSE SIND BEDECKT MIT **GESCHMACKSKNOSPEN,** SIE SIND **SCHWIMMENDE ZUNGEN.**

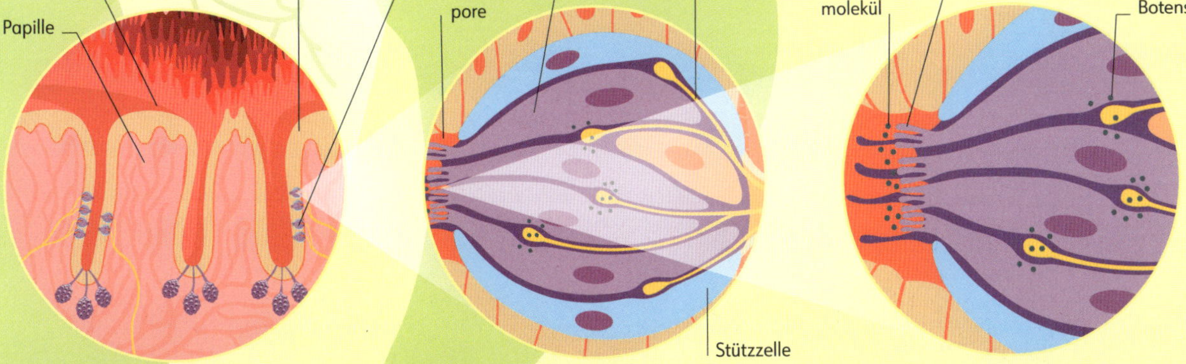

2 Papillen
Die kleinen Unebenheiten auf der Zunge sind Papillen. Man nimmt an, dass sie die Oberfläche der Zunge vergrößern, damit mehr Schleimhaut in Kontakt mit der Nahrung kommt.

3 Geschmacksknospen
Eine Geschmacksknospe ist eine Ansammlung von Rezeptorzellen, Nerven und Stützzellen. An der Spitze jeder Knospe ist eine Geschmackspore, in die die Spitzen der Sinneszellen in die Schleimhaut ragen.

4 Geschmacksrezeptoren
Jeder Geschmacksrezeptor bindet spezielle chemische Stoffe, etwa Zucker oder Salze. Dockt ein Molekül an einen Rezeptor an, wird ein Signal über Nervenfasern ins Gehirn weitergeleitet.

GESPALTENE ZUNGEN UND JACOBSON-ORGAN

Die Zunge einer Schlange leitet Duftstoffe in eine spezialisierte Tasche, das Jacobson-Organ. Die Moleküle binden dort an Geruchsrezeptoren. Die Schlange kann die Richtung des Geruchs anhand der Anzahl der Moleküle bestimmen, die auf jede ihrer Zungenspitzen gelangt sind.

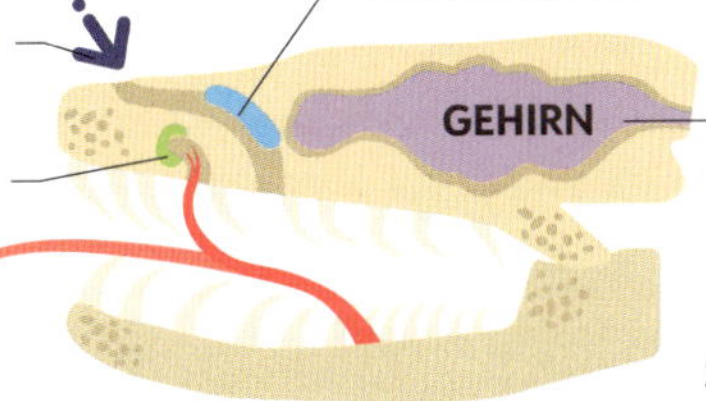

SCHLANGENKOPF

Tastsinn

Der Tastsinn ist eines der ältesten und grundlegendsten sensorischen Systeme im Tierreich. Auch einfache Tiere ohne Augen und Ohren haben meist die Fähigkeit, Berührung zu erkennen und darauf zu reagieren.

Berührungsrezeptoren

Die Wahrnehmung von Berührung erfolgt über taktile Reize, die von verschiedenen Rezeptortypen empfangen werden. Diese Rezeptoren sind spezialisierte Strukturen an den Enden sensorischer Nerven. Die meisten liegen in der Haut, einige davon nah an der Oberfläche, um sehr leichte Kontakte zu registrieren, andere in tieferen Schichten, sie brauchen zu ihrer Aktivierung eine stärkere Stimulation. Wenn mechanische Energie – etwa Hitze, Druck, Kälte, Dehnung und Kontakt – den Rezeptor biegt oder verformt, übersetzt er diese Information in einen Nervenimpuls.

WELCHES TIER HAT DEN FEINSTEN TASTSINN?

Der Sternmull hat eine Nase, die eher zum Tasten als zum Riechen gebaut ist: Sie trägt 25 000 winzige Berührungssensoren auf ihren sternförmigen Hautanhängen.

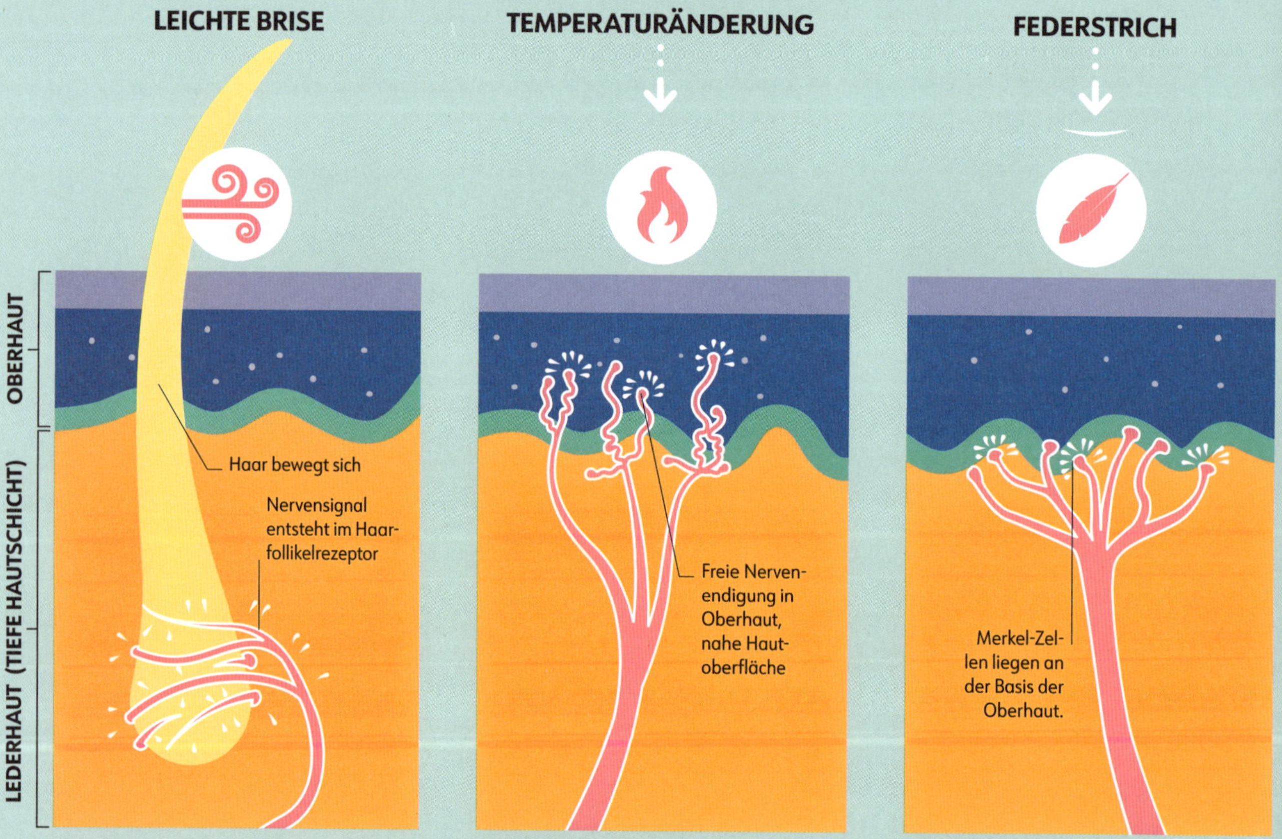

Haarfollikelrezeptor
Ein Netz von Nervenendigungen umgibt die Wurzel eines Haars oder Schnurrhaars. Bewegt sich das Haar oder berührt es etwas, sendet der Plexus ein Nervensignal.

Freie Nervenendigungen
Einige Nerven haben keine speziellen Strukturen an ihren Enden. An der Oberfläche der Haut gelegen, sind sie empfindlich für Hitze, Kälte, Schmerz und Jucken.

Merkel-Zellen
Merkel-Zellen sind empfindlich für sehr leichte Berührungen, man kann damit Formen und Kanten erkennen, etwa mit den Fingerspitzen.

DAS SEITENLINIENORGAN

Fische erkennen Bewegungen und Veränderungen im Wasserdruck mit einem sensorischen System namens Seitenlinienorgan. Wasser dringt in den Seitenlinienkanal durch Poren entlang der Fischseiten ein. Spezialisierte Nervenendigungen (Neuromasten) verbiegen sich in Reaktion auf die Veränderungen und verwandeln das mechanische in ein elektrisches Signal.

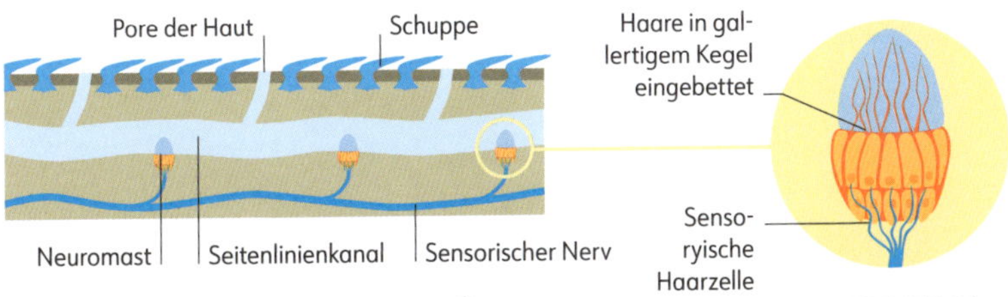

SCHNITT DURCH KÖRPEROBERFLÄCHE **NEUROMAST**

ROBBEN ERKENNEN MIT IHREN **VIBRISSEN** EINEN **100 M ENTFERNTEN FISCH.**

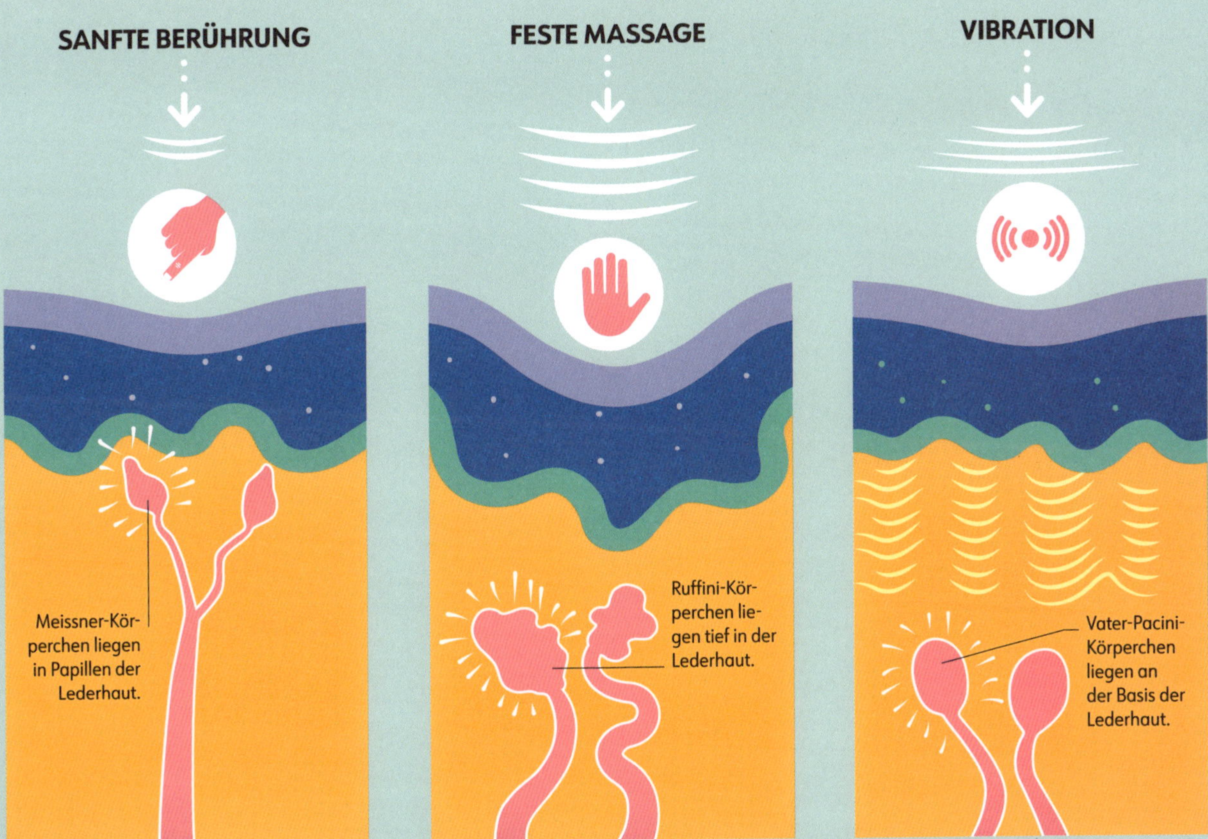

Meissner-Körperchen
Tiefer in der Haut gibt es Endigungen, die für leichen Druck empfindlich sind. Sie erkennen Formen und Texturen, die meisten liegen an Fingern und Handinnenflächen.

Ruffini-Körperchen
Diese Endigungen erkennen anhaltenden Druck und Dehnung, auch Winkelveränderungen in Gelenken. Sie machen so die Körperposition und -bewegungen bewusst.

Vater-Pacini-Körperchen
Tief in der Haut liegen große Endigungen, die Vibrationen erkennen. Sie sind in geringer Dichte in der Haut, aber auch im Darm und in Gelenken zu finden.

Besondere Sensoren

Von Käfern, die ein Feuer aus 130 km Entfernung erkennen, bis zu Schnabeltieren, die ihre Schnäbel als Metalldetektoren einsetzen: Viele Tiere haben fein abgestimmte Supersensoren, die ihnen beim Überleben in ihrer Umwelt helfen.

WARUM MÜSSEN KIEFERNPRACHTKÄFER FEUER ERKENNEN?

Ihre Larven fressen verbranntes Holz, darum nutzen sie Infrarotsensoren, um Infrarotstrahlung zu erkennen, die von Bränden ausgestrahlt wird.

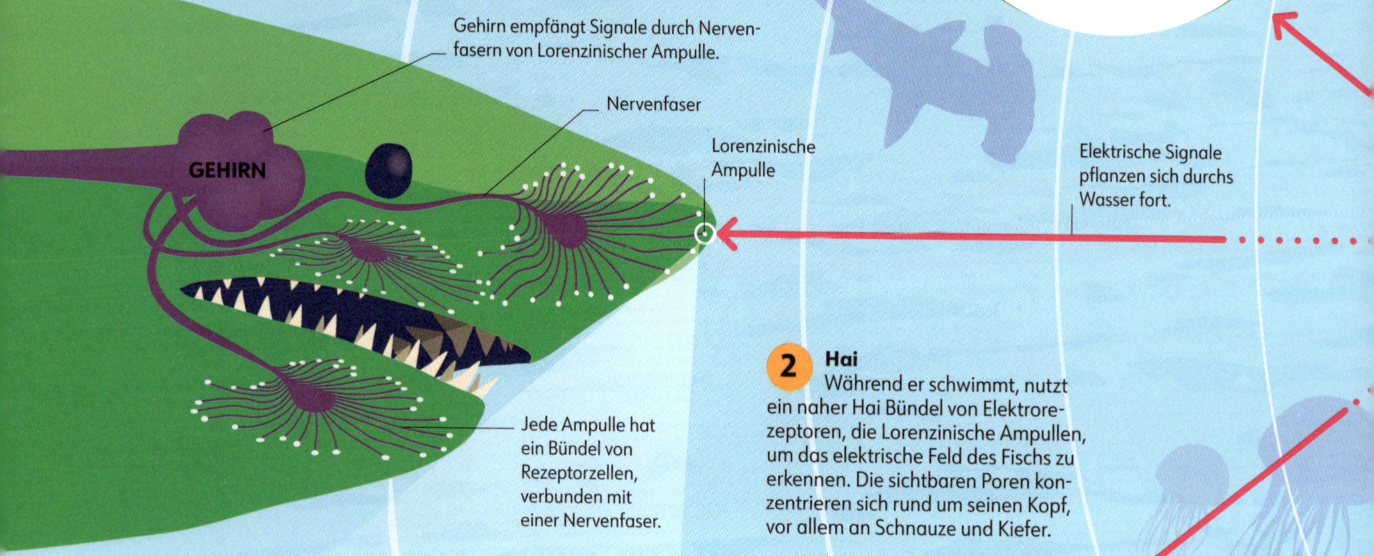

2 Hai
Während er schwimmt, nutzt ein naher Hai Bündel von Elektrorezeptoren, die Lorenzinische Ampullen, um das elektrische Feld des Fischs zu erkennen. Die sichtbaren Poren konzentrieren sich rund um seinen Kopf, vor allem an Schnauze und Kiefer.

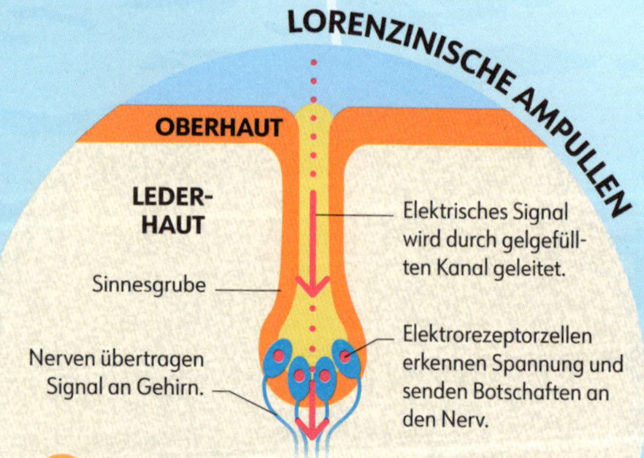

3 Sinnesgruben
Die Poren der Lorenzinischen Ampullen öffnen sich in gelgefüllte Kanäle. Das leitfähige Gel überträgt elektrische Signale aus dem Wasser zu Elektrorezeptoren am Grund der Sinnesgrube. Die Signale werden ans Gehirn geschickt – der Hai rüstet sich zum Angriff.

Elektrische Sensoren

Manche Tiere können die schwachen elektrischen Signale erkennen, die von den Muskelbewegungen anderer Tiere erzeugt werden. Dieser Sinn ist besonders nützlich für Tiere, die in einer Umwelt mit schwacher Beleuchtung, etwa trüben Flüssen, leben, bei Nacht jagen oder nach im Sand vergrabener Beute suchen. Manche Tiere erzeugen auch schwache elektrische Signale und nutzen Verzerrungen im elektrischen Feld des Signals, um Objekte zu erkennen, die selbst keine elektrischen Signale erzeugen, etwa Steine. Elektrorezeptoren kommen bei wasserlebenden Tieren häufiger vor, denn Wasser übermittelt elektrische Signale weit besser als Luft. Haie haben ein Netzwerk von Hunderten bis Tausenden Elektrorezeptoren und erkennen damit in der Nähe befindliche Beute.

ZUGVÖGEL NUTZEN ERDMAGNETFELD-SENSOREN.

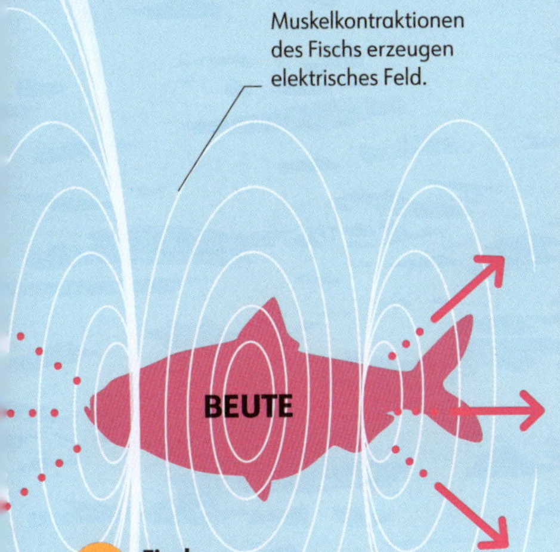

1 Fisch
Bewegt sich ein Fisch durchs Wasser, erzeugen seine Muskeln schwache elektrische Signale, die ein elektrisches Feld rund um den Fisch generieren. Selbst wenn der Fisch ruhig ist, erzeugt sein Herzschlag ein elektrisches Feld.

ECHOORTUNG

Manche Tiere, darunter Delfine und Fledermäuse, nutzen hochfrequente Schallwellen, um sich in ihrer Umwelt zu orientieren. Sie senden aktiv Schallwellen aus und lauschen auf das Echo, das von Objekten reflektiert wird. Echoortung hilft den Tieren, die Entfernung des Objekts zu erkennen (wie schnell das Echo zurückkommt), dessen Größe (wie groß das Echo ist) und dessen Richtung (die Stärke des Echos in jedem Ohr).

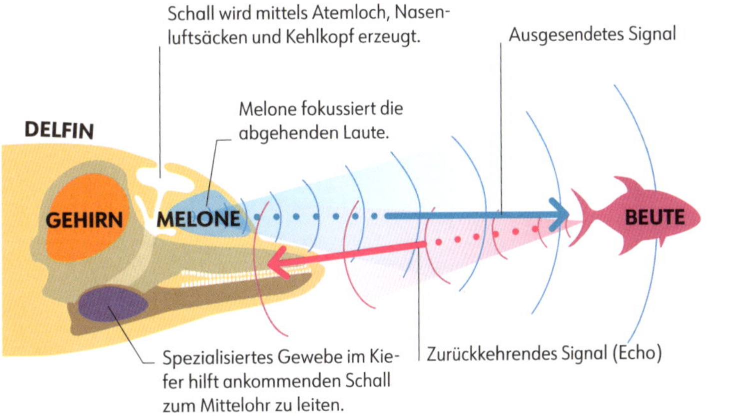

Echoortung beim Delfin
Delfine stoßen schnelle Serien von klickartigen Lauten aus, die durch die Melone, eine fetthaltige Region ihres Kopfs, fokussiert werden. Trifft der Schall ein Objekt, etwa einen Fisch, entsteht ein Echo.

Antennen oder Fühler

Die meisten Gliedertiere, darunter Insekten und Krebstiere, haben Antennen, die eine große Spannbreite von Information erkennen: von Geruch, Berührung, Geschmack, Windgeschwindigkeit, Wärme und Feuchtigkeit bis zu Schallwellen. Viele Arten haben eine Kombination dieser Sensoren, vorrangig aber für Duftstoffe. Je nach Nutzung sind Antennen unterschiedlich aufgebaut. Ameisen haben ellbogenförmige Antennen, mit denen sie den Boden nach Duft abtasten, einige Motten haben gefiederte Fühler zum Erkennen von Düften in der Luft.

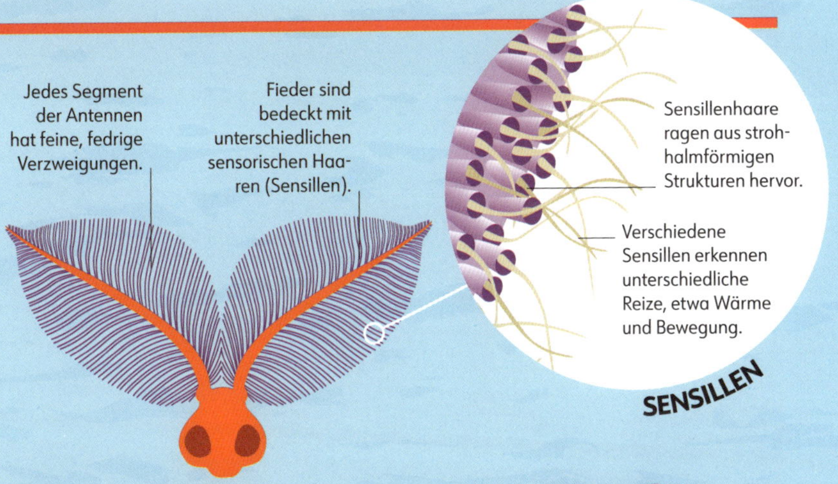

Antennen der Motte
Die gefiederten Fühler dieser Motte bieten eine große Oberfläche für sensorische Zellen (meist für Duft). Die Motte erkennt die Richtung eines Dufts daran, wo die Duftmoleküle auf den Antennen landen.

ES DAUERT **20–60 MINUTEN,** BIS SICH DER KÖRPER **VOM STRESS ERHOLT.**

Kampf oder Flucht?
Das Auftauchen einer Bedrohung löst eine Kettenreaktion hormoneller und physischer Reaktionen aus. Ziel ist es, Energie freizusetzen und die Muskeln in Aktionsbereitschaft zu versetzen. Dies ermöglicht Kampf beziehungsweise Flucht.

GEHIRN

Bild der Spinne wird erst nach dem Start der Kampf-oder-Flucht-Reaktion verarbeitet.

VISUELLER CORTEX

Visueller Reiz erreicht via Thalamus Cortex und limbisches System.

THALAMUS

HYPOTHALAMUS

AMYGDALA

Signale von den Augen erreichen die Amygdala.

AUGE

Signale von der Amygdala lösen Reaktion im Hypothalamus aus.

SPINNE

Ursachen von Phobien, etwa Spinnen, lösen bei manchen Menschen eine Bedrohungsreaktion aus.

1 Gefahr erkennen
Bestimmte Reize – vor allem visuelle wie Form, Position oder Bewegung einer Bedrohung – lösen eine unbewusste oder sogar instinktive Reaktion aus.

2 Signale senden
Bevor sich eine bewusste Wahrnehmung bildet, sendet die Amygdala ein Signal an den Hypothalamus. Dieser veranlasst das sympathische Nervensystem zu einer Antwort und die Hypophyse zur Abgabe des Hormons ACTH.

NERVENSIGNAL

HORMONE

Hormon- und Nervensignale bewirken Reaktionen in Nebennieren

Stresshormon Cortisol wird in der Rinde der Nebennieren produziert.

NEBENNIEREN

Nervensignale veranlassen die Nebennieren, Adrenalin abzugeben.

Auf jeder Niere sitzt je eine Nebenniere.

3 Antwort des Körpers
Die Hypophysenhormone veranlassen die Nebennieren zur Produktion der Hormone Adrenalin und Cortisol. Sie bewirken Veränderungen im Körper, die das Tier vorbereiten, auf die Bedrohung zu reagieren.

4 Die bewusste Wahrnehmung
Das im Cortex entstehende Bild wird analysiert und mit Erinnerungen verglichen: Ist die Bedrohung real und ist sie schon einmal aufgetreten?

Herz
Herzfrequenz steigt, um Sauerstoff und Energie bereitzustellen

Atmung
Beschleunigte Atmung für höhere Sauerstoffaufnahme

Pupillen weiten sich
Erweiterte Pupillen lassen mehr Licht auf die Netzhaut fallen.

Blut fließt zu Muskeln
Blut wird aus anderen Körperregionen zu den Muskeln umgelenkt.

Fett wird verbraucht
Fett, eine gute Energiequelle, wird freigesetzt, treibt Muskeln an.

Blutgefäße enger
Blutfluss wird umgelenkt zu den Muskeln, anderswo reduziert.

Mehr Schweiß
Menschen schwitzen mehr, weil Körpertemperatur ansteigt.

Blase
Blase entspannt sich; bei extremem Stress droht Kontrollverlust

Verdauung langsam
Körperfunktionen, die nicht überlebenswichtig sind, pausieren.

Immunsystem
Der Körper wird auf mögliche Verletzungen vorbereitet.

Mögliche Reaktionen auf Bedrohung

Ein Tier oder Mensch kann beim Anblick einer Bedrohung verschieden reagieren. Dies hängt von der Situation, dem Ausmaß der Bedrohung und der Möglichkeit der Selbstverteidigung ab. Die häufigste Reaktion ist das Erstarren, um nicht bemerkt zu werden. Alternativ kann der Bedrohte in Aktion treten – sich gegen den Aggressor wehren oder fliehen. Diese Reaktionen werden vom sympathischen Teil des autonomen Nervensystems aktiviert. Beim Menschen können sie bei physischen oder psychischen Bedrohungen auftreten, etwa bei Phobien.

Alarmreaktionen

Ein Tier in Gefahr muss reagieren, bevor sein Gehirn die Bedrohung bewusst wahrnimmt. Eine schnelle Nervenbahn vom Gehirn zum Körper macht das Tier aktionsbereit. Dies kann den Unterschied zwischen Leben und Tod bedeuten.

GIBT ES BEI INSEKTEN EINE KAMPF-ODER-FLUCHTREAKTION?

Insekten haben kein Adrenalin, aber sie haben ein ähnliches Hormon, Oktopamin, das ihren Puls erhöht und Fettreserven freigibt für Kampf oder Flucht.

Das autonome Nervensystem

Das autonome Nervensystem ist Teil des peripheren Nervensystems, das alle Nervenstrukturen außer Gehirn und Rückenmark (zentrales Nervensystem) umfasst. Das autonome System kontrolliert unbewusste Körperfunktionen, etwa Herzschlag, Atmung, Muskelkontraktionen im Verdauungstrakt und die Regulation des Blutflusses. Im autonomen Nervensystem gibt es zwei Netzwerke: das sympathische Nervensystem, das den Körper für Kampf oder Flucht bereit macht (s. gegenüberliegende Seite) und das parasympathische Nervensystem, das den Körper auf Ruhe und Erholung vorbereitet. Beide Systeme kontrollieren dieselben Organe und Körperteile, jedoch mit exakt gegensätzlicher Wirkung.

Ruhen und Verdauen

Wenn ein Tier nicht im Kampf-oder-Flucht-Modus ist, sendet das parasympathische Nervensystem Signale vom Rückenmark zu verschiedenen Organen, beruhigt sie und versetzt den Körper in einen Ruhe-und-Verdauungs-Modus. Energie wird für Wartungsfunktionen bereitgestellt, etwa Nährstoffaufnahme und Reparaturen (via Immunsystem).

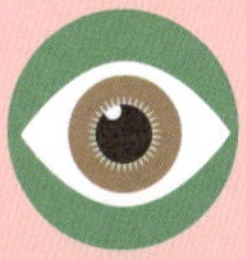

Augen
Pupillen verengen sich, erweitern sich nur bei schwachem Licht

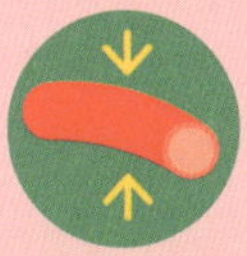

Blutgefäße
Arteriendurchmesser normalisiert sich für regelmäßigen Blutfluss.

Leber
Die Leber baut Energiereserven auf, wandelt Zucker in Fett um.

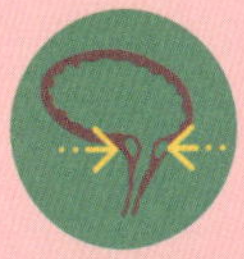

Blase
Blasenhals zieht sich zu, Urinabgang wird vermieden

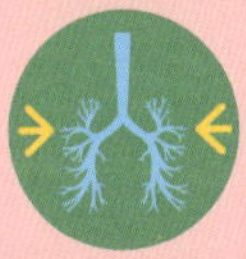

Lunge
Luftwege nehmen wieder ihren normalen Durchmesser an.

Herz
Herz schlägt mit einem normalen Ruhepuls

Magen
Magenkontraktionen werden stimuliert, Verdauung angeregt

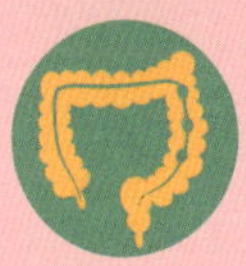

Darm
Glatte Muskulatur der Darmwand bewegt den Stuhl.

SICH TOT STELLEN

Statt zu fliehen oder zu kämpfen, stellen manche Tiere sich tot – eine Reaktion, die Schreckstarre oder Thanatose genannt wird. Sie sehen dann tot oder krank und nicht fressenswert aus. Diese Reaktion umfasst mehr als das reine Erstarren. Herz- und Atemfrequenz sind langsam. Der Körper wird steif, der Mund steht offen. Das Tier lässt Urin, Kot oder stinkende Flüssigkeit ab. Manche Tiere bleiben mehrere Stunden »tot« liegen.

Abwehr von Krankheiten

Tiere brauchen Abwehrmechanismen gegen Pathogene, Parasiten und Gifte, die Krankheiten verursachen können, wenn sie nicht bekämpft werden.

Physische Barrieren

Die erste Verteidigungslinie eines Tiers gegen Krankheit ist seine physische äußere Barriere, etwa ein Exoskelett (s. S. 157). Manche Tiere haben eine dicke Haut. Zur Verstärkung hat die Haut spezielle schleimproduzierende Zellen, so können Eindringlinge festgehalten und entfernt werden, ähnlich wie bei einem Burggraben. Die Barriere muss aber auch den Austausch zwischen der inneren und äußeren Umwelt des Tiers zulassen, daher kommen Eindringlinge manchmal hindurch.

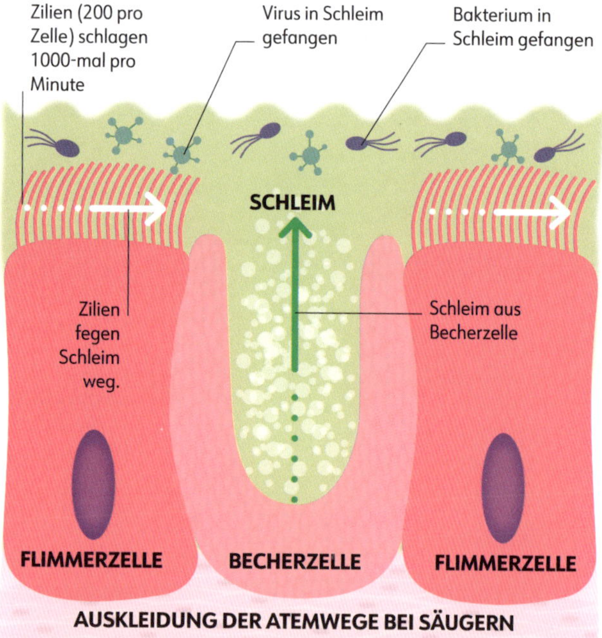

Schleim
Tiere produzieren Schleim, um Pathogene auszubremsen. Der Schleim, der die Haut von Amphibien und Fischen umgibt, enthält Stoffe, die Mikroben töten. Säugetiere haben schleimabsondernde Zellen in ihren Atemwegen. Zusammen mit Härchen (Zilien) fängt der Schleim Eindringlinge ab, die dann aus der Nase geschnäuzt oder verschluckt werden.

BAKTERIEN HAFTEN NUR SCHLECHT AN **HAIHAUT** AUFGRUND DEREN EINZIGARTIGER **STRUKTUR.**

Wie das Immunsystem funktioniert

Wenn Eindringlinge oder Pathogene die physischen Körperbarrieren überwinden, wartet ein komplexes Team von Immunzellen auf sie. Das Immunsystem hat zwei Verteidigungslinien: Das angeborene Immunsystem enthält weiße Blutkörperchen (s. S. 74), die sofort auf Alarmsignale aus kranken oder beschädigten Zellen reagieren. Sie spüren den Eindringling auf und verschlingen ihn. Gelingt dies nicht, nutzt das erworbene Immunsystem gespeicherte Informationen über frühere Attacken oder Infektionen, und löst eine gezielte Reaktion aus.

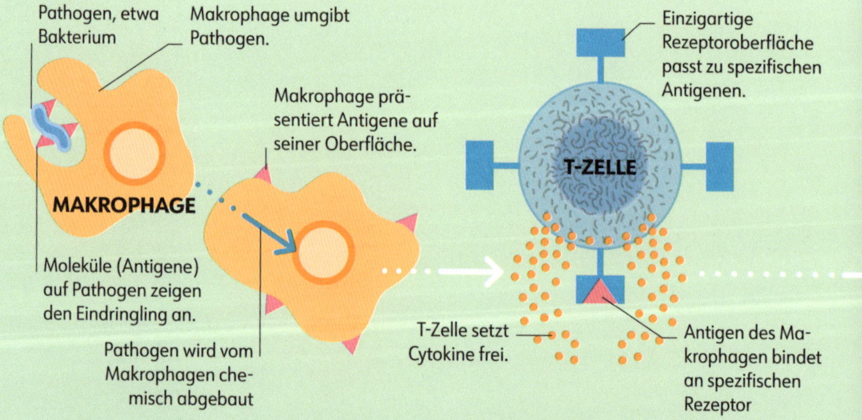

1 Auf Patrouille gegen Pathogene
Weiße Blutkörperchen namens Makrophagen attackieren das Pathogen durch Umschlingen. Der Makrophage baut das Pathogen ab und präsentiert dessen Antigene, um andere Zellen zu warnen.

2 T-Zellen vermehren sich
Weiße Blutkörperchen namens T-Zellen erkennen die Antigene, dann starten sie koordinierte Reaktionen des Immunsystems. Cytokine weisen »Killer«-T-Zellen an, sich zu vermehren, und sie aktivieren B-Zellen.

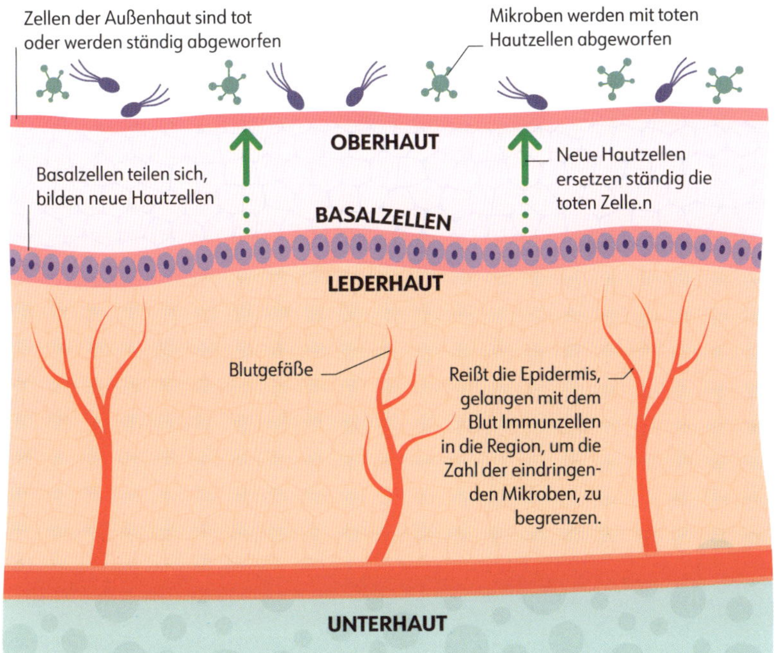

Haut
Die Haut hat drei Schichten. Die Oberhaut wird ständig abgestoßen, aber wieder durch neue Zellen ersetzt, die sich an ihrer Basis bilden. Die dickere Lederhaut gibt der Haut Stärke und Flexibilität und ist gut durchblutet. Die Unterhaut enthält das Fett, das den Körper warmhält und ihm Energie verleiht.

SCHLEIMBLASEN

Fische produzieren eine Schleimschicht, die nicht nur mikroskopisch kleine Eindringlinge ausbremst, sondern auch chemische Verbindungen enthält, die Mikroben abtöten. Papageifische bilden nachts einen dicken Schleimkokon um sich herum, um Parasiten und Mikroben von Angriffen abzuhalten, wenn sie schlafen.

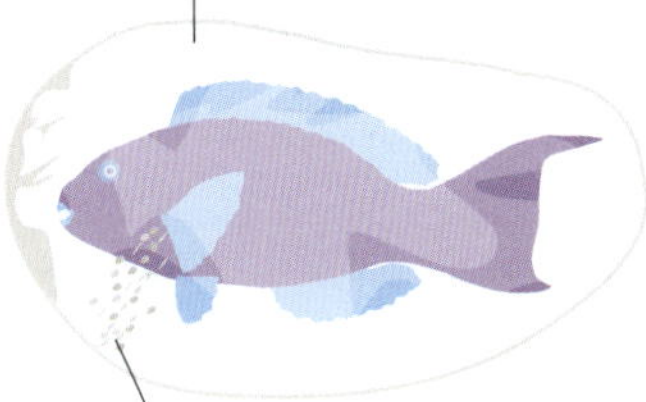

PAPAGEIFISCH

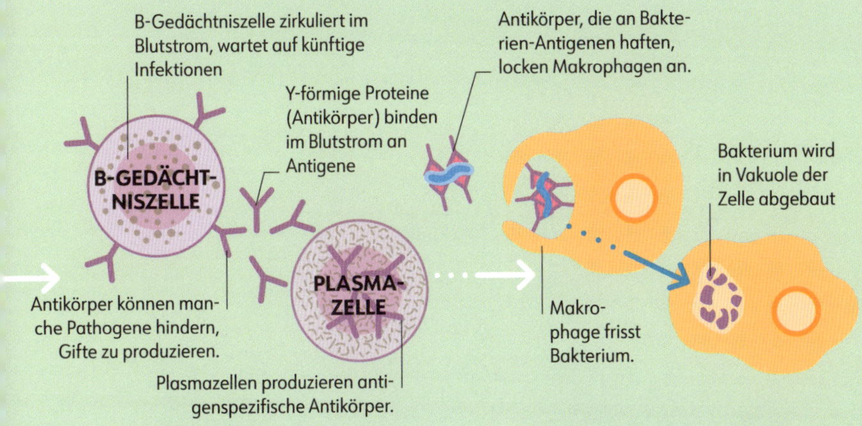

3 B-Zelle greift an
Aktivierte B-Zellen vermehren sich und bilden sowohl B-Gedächtnis- als auch Plasmazellen. Die Gedächtniszellen bewahren Informationen über ein Antigen; Plasmazellen setzen spezifische Antikörper frei.

4 Zur Zerstörung vorgesehen
Antikörper hindern Pathogene, sich an Zellen zu heften und sie zu infizieren. Sie kleben zudem die Pathogene zu einem Klumpen zusammen, was es für Makrophagen leichter macht, sie zu finden und zu zerstören.

WARUM SIND FLEDERMÄUSE TRÄGER SO VIELER KRANKHEITEN?

Fledermäuse scheinen eine Mutation in ihrer DNA zu haben, die sie befähigt, mit mehr Viren zu leben als andere Säugetiere.

ÖKOLOGIE

Ökosysteme

Ökosysteme sind Gemeinschaften von Pflanzen, Tieren und anderen Organismen sowie ihre Interaktionen untereinander und mit ihrer unbelebten Umwelt. Sie können so klein sein wie ein Teich oder so groß wie eine Wüste.

1 Energie
Der Großteil der Energie für Ökosysteme kommt aus dem Sonnenlicht. Es ermöglicht es Pflanzen und Algen, mittels Fotosynthese Kohlendioxid und Wasser in organische Verbindungen umzuwandeln. In einer Umwelt ohne Licht, etwa in hydrothermalen Schloten (s. S. 25), beziehen Organismen Energie aus chemischen Verbindungen; sie betreiben Chemosynthese.

2 Produzent
Pflanzen und Algen sind Produzenten (Autotrophe). Sie stellen mittels Fotosynthese und Chemosynthese selber ihre Nahrung her und liefern Nahrung für andere Organismen. Die Ebenen der Nahrungskette heißen trophische Ebenen, Produzenten repräsentieren die erste dieser Ebenen. Werden Produzenten von Konsumenten gefressen, wird Energie an die nächste trophische Ebene abgegeben.

Ein stabiles Ökosystem
Wenn ein Ökosystem gesund ist, besteht eine ausgewogene Beziehung zwischen den Organismen und ihrer Umwelt. Nahrungsketten, wie diese für ein Waldökosystem, zeigen, wie alle Lebewesen bei der Ernährung voneinander abhängen, wie Energie zwischen ihnen fließt und Abfall recycelt wird.

3 Primärkonsument
Die zweite trophische Ebene eines Ökosystems besteht aus Primärkonsumenten, die nur Produzenten, also Pflanzen und Algen, fressen.

4 Sekundärkonsument
Sekundärkonsumenten bilden die dritte trophische Ebene. Sie sind Karnivoren oder Raubtiere, verzehren also Primärkonsumenten.

5 Destruenten
Destruenten beziehen ihre Energie aus totem organischen Material wie Holz, Laub und toten Tieren, das sie abbauen.

LEGENDE

Energiefluss
Von einer trophischen Ebene zur nächsten fließt Energie durch Lebewesen. Nur etwa 10 Prozent der Energie wird weitergegeben, denn die meiste Energie geht bei Stoffwechselprozessen oder bei Bewegung als Wärme verloren.

Nahrungszyklus
Pflanzen nehmen Nährstoffe wie Kohlenstoff, Sauerstoff, Stickstoff und Calcium durch die Wurzeln auf. Sie werden entweder an die Konsumenten weitergereicht, die die Pflanzen fressen, oder im Boden recycelt, wenn die Pflanze stirbt.

Biozönose

Eine Biozönose ist eine Gemeinschaft aller Organismen (verschiedene Arten), die in einem Lebensraum oder Biotop leben. Umweltveränderungen wie ein vergrößertes Nährstoffangebot oder eine Dürre beeinflussen sie. Veränderungen in der Population einer Art können Effekte auf die gesamte Biozönose haben. Nimmt beispielsweise die Zahl der Räuber zu, nimmt in der Folge die Zahl der Beutetiere ab (s. S. 187).

WAS IST EINE ÖKOLOGISCHE NISCHE?

Ähnlich wie ein Vogel sich in einer Nische sein Nest baut, bedeutet in der Ökologie eine Nische die Anpassung einer Art an einen bestimmten Platz im Ökosystem.

Biotische und abiotische Faktoren

Die Lebensbedingungen eines Organismus werden von biotischen und abiotischen Umweltfaktoren beeinflusst. Die biotischen Faktoren umfassen alle im Ökosystem lebenden Organismen, denn jeder hat eine direkte oder indirekte Wirkung auf alle anderen. Die abiotischen Faktoren stellen die unbelebten Interaktionspartner der Organismen dar, etwa Licht, Temperatur, Boden, Verfügbarkeit von und Säuregrad des Wassers, Nährstoffangebot und Verschmutzung.

BIOTISCH	ABIOTISCH
Nahrungsangebot	Licht
Räuber-Beute-Beziehungen	Wind
Krankheiten	Temperatur
Konkurrenz	Niederschlag

MIKROHABITATE

Ein kleiner Teil eines Ökosystems, der seine eigenen Bedingungen, etwa bei Temperatur und Licht, sowie seine eigenen charakteristischen Arten hat, wird Mikrohabitat genannt. Beispiele für Mikrohabitate mit eigener Flora und Fauna sind Felsenbecken auf Sandstränden, wassergefüllte Löcher in Bäumen und kahle Stellen in Grasland.

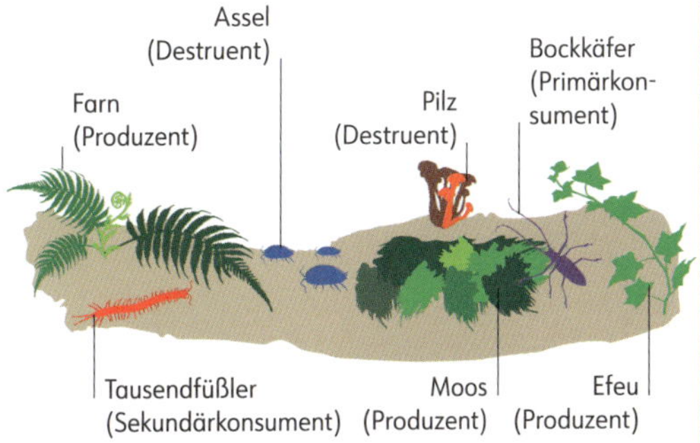

Verrottender Baumstamm
Obwohl ein verrottender Stamm nur ein kleiner Teil des umgebenden Waldhabitats ist, ist er spezifisch in seinen Eigenschaften und der Populationszusammensetzung.

Interdependenz

Alle Organismen in einem Ökosystem hängen zu einem gewissen Grad voneinander ab. Manche Beziehungen sind besonders stark, dann kann eine Veränderung in der Population einer Art viele andere Arten im selben Ökosystem beeinflussen. Dies nennt man Interdependenz.

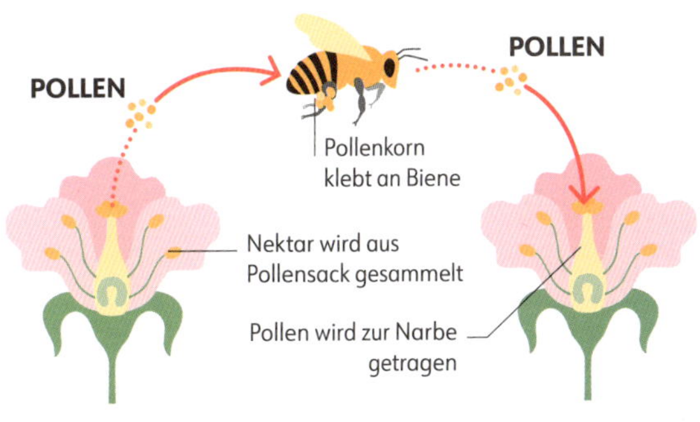

Wechselseitige Abhängigkeit
Pflanzen sind abhängig von Insekten, die sie bestäuben, während das Insekt die Nahrung braucht, die die Pflanze bereitstellt. Bienen fliegen von Blüte zu Blüte und befruchten sie.

Biome

Biome sind große geografische Regionen, die einen bestimmten Typ von Klima, Boden, Pflanzen- und Tierarten gemeinsam haben. Innerhalb eines Bioms gibt es viel Variation.

Biomtypen

Die Oberfläche der Erde kann in zehn Biome aufgeteilt werden, ihre Verteilung wird vor allem vom Klima definiert. Man kann das gleiche Biom auf unterschiedlichen Kontinenten finden, Savannen zum Beispiel in Afrika und Australien. Jedes Biom hat seine eigenen Biozönosen, die Muster der vertretenen Pflanzen, Tiere und Pilze variieren, aber es gibt auch viele Gemeinsamkeiten.

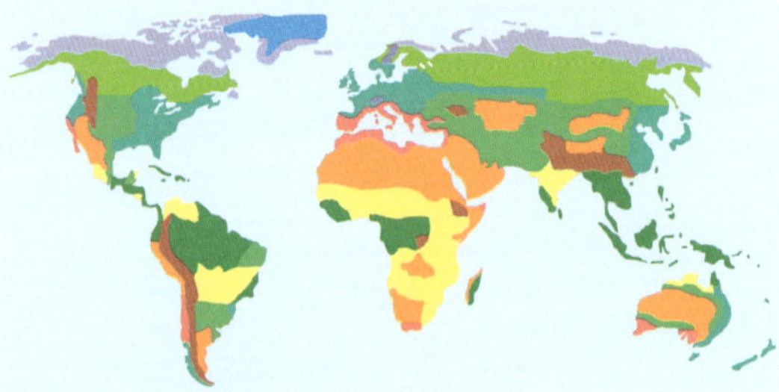

WELTKARTE DER BIOME

Ökoregionen

Biome bestehen aus Ökoregionen, die jeweils charakteristische Artengemeinschaften enthalten. Die Insel Madagaskar zum Beispiel wird von tropischen Regenwäldern, Wüsten und Savannen dominiert. Diese Biome werden aufgeteilt in Ökoregionen mit vielen endemischen Pflanzen und Tieren. Der Grund sind die jeweiligen Umweltbedingungen.

LEGENDE

- Trockener Laubwald
- Strauchheide
- Tieflandregenwald
- Mangroven
- Dornenwald
- Subhumider Wald
- Sukkulentenwälder

Borealwald
Bei sechs bis acht Monaten Frost pro Jahr können nur sehr winterharte Pflanzen und Tiere überleben. Pinien und Fichten dominieren. Viele Säugetiere halten Winterschlaf, die meisten Vögel ziehen im Winter südwärts.

Ozeane
Das Leben im größten Biom der Erde reicht vom Blauwal, dem größten Tier des Planeten, bis zum winzigen Plankton. Das meiste Leben konzentriert sich in seichten Küstengewässern und in kalten Meeresströmungen.

Savanne
Dieses tropische und subtropische Grasland mit offenen Gehölzen hat ein Klima mit deutlichen Trocken- und Regenzeiten. Es ist Lebensraum großer Säugetiere wie Zebras, Giraffen, Großkatzen und Elefanten.

Polarregionen
Trotz ihres unwirtlichen Klimas beherbergen diese Regionen, die einen Großteil des Jahres von Eis bedeckt sind, etliche winterfeste Tiere, darunter Eisbären, Pinguine, Robben und Narwale.

Tropische Regenwälder
In diesen heißen, feuchten Regionen gibt es in allen Jahreszeiten Regen. Die üppige Vegetation bringt die weltweit größte Diversität an Bäumen, Wirbellosen, Amphibien, Vögeln und Säugetieren hervor.

Wald gemäßigter Zonen
Dieser Mischwald aus Laub- und Nadelbäumen hat ausgeprägte Jahreszeiten, die während des ganzen Jahres viel Wild ernähren. Im Sommer kommen Gäste aus den Subtropen, im Winter Zugvögel hinzu.

Grasland gemäßigter Zonen
Gras dominiert, oft trifft man eine Vielfalt wilder Blumen in diesem Biom mit heißen Sommern und kalten Wintern an. An Tieren sind Koyoten, Füchse, Wiesel vertreten, außerdem samenfressende Vögel.

Mediterrane Gebiete
Die Winter sind feucht, die Sommer trocken und heiß. Oft dominieren kleine Bäume und Sträucher. In diesem Biom gedeihen Luchs, Wildschwein, wilde Ziegen, viele Raubvögel und 10 Prozent aller Pflanzenarten.

Tundra
Da Baumwuchs durch eine zu kurze Wachstumsperiode und lange Frostperioden verhindert wird, besteht die Vegetation dieses Bioms aus harten Gräsern, Moosen und kleinen Sträuchern.

Wüsten
In dieser extrem trockenen Umgebung sind Pflanzen wie Kakteen und Tiere wie Kamele gut an Trockenheit angepasst. Es gibt vier Wüstentypen: Kontinental-, Regenschatten-, Küsten- und Wendekreiswüste.

Biodiversität

Biodiversität oder biologische Vielfalt bezieht sich auf die Fülle unterschiedlichen Lebens in einem bestimmten Gebiet. Dies umfasst die Vielfalt innerhalb der Arten und zwischen den Arten und die Vielfalt der Ökosysteme. In der Regel nimmt die Biodiversität in Richtung Äquator zu, tropische Regenwälder und warme Küstenmeere haben die höchste Vielfalt. Biodiversität ist auch für den Erhalt gesunder Ökosysteme enorm wichtig.

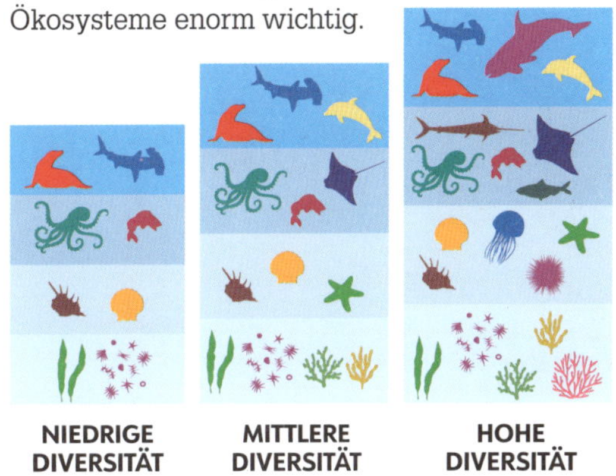

9000 ARTEN UMFASST DIE BIOLOGISCHE VIELFALT IM **GREAT BARRIER REEF.**

BIODIVERSITÄTS-HOTSPOTS

Conservation International hat 36 globale Hotspots definiert, basierend auf ihrer Biodiversität und dem Gefährdungsgrad. Alle besitzen mindestens 1500 endemische Pflanzenarten, die mindestens 70 % ihres Habitats verloren haben.

Nahrungsnetze

Ein Nahrungsnetz stellt die Beziehung zwischen allen Nahrungsketten und den Energiefluss in einem Ökosystem dar.

Nahrungsbeziehungen

In jedem Ökosystem sind Nahrungsketten – bestehend aus Primärproduzenten und mehreren Ebenen von Konsumenten (s. S. 182-183) – nicht voneinander isoliert, sondern miteinander verknüpft. Echte Nahrungsnetze sind extrem komplex. So können sich manche Konsumenten in bestimmten Lebensstadien gegenseitig fressen und Spitzenräuber können sowohl Primärproduzenten als auch Konsumenten als Nahrung nutzen.

WELCHE ROLLE SPIELT DER MENSCH IN MARINEN NAHRUNGSNETZEN?

Menschen essen Meerestiere und -pflanzen. Überfischung bestimmter Arten beeinträchtigt Nahrungsnetze ebenso wie Verschmutzung, etwa durch Öl.

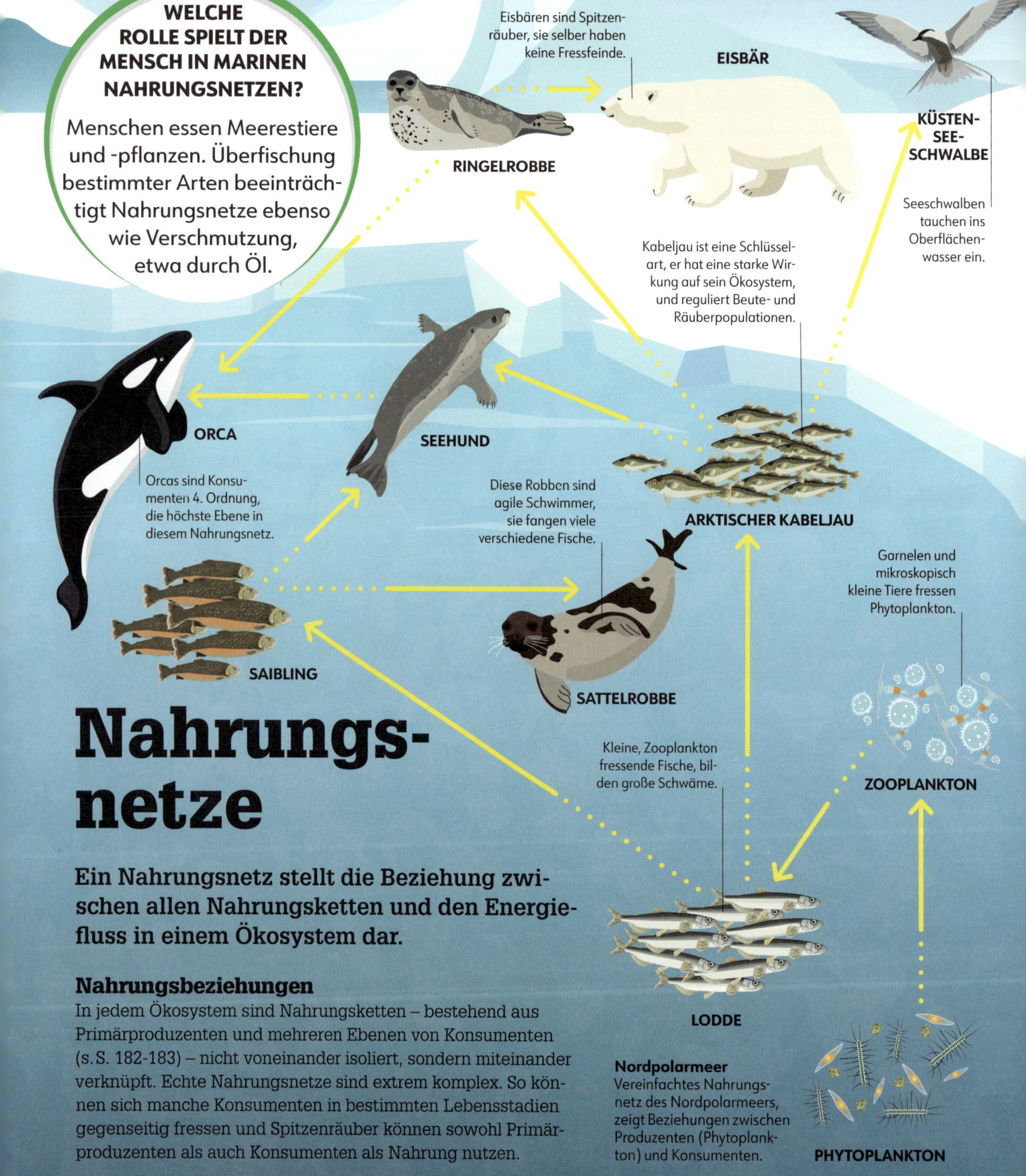

Nordpolarmeer
Vereinfachtes Nahrungsnetz des Nordpolarmeers, zeigt Beziehungen zwischen Produzenten (Phytoplankton) und Konsumenten.

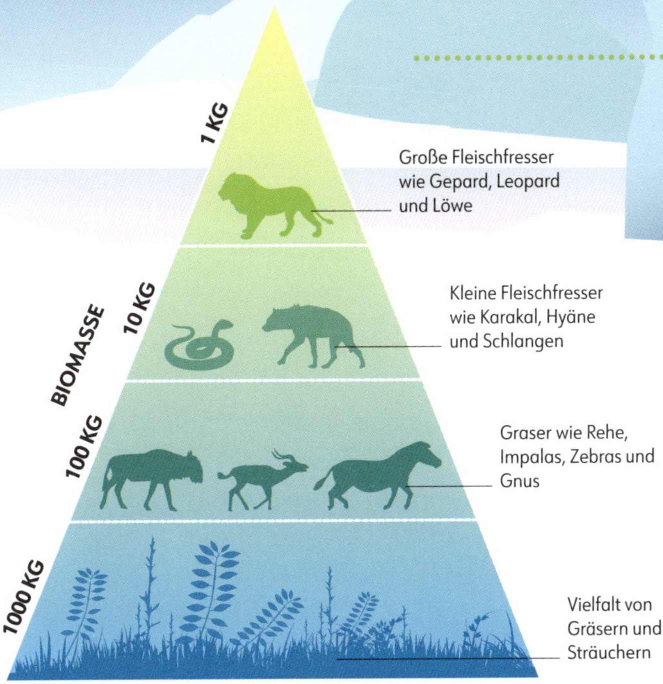

Serengeti: Biomassepyramide
Pflanzen stehen an der Basis der Biomassepyramide des Serengeti-Graslands, sie haben die größte Masse und höchste Energie.

Energie und Biomasse

Die Gesamtmenge der Organismen auf jeder Stufe des Nahrungsnetzes (jeder trophischen Ebene) eines Ökosystems kann als Biomassepyramide dargestellt werden. Es gibt zwei Arten von Pyramiden. Bei Pyramiden terrestrischer Ökosysteme überwiegt die Biomasse der Produzenten auf der untersten Ebene bei Weitem die der Konsumenten auf der höchsten Ebene. Auch das Energielevel nimmt nach oben hin ab. Eine »auf dem Kopf stehende« Pyramide ist typisch für Ökosysteme des Meeres.

Ernährungsweisen klassifizieren

Man kann die Ernährungsweise von Tieren verschieden klassifizieren. Ein umfassendes System gruppiert Tiere danach, ob sie Pflanzen fressen (Herbivoren), Fleisch (Karnivoren) oder beides (Omnivoren). Innerhalb der Gruppen gibt es Spezialisierungen. Insektivoren wie Ameisenbären fressen Insekten, Frugivore wie Fruchtfledermäuse Früchte. Ein anderes System teilt die Tiere in Räuber, Beutetiere und Aasfresser.

Räuber
Sekundär-, Tertiär- oder Quartärkonsument, gewinnt Großteil seiner Nahrung durch Jagd auf lebende Tiere.

Herbivore
Primärkonsument, bezieht Großteil seiner Nahrung aus Pflanzen; Beispiele sind Kaninchen und Schafe

Beutetier
Lebendes Tier, das von anderen Tieren gejagt wird. Jeder Konsument außer Spitzenräubern kann Beutetier sein.

Karnivore
Fleischfressendes Tier, das nicht immer seine Beute tötet; ein Beispiel sind Geier (die auch Aas fressen)

Aasfresser
Fleischfressendes Tier, das tote Tiere frisst, die getötet wurden oder an natürlichen Ursachen gestorben sind

Omnivore
Tier mit Mischdiät aus pflanzlicher und tierischer Kost; Beispiele sind Bären, Schweine und viele Vogelarten.

RÄUBER-BEUTE-ZYKLEN

Zu- und Abnahme von Räubern und Beutetieren in einem Ökosystem ergeben einen Räuber-Beute-Zyklus. Hasen werden von Luchsen gefressen; wenn es weniger Hasen gibt, gibt es nach ein paar Jahren auch weniger Luchse.

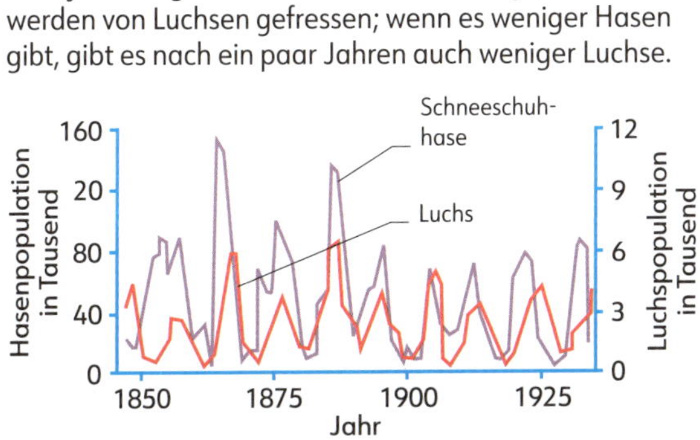

EINIGE **BLAUWALE FRESSEN TÄGLICH** BIS ZU **16 TONNEN PHYTOPLANKTON** UND **KRILL.**

Fortpflanzungs-strategien

Manche Organismen produzieren in ihrem Leben nur wenige Nachkommen, konzentrieren sich aber darauf, ihre »Investition« gut zu beschützen. Andere produzieren sehr viel Nachwuchs, wenden jedoch nur wenig Energie für dessen Aufzucht auf.

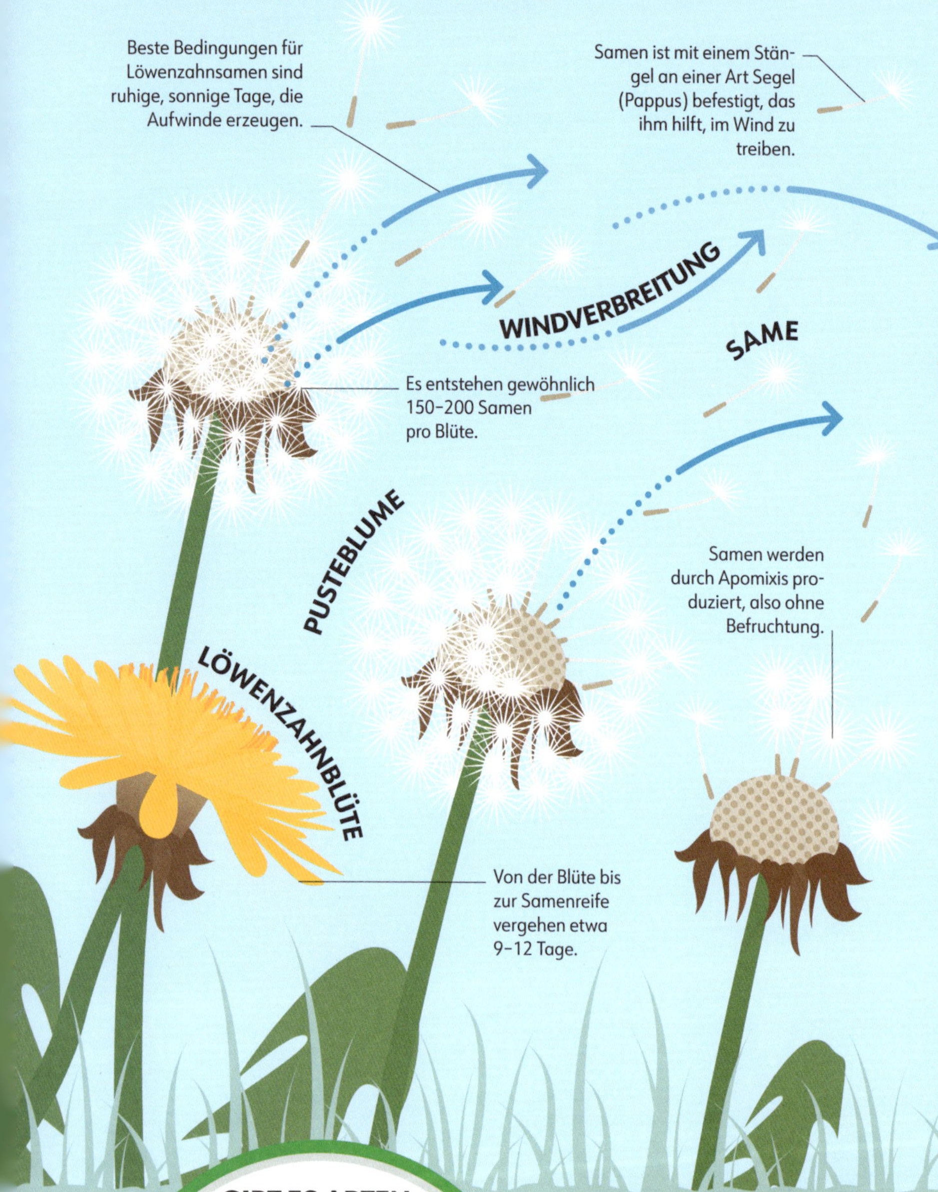

Auf Quantität setzen

Für Organismen, die in einer unstabilen Umwelt leben, ist es sinnvoll, ihre Energie in schnelles Bevölkerungswachstum zu stecken, indem sie sehr viele Nachkommen produzieren. Dieser schnelle Lebenszyklus oder r-Strategie (»r« steht für Reproduktion) lässt Populationen bei günstigen Bedingungen schnell anwachsen. Sie brechen aber genauso schnell zusammen, wenn sich die Bedingungen ändern. Solche Tiere haben kurze Tragzeiten, eine frühe sexuelle Reife, wenig elterliche Fürsorge und ein kurzes Leben.

Samen verbreiten
Löwenzahn ist typisch für Organismen mit einer schnellen Lebensgeschichte. Er produziert viele Samen, aber investiert keine Anstrengung in ihr Wohlergehen; die Pflanzen wachsen schnell, aber leben nicht lange. Sie kolonisieren rasch neue Gebiete.

GIBT ES ARTEN, MIT ELEMENTEN AUS BEIDEN LEBENSZYKLUS-STRATEGIEN?

Viele Arten haben Merkmale beider Strategien. Meeresschildkröten und Bäume etwa leben lange, produzieren aber auch viel Nachwuchs, um den sie sich nicht kümmern.

Auf Qualität setzen

Tiere, die in einer stabilen Umwelt leben, folgen einem langsamen Lebenszyklus oder einer K-Strategie (»K« steht für Kapazität), bei der viel Aufwand in Nachkommen »hoher Qualität« gesteckt wird. Typische Eigenschaften sind lange Tragzeiten, wenige, aber große Junge, langsame Reifung, im Allgemeinen stabile Populationen und eine lange Lebensdauer. Beispiele umfassen viele größere Säugetiere – inklusive Menschen – und große Vögel wie Albatrosse.

2000 EIER KANN EIN SEEPFERDCHEN AUSTRAGEN, ABER NUR 0,5 % ÜBERLEBEN.

Elefanten
Weibliche Afrikanische Elefanten haben eine Tragzeit von 22 Monaten. Während ihres Lebens gebären sie nur vier oder fünf Junge.

Wachstum und Überleben

Die Tragfähigkeit (Kapazität) einer bestimmten Umwelt ist die maximale Populationsgröße einer Art, die dort (längerfristig) leben kann. In einer neu entstandenen Umwelt überschreitet eine Tier- oder Pflanzenpopulation mit schnellem Lebenszyklus rasch die Kapazität und bricht dann zusammen. Eine Art mit langsamem Lebenszyklus erreicht die Kapazitätsgrenze langsamer.

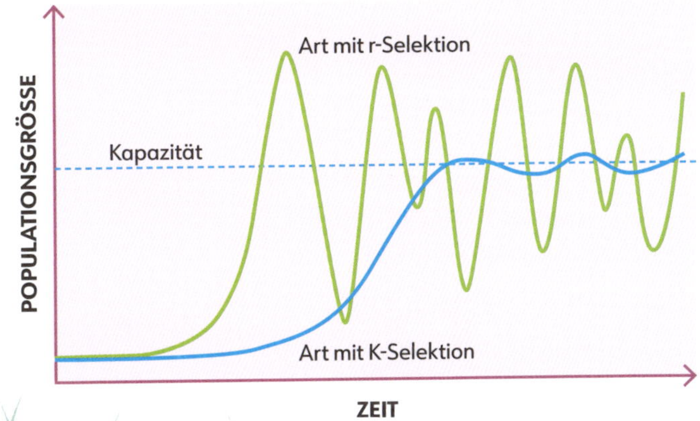

Wachstumskurve
Die Populationsgrößen von Arten mit schnellem Lebenszyklus können dramatisch schwanken, wohingegen die von Arten mit langsamem Lebenszyklus eher stabil bleiben.

BRUTPARASITISMUS

Der eurasische Kuckuck ist ein Brutparasit – er verlässt sich darauf, dass eine andere Art seine Jungen ernährt. Damit reduziert der Kuckuck den Aufwand für die Aufzucht der nächsten Generation für die eigene Art dramatisch. Weibchen legen ihre Eier in die Nester anderer Vögel, diese ziehen das Küken nach dem Schlupf auf. Das Küken wird schließlich größer als sein Wirt.

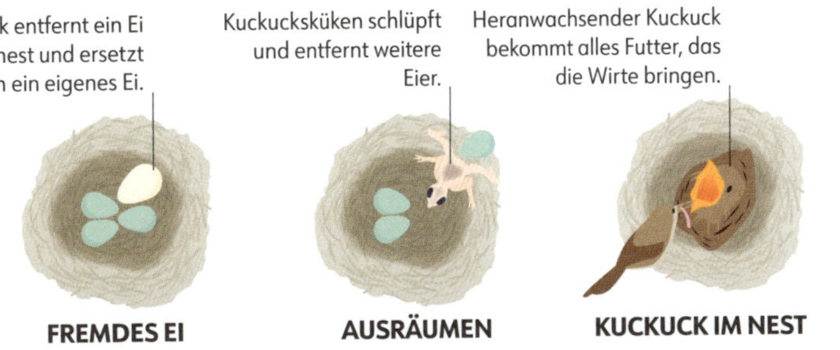

Sozialleben

Häufig leben Tiere derselben Art in Gruppen zusammen. Soziale Gruppen reichen von Ansammlungen zum Zweck der Sicherheit bis zu komplexen Gesellschaften mit festgelegten Rollen.

Arten sozialen Verhaltens

Bei Tieren umfasst soziales Verhalten Interaktionen zwischen nichtverwandten und verwandten Individuen derselben Art, die der ganzen Gruppe nutzen. Viele Tierarten sind das ganze Jahr über sozial, etwa Löwenrudel. Manche Tiere kommen während der Brutsaison zusammen, leben aber den Rest der Zeit allein. Seevogelkolonien sind ein Beispiel. Besonders komplexes Sozialverhalten trifft man in der Welt der Insekten an, wo große Kolonien nur aufgrund der Kooperation vieler Individuen funktionieren.

Gruppenmitglieder stehen abwechselnd Wache. Sie beobachten Räuber und bellen bei Gefahr ein Warnsignal.

Das dominante Erdmännchen der Gruppe; die meisten anderen Koloniemitglieder sind Kinder oder Geschwister des Alphaweibchens

Das Alphamännchen ist das zweitwichtigste Tier nach dem Alphaweibchen, mit dem es ein Paar bildet.

Erdmännchenkolonie
Eine soziale Gruppe (Kolonie) von Erdmännchen lebt in einem Netz von Bauen und Kammern zusammen. Die Tiere arbeiten bei Jagd, Jungenaufzucht und Verteidigung als Einheit zusammen. Erdmännchenkolonien können bis zu 50 Individuen umfassen.

BILDEN PFLANZEN AUCH SOZIALE GRUPPEN?

Die Wurzeln von Espen sind untereinander verbunden. So können sie Nährstoffe und andere Ressourcen teilen und sich gegenseitig unterstützen.

Eusozialität

Eine extreme Form sozialen Lebens, bei der es Arbeitsteilung gibt und die Individuen spezialisierte Rollen haben, wird Eusozialität genannt. Die meisten Ameisen sind eusozial – alle Individuen einer Kolonie arbeiten im Team zusammen. Die meisten Ameisen im Nest von Blattschneiderameisen sind unfruchtbare Arbeiterinnen, die ganz verschiedene Aufgaben haben: Es gibt Sammlerinnen, Soldatinnen und sogar Gärtnerinnen. Alle arbeiten für das Wohl des Volkes.

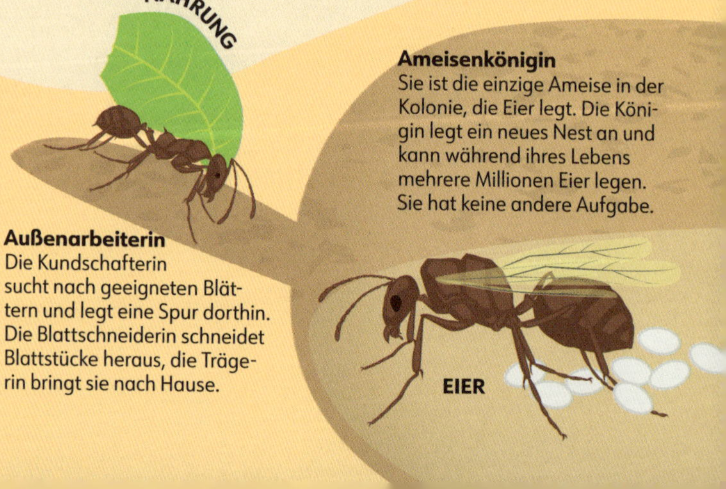

Ameisenkönigin
Sie ist die einzige Ameise in der Kolonie, die Eier legt. Die Königin legt ein neues Nest an und kann während ihres Lebens mehrere Millionen Eier legen. Sie hat keine andere Aufgabe.

Außenarbeiterin
Die Kundschafterin sucht nach geeigneten Blättern und legt eine Spur dorthin. Die Blattschneiderin schneidet Blattstücke heraus, die Trägerin bringt sie nach Hause.

SATTE VAMPIRFLEDERMÄUSE ERBRECHEN OFT BLUT FÜR HUNGRIGE ARTGENOSSEN IHRES QUARTIERS.

Junge Erdmännchen (Welpen) lernen durch Beobachten und Kopieren des Verhaltens Erwachsener. Sie schauen etwa zu, wie ein älteres Tier einen Skorpionstachel entfernt.

Koloniemitglieder, die weder Welpen noch Teil des Alpha-Paares sind, heißen Beta-Weibchen und -Männchen.

Ein Babysitter ist ein erwachsenes Erdmännchen, das Welpen beaufsichtigt, während andere den Bau zum Sammeln verlassen.

Leben in Gruppen
Das Leben in Gruppen hat Vorteile gegenüber dem Alleinleben, aber es gibt auch Nachteile. Jederzeit kann ein Mitglied der Gemeinschaft Streit anfangen und es drohen noch weitere mögliche Probleme.

Pro
Mehr Augen zu haben, um Räuber zu entdecken, verstärkt den Schutz und macht es leichter, diese abzuwehren, was die Überlebensrate erhöht. Es gibt mehr Möglichkeiten zum kooperativen Jagen und Fressen, wie man bei Löwen- und Wolfsrudeln sieht. Die Pflichten können aufgeteilt werden, etwa die Versorung der Jungen, wie es bei Giraffen und Pinguinen geschieht.

Contra
Bei hoher Populationsdichte gibt es eine erhöhte Konkurrenz um Ressourcen wie Nahrung und Nistplätze. Die Übertragung von Parasiten und Krankheiten wird wahrscheinlicher und die Gruppe kann leichter von Räubern entdeckt werden. Eng verwandte Individuen bekommen mit größerer Wahrscheinlichkeit Nachkommen mit ungünstigen Eigenschaften.

Männchen
Männchen gibt es im Nest nur kurz bevor eine neue Kolonie gegründet wird. Sie haben Flügel, begatten fruchtbare Weibchen auf dem Hochzeitsflug und sterben nach der Paarung.

Innenarbeiterin
Zu ihren Pflichten gehören die Pflege der Eier, Larven und Puppen, das Pflegen der Pilzgärten, Putzen und die Verteidigung des Nests.

KOMMUNIKATION

Effektive Kommunikation reduziert physische Konflikte und ist für soziale Tiere besonders wichtig. Kommunikation kann durch Laute, Körpersprache oder Gesichtsausdrücke erfolgen. Schimpansen nutzen eine Reihe von Ausdrücken, um zu zeigen, wie sie sich fühlen.

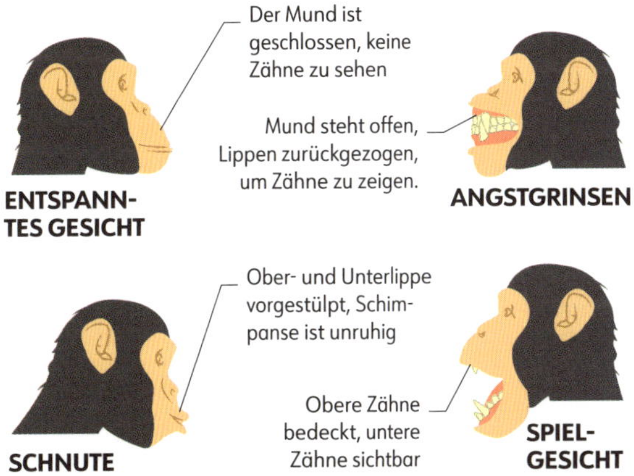

Umweltschäden

Natürliche Lebensräume werden seit langer Zeit von Natur und Menschen beschädigt, aber in den letzten Jahrhunderten hat das Tempo zugenommen. Viele Tier- und Pflanzenarten sind bedroht.

WAS HEISST VERSAUERUNG DER MEERE?

Löst sich Kohlendioxid in Meerwasser, entsteht eine Säure. Die Kalkskelette von Meeresorganismen werden angegriffen, die Nahrungsketten im Ozean gestört.

Umweltgefahren

Natürliche Prozesse – Unwetter, Waldbrände, Vulkanausbrüche und Gletscherbewegungen – haben Ökosysteme immer beschädigt. Der Mensch hat jedoch riesige Waldbestände zugunsten der Landwirtschaft abgeholzt und Feuchtgebiete zur Erschließung entwässert, Überweidung durch Tiere hat Grasland in Wüsten verwandelt. Städte breiten sich über große Flächen aus. Dies geschah zunächst in Europa und Nordamerika, setzt sich aber anderswo fort.

Einfluss des Menschen

Wissenschaftler schätzen, dass mehr als 75 Prozent der Landfläche der Erde durch menschliche Aktivität schwer beeinträchtigt ist. Unser negativer Einfluss auf die Umwelt kann grob unterteilt werden in Verschmutzung, Habitatzerstörung und Einfuhr invasiver Arten. Diese Auswirkungen sind die Folge gnadenloser Ausbeutung natürlicher Ressourcen – fossiler Treibstoffe, Mineralien, Bäume, Wasser und Boden – und des oft giftigen Abfalls, der bei der Industrieproduktion entsteht.

Künstliche Verschmutzung beeinträchtigt die Umwelt überall. Dazu zählen giftige Abfälle aus Fabriken an Land, im Wasser und in der Luft, die Nährstoffbelastung von Seen und Flüssen aus Düngemittelabflüssen von Bauernhöfen, Licht, das Meeresschildkröten negativ beeinflusst, und Lärm, der Meeressäuger verwirrt und Vögel bei der Futtersuche stört.

10 FUSSBALLFELDER DER TROPISCHEN REGENWALDS GINGEN 2021 JEDE MINUTE VERLOREN.

SUKZESSION

In – nach Erdrutsch, Vulkanausbruch oder menschlicher Aktivität – neu entstandenen Lebensräumen entwickelt sich eine neue Lebensgemeinschaft. Primäre Sukzession findet statt, wenn erste Arten einen Standort besiedeln. Sekundäre Sukzession findet statt, wenn ein besiedeltes Areal sich nach einer Störung wie einem Waldbrand erholt. In beiden Fällen durchläuft die Lebensgemeinschaft allmähliche Veränderungen.

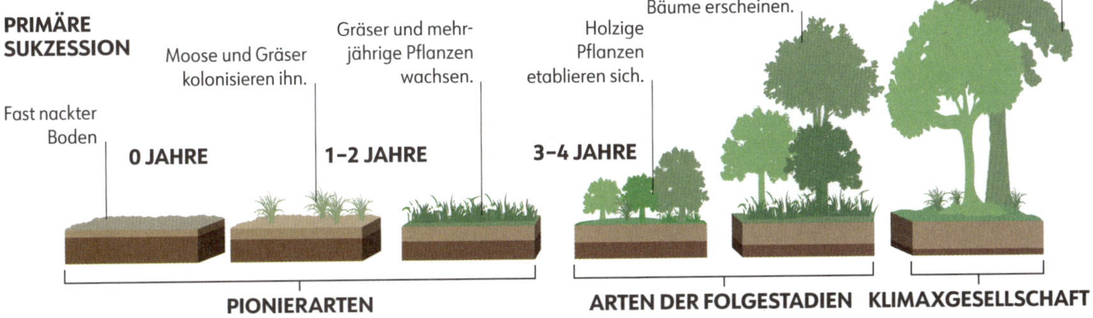

LEBENSRAUMZERSTÖRUNG

Lebensraumzerstörung findet auch natürlich statt. Aber die vom Menschen ausgehende Zerstörung hat seit der industriellen Revolution rasant zugenommen und ist jetzt auf Rekordniveau. Sie geschieht durch Abholzung, die Umwandlung natürlichen Graslands in Ackerland, die Überflutung von Tälern für Stauseen, die Zerstörung von Küstenlebensräumen zugunsten von Erschließung und Verstädterung.

INVASIVE ARTEN

Pflanzen und Tiere, die in eine Umwelt eingeführt werden, in der sie nicht heimisch sind, können die natürlicherweise dort vorkommenden Arten verdrängen. Graue Eichhörnchen – die aus Nordamerika stammen – dominieren über die roten britischen Eichhörnchen. Bei eingeführten Pflanzen fehlen oft die wirbellosen Tiere, die sich von ihnen ernähren, daher spielen diese Pflanzen nur eine geringe Rolle in den Nahrungsketten.

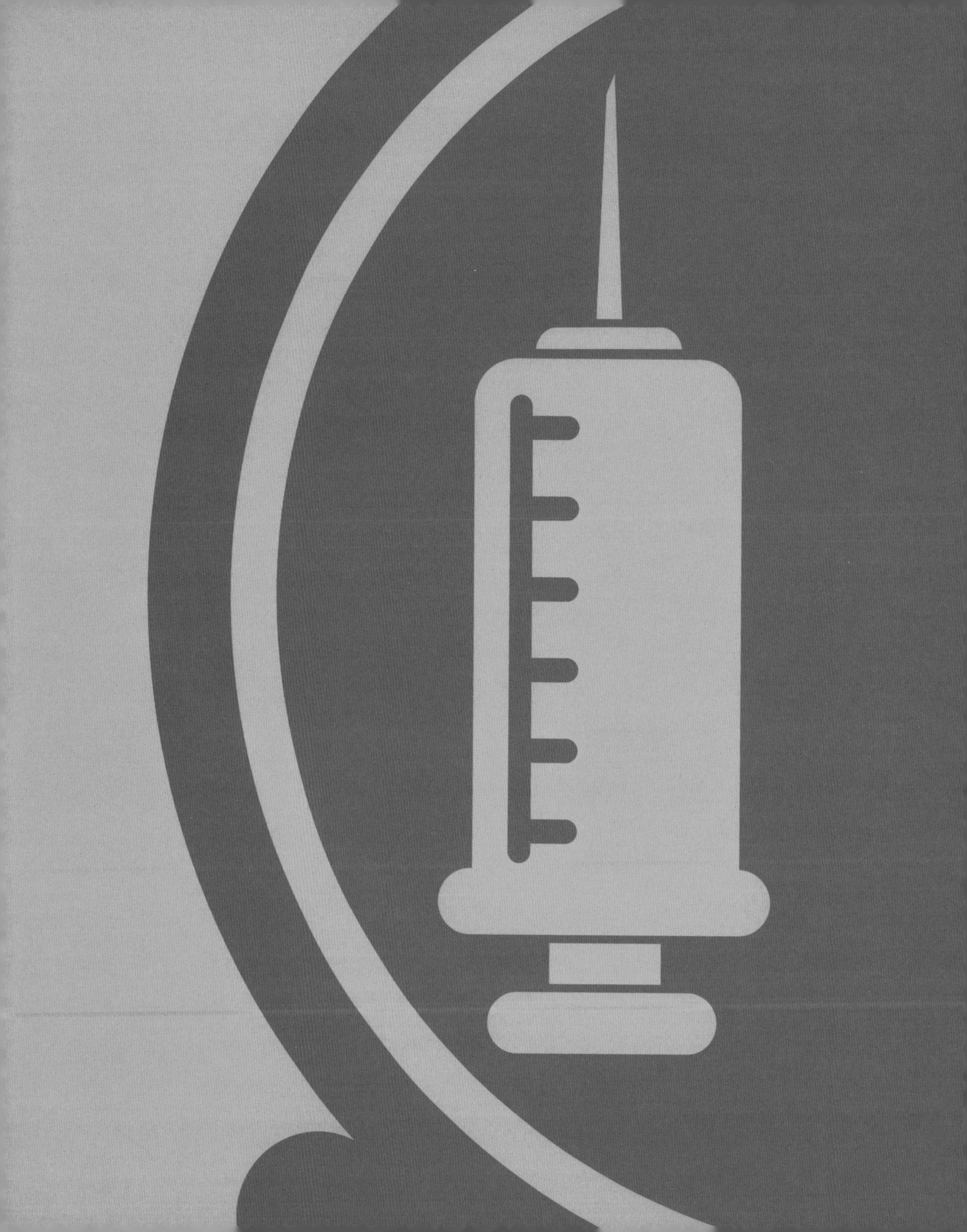

BIOTECHNOLOGIE

Selektive Züchtung

Menschen praktizieren eine Art Biotechnologie, seit sie sesshaft geworden sind. Durch Züchtung treiben sie die Entwicklung von Tierrassen und Pflanzenvarietäten voran.

Was ist Züchtung?

In der Wildnis entwickeln sich Pflanzen und Tiere langsam, durch Mutationen und die zufällige Kombination von Genen bei der sexuellen Fortpflanzung (s. S. 84–85). Die »Passendsten« überleben, vermehren sich und geben ihre Gene weiter. Dieser Prozess wird vom Zufall und von Veränderungen der Umwelt getrieben (s. S. 104–105). Bei der Züchtung wird der Einfluss des Zufalls stark reduziert, da diejenigen Tiere oder Pflanzen, die die Chance zur Vermehrung bekommen, von Landwirten oder Züchtern ausgewählt werden. Ergebnis sind Tiere, die mehr Fleisch, Eier oder Milch produzieren, und Pflanzen mit höherem Ertrag.

DIE GRÜNE REVOLUTION

Züchtung kann beschleunigt und verbessert werden, indem man viele verschiedene Arten kreuzt und genetisch testet. Eine Initiative aus den 1950er-Jahren, angeführt vom Genetiker Norman Borlaug, nutzte diesen Ansatz, um kürzere, dürreresistente Sorten von Weizen, Reis und Mais zu züchten. Diese Grüne Revolution steigerte den Ertrag in vielen von Hunger bedrohten Ländern.

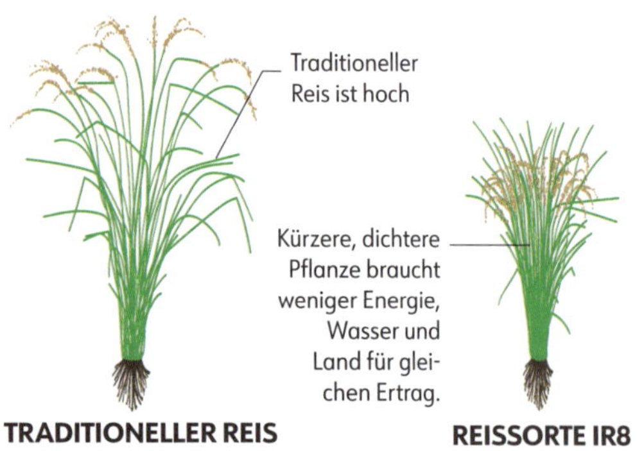

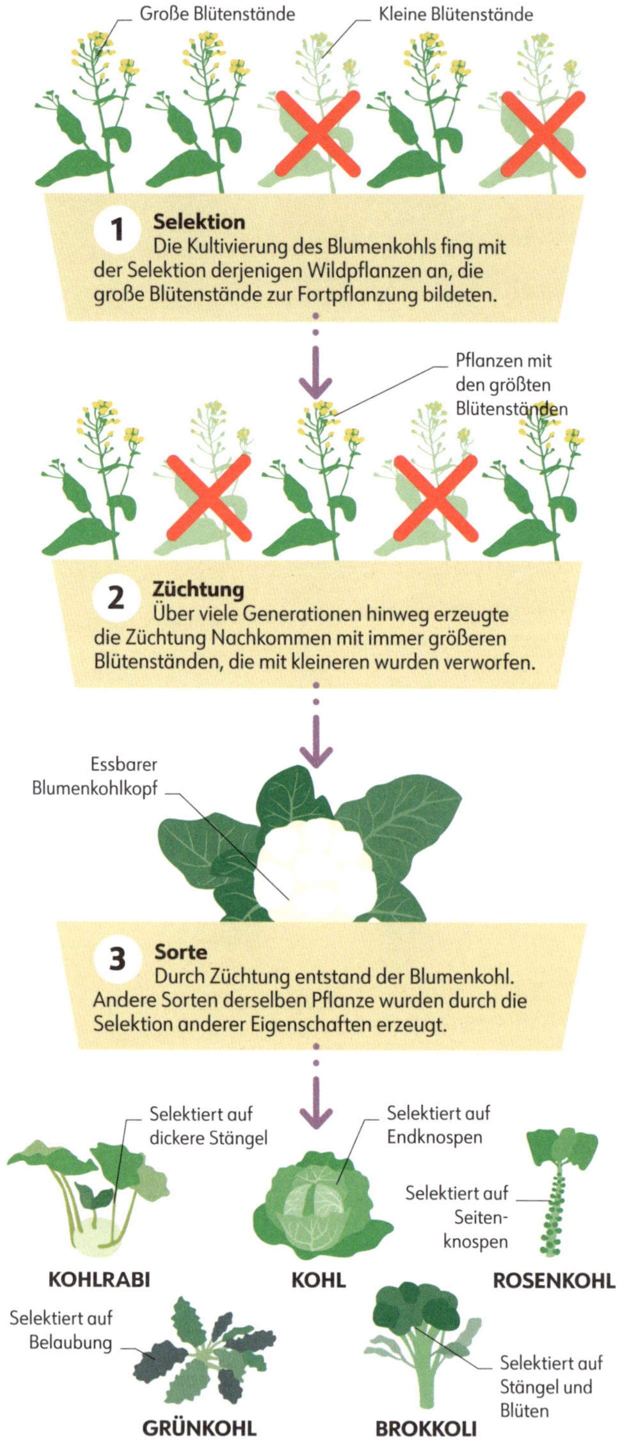

Eigenschaften selektieren
Ein Beispiel für die Kraft der gezielten Züchtung ist die Entwicklung von Kohlgemüse. Im Lauf von Jahrhunderten haben Pflanzenzüchter viele verschiedene Varietäten (Sorten) derselben Art erzeugt, jede mit speziellen Eigenschaften.

Wildtypen

Feldfrüchte und andere Kulturpflanzen sowie das Vieh und die Haustiere, die wir heute kennen, sind Nachkommen von Wildformen, die früher in der Natur vorkamen. Diese Wildtypen, wie man sie nennt, sind sehr verschieden von den domestizierten Tieren und Pflanzen. Mais zum Beispiel stammt von einer Wildpflanze namens Teosinte ab, die in Mexiko wächst. Die Samen waren hart und die Kolben klein, aber durch gezielte Züchtung entwickelte sich die Pflanze allmählich zum Mais von heute. Der Wildtyp aller Hunde war ein Wolf, der vor mehr als 10 000 Jahren lebte.

SIND WILDE BANANEN ESSBAR?

Nur eine kleine Menge Fleisch um die vielen Samen einer wilden Banane ist essbar. Sie ist viel zäher und enthält viel weniger Zucker als Kulturbananen.

ZIEGEN WAREN DIE **ERSTEN TIERE,** DIE DER MENSCH **DOMESTIZIERTE.**

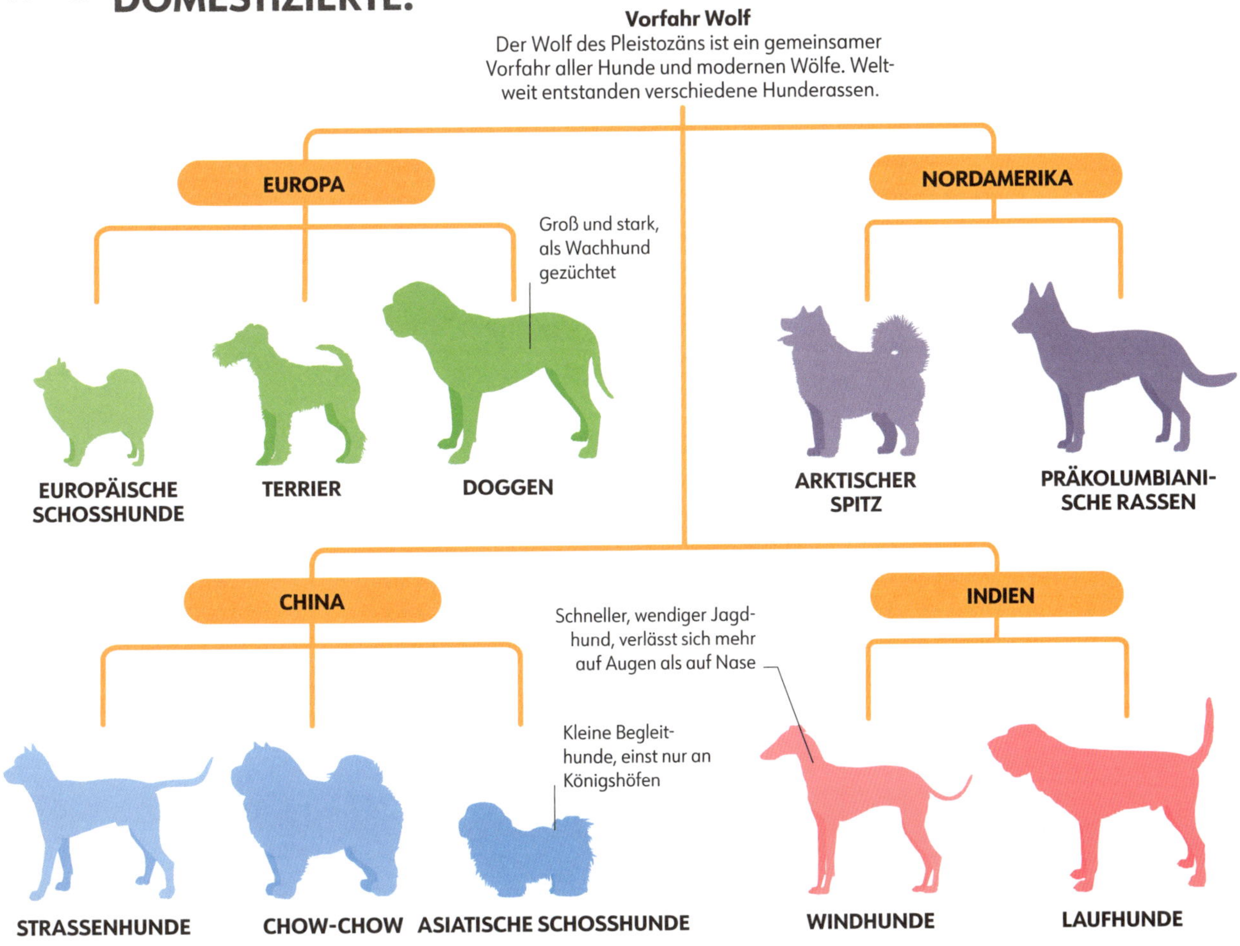

Fermentieren

Eines der ältesten Beispiele für biotechnologische Verfahren ist die Nutzung natürlicherweise in Organismen stattfindender Prozesse, etwa die Gärung, zur Herstellung von Speisen und Getränken.

WERDEN TIERE VON VERGORENEM OBST BETRUNKEN?

Natürlich vorkommende Hefen vergären Früchte oder Blütennektar. Als Folge davon nehmen viele Tiere Alkohol zu sich, manche zeigen Anzeichen von Trunkenheit.

1 Glykolyse
Das Rohmaterial der Gärung (und der Atmung) ist eine organische Verbindung namens Pyruvat (Brenztraubensäure). Zwei Pyruvat-Moleküle werden aus einem Molekül des Zuckers Glucose gebildet. Dabei wird für die Organismen nutzbare Energie in Form von ATP (s. S. 48) frei.

2 Gärung
Während der Gärung reagiert das Pyruvat noch weiter und setzt mehr ATP frei. Die Abfallprodukte sind bei manchen Organismen Milchsäure, bei anderen Kohlendioxid und Ethanol (Alkohol). Milchsäure und Ethanol töten andere Mikroben, so werden die Lebensmittel haltbar.

Aspergillus oryzae ist ein Schimmelpilz, der bei der Gärung verwendet wird.

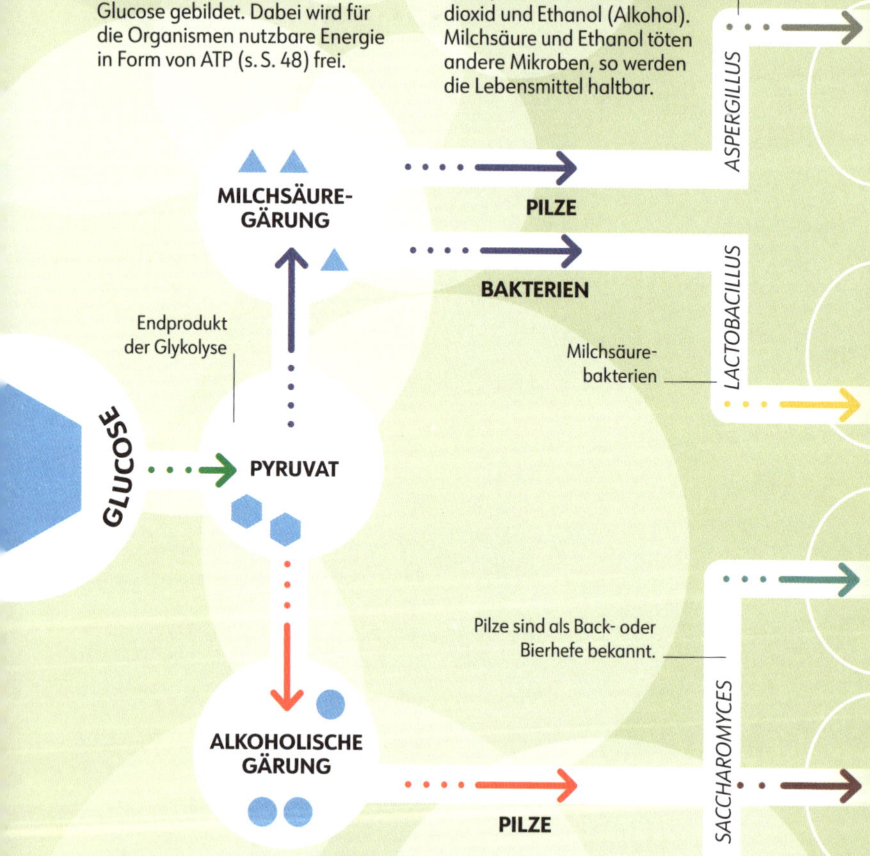

SOJASAUCE

Geschmack hinzufügen
Sojasauce, hergestellt durch Vergären einer Mischung aus Sojabohnen, Weizen und Sulzlake, hat aufgrund der Milchsäure, die dabei entsteht, einen scharfen Geschmack.

KÄSE

Zusammenkleben
Milch enthält das Protein Kasein, das unter sauren Bedingungen koaguliert (verklebt). Milchsäure aus vergorener Milch schafft diese Bedingungen beim Käsemachen.

BIER

Spritziges Getränk
Bier wird aus Getreide gemacht, das gemälzt wird (keimen gelassen, dann gekocht, um Zucker freizusetzen). Gärung produziert Kohlendioxid (spritzig) und Alkohol.

WEIN

Stilles Getränk
Winzer nutzen dieselbe Art der Gärung wie Bierbrauer, aber das Kohlendioxid wird abgelassen, sodass ein stilles Getränk übrig bleibt, kein spritziges – außer bei Sekt.

BROT

Gesäuertes Brot
Die meisten Brote gehen auf, weil Kohlendioxidblasen aus der Gärung im Teig gefangen sind. Alkohol wird ebenfalls gebildet, verdampft aber während des Backens.

Gärung

Gärung, eine biochemische Reaktion, die von Bakterien oder Pilzen betrieben wird, wird genutzt, um bestimmte Nahrungsmittel und Getränke haltbar zu machen oder um Geschmack, Textur oder Nährwert zu verbessern. Wesentlich sind dabei die Abfallprodukte der Gärung: Milchsäure und Kohlendioxid.

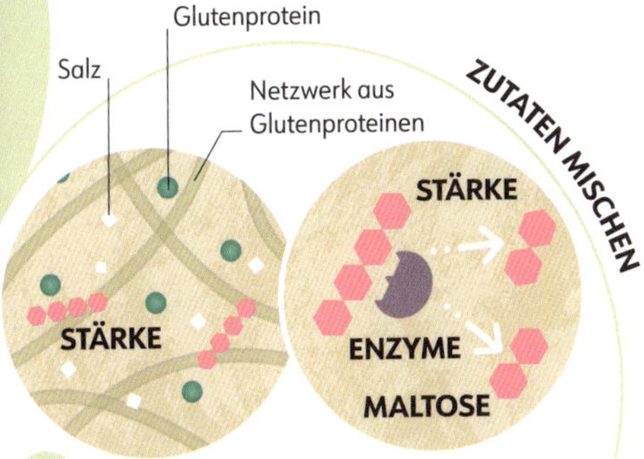

1 Mehl, Wasser, Salz und Hefe werden gemischt, um Teig herzustellen. Im Teig bildet Gluten ein Netzwerk. Enzyme im Mehl verdauen die Stärke aus dem Mehl und bilden Maltose (einen Zucker).

Brot backen
Brotbacken hat eine lange Tradition und beim Backen verschiedener gesäuerter Brotsorten spielt Gärung eine wichtige Rolle.

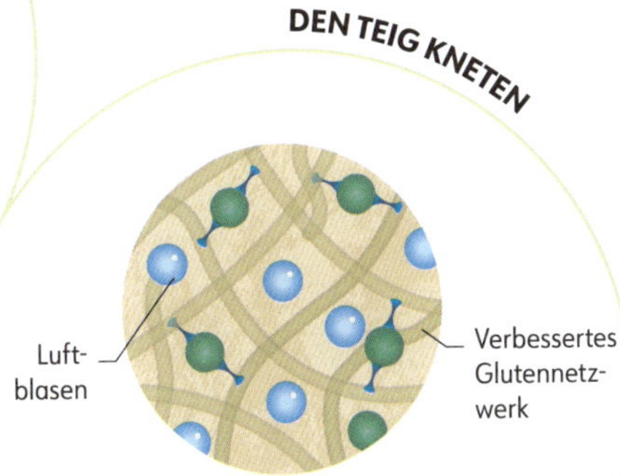

2 Wird der Teig geknetet, bilden sich noch mehr Bindungen zwischen den Glutenproteinen. Zudem werden Luftbläschen in das Glutennetzwerk eingelagert, der Teig wird elastisch.

Kontrollbedingungen

Nutzt man lebendige Prozesse oder biologische Verbindungen wie Enzyme (s. S. 40–41) bei der Lebensmittelproduktion, ist es wichtig, optimale Bedingungen zu gewährleisten, indem Variablen wie Temperatur und Säuregrad kontrolliert werden. Um Lebensmittel sicher konservieren zu können, muss man verstehen, wie natürliche Prozesse – Mikrobenwachstum, Temperatur und Oxidation – zu Kontamination und Verderb führen können.

DER **ERSTE KOREANISCHE ASTRONAUT** AUF DER INTERNATIONALEN **RAUMSTATION** HATTE **KIMCHI** DABEI, FERMENTIERTES GEMÜSE.

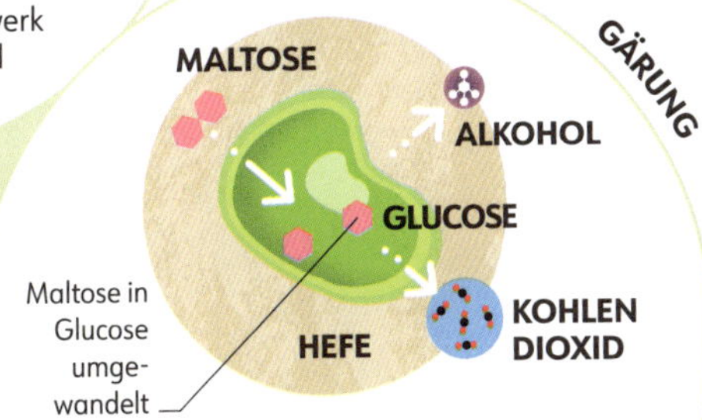

3 In den Hefezellen verwandeln Enzyme die Maltose in Glucose und vergären die Glucose, wobei Alkohol und Kohlendioxid entsteht. Letzteres vergrößert die Luftblasen und lässt den Teig aufgehen.

PASTEURISIERUNG

Bei der Pasteurisierung werden Lebensmittel durch Erhitzen haltbar gemacht, indem die natürlicherweise enthaltenen Mikroorganismen abgetötet werden. Ursprünglich eingesetzt, um Wein vor dem Verderb oder der Umwandlung in Essig zu bewahren, sind es heute meist die Milchprodukte.

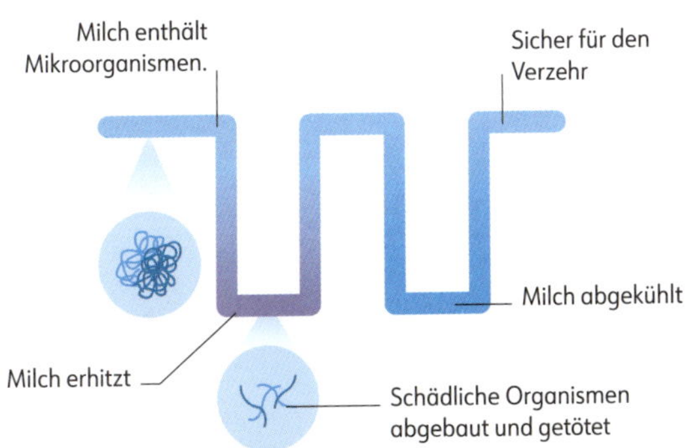

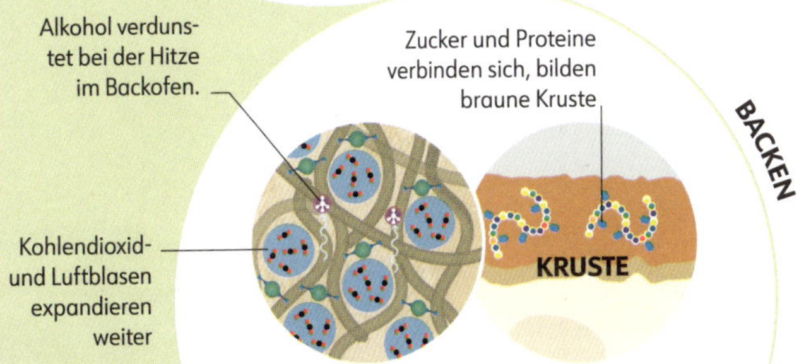

4 Die Blasen aus Luft und Kohlendioxid dehnen sich beim Backen aus und geben dem Brot eine leichte, lockere Struktur. Die Kruste entsteht durch eine Reaktion der Zucker mit den Proteinen.

Arznei herstellen

Medikamente sind Stoffe zur Behandlung, Heilung oder Verhütung von Krankheiten. Die meisten modernen Medikamente werden im Labor oder in der Fabrik hergestellt und müssen gründlich getestet werden.

WAS IST EIN MEDIKAMENT?

Ein Medikament oder eine Arznei ist ein Stoff oder eine Zubereitung verschiedener Stoffe, die eine Wirkung auf den Körper hat.

Natürliche Quellen

Menschen nutzen seit Jahrhunderten Verbindungen, die man in der Natur findet, um Krankheiten zu heilen oder zu verhindern. Viele dieser traditionellen Arzneien sind effektiv – darunter die meisten Beispiele unten –, andere haben nur einen geringen oder keinen Nutzen. Moderne Pharmaunternehmen erforschen traditionelle Medikamente und synthetisieren die Verbindungen mit den erwünschten Effekten in großen Mengen. Wenn die Wirkstoffe schwer zu synthetisieren sind, extrahieren und nutzen sie auch die natürlichen Verbindungen.

ES DAUERT RUND **12 JAHRE,** EINE **NEUE ARZNEI** ZU **ENTWICKELN.**

Schlafmohn
Die Schmerzmittel Morphin und Kodein sind in Opium enthalten, das aus den Samenkapseln des Schlafmohns gewonnen wird.

Weide
Wird seit Jahrtausenden gegen Fieber und Schmerzen genutzt. Aspirin ist eine Syntheseform des Wirkstoffs.

Chinarindenbaum
Seit Jahrhunderten gegen Malaria eingesetzt, wird der Wirkstoff Chinin heute in großen Mengen synthetisiert.

Fingerhut
Enthält den Wirkstoff Digoxin oder Digitalis, wirksam gegen Arrhythmien (unregelmäßiger Herzschlag) und Herzversagen

Baldrian
Seit mindestens 2000 Jahren bekannt. Baldrianextrakte enthalten Öle, die Angst lösen und den Schlaf verbessern können.

Mutterkraut
Traditionell gegen Fieber und Kopfschmerzen benutzt, aber wenig wissenschaftliche Evidenz für die Wirksamkeit.

Narzisse
Traditionell gegen viele Krankheiten eingesetzt, enthalten Narzissen einen Wirkstoff, Galantamin, der bei Alzheimer hilft.

Pazifische Eibe
Nach umfänglicher Suche nach Antikrebsmitteln in Pflanzen fanden Forscher 1971 Paclitaxel, einen potenten Wirkstoff.

MEDIKAMENTENTESTS

Bevor ein Medikament an Menschen getestet werden kann, muss es umfangreiche präklinische Tests im Labor und danach im Tierversuch, meist an Mäusen, bestehen. Dann gibt es drei Phasen von klinischen Tests, die nur durchgeführt werden, wenn die Arznei die jeweils vorherige Phase bestanden hat.

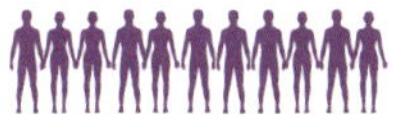

Phase I
Test auf Sicherheit und Dosierung: Wirkstoff wird einigen Dutzend gesunder Freiwilliger gegeben.

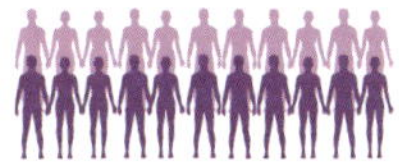

Phase II
Test auf Nebenwirkungen: Verabreichung des Wirkstoffs an Kranke (oder Risikopersonen)

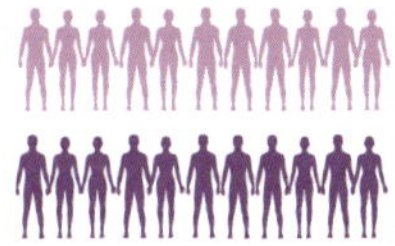

Phase III
Doppelblindstudie an einigen Tausend: Eine Hälfte bekommt das Präparat, die andere ein Placebo.

Neue Medikamente entwickeln

Die Entwicklung eines neuen Medikaments beginnt mit der Suche nach Wirkstoffen, die die Stoffwechselwege, also chemische Reaktionen, einer Krankheit unterbrechen. Einige Wirkstoffkandidaten findet man in der Natur, andere werden am Computer entworfen und im Labor synthetisiert. Alle Verbindungen, die positive Resultate zeigen, werden auf Sicherheit und Wirksamkeit getestet. Nach erfolgreichen Tests wird das neue Medikament bei einer Behörde registriert und in großen Mengen hergestellt.

1 Stoffwechselwege
Forscher studieren zunächst die Krankheit. Sie suchen nach den Proteinen, die ein Pathogen (Krankheitserreger) oder der Körper selbst produziert. Es ist die Interaktion zwischen diesen Proteinen, Stoffwechselweg genannt, der die Krankheit oder ihre Symptome verursacht.

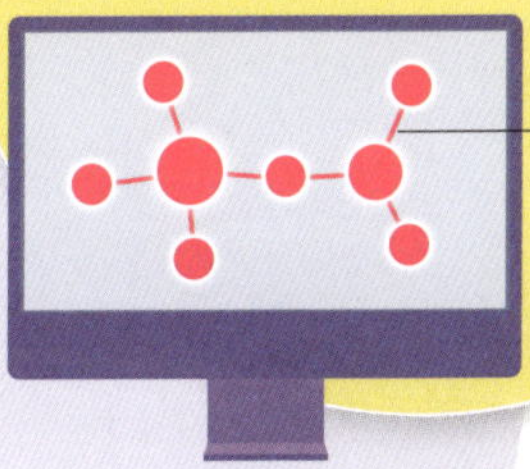

Proteinnetzwerke stören die Aktivität der Zellen.

2 Verbindungen
Danach suchen die Forscher nach Verbindungen, die die Stoffwechselwege der Krankheit unterbrechen, indem sie sich an die Zielproteine anheften. Dazu kann man mehrere Tausend mögliche Verbindungen im Labor ausprobieren oder Moleküle entwerfen, die voraussichtlich binden werden und sie dann synthetisieren.

Ein potenzieller Wirkstoff wird auf Zellkulturen gegeben.

Die Wirkungen einer potenziellen Arznei werden unter dem Mikroskop beobachtet.

3 Tests
Sobald eine vielversprechende Verbindung im Labor identifiziert worden ist, muss sie an lebenden Organismen getestet werden – zunächst präklinisch, typisch an Tieren wie Mäusen, dann in klinischen Studien an Menschen. Klinische Studien erfolgen in mehreren Phasen (siehe oben).

4 Herstellung
Ist das neue Medikament sicher und effektiv, wird es bei der Arzneimittelbehörde einer Regierung registriert. Danach kann es in großen Mengen hergestellt und Ärzten und ihren Patienten zur Verfügung gestellt werden. Das Medikament wird in einer Phase-IV-Studie weiter beobachtet, um langfristige Nebenwirkungen zu entdecken.

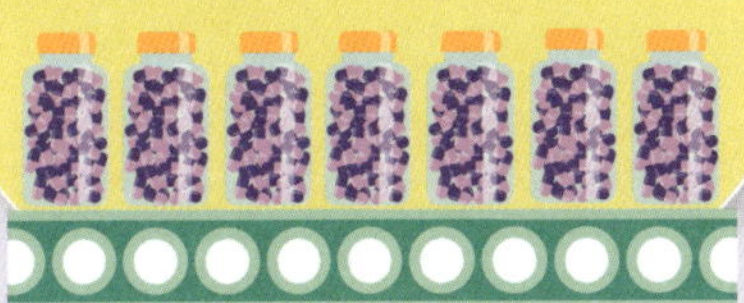

Impfstoffe

Ein Impfstoff befähigt das körpereigene Immunsystem, eine Infektionskrankheit zu bekämpfen. So lässt sich die Krankheit verhindern oder abmildern und in ihrer Verbreitung beschränken.

WIE LANG HÄLT EINE IMPFUNG?

Wie die natürliche Immunität hält die impfstoffvermittelte Immunität gegen manche Krankheiten ein Leben lang, bei anderen ist eine Auffrischung nach Jahren oder Monaten nötig.

Wie Impfstoffe funktionieren

Ein Impfstoff versorgt den Körper mit den nötigen Antikörpern, um eine Infektionskrankheit zu bekämpfen. Dasselbe passiert, wenn der Körper nach Infektion eine natürliche Immunität aufbaut – im Falle der Impfung wird die Person jedoch immun, ohne zu erkranken.

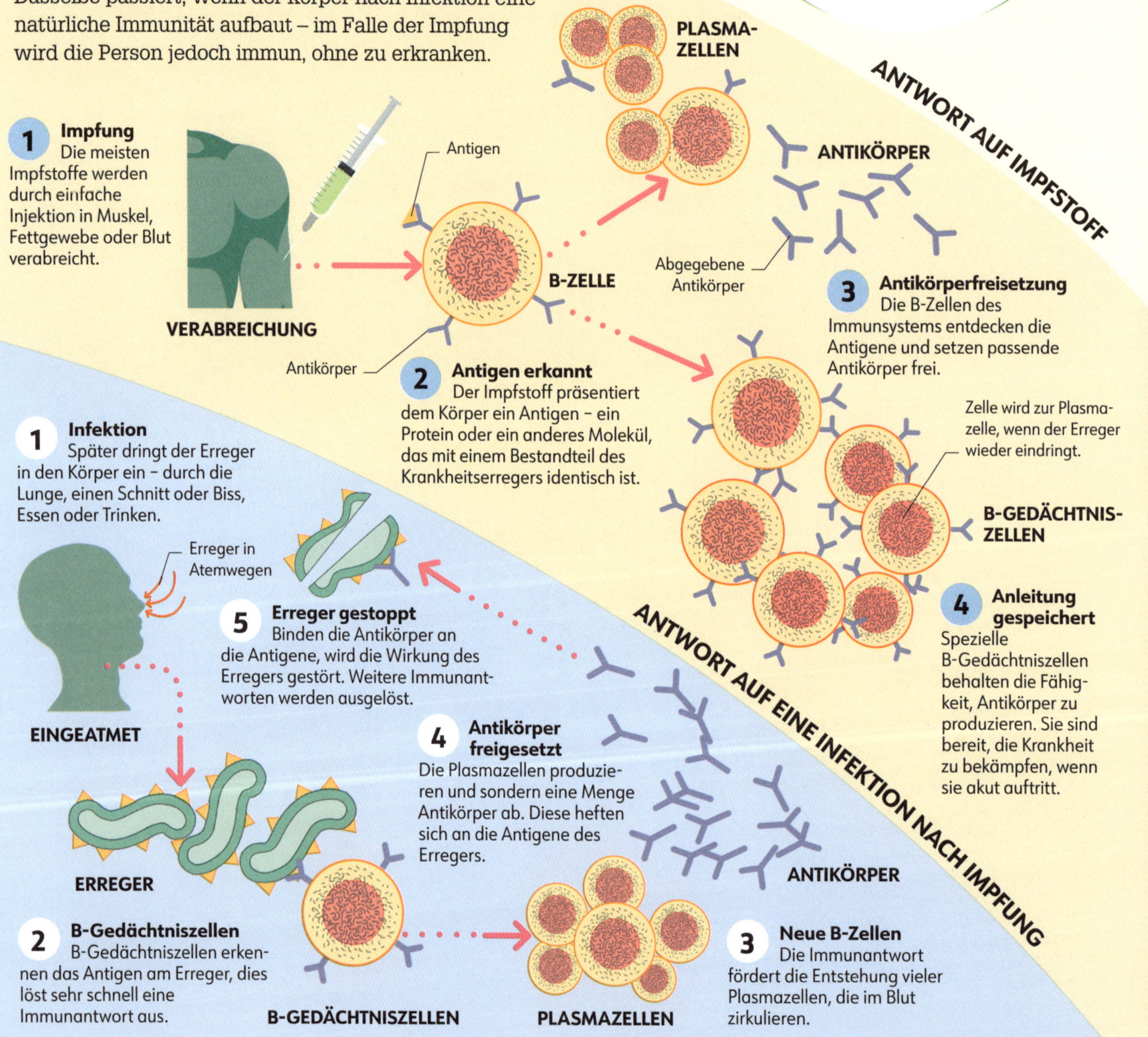

ARTEN VON IMPFSTOFFEN

Die ersten Impfstoffe vor mehr als 200 Jahren waren Pathogene einer verwandten, aber weniger ernsten Krankheit. Heute gibt es verschiedene Wege, wie ein Impfstoff die notwendigen Antigene für eine Immunantwort liefern kann.

TYP	WIE ER FUNKTIONIERT	BEISPIELE
Inaktiviert	Erreger wird durch Hitze, Strahlung oder Chemikalien inaktiviert bzw. abgetötet, er macht nicht mehr krank.	Impfstoffe gegen Grippe, Kinderlähmung, Hepatitis A, Cholera und Beulenpest
Verwandter Erreger	Diese Art Impfstoff enthält einen Erreger, der eine ähnliche Krankheit bei einer anderen Art auslöst.	Impfstoffe gegen Pocken (inzwischen ausgerottet) und Tuberkulose
DNA	Diese Impfstoffe enthalten kleine Stücke DNA, die der Körper nutzt, um das Erreger-Antigen zu codieren.	Impfstoffe gegen COVID-19
Toxoid	Enthalten entgiftete Versionen von Toxinen, die vom Erreger produziert werden	Impfstoffe gegen Diphtherie, Keuchhusten und Tetanus
Erreger-Untereinheiten	Enthalten einen Teil des Erregers – Proteine oder Proteinfragmente – die eine Immunantwort auslösen	Impfstoffe gegen Hepatitis B und Humanes Papillomavirus (HPV)
Abgeschwächt	Enthalten eine lebensfähige Version des Erregers, die durch Kultivierung im Labor harmlos geworden ist	Impfstoffe gegen Masern, Mumps, Röteln und Gelbfieber
mRNA	mRNA im Impfstoff weist Körperzellen an, Proteine zu bilden, die identisch sind mit denen des Erregers	Impfstoffe gegen COVID-19

Neue Impfstoffe

Wie andere neue Medikamente (s. S. 201) werden neue Impfstoffe in Laboratorien entwickelt und müssen dann strenge präklinische und klinische Tests durchlaufen, bevor sie zugelassen werden. Der erste Impfstoff mit mRNA (s. S. 36) wurde schneller entwickelt und zugelassen als die meisten anderen, bereits in der Frühzeit der COVID-19-Pandemie, um eine Immunität gegen den Krankheitserreger, das Coronavirus SARS-CoV-2, zu erzeugen.

IMPFSTOFFE RETTEN RUND 4–5 MILLIONEN LEBEN PRO JAHR.

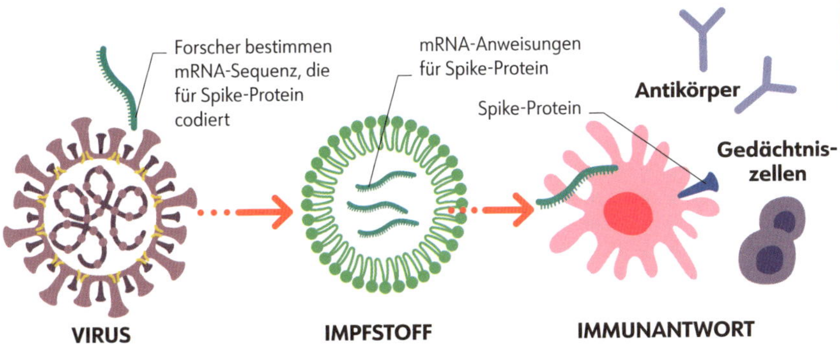

1 Ziel identifizieren Ziel des COVID-19-Impfstoffs waren die Spike-Proteine auf der Virushülle, die dem Virus Zugang zur Zelle geben.

2 Impfstoff erzeugen Der Impfstoff enthält Millionen Kopien der mRNA, die für das Spike-Protein codiert, in einer Kapsel aus Fettmolekülen.

3 Impfstoff Nach der Injektion nutzen die Körperzellen die mRNA, um Spike-Proteine herzustellen, die eine Immunantwort auslösen.

ANTIKÖRPER

Antikörper sind y-förmige Proteinmoleküle, die an Antigene binden. Für fast jedes mögliche Antigen gibt es einen Antikörper. Bei Immunität gegen eine Krankheit werden die passenden Antikörper schnell in großer Menge gebildet.

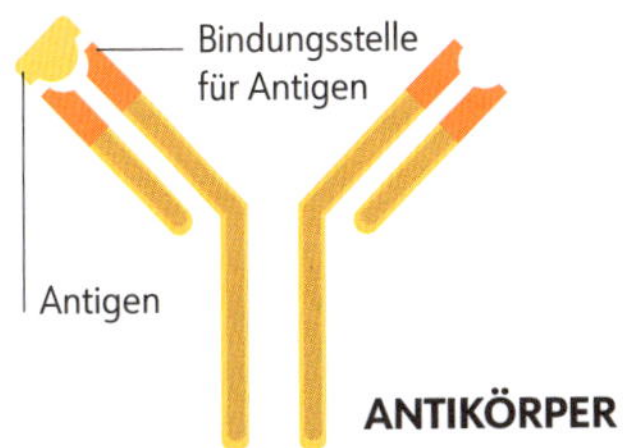

DNA-Microarrays

Bei vielen DNA-Tests kommt ein DNA-Microarray zum Einsatz: eine kleine Glas- oder Plastikplatte, auf der in einem Raster Hunderte oder Tausende kleine DNA-Sonden aufgebracht sind. Jede Sonde enthält eine Gensequenz, an die komplementäre DNA aus der Probe binden kann. Die Sonden sind mit Markern versehen, die fluoreszieren, wenn Sequenzen der Test-DNA binden. Ein Computer analysiert dann das hoch aufgelöste Bild der Fluoreszenz und ermittelt, welche Gene vertreten oder aktiv sind.

Vergleichender Test
DNA-Microarrays können Mutationen in Genen finden oder feststellen, welche Gene in einer Zelle exprimiert werden. So kann man verschiedene Gewebe vergleichen oder Zellen aus pathologischen und gesunden Geweben.

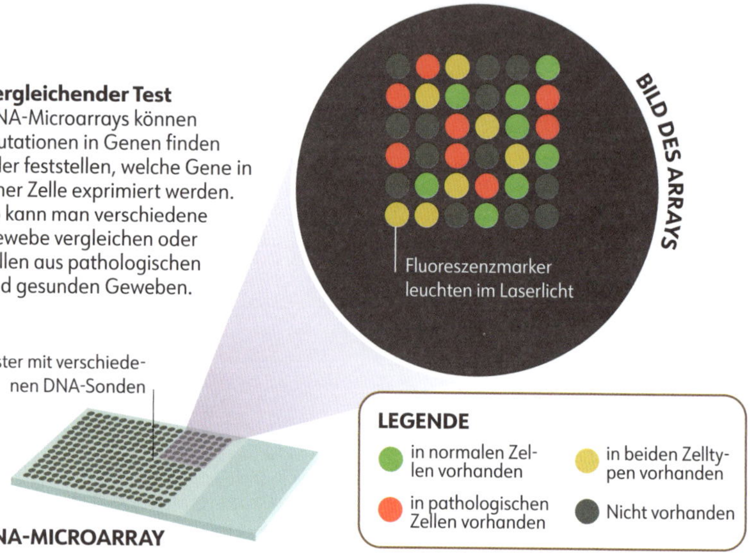

DNA-Tests

DNA-Tests werden zur Diagnose von Erbkrankheiten, zur Identifizierung von Straftätern, für Vaterschaftstests sowie in der Ahnenforschung und zur Sequenzierung ganzer Genome eingesetzt.

WAS IST UMWELT-DNA?

Alle Organismen verlieren DNA. Mittels Umwelt-DNA, gesammelt am Boden und im Wasser, können Biologen bestimmen, welche Organismen in einem Lebensraum zu Hause sind.

Polymerase-Kettenreaktion (PCR)

Vor DNA-Tests werden die langen DNA-Stränge, die getestet werden sollen, meist in kleinere Abschnitte zerschnitten, üblicherweise mit Restriktionsenzymen. Um verlässliche Ergebnisse zu erzielen, werden diese Schnipsel dann in großer Zahl repliziert. Dies geschieht, indem die Polymerase-Kettenreaktion (PCR) mehrmals wiederholt wird. Bei jedem Durchlauf wird die Anzahl jedes vorhandenen Segments verdoppelt.

DNA replizieren
Bei der PCR werden die Stadien Denaturierung, Primerhybridisierung und Synthese mehrere Hundert Male wiederholt, so entstehen Millionen Kopien jedes DNA-Segments.

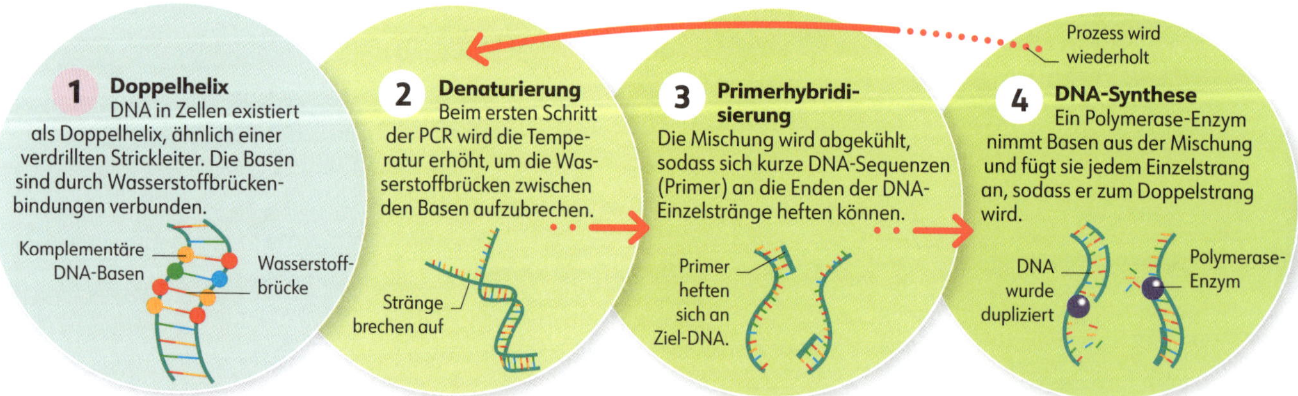

DNA sequenzieren

DNA lässt sich maschinell sequenzieren. Dabei wird die Abfolge der Nukleotide bestimmter DNA-Abschnitte oder eines ganzen Genoms abgelesen. Der direkte Vergleich zur gesunden Version desselben Abschnitts oder Gens kann Krankheiten wie Krebs enthüllen oder eine Anfälligkeit für Krankheiten.

ES DAUERTE **13 JAHRE,** DAS **ERSTE MENSCHLICHE GENOM** ZU SEQUENZIEREN.

DNA ablesen

Es gibt mehrere Verfahren der DNA-Sequenzierung. Die ausgefeiltesten können ein ganzes menschliches Genom in weniger als einem Tag lesen. Beispielhaft ist die Sanger-Methode gezeigt.

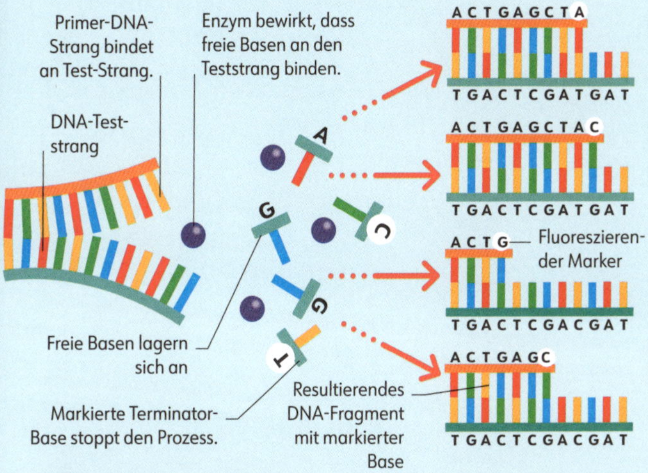

1 DNA-Basen markiert
Zunächst heftet sich ein Primer an eine bestimmte Stelle auf einem Stück Test-DNA. DNA-Polymerasen fügen eine Base nach der anderen an den Strang. In der Lösung mit den normalen Basen sind auch Terminator-Basen. Sie stoppen den Prozess und sind mit fluoreszierenden Markern gekennzeichnet.

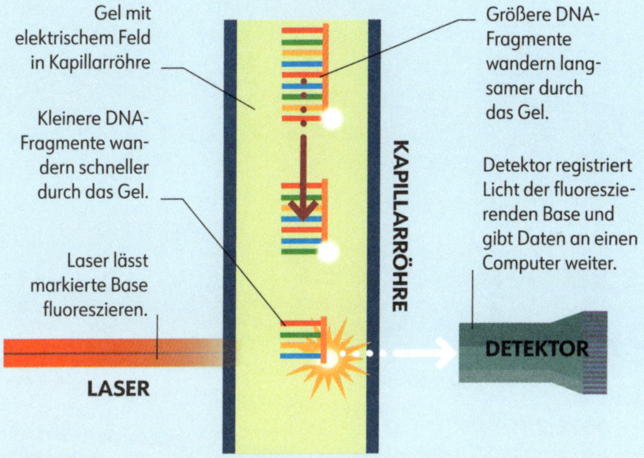

2 Basen von Laser gelesen
Die neu gebildeten komplementären DNA-Fragmente lösen sich vom Originalstrang und wandern eine Kapillarröhre entlang, angezogen durch ein elektrisches Feld. Ein Laser am anderen Ende der Röhre bringt die Terminator-Basen zum Leuchten. Die Fragmente kommen, der Länge nach geordnet, am Laser an.

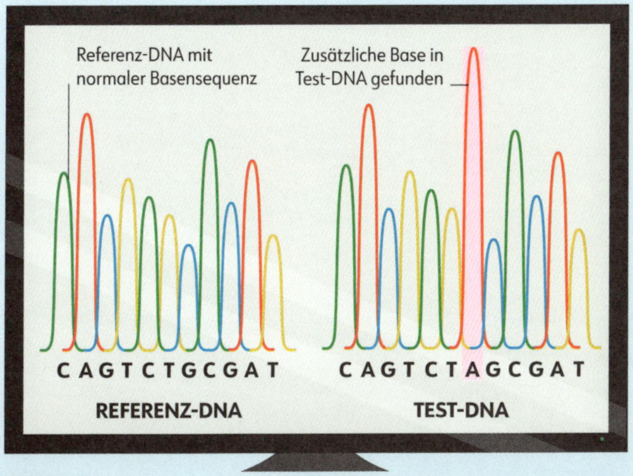

3 Analyse
Ein Computer nimmt die farbigen Blitze auf und ermittelt die exakte Sequenz der Basen. Der Vergleich der Sequenz eines bestimmten Gens eines Patienten mit einer bekannten gesunden Version des Gens kann Insertionen oder Deletionen erkennen.

CHROMOSOMENTESTS

Eine menschliche Körperzelle hat 23 Chromosomenpaare (s. S. 58). Wissenschaftler überprüfen den gesamten Chromosomensatz (Karyotyp) einer Person auf zusätzliche, fehlende oder abnormale Chromosomen.

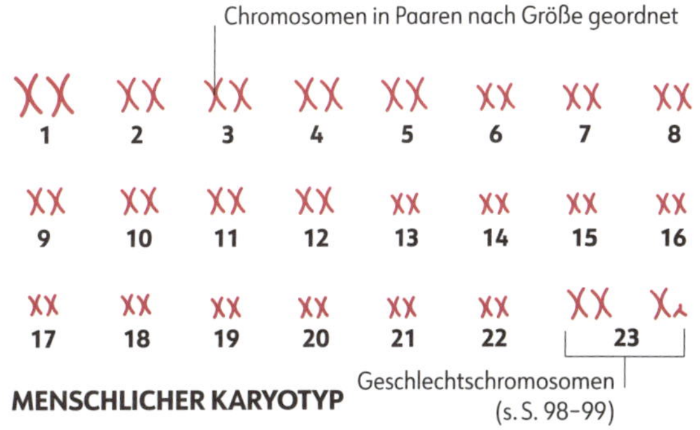

MENSCHLICHER KARYOTYP

Gentechnik

Gentechnik (oder genetische Modifikation) verändert das Genom eines Organismus, um ihm neue Eigenschaften zu verleihen. Typischerweise wird dabei ein Gen von einer Art auf eine andere übertragen.

Genetische Modifikation

Menschen modifizieren die Genome von Pflanzen und Tieren seit Jahrtausenden durch Domestikation und Züchtung (s. S. 196). Gentechnik befähigt Forscher dazu, gezieltere und viel schnellere Veränderungen vorzunehmen. Alle Zellen sprechen dieselbe genetische Sprache: DNA. Das macht es möglich, Gene von einer Art auf eine andere zu übertragen – sogar vom Menschen auf Bakterien. Anwendungen der Gentechnik umfassen die Produktion von Impfstoffen und anderen Medikamenten sowie genetisch modifizierte Pflanzen und Tiere.

KÖNNEN MODIFIZIERTE GENE SICH VERBREITEN?

Da es in der Natur horizontalen Gentransfer gibt, ist es möglich, dass sich modifizierte Gene aus Feldfrüchten verbreiten. Es passiert aber selten und ist vermutlich unschädlich.

Krankheitsresistenz
Bestimmte Bodenbakterien haben Gene, die für Insekten giftige Proteine produzieren. Setzt man diese Gene ins Genom von Maispflanzen ein, sind die Pflanzen vor Schädlingen geschützt und es werden weniger Pestizide benötigt.

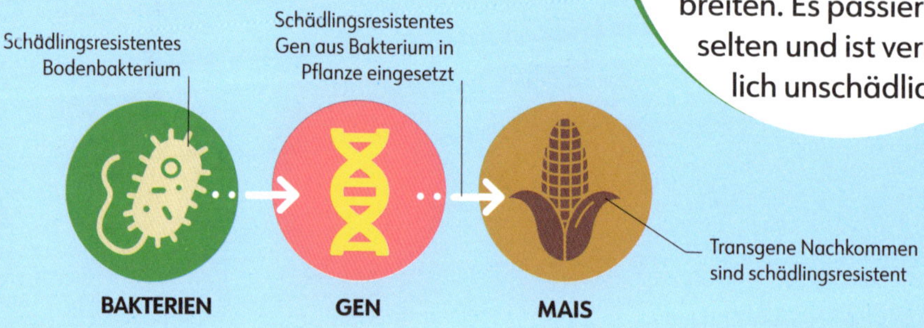

Verändertes Erzeugnis
Manche Menschen bilden nicht genug Wachstumshormon. Das Hormon lässt sich leicht herstellen, indem das menschliche Gen ins Genom von Eizelle oder Embryo einer Ziege eingefügt wird. Das transgene Tier produziert dann Milch, die das menschliche Hormon enthält.

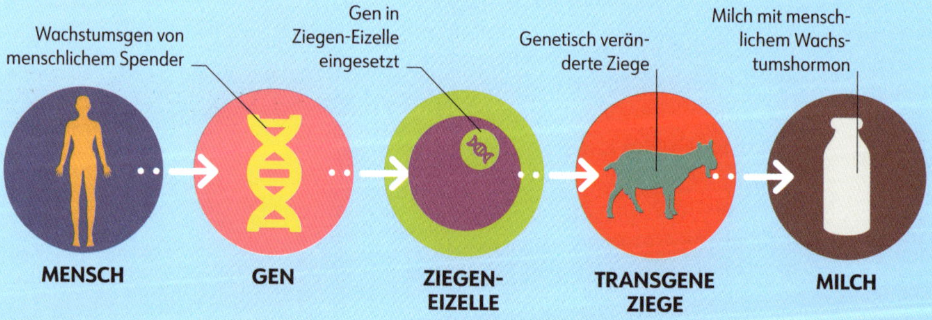

Lebende Fabriken
Millionen Menschen mit Diabetes sind abhängig von Insulin, das von transgenen (gentechnisch veränderten) Bakterien hergestellt wird. In das Bakteriengenom wurde das Gen zur Produktion menschlichen Insulins eingeschleust.

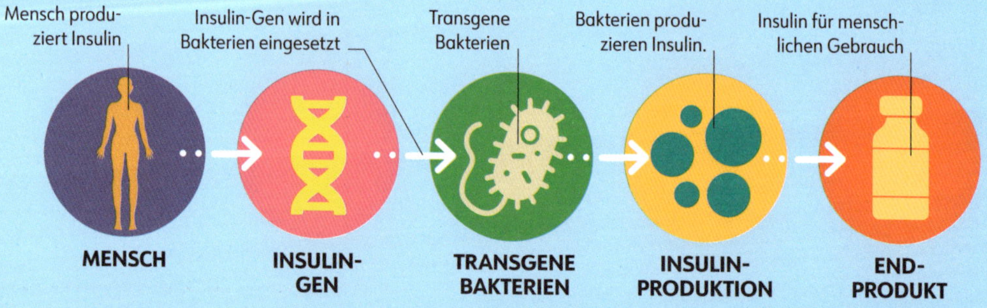

Rekombination

Rekombination ist die Neuanordnung von DNA oder RNA in der Zelle. Sie findet natürlicherweise während der Meiose statt (s. S. 82–83), wenn die Gene beider Eltern ins Genom ihres Nachkommens einfließen, und beim horizontalen Gentransfer, wenn einzellige Organismen Gene von einer anderen Art aufnehmen. Es gibt mehrere Methoden, rekombinante DNA künstlich herzustellen: DNA wird mithilfe einer Genkanone auf lebende Zellen geschossen oder mithilfe von Enzymen in Genome eingeschleust.

BIS ZU 90 % ALLER **SOJABOHNEN** AUF DEM MARKT SIND **GENETISCH VERÄNDERT.**

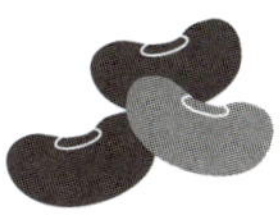

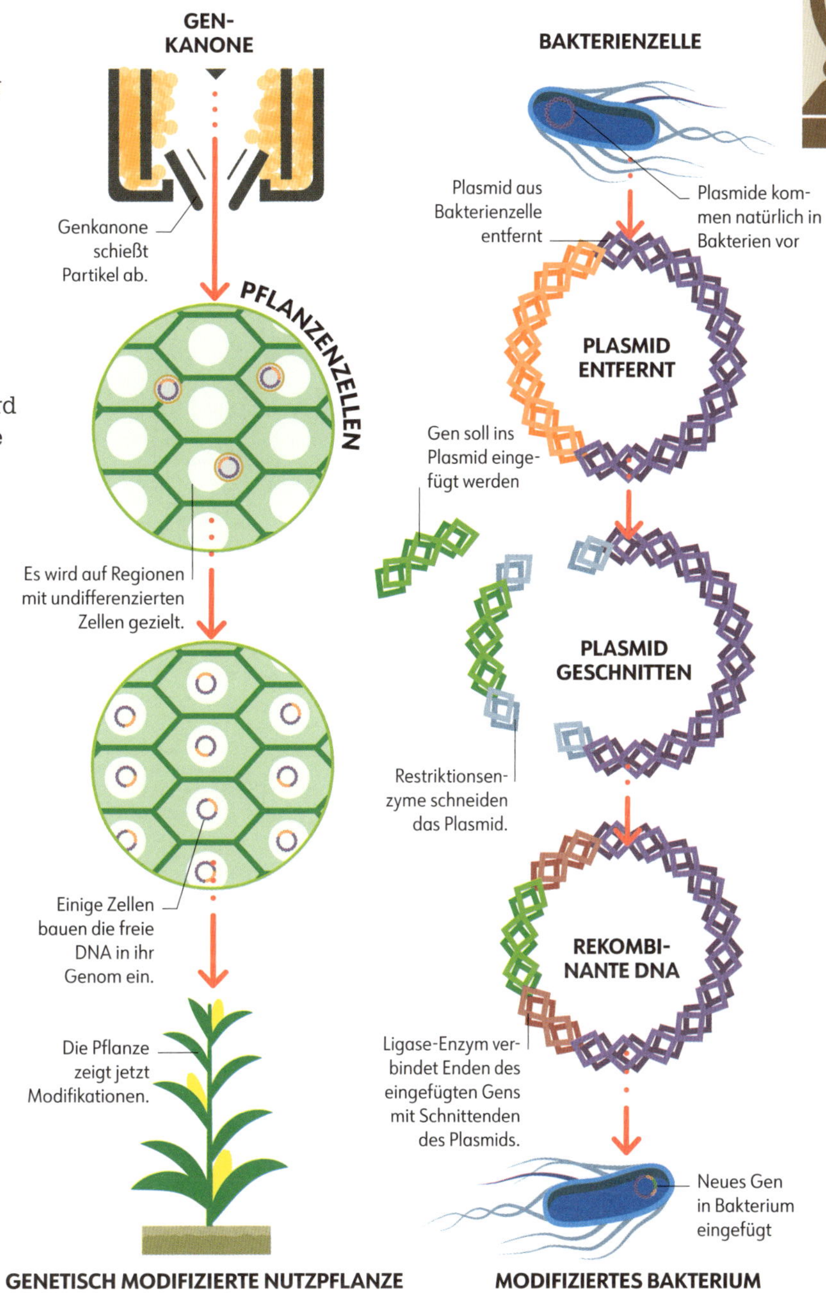

Biolistik

Biolistik, Kurzform für biologische Ballistik, ist eine Methode, die zur Erzeugung transgener Pflanzen benutzt wird. Eine Genkanone schießt kleine, mit DNA beschichtete Metallpartikel mit hoher Geschwindigkeit auf ein Zielgewebe. Wird die freie DNA ins Genom der Pflanze integriert, so wird sie auch an künftige Generationen weitergegeben.

Bakterien und Enzyme

Neben dem Bakterienchromosom können Bakterien Plasmide, kleine ringförmige DNA, enthalten. Mithilfe von Restriktionsenzymen lassen sich Plasmide schneiden und Gene anderer Arten einsetzen. Ist dies geschehen, wird das Bakterium mit Hitze oder einem Elektroschock dazu bewegt, das modifizierte Plasmid in die Zelle aufzunehmen.

GV-ORGANISMEN

Feldfrüchte können gentechnisch verändert werden, um sie resistenter gegen Schädlinge oder Krankheiten zu machen oder damit sie länger frisch bleiben. Obwohl einige genetisch veränderte Organismen wie schnell wachsender Lachs, haltbare Tomaten und schädlingsresistente Baumwolle etwa in den USA zugelassen sind, bleibt Gentechnik bei Lebensmitteln umstritten.

LACHS

TOMATE

BAUMWOLLE

Gentherapie

Manche Krankheiten sind Folge eines fehlerhaften Allels (Variante eines Gens) mit veränderter Basensequenz der DNA (s. S. 37). Für manche dieser Erbkrankheiten ist eine Behandlung mittels Gentherapie verfügbar.

IST GENTHERAPIE SICHER?

Gentherapie bringt einige Risiken mit sich – aber wie alle neu aufkommenden medizinischen Techniken wird auch Gentherapie streng getestet und reguliert.

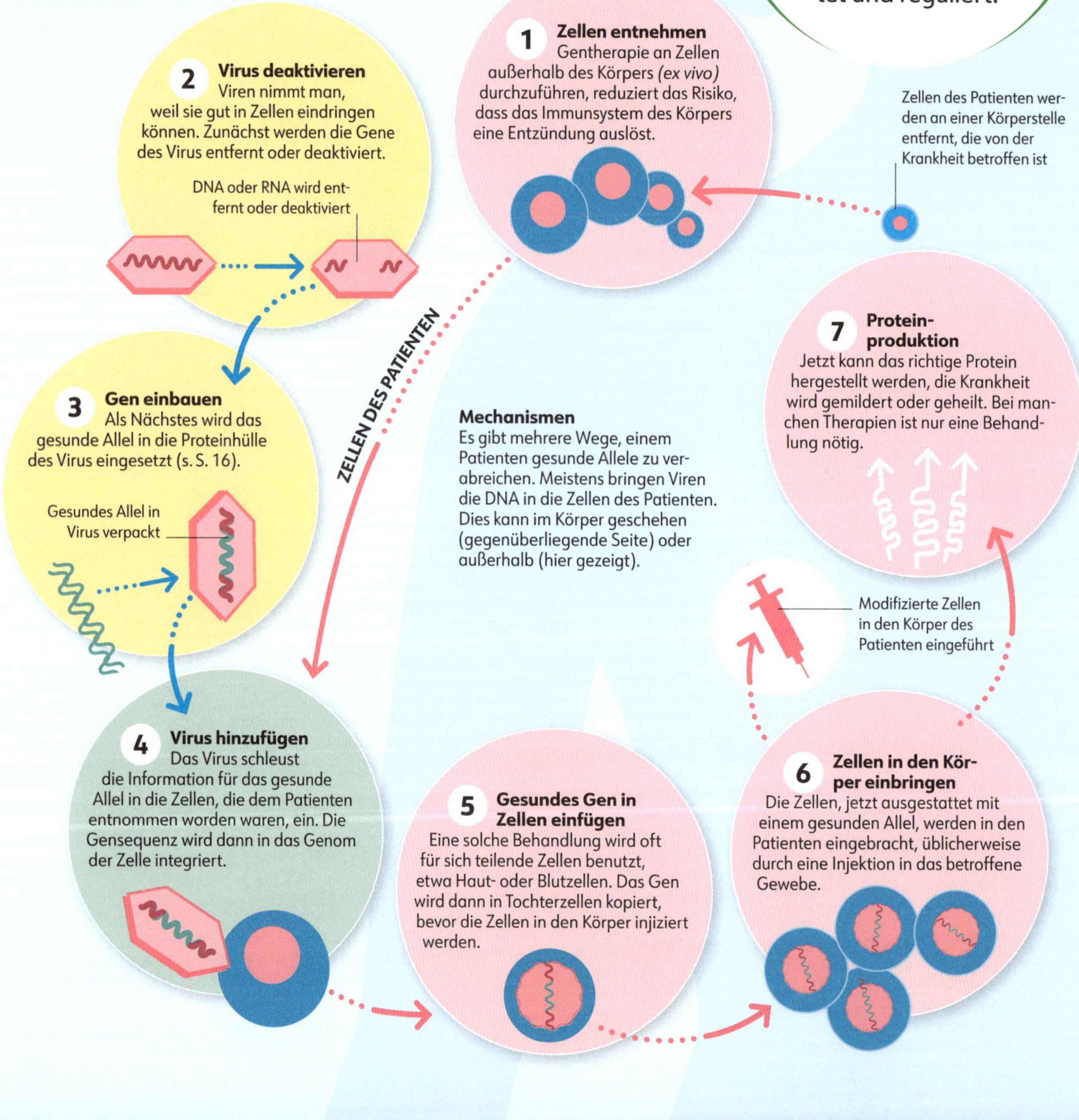

Gesunde Allele verabreichen

Fehler in der DNA eines defekten Allels können ererbt oder Zufallsmutationen sein. In beiden Fällen produziert das Allel eine defekte Version des Proteins, für das es codiert, oder gar kein Protein. Gentherapie verabreicht ein funktionierendes Allel des Gens oder entfernt bzw. modifiziert Gene. Am effektivsten ist sie bei Krankheiten, die von einem einzigen defekten Gen verursacht werden oder einen einzigen Gewebetyp betreffen, etwa Blut- oder Lungenzellen.

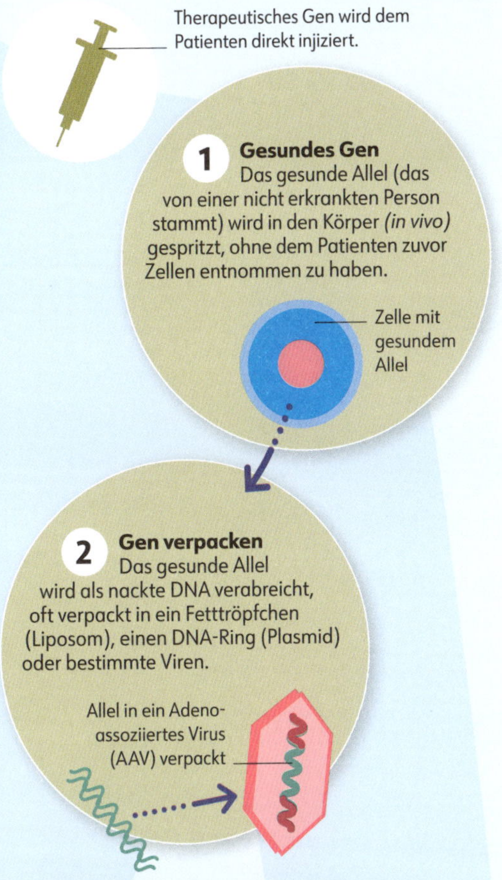

GENTHERAPIE-VERSUCHE ZEIGEN ERFOLG BEI MANCHEN KREBSFORMEN.

Genom-Editierung

Bei der traditionellen Gentherapie gibt es keine Garantie, dass das betreffende Gen am richtigen Ort im Genom eingebaut wird. Viel präziser arbeitet die Genom-Editierung, etwa die CRISPR/Cas-Methode, mit der DNA gezielt geschnitten und verändert (entweder im Körper oder außerhalb) werden kann. Das fehlerhafte Allel kann entfernt oder repariert werden, oder ein gesundes wird an seiner Stelle eingesetzt.

1 Vor der Editierung
Ein DNA-Schneideenzym namens Cas9 bildet einen Komplex mit einem kurzen Stück RNA, das zu einer bestimmten DNA-Sequenz passt.

2 Suchen
Der Komplex wandert die DNA entlang, bis er die passende Sequenz im Genom des Patienten findet, und bindet dann daran.

3 Schneiden
Das Cas9-Enzym schneidet die DNA am exakt gewünschten Punkt im Patientengenom. Gleich danach verschwinden RNA und Cas9.

4 Kleben
Eine Kopie der Ersatz-DNA liegt bereit, die Zelle nutzt ihre Reparaturfähigkeit zum Einsetzen der DNA am rechten Ort.

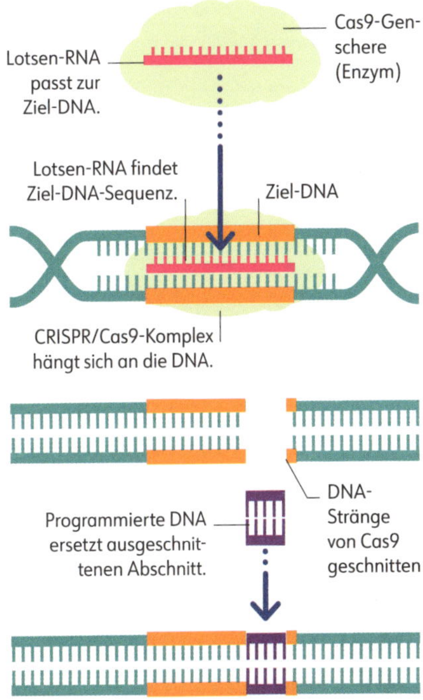

SOMATISCHE VERSUS KEIMBAHNTHERAPIE

Somatische Gentherapie betrifft Gene in Körperzellen, die also keine Keimzellen sind. Somit betrifft sie nur das Individuum, das behandelt wird. Keimbahntherapie betrifft die Gene in Ei- oder Samenzellen. Sie werden weitergegeben, wenn die Person Kinder hat. Keimbahntherapie ist in vielen Ländern verboten.

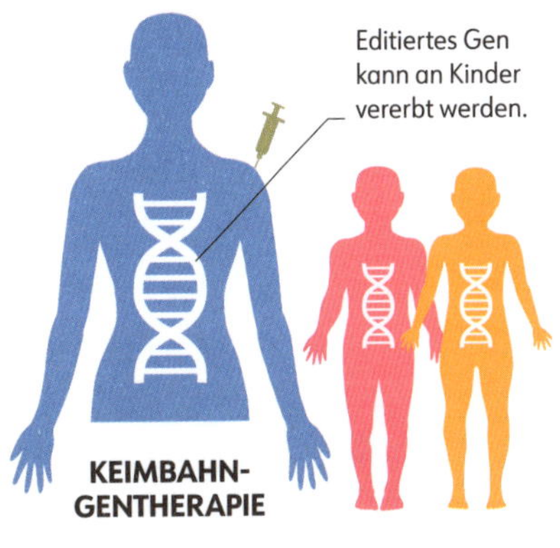

Tiere klonen

Es gibt zwei Methoden, ganze Tiere zu klonen. Die erste ist das Embryonensplitting, bei dem ein Embryo künstlich geteilt wird: Jede Hälfte kann sich in ein erwachsenes Tier entwickeln. Mit dieser Methode lassen sich nur Klone von Embryonen produzieren, nicht von erwachsenen Tieren. Ein erwachsenes Tier kann mittels somatischem Zellkerntransfer (englisch abgekürzt: SCNT) geklont werden. Dabei wird der Kern einer somatischen Zelle (alle Zellen außer Keimzellen) entnommen und in eine Eizelle übertragen, deren Kern entfernt worden ist.

1952 WURDE DIE ERSTE TIERZELLE GEKLONT – VON EINER KAULQUAPPE.

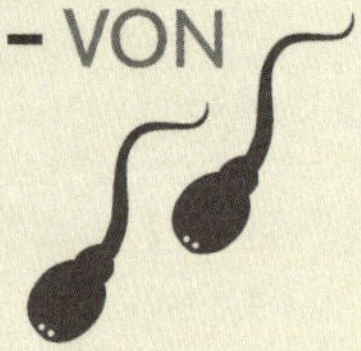

EMBRYONEN-SPLITTING

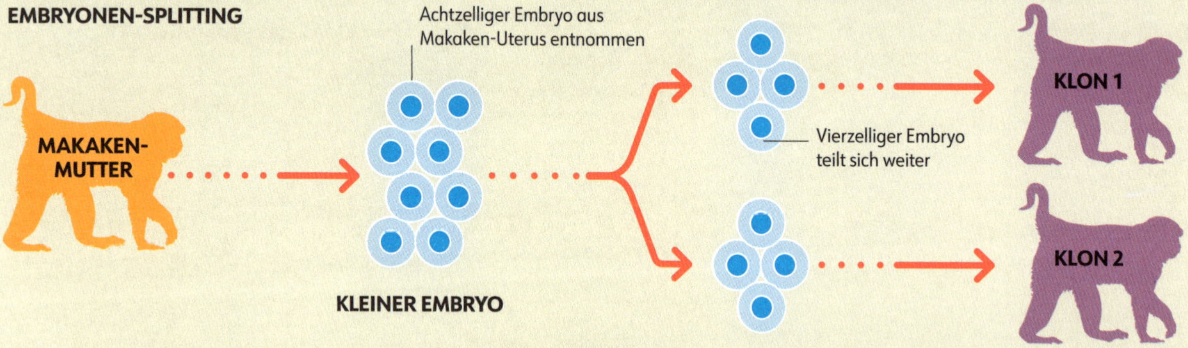

1 Embryoentnahme
Embryonensplitting (Zwillingsbildung) wird bei vielen Arten durchgeführt. Der erste Schritt ist die Entfernung eines Embryos meist im Acht-Zell-Stadium aus der Gebärmutter eines trächtigen Weibchens.

2 Teilung des Embryos
Der Embryo wird unter dem Mikroskop geteilt. Jede Hälfte besteht aus identischen Zellen, die pluripotent sind: Sie können zu jeder Art Zelle werden und bei ihrer Teilung jegliches Gewebe bilden.

3 Implantation und Entwicklung
Die neuen Embryonen verhalten sich so wie Embryonen in einem früheren Entwicklungsstadium. Nach der Implantation in die Gebärmutter eines erwachsenen Weibchens können sich beide normal entwickeln.

SOMATISCHER ZELLKERNTRANSFER

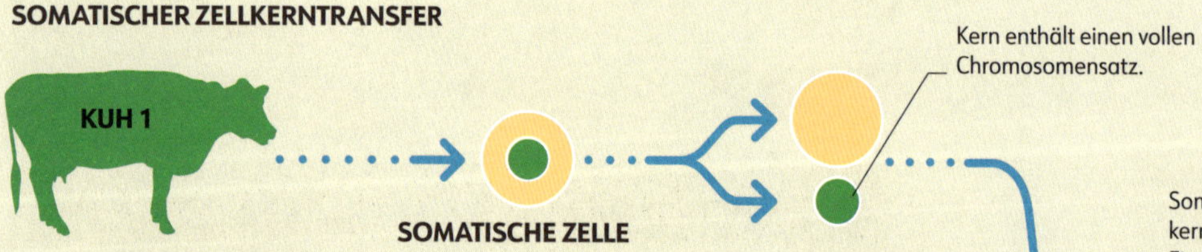

1 Zellentnahme
Zwei Zellen werden für den Prozess gebraucht: eine somatische Zelle aus dem erwachsenen Tier, das geklont werden soll, und ein unbefruchtetes Ei eines Tiers derselben Art.

2 Kernentnahme
Bei beiden Zellen werden die Kerne entfernt, das Plasma und die Organellen bleiben jeweils übrig (s. S. 54). Dies geschieht von Hand unter dem Mikroskop.

3 Kerntransfer
Der somatische Kern wird in die Eizelle überführt. Das Milieu in der Zelle führt zu einer Reprogrammierung des Kerns, sodass er sich in jede Zellart entwickeln kann.

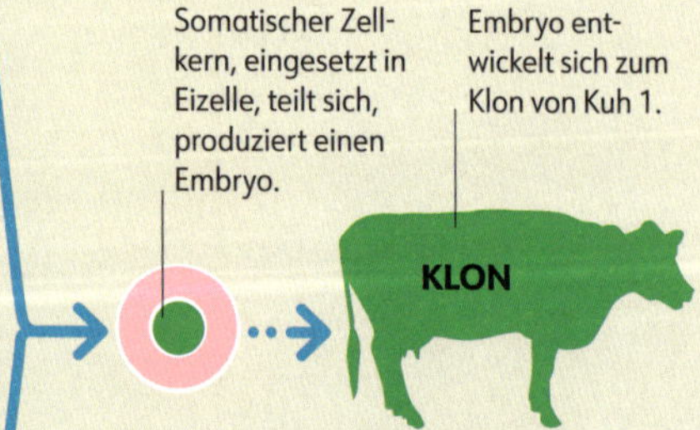

4 Implantation und Entwicklung
Das Ei enthält jetzt einen vollständigen Chromosomensatz. Es verhält sich wie ein befruchtetes Ei und wird zum Embryo. Einem Weibchen implantiert, entwickelt er sich normal.

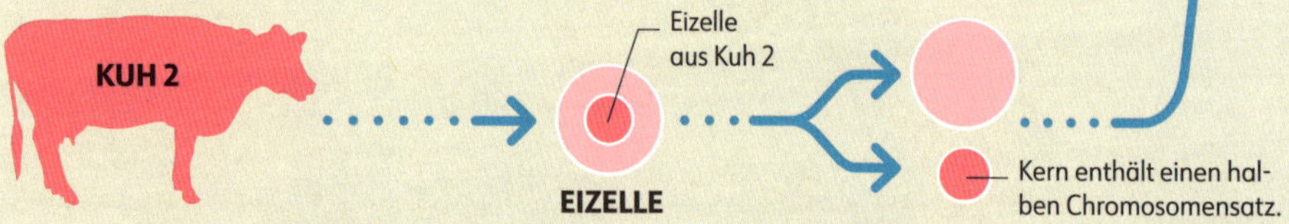

Klonen

Klone sind Zellen, Gewebe oder ganze Organismen, die dasselbe Genom haben. Klonen ist in der Natur verbreitet: Alle Organismen, die sich asexuell vermehren, produzieren Klone ihrer selbst. Klone können auch künstlich im Labor hergestellt werden.

Stecklinge und Kulturen

Alle Pflanzen vermehren sich sexuell, aber die meisten können sich auch asexuell fortpflanzen. In diesem Fall sind die Abkömmlinge Klone der Mutterpflanze. Man nennt es vegetative Vermehrung. So wachsen zum Beispiel neue Erdbeerpflanzen aus Ausläufern (Knoten an verlängerten Stängeln) und neue Kartoffelpflanzen aus Knollen. Vegetative Vermehrung kann man auch künstlich erreichen, indem man Stecklinge schneidet. Mithilfe der Gewebekultur können viele identische Pflanzen erzeugt werden.

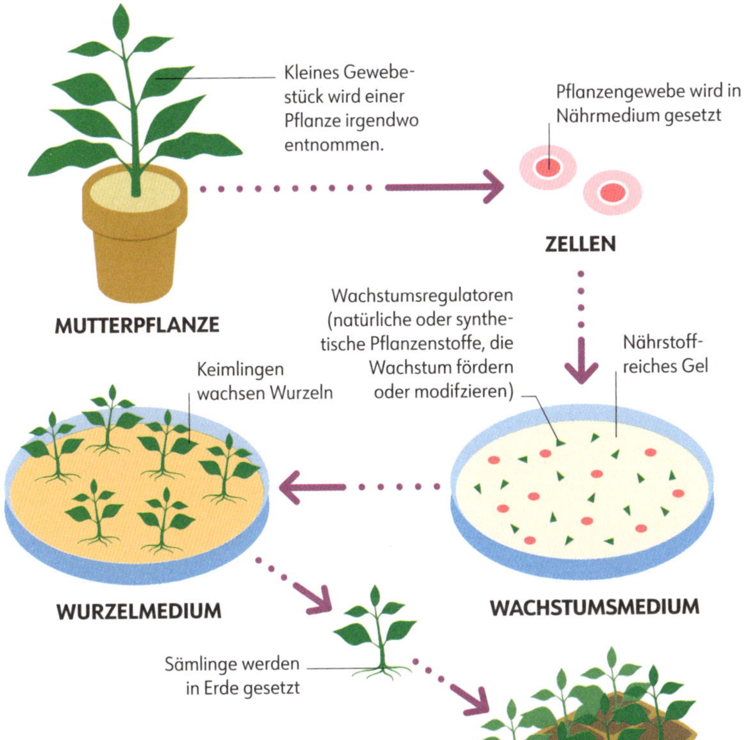

Pflanzliche Gewebekultur
Bei der pflanzlichen Gewebekultur (Mikropropagation) werden einer Pflanze Zellen entnommen und unter kontrollierten Bedingungen vermehrt. Sie entwickeln sich zu neuen Pflanzen. Die Technik kann helfen, gefährdete Arten zu retten.

KANN MAN DINOSAURIER KLONEN?

Manches biologische Material kann über Jahrmillionen erhalten bleiben, DNA jedoch nicht. Da fürs Klonen ein ganzes Genom aus DNA benötigt wird, wird es niemals Dinosaurierklone geben.

NATÜRLICHE KLONE

Bei etwa vier von tausend Menschengeburten kommt es zu monozygoten Zwillingen: zwei Babys, die sich aus einer einzigen Zygote (befruchtetes Ei) entwickelt haben. In den ersten Tagen nach der Befruchtung spaltet sich der Embryo. Da alle Zellen, aus denen er besteht, dasselbe Genom haben, trifft das auch auf eineiige Zwillinge zu.

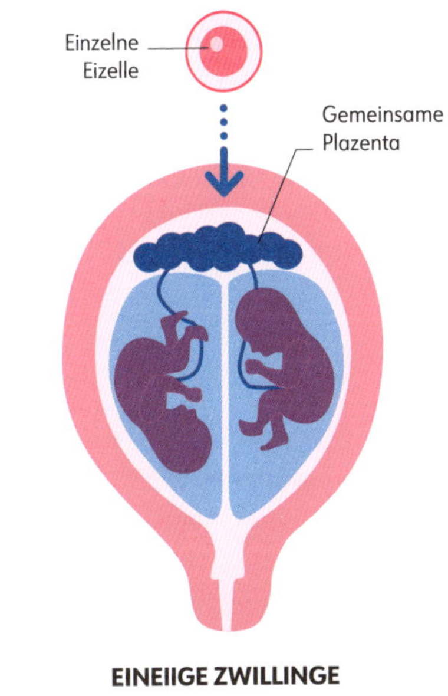

Anti-Aging

Anti-Aging-Techniken versuchen den Alterungsprozess zu verlangsamen. Sie zielen nicht unbedingt darauf ab, das Leben zu verlängern, sondern eher darauf, Alterskrankheiten wie Krebs oder Alzheimer zu verhindern.

Was ist Alterung?

Alterung ist der allmähliche Verfall des erwachsenen Körpers im Lauf der Zeit. Im Zuge der Alterung, erleidet der Körper alle Arten von Schäden – vor allem auf molekularer Ebene. Sogenannte Sauerstoffradikale, die bei normalen Zellprozessen entstehen, schädigen die DNA. Altern hängt auch mit der Zellteilung zusammen (s. S. 68–69). Zellen werden bei jeder Teilung älter und hören schließlich auf, sich zu teilen. Dieses Phänomen heißt zelluläre Seneszenz.

NACH ETWA **50 TEILUNGSRUNDEN** BEGINNEN **ZELLEN** ZU **VERSCHLEISSEN.**

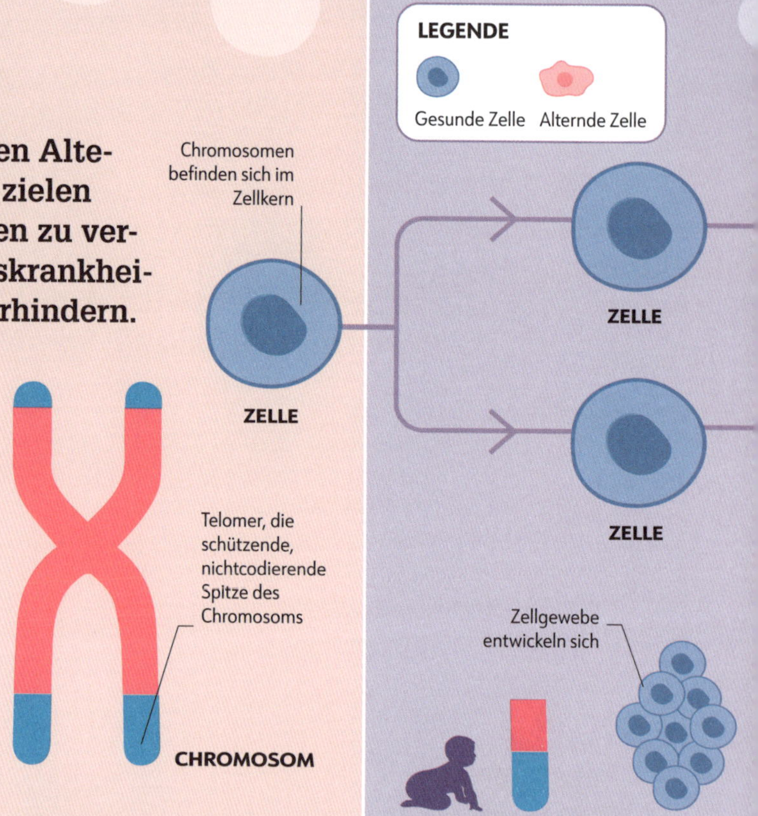

Seneszenz und Chromosomen
Zelluläre Seneszenz wird durch Schäden ausgelöst, aber auch durch das Schrumpfen der Region am Chromosomenende, dem Telomer.

Frühe Kindheit
Wachstum beruht auf der Teilung von Zellen. Mit jeder Teilung werden die Telomere beschädigt, da sie aber keine codierende DNA enthalten, bleibt die Zellfunktion erhalten.

Verjüngungstherapien

Es gibt mehrere Ansätze für Anti-Aging-Techniken zur zellulären Verjüngung – vielversprechend ist die zelluläre Reprogrammierung. Wenn Zellen altern, werden Methylgruppen an bestimmten Stellen der DNA-Stränge angeheftet. Spezielle Präparate können diese Methylierung beseitigen und die Zelle auf ein jüngeres Stadium zurücksetzen. Dabei muss man Vorsicht walten lassen, damit die Zelle nicht zur pluripotenten Stammzelle wird. Denn dies könnte ansonsten zu unkontrolliertem Wachstum und Krebs führen.

1 Stammzellen
Alle Zellen beginnen als Stammzellen (s. S. 88–89). Sie haben wenige Methylierungen und sind jung.

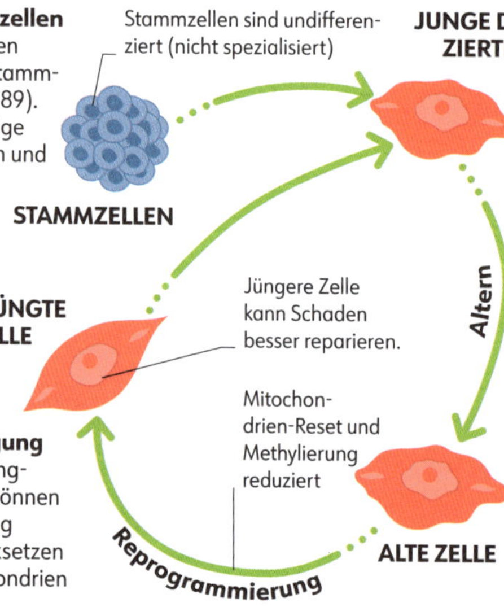

2 Junge Zelle
Wenn eine Stammzelle sich teilt, differenziert sie sich und wird z.B. zu einer Haut- oder Knochenzelle. Es findet Methylierung statt, die sich fortsetzt und die Zelle altern lässt.

3 Alte Zelle
Mit der Zeit nimmt die Methylierung zu und die Zelle funktioniert nicht mehr so gut. Auch Mitochondrien (s. S. 60) degradieren.

4 Verjüngung
Anti-Aging-Medikamente können die Methylierung teilweise zurücksetzen und die Mitochondrien reparieren.

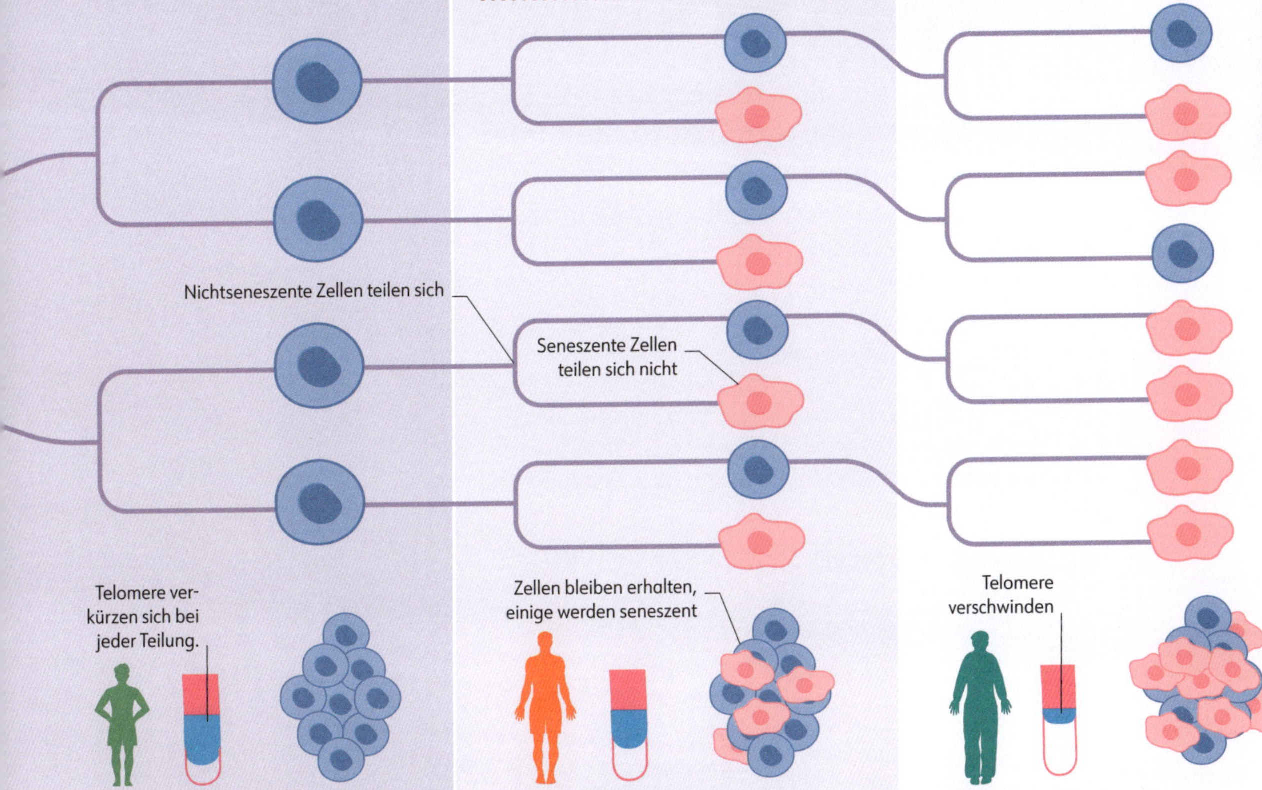

Kindheit und Jugend
Das Wachstum setzt sich in Kindheit und Jugend fort, der Körper entwickelt sich. Die Telomere verkürzen sich mit jeder Zellteilungsrunde weiter.

Erwachsenenalter
Der Körper wächst und entwickelt sich nicht mehr, stattdessen wird er erhalten. Die Telomere verkürzen sich weiter, und manche Zellen hören mit der Teilung ganz auf.

Alter
Der Körper verfällt im hohen Alter. Das ist weitgehend die Folge zunehmender Seneszenz der Zellen: Sie teilen sich nicht mehr, die Telomere werden kürzer und verschwinden.

ZEICHEN DER ALTERUNG

Wenn immer mehr Zellen die Seneszenz erreichen und aufhören, sich zu teilen, werden Körpergewebe nicht mehr aufgefüllt und Schäden nicht mehr repariert. Dies führt zu bekannten Merkmalen der Alterung. So geht zum Beispiel das Kollagen in der Haut zurück, wenn es nicht mehr regelmäßig erneuert wird, wird die Haut faltig und hängt herab. Im Auge lagert sich Zellschutt ab, dies führt zu einer häufigen Sehstörung namens Makuladegeneration.

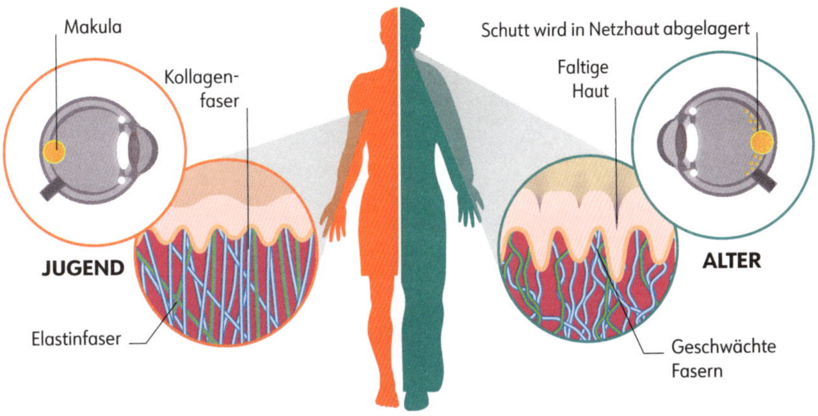

Körperersatzstücke

Zu den Techniken, die Körperteile und Fähigkeiten ersetzen können, die durch Krankheit oder Unfall verloren gegangen sind, gehören plastische Chirurgie, Prothesen und Cochlea-Implantate.

Ersatz von Gliedmaßen

Prothesen gibt es seit Jahrhunderten. Bei modernen Prothesen versucht man, die elektronische und mechanische Technik mit den Kenntnissen, wie Nervensysteme funktionieren, zu kombinieren. Obwohl noch immer experimentell, können einige dieser Roboterprothesen viele Funktionen einer Gliedmaße ersetzen, auch das Berührungsempfinden.

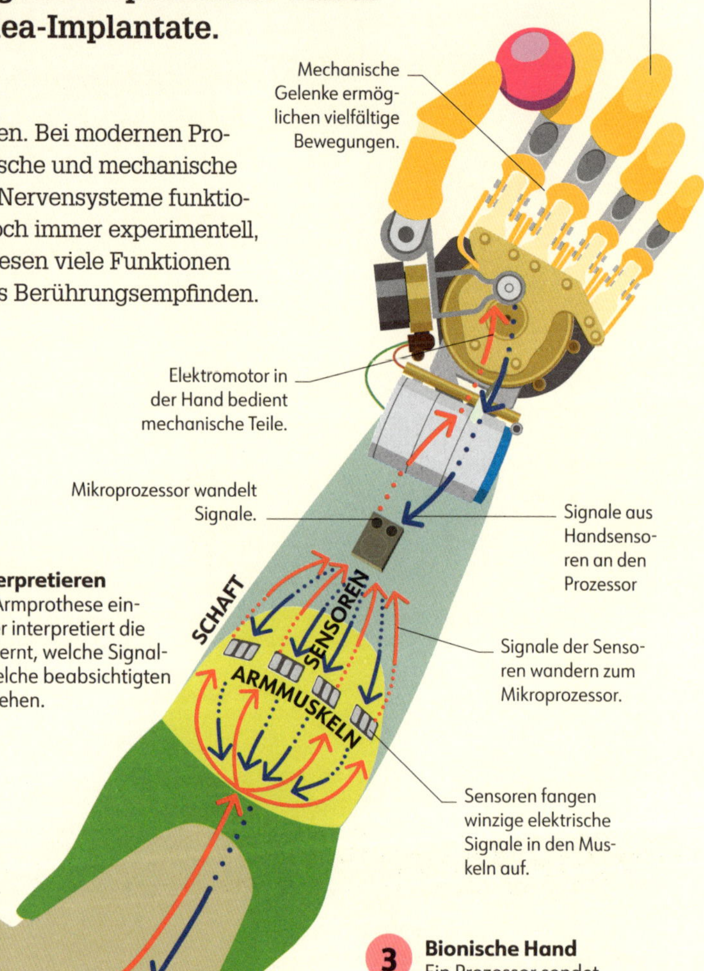

1 Signale aus dem Gehirn
Eine robotische Unterarmprothese empfängt Befehle vom Gehirn. Dazu muss man die elektrischen Signale in den Armnerven oder den verbliebenen Armmuskeln überwachen.

2 Signal interpretieren
Der in der Armprothese eingebaute Computer interpretiert die Signale. Er hat gelernt, welche Signalmuster sich auf welche beabsichtigten Bewegungen beziehen.

3 Bionische Hand
Ein Prozessor sendet Befehle an die Hand, wo sich ein starker Elektromotor befindet. Er ist über mechanische Gelenke (ein System aus Stangen und Scharnieren) mit den Fingern verbunden.

4 Signale an das Gehirn
Viele robotische Prothesen geben auch sensorische Rückmeldung. Sensoren für Berührung und Dehnung in den Fingern geben Signale an den Prozessor, der sie über Nerven ans Gehirn weiterleitet.

WAS IST DIE HÄUFIGSTE URSACHE FÜR DEN VERLUST VON GLIEDMASSEN?

In vielen Ländern sind Geschwüre und Infektionen der Füße infolge von Diabetes der Hauptgrund für Amputationen. Unfälle liegen an zweiter Stelle.

MEHR ALS **500 MENSCHEN VERLIEREN TÄGLICH** IN DEN **USA** EINE **GLIEDMASSE.**

Künstliche Sinne

Millionen Menschen fehlt der Seh- oder Hörsinn. Seit vielen Jahren arbeiten Biotechnologen an technischen Lösungen, die diese Sinne ersetzen oder wiederherstellen sollen. Je nach Ursache des Sinnesverlusts kann eine künstliche Netzhaut helfen, wieder etwas zu sehen, und ein Cochlea-Implantat, wieder zu hören. Es ist noch ein weiter Weg, bis künstliche Netzhäute zur Routineversorgung gehören, Cochlea-Implantate hingegen sind schon weiter verbreitet und verfügbar.

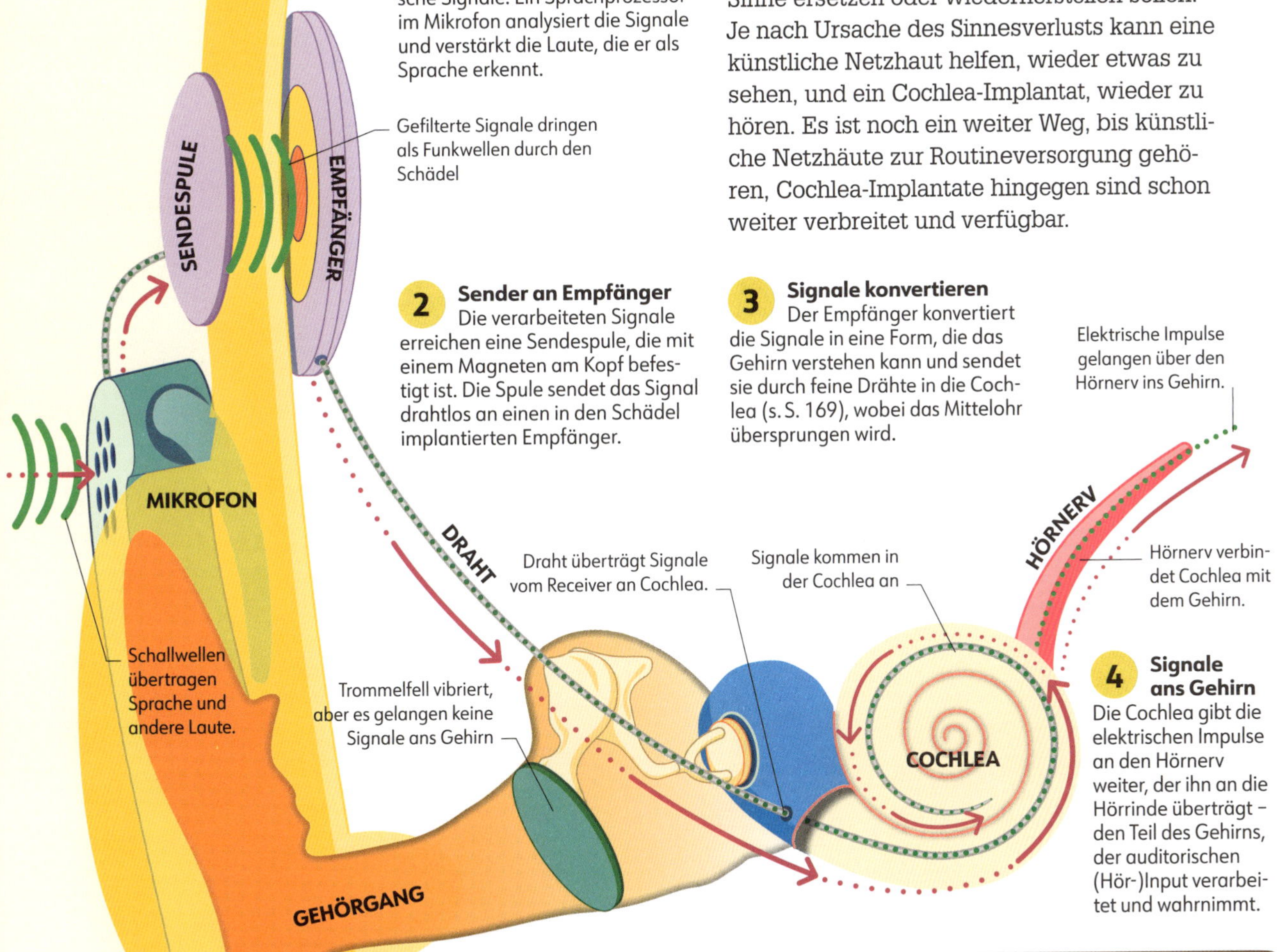

1 Mikrofon empfängt Schall
Ein Mikrofon, das dem Ohr des Trägers angepasst ist, empfängt Schall und wandelt ihn in elektrische Signale. Ein Sprachprozessor im Mikrofon analysiert die Signale und verstärkt die Laute, die er als Sprache erkennt.

2 Sender an Empfänger
Die verarbeiteten Signale erreichen eine Sendespule, die mit einem Magneten am Kopf befestigt ist. Die Spule sendet das Signal drahtlos an einen in den Schädel implantierten Empfänger.

3 Signale konvertieren
Der Empfänger konvertiert die Signale in eine Form, die das Gehirn verstehen kann und sendet sie durch feine Drähte in die Cochlea (s. S. 169), wobei das Mittelohr übersprungen wird.

4 Signale ans Gehirn
Die Cochlea gibt die elektrischen Impulse an den Hörnerv weiter, der ihn an die Hörrinde überträgt – den Teil des Gehirns, der auditorischen (Hör-)Input verarbeitet und wahrnimmt.

KÖRPER-ENHANCEMENT

In Zukunft könnten Ersatzteile für Sinnesorgane oder Körperteile so gut werden, dass Menschen sie sich anpassen lassen, obwohl sie sie nicht brauchen. Zudem könnten Gentechnik oder Genom-Editierung künftigen Generationen neue Sinne, enorme Kräfte oder Widerstandsfähigkeit gegen Krankheit verleihen.

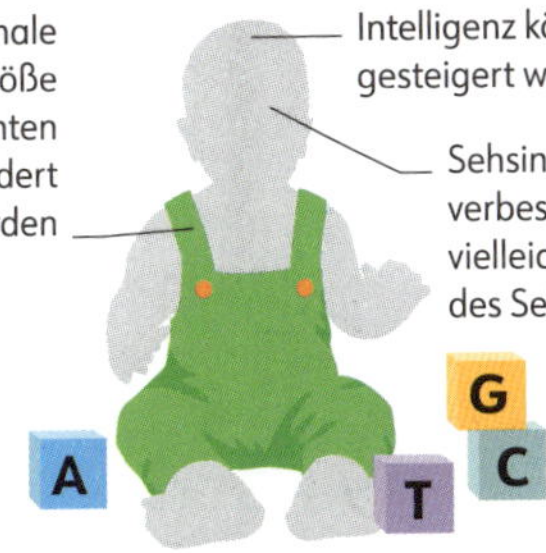

Synthetische Biologie

Die synthetische Biologie ermöglicht es Forschern, Gene, Proteine, Chromosomen oder sogar ganze Lebewesen, die nie zuvor existiert haben, zu erschaffen. Sie hat viele spannende Anwendungsmöglichkeiten.

BLEIVERSCHMUTZUNG

Synthetische Gene, eingesetzt in Bakterien, werden in verschmutztem Wasser aktiv und produzieren ein fluoreszierendes Protein.

PATHOGENDETEKTOR

Tiefgefrorene synthetische Zellteile auf einem Papierstreifen zeigen die Präsenz eines Pathogens mit einer Farbänderung an.

VEGANES FLEISCH

Es könnte möglich werden, Gewebe mit Fleischtextur und -geschmack zu produzieren, indem man Proteine erschafft und in Mikroorganismen einsetzt.

GEBRAUTE MILCH

Es wird eines Tages möglich sein, Milch mithilfe neu geschaffener Mikroorganismen zu erzeugen, ohne dass man Kühe braucht.

MEDIKAMENTENWIRKSTOFFE

Es wird möglich werden, neue Wirkstoffe auf Bestellung zu liefern, indem man synthetische Gene erzeugt und sie in Bakterien einsetzt.

SPINNENSEIDE

Proteine, die so stark und haltbar wie Spinnenseide sind, könnten von Mikroorganismen produziert werden, in deren Genom synthetische Gene eingesetzt wurden.

SYNTHETISCHE PIGMENTE

Forscher arbeiten an synthetischen Organismen, die Pigmente zum Färben von Textilien auf nachhaltigere Weise als bisher produzieren können.

PFLANZENSCHUTZ

Synthetische Insektenpheromone in einem Behälter am Rand eines Felds könnten Insekten vom Feld weglocken und den Bedarf von Insektiziden reduzieren.

Praktische Anwendungen
Die Erschaffung von Genen und Proteinen, die es in der Natur noch nicht gibt, hält große Versprechungen für die Medizin, Materialwissenschaften, Umweltüberwachung und viele andere technische Felder bereit. Synthetische Biologen arbeiten weltweit an vielfältigen Projekten, mit ermutigenden Ergebnissen.

Proteine auf Bestellung

Synthetische Biologie geht weiter als Gentechnik (s. S. 206–207). Anstatt existierende Gene von einer Art auf eine andere zu übertragen, erschaffen Forschende neue Gene, die für Proteine codieren, die es in der Natur nicht gibt. Die synthetischen Gene werden in Organismen wie Bakterien eingesetzt, um neue Proteine zu produzieren. Die Struktur eines Proteins ist entscheidend für seine Funktion. Es ist jedoch schwierig, die Proteinstruktur aus dem DNA-Code vorherzusagen. Deshalb steckt diese Technologie noch in den Kinderschuhen.

XENONUKLEINSÄUREN (XNA)

Ein Ansatz will den genetischen Code auf sechs Basen statt der normalen vier erweitern (s. S. 37). Die resultierenden Nukleinsäuren codieren dann für Aminosäuren, die nicht mit dem normalen Code gemacht werden können und nicht in der Natur vorkommen.

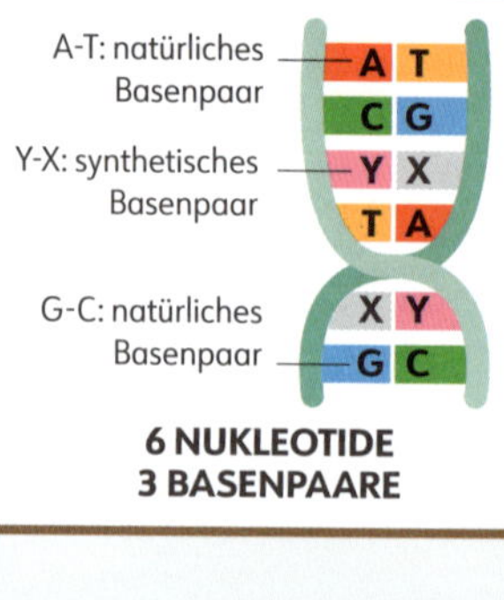

6 NUKLEOTIDE
3 BASENPAARE

Synthetische Organismen

Als Höhepunkt des Projekts, das kleinste Genom zu bestimmen, das einen Organismus erhalten und reproduzieren kann, schufen Wissenschaftler ein Bakterium (*Mycoplasma laboratorium*) mit einem synthetischen Genom. Es wurde in einem Labor Basenpaar für Basenpaar synthetisiert. Das Genom, basierend auf der DNA eines natürlich vorkommenden Bakteriums, wurde in Zellen eingesetzt, deren natürliche DNA entfernt worden war. Es vermehrte sich erfolgreich.

WARUM ERFORSCHT DIE NASA SYNTHETISCHES LEBEN?

Lebensformen zu erschaffen, die nicht auf der Erde existieren, hilft der NASA, eine Biologie zu erforschen, die auf anderen Planeten möglich sein könnte.

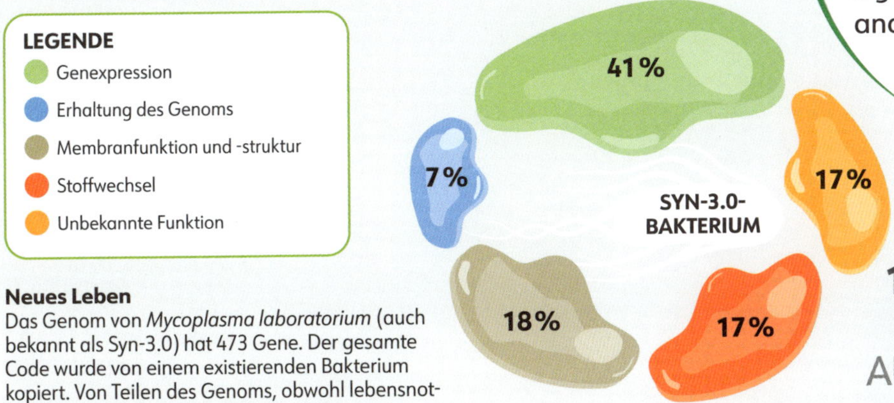

Neues Leben
Das Genom von *Mycoplasma laboratorium* (auch bekannt als Syn-3.0) hat 473 Gene. Der gesamte Code wurde von einem existierenden Bakterium kopiert. Von Teilen des Genoms, obwohl lebensnotwendig, ist die Funktion noch nicht bekannt.

154 SHAKESPEARE-SONETTE WURDEN AUF **SYNTHETISCHER DNA** GESPEICHERT.

Aptamere

Forscher können kleine Stücke synthetischer DNA oder RNA herstellen, die an bestimmte DNA-Sequenzen in Lebewesen binden. Diese Aptamere lassen sich als Medikamente oder zur Verabreichung von Medikamenten einsetzen. Manche sind als synthetische Antikörper vorgesehen oder als Testsubstanzen für bestimmte Krankheiten. Aptamere werden gemacht, indem man Zufallssequenzen von RNA oder DNA mit einer Genmaschine erzeugt und dann testet, welche an das Zielmolekül passen.

Gezielte Medikamentengabe
Ziel eines Aptamer-Designers ist es, dass dessen 3-D-Form an ein Pathogen andockt, um einen Wirkstoff auf perfekt gezielte Weise zu verabreichen. Dieser gezielte Ansatz könnte auch Krankheiten wie Krebs heilen helfen.

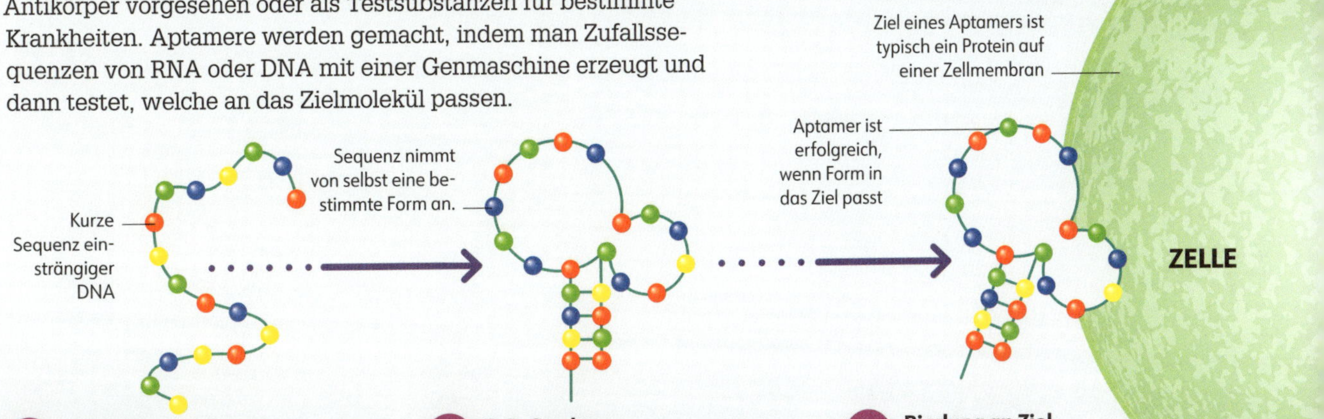

1 Sequenz
Ein Aptamer ist eine Sequenz einsträngiger DNA oder RNA. Forscher erschaffen in der Regel Millionen möglicher Sequenzen und finden dann durch Versuch und Irrtum eine, die die gewünschte Form annimmt.

2 3-D-Struktur
Die Kräfte zwischen den Basen eines DNA-Doppelstrangs zwingen ihn, eine Doppelhelix zu bilden. Dieselben Kräfte bewirken, dass ein Einzelstrang sich zu einer 3-D-Struktur faltet, wie es bei Proteinen geschieht.

3 Bindung an Ziel
An das Aptamer wird ein Wirkstoffmolekül angehängt. Gelangt das Aptamer in den Körper, dockt es an einen bestimmten Teil des Zielpathogens oder der kranken Zelle an, nirgendwo sonst.

Register

Fett gedruckte Zahlen beziehen sich auf einen Haupteintrag zu einem Thema.

A

B

C

G

H

I

JK

L

M

N

O

P

QR

U

V

W

XYZ

Dank

DK dankt folgenden Personen für ihre Mitarbeit an diesem Buch: Tom Jackson für seine Hilfe bei der Planung des Inhaltsverzeichnisses, Victoria Pyke für Redaktionsarbeiten, Helen Peters für die Zusammenstellung des Registers, Ann Baggaley für die Fahnenkorrektur, Senior DTP Designer Harish Aggarwal und Jackets Editorial Coordinator Priyanka Sharma.
Cover: *Vorn:* **Dreamstime.com:** Arkadi Bojarinov ml/ (Schädel), Christos Georghiou mu/ (Arm), Alexander Konoplyov mu, Tetiana Pavliuchenko um, Roberto Scandola ul, Konstantin Semenov ml, Aliona Ursu mlo, VectorHome m; *Vorne, Hinten & Rücken:* **Dreamstime.com:** Skarin92. Alle anderen Abbildungen © Dorling Kindersley.

Noch mehr Wissen und Durchblick

ISBN 978-3-8310-4518-1

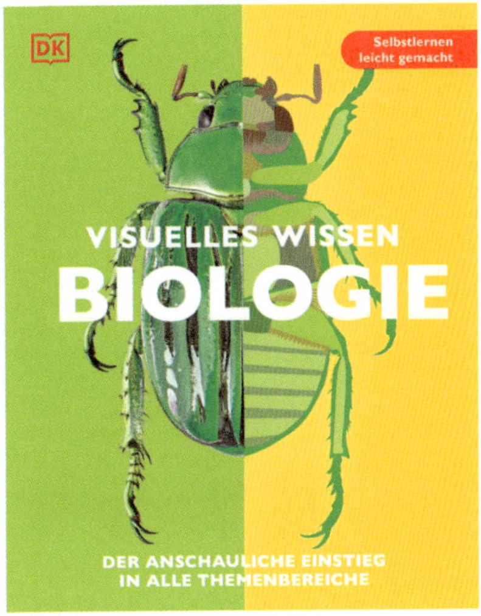

ISBN 978-3-8310-4290-6

Weitere Themen der Reihe

DK

www.dk-verlag.de